Gymnasium Bayern

FOKUS Physik 8

Cornelsen

Autoren: Dr. Angela Fösel, Erlangen; Prof. Dr. Helmut Hilscher, Augsburg; Peter Sander, Dachau; Stefan Schweitzer, München; Anton Thanner, Weilheim; Dr. Friedrich Wörlen, Roth

Berater: Dr. Monika Christl, Vilsbiburg; Dr. Günther Hempel, Nürnberg; Reinhardt Neumeyer, Mühldorf am Inn; Roland Reger, Dachau; Sylvia Vitz, München

Redaktion: Thomas Gattermann, Simone Lambert, Stephan Möhrle

Illustration: Gabriele Heinisch (Cornelsen)

Grafik: Rainer Götze, Yvonne Koglin

Layoutkonzept und Umschlaggestaltung: Wolfgang Lorenz

Layout: V+I+S+K Büro für Visuelle Kommunikation

Technische Umsetzung: Dierk Ullrich; V+I+S+K Büro für Visuelle Kommunikation

www.cornelsen.de

1. Auflage, 3. Druck 2013

Alle Drucke dieser Auflage sind inhaltlich unverändert
und können im Unterricht nebeneinander verwendet werden.

Druck: Mohn Media Mohndruck, Gütersloh

ISBN 978-3-464-85316-0

Inhalt gedruckt auf säurefreiem Papier
aus nachhaltiger Forstwirtschaft.

Inhalt

Energie

Auf dem Speiseplan der Inuit, die am nördlichen Polarkreis leben, stehen auch viele fettreiche Nahrungsmittel: Lachs, Walfleisch, Tran …

Was bei uns zu unübersehbaren Gewichtsproblemen führen würde, ist für Menschen in eisiger Kälte lebenswichtig. Sie brauchen nämlich besonders viel Energie, um ihre Körpertemperatur bei 37 °C zu halten und nicht zu erfrieren. Diese Energie „steckt“ in kalorienreicher Nahrung.

Wenn du dich ähnlich kalorienhaltig ernähren würdest, müsstest du kräftig Sport treiben oder arbeiten, damit die aufgenommene Energie nicht zu „überflüssigen Pfunden“ führt. Denn Bewegung braucht Energie: Bestimmt hast du das selber schon nach einem anstrengenden Waldlauf oder einer Bergtour gemerkt. Und was geschieht mit der gebrauchten Energie – löst sie sich in nichts auf?

Energie

Energie verschwindet nie!

Einen Nervenkitzel besonderer Art kannst du im Lesachtal in Kärnten erleben: Unter einer Talbrücke hängt eine 70 m lange Schaukel, auf der drei Personen von einer Talseite zur anderen schwingen können. ↑1
Das schwungvolle Vergnügen beginnt hoch oben am Bergrücken, den tiefsten Punkt der Bahn durchfliegt man mit einer Spitzengeschwindigkeit von 103 $\frac{km}{h}$ und erreicht am Gegenhang (fast) wieder die Starthöhe.
Ohne Luftwiderstand würde das Schaukeln kaum mehr enden …

1 Megaschaukel im Lesachtal

2 Halleyscher Komet

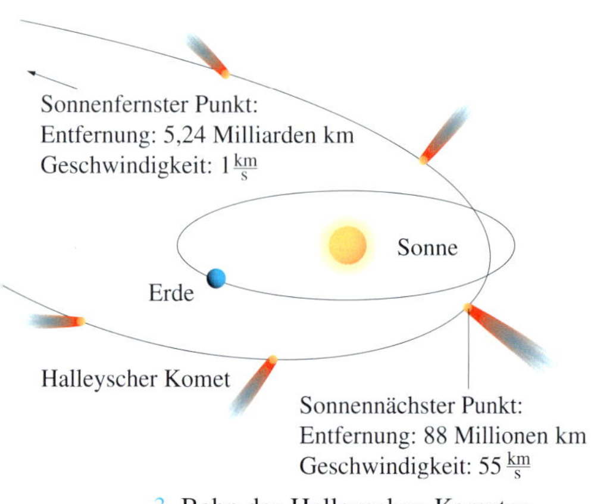

3 Bahn des Halleyschen Kometen

Vorgänge, die sich immer wiederholen und nie enden, gibt es im luftleeren Weltraum: So sucht der Halleysche Komet alle 71 Jahre die Nähe der Sonne auf, um dann wieder in den „Tiefen des Alls" zu verschwinden. ↑2 ↑3 Obwohl sich die Geschwindigkeit des Kometen und sein Abstand zur Sonne ständig ändern, nehmen beide Größen bei jeder Umrundung immer wieder die gleichen Werte an – und das schon seit Urzeiten!
Immer wenn der Abstand zur Sonne abnimmt, nimmt die Geschwindigkeit des Kometen zu – und umgekehrt. Es scheint etwas zu geben, das bei der Bewegung unverändert bleibt. Wissenschaftler haben diesem „Etwas" einen Namen gegeben: *Energie*. Mit ihrer Hilfe lassen sich Größen, die man nicht direkt miteinander vergleichen kann – wie z. B. Geschwindigkeit und Ort –, in einen Zusammenhang setzen. Jeder Komet und jeder Planet unseres Sonnensystems besitzt eine bestimmte Energie, sie ist ein Merkmal seiner Umlaufbahn.

Während der Halleysche Komet immer wiederkehrend seine Bahnen zieht, ist es im täglichen Leben nicht so leicht zu erkennen, dass Energie erhalten bleibt. Man liest oft von „Energieverlusten" oder gar von „Energieverschwendung". Und vom Schaukeln weißt du, dass jede Schaukel früher oder später stehen bleibt, wenn sie nicht immer wieder angeschoben und damit „verloren" gegangene Energie ersetzt wird. Was geschieht mit der zugeführten Energie?

Probier's mal!

1 Welcher Flummi springt höher?
Bleibt die Energie, die du einem Flummi beim Hochheben zuführst, erhalten, nachdem du ihn fallen gelassen hast?

a Lasse verschiedene Flummis sowie eine Kugel aus Knetmasse jeweils aus gleicher Höhe auf festen Boden fallen. Was beobachtest du?

b Schätze ab, wie viel Prozent die Flummis an Höhe verloren haben, wenn sie nach dem ersten Auftippen wieder ihren höchsten Punkt erreichen. Wie hoch müsste ein „idealer" Flummi springen?

2 Sprungscheibe gegen Flummi
Lasse eine „gespannte" Sprungscheibe ↑4 und einen Flummi aus gleicher Höhe auf eine feste Unterlage fallen. Was beobachtest du? Versuche, die unterschiedliche Steighöhe zu erklären.

4 „Gespannte" Sprungscheibe

Experimente

3 Wo bleibt die Energie?
Wenn du ein Stück Blei fallen lässt, springt es nicht wieder hoch, sondern bleibt am Boden liegen. Wo bleibt denn die Energie, die du ihm beim Hochheben zugeführt hast? Vielleicht vermutest du, dass die Energie an den Boden abgegeben wird. Das ist auch richtig – aber nur zum Teil: Nach dem Aufprall „steckt" immer noch Energie im Bleistück! Wie sie sich „verrät", zeigt der folgende Versuch.
Anstelle eines Bleiklotzes lässt du Bleischrot in einer langen, geschlossenen Kunststoffröhre immer wieder fallen. Stelle sie dazu senkrecht und drehe sie dann einige Male um 180°. Von außen kannst du keine Veränderung des Bleischrots erkennen.
Jetzt kommt das elektronische Thermometer „ins Spiel": ↑5 Miss nach jeweils 10 Drehungen der Röhre die Temperatur des Bleischrots. Notiere die Werte und vergleiche die Temperaturen nach 10, 20, 30 … Umdrehungen. Was stellst du fest?

4 Hammerschläge mit erstaunlicher Wirkung
Schlägst du mit einem Hammer auf ein Stück Knete, dann ist doch klar, was passiert: Die Knete wird verformt. Aber das ist nicht alles: Die beim Schlag übertragene Energie hat noch eine andere Wirkung – die allerdings nicht so leicht zu erkennen ist. Dazu musst du eine genaue Messung durchführen.
Lege einen Plastilinklumpen, einen Hammer und Arbeitshandschuhe auf einen festen Untergrund. Warte eine Weile, bis die Gegenstände und der Boden die gleiche Temperatur besitzen, und miss diese dann mit einem elektronischen Thermometer auf 0,1 °C genau. Schlage nun mit dem Hammer mehrfach auf den Klumpen. Drehe bzw. falte das Plastilin nach einigen Schlägen, sodass es wieder einen Klumpen bildet. Miss schließlich erneut die Temperatur im Plastilin. Da der Klumpen nicht erwärmt wurde, dürfte sie nicht höher als zuvor sein!

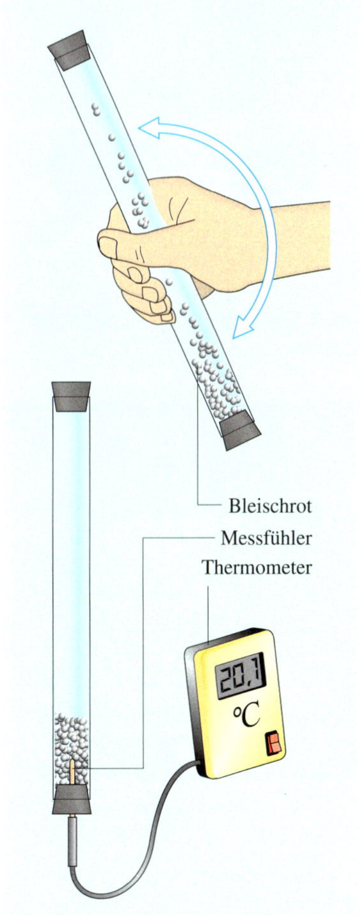

5

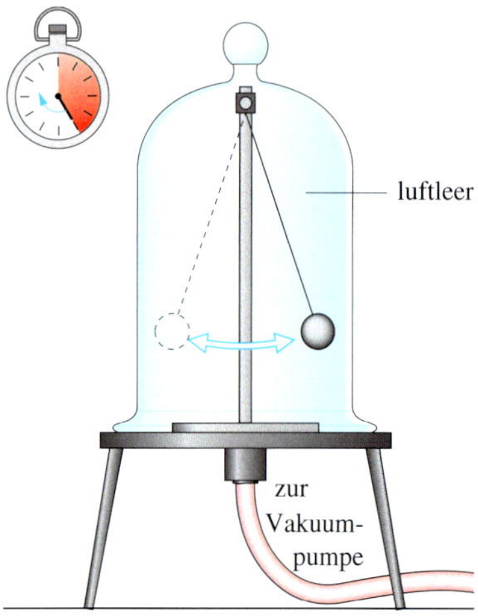

1 Im luftleeren Raum schwingt das Pendel länger – seine Energie bleibt ihm erhalten.

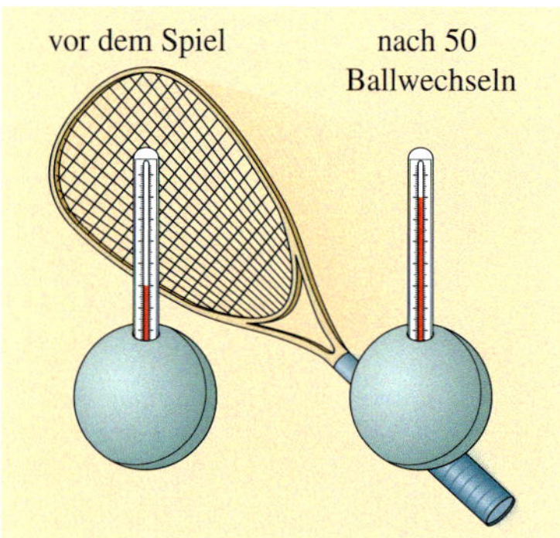

2 Erwärmung: Beim Spiel hat die innere Energie des Squashballs zugenommen.

GRUNDLAGEN: Energieerhaltung

▶ Wenn kein Luftwiderstand und auch sonst keine Reibungskräfte auf ein schwingendes Pendel wirken, hört seine Bewegung niemals auf. Diese Bedingungen sind zwar auf der Erde praktisch nicht zu erfüllen. Lässt man aber ein Pendel unter einer „Vakuumglocke" schwingen, sieht man deutlich, dass es viel länger schwingt als an der „freien" Luft. ↑1 Die Energie, die ihm zu Beginn der Schwingung zugeführt worden ist, behält das Pendel (nahezu) unverändert bei. In der Physik sagt man „Die Energie bleibt erhalten" und spricht von der Energie als einer „Erhaltungsgröße".

Beim Squashspielen scheint die Energieerhaltung dagegen nicht zu funktionieren: Der stark beschleunigte Ball fliegt nach dem Aufprall an der Wand oft mit viel kleinerer Geschwindigkeit zurück. Wo ist die Energie geblieben? Ist sie „verloren" gegangen? Wenn du nach längerem Spiel die Temperatur des Squashballs prüfst, wirst du feststellen, dass er sich deutlich erwärmt hat. ↑2 Zum Erwärmen ist Energie nötig – denke nur an das Kochen von Mahlzeiten auf der Herdplatte. Man sagt, dass die *innere Energie* des Squashballs zugenommen hat.

Oft hat man es nicht nur mit einem Gegenstand zu tun, sondern mit vielen. So trifft beim Billard die weiße Kugel beim ersten Stoß auf 15 Kugeln, die auseinander stieben und untereinander zusammenstoßen. ↑3 Hier gilt die Energieerhaltung nicht für jede Kugel einzeln – sie kann ja nach einem Zusammenstoß plötzlich stehen bleiben –, sondern für alle zusammen. Streng genommen muss man sogar den Tisch mit einbeziehen, da er wegen der Reibung ebenfalls leicht erwärmt wird. Man spricht von einem *System:* Der Billardspieler führt dem System aus Kugeln und Tisch mit dem Queue Energie zu, die nach diesem „Eingriff" von außen konstant bleibt. Nachdem alle Kugeln durch Reibung zum Stehen gekommen sind, „steckt" die zugeführte Energie vollständig als innere Energie in den Kugeln und dem Tisch.

Ohne Eingriff von außen ändert sich die Gesamtenergie eines Systems nicht. (Energieerhaltungssatz) ◀

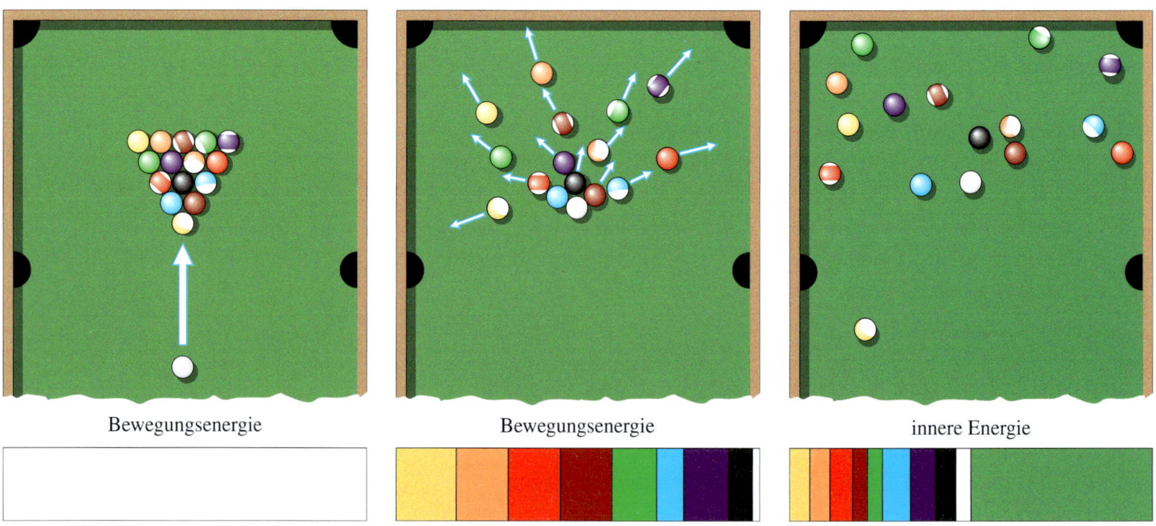

3 Die zugeführte Energie bleibt erhalten: Sie verteilt sich auf das System aus Tisch und Kugeln.

Aus der Geschichte Das Perpetuum mobile

Ein *Perpetuum mobile* (lat. *perpetuum:* dauernd; *mobilis:* beweglich) war der Wunschtraum vieler Erfinder: eine Maschine, die man einmal „anstößt“ und die dann ständig mehr Energie abgibt, als sie zum Betrieb aufnehmen muss. Eine solche Maschine würde also fortdauernd Energie erzeugen.
Im Mittelalter konnten Maschinen nur durch Menschen, Tiere, Wind oder fließendes Wasser angetrieben werden. Arbeitskräfte waren aber oft knapp, Wind und Wasser standen nicht überall zur Verfügung. Deshalb haben sich seit dem 12. Jahrhundert Tüftler und große Denker die Köpfe darüber zerbrochen, wie man ein Perpetuum mobile bauen könnte. ↑4 Alle diese Erfindungen scheiterten.
Ganz allmählich kam man zu der Einsicht, dass das Scheitern nicht an der Unfähigkeit der Erfinder liegen konnte, sondern dass die Konstruktion eines Perpetuum mobiles grundsätzlich unmöglich ist. Obwohl diese Vermutung heute zur wissenschaftlichen Gewissheit geworden ist, versuchen Bastler weiterhin, eine solche Maschine zu bauen.

4 Idee für ein Perpetuum mobile

Aufgaben

1 *Perpetuum mobile* ↑4 Wie hat sich der Konstrukteur die Funktionsweise des angeblichen Perpetuum mobiles vorgestellt? Warum kann seine Maschine nicht funktionieren?

2 *Schwingende Kugeln und Federn* In einer Computersimulation sind siebenundzwanzig Kugeln über Federn paarweise miteinander verbunden. ↑5 Wenn man eine Kugel aus der Ruhelage auslenkt und loslässt, beginnt sie hin und her zu schwingen, die an ihr befestigten Federn werden abwechselnd gestaucht und gedehnt. Die Schwingungen breiten sich rasch aus, bald schwingen alle Kugeln und Federn. (In der Momentaufnahme ↑5 sind gestauchte Federn rot eingezeichnet, gedehnte blau. Weiß dargestellt sind entspannte Federn.)
a Versuche, richtig zu kombinieren: Wie viele Federn enthält das System?
b Was kannst du über die Energie der anfangs ausgelenkten Kugel sagen, was über die Energie des Systems aus allen Kugeln und Federn?

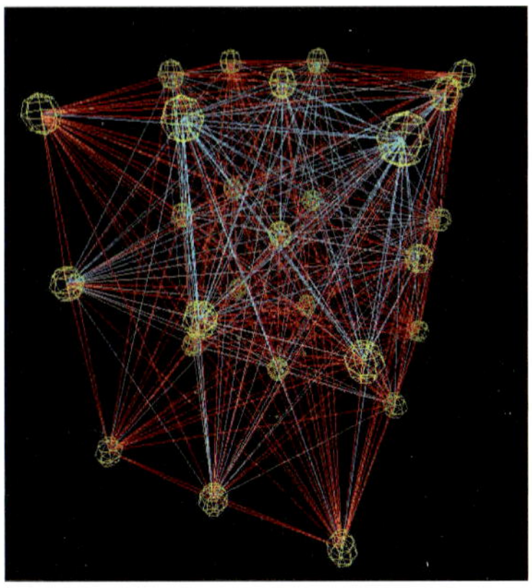
5 System aus Kugeln und Federn

3 *Kosmische Katastrophe* Im Jahr 1995 schlug ein Bruchstück des Kometen Shoemaker-Levy 9 auf dem Jupiter auf. ↑6 Auf der Erde hätte dieser Einschlag ähnliche Wirkungen hervorgerufen wie ein globaler Atomkrieg. In einer Zeitung stand damals: „Gewaltige Energiemengen wurden frei …“ Was ist mit diesem Satz gemeint? Woher stammt die Energie?

6 Kometeneinschlag auf dem Jupiter

Energiearten und Energieumwandlungen

Was hat denn die Sonne mit Radfahren zu tun? Schließlich kann man doch auch in der Nacht Fahrrad fahren.

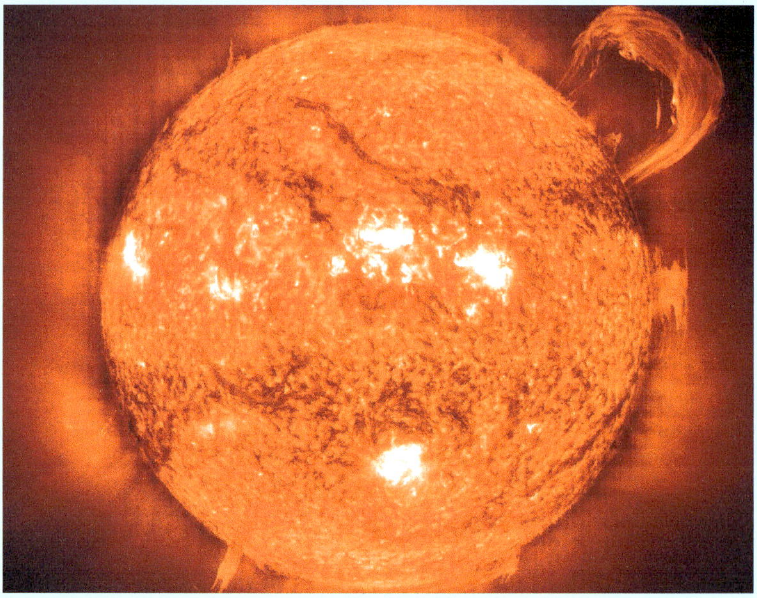

1 Unsere Sonne

Ohne Sonneneinstrahlung gäbe es keine Fotosynthese. Bei diesem Vorgang „tanken" Pflanzen Energie, sodass sie wachsen können. So wächst und reift auch Getreide mithilfe der Sonnenstrahlung. ↑2 Dann wird es unter Maschineneinsatz geerntet und gemahlen. Der Teig wird geknetet, zu Nudeln geformt und getrocknet. Schließlich werden die Nudeln vor dem Essen noch gekocht. Da sie viele Kohlenhydrate enthalten, sind sie vor anstrengenden Radtouren als energiereiche Verpflegung besonders geeignet.
Die Energie, die von den elektrischen Geräten bei der Herstellung und Zubereitung der Nudeln benötigt wird, wird in Kraftwerken erzeugt. Dort werden Kohle, Erdgas und Erdöl verbrannt. In ihnen ist die Energie der Sonnenstrahlung von Millionen von Jahren gespeichert.
Energie zieht sich also wie ein roter Faden durch unsere Bilderserie. Sie tritt in verschiedenen Arten auf, die sich ineinander umwandeln können: *Strahlungsenergie* der Sonne, *chemische Energie* im Getreide und in den Treibstoffen, *elektrische Energie* für die Mühle, *innere Energie* des heißen Wassers und des Radfahrers. Mit den verschiedenen Energiearten und ihren Umwandlungen werden wir uns nun genauer befassen.

2 Energie: Von der Sonne zum Radfahren

Probier's mal!

1 Energiecheck am Fahrrad
Stelle dein Fahrrad verkehrt herum auf Sattel und Lenker. Gib dem Rad, das den Dynamo antreibt, einen Schwung – einmal ohne und einmal mit eingekuppeltem Dynamo. Was fällt dir auf? Welche Energiearten und -umwandlungen treten auf?

2 Nichts als warme Luft
Eine heiße Herdplatte als Antrieb? Wie das möglich ist, zeigt dieser Versuch. Zeichne eine Spirale auf eine halbe DIN-A4-Seite und schneide sie aus. ↑3 Ziehe mit einer Nadel einen Faden durch die Mitte der Spirale. Halte sie am Faden über die Herdplatte. Was beobachtest du? Welche Energiearten werden ineinander umgewandelt?

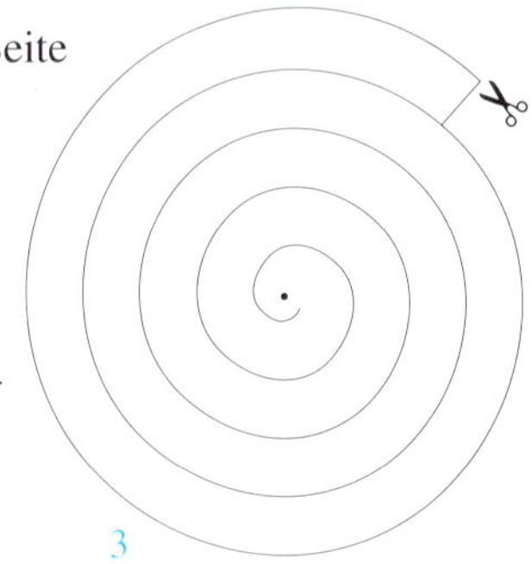
3

GRUNDLAGEN: Energiearten und Energieumwandlung

▶ Als Beispiel für Energiearten und -umwandlungen betrachten wir die Energieversorgung eines Hauses. ↑4 Kohle wird verbrannt, um Wasser zu verdampfen. Der heiße Wasserdampf treibt die Turbine an, diese den Generator. Der elektrische Strom lässt im Haus Lampen leuchten, Elektromotoren laufen und Heizwendeln glühen. Die technischen Abläufe sind so komplex, dass sie Physiker, Chemiker, Werkstoffwissenschaftler, Elektroingenieure, Informatiker, Maschinenbauer … beschäftigen. Mit dem physikalischen Konzept der Energieerhaltung kannst du den Überblick behalten. Besonders geeignet dazu ist ein Energieflussdiagramm: ↑5
Die Pfeile stellen die Energie dar – je dicker, desto mehr Energie (die Pfeillänge hat keine Bedeutung). Die Geräte in den Kästen sind *Energiewandler:* Sie nehmen Energie auf, wandeln sie von einer Art in eine andere um und geben sie wieder ab.
Die Strahlungsenergie der Sonne wurde vor Jahrmillionen von Pflanzen in chemische Energie umgewandelt; aus den abgestorbenen Pflanzen ist Kohle entstanden. Im Heizkessel wird die chemische Energie in innere Energie des heißen Wasserdampfs umgewandelt und diese von der Turbine zum Teil in Bewegungsenergie. Ein Teil der inneren Energie kann nicht genutzt werden und gelangt zu den Kühltürmen. Im Generator wird die Bewegungsenergie in elektrische Energie umgewandelt. Diese wird mit dem elektrischen Strom ins Haus transportiert, wo sie von der Waschmaschine in Bewegungsenergie und innere Energie des warmen Wassers und der Wäsche, von der Lampe in Strahlungsenergie… umgewandelt wird.
Kohle, Wasserdampf, rotierende Turbinen, elektrischer Strom: Sie alle sind *Energieträger*. Physikalisch gesehen wandelt das Kraftwerk chemische Energie in elektrische und innere Energie um – neue Energie erzeugt es nicht.

Es gibt verschiedene Arten von Energie, die sich ineinander umwandeln lassen: Strahlungsenergie, chemische Energie, innere Energie, Bewegungsenergie (kinetische Energie), Höhenenergie … Die Energie selbst geht bei den Umwandlungen nicht „verloren".

Energie verschwindet zwar nie, aber oft kann nach Umwandlungen ein Teil nicht mehr genutzt werden: Er ist „entwertet" worden. ◀

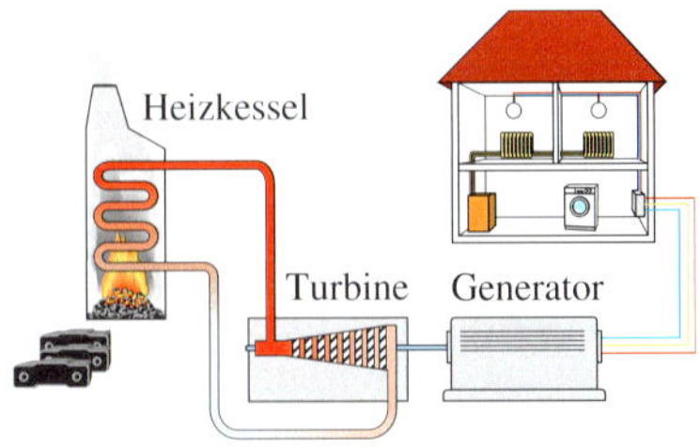

4 Energieversorgung (vereinfacht)

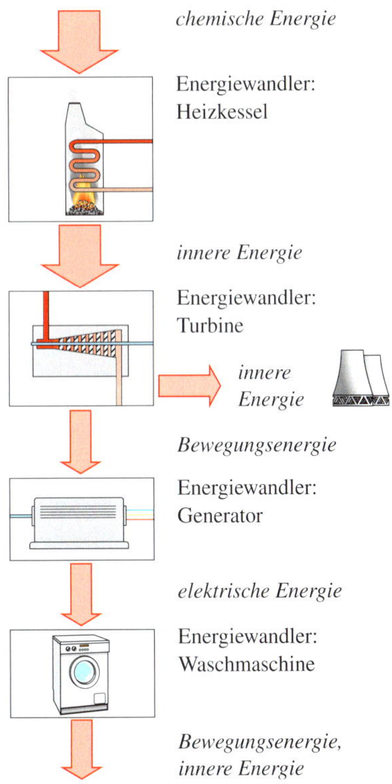

5 Energieflussdiagramm

Aufgaben

1 *Hybridantrieb* Manche Autos haben zwei Motoren: einen Benzin- und einen Elektromotor. Dieser kann auch als Generator betrieben werden und die Autobatterie aufladen. Die Motoren können einzeln oder gemeinsam die Räder antreiben.
Rechts sind zwei verschiedene „Fahrzustände" schematisch dargestellt. ↑1 Beschreibe sie und zeichne jeweils das Energieflussdiagramm.

2 ▶ *Was verbraucht der „Verbraucher"?* „Der Kühlschrank verbraucht zu viel Strom!" „Verbrauche in deinem Zimmer nicht so viel Energie!" Physiker hören das Wort „Verbrauch" an diesen Stellen nicht gern. Was ist jeweils physikalisch gemeint? ◀

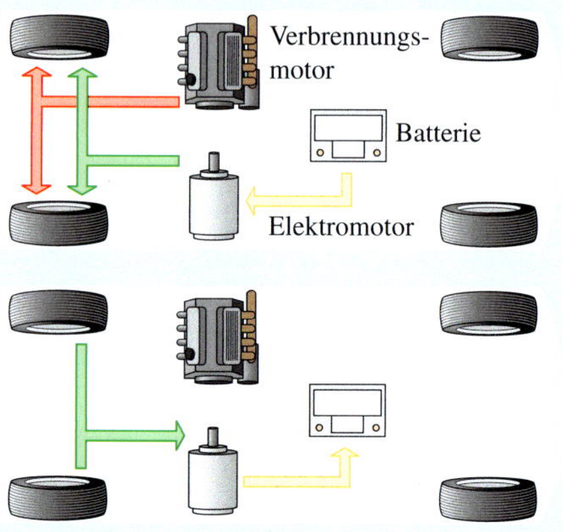

1

Experimente

▶ *Gruppenversuche* kennt ihr vermutlich schon. Meist führen alle Gruppen das gleiche Experiment durch. Vorher habt ihr gemeinsam mit dem Lehrer erarbeitet oder verabredet, welche Geräte ihr braucht und worauf ihr bei der Durchführung achten müsst.
Das Arbeiten an *Lernstationen* läuft anders ab: An den einzelnen Stationen bearbeitet jede Gruppe eine andere Aufgabe zum gleichen Thema. Die Gruppen durchlaufen die Stationen nacheinander.

Etwas Vergleichbares kennt ihr sicherlich aus dem Sportunterricht – das *Zirkeltraining*.
Das Lernen an Stationen macht Spaß,
- weil ihr selbstständig arbeitet und
- weil ihr das Arbeitstempo selbst bestimmt.

Ihr könnt an Lernstationen neue Themen kennen lernen oder eure Kenntnisse vertiefen und überprüfen. Damit ihr sinnvoll arbeiten könnt, solltet ihr euch allerdings an einige Spielregeln halten. ↑2

Spielregeln für Lernstationen

a Die Experimente beim Stationenlernen werden vorher nicht ausführlich besprochen. Verabredet nur, welche Gruppe mit welcher Station beginnt.
b Jede Gruppe darf höchstens vier Teilnehmer haben. Das Team arbeitet an den Stationen in eigener Verantwortung.
c Lest die vorliegende Aufgabenstellung genau durch und beachtet alle Anweisungen.
d Die benötigten Geräte findet ihr an der Station.
e Jede Gruppe wertet auf einem Ergebnisblatt die Experimente aus (siehe Muster rechts).
f Nach der Arbeit an einer Station räumt ihr auf und wechselt zu einer freien Station.
g Ihr arbeitet an den Stationen völlig selbstständig. Euer Lehrer oder eure Lehrerin besucht die einzelnen Stationen, berät euch und hilft bei Problemen.
h Da noch andere Gruppen im gleichen Raum arbeiten, müsst ihr leise miteinander sprechen.

Ergebnisblatt

Experimente zur Energieumwandlung

Dieses Ergebnisblatt gehört: ______________________

Lernstation	*Beteiligte Energiearten*	*Energiewandler*
1	____________	____________
	____________	____________

Energieflussdiagramm (Beispiel)

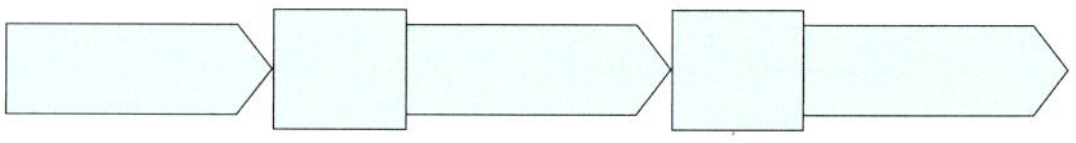

Energieart *Energie-wandler* *Energieart* *Energie-wandler* *Energieart*

2

2

Experimente

LERNSTATION 1

Die „Kartoffelbatterie“

Materialien: 1 LED, 3 frische Kartoffeln (oder Zitronen), 3 Zwei-Cent-Stücke, 3 Zink-Unterlegscheiben, Drähte, einige Büroklammern

Durchführung: Achtet darauf, dass sich die Münzen und die Zinkscheiben nicht berühren. Die Kontaktstellen zwischen den einzelnen Bauelementen müssen blank sein. Zum Schluss wird die LED angeschlossen. Das kurze „Beinchen“ wird mit der 2-Cent-Münze verbunden.

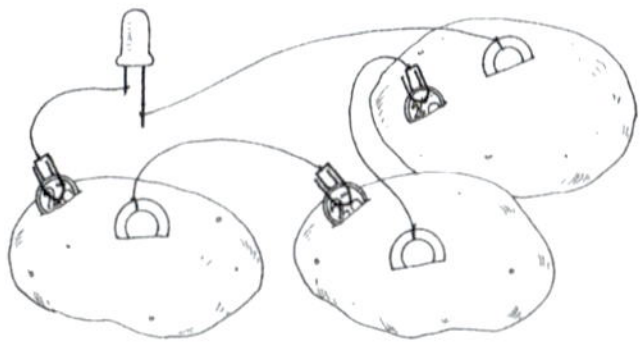

Auswertung: Welche Arten der Energie sind an dem Vorgang beteiligt? Beschreibt die Energieumwandlungen.

LERNSTATION 2

Der Solarpropeller

Materialien: 1 Solarzelle, 1 Elektromotor (Solarmotor), 1 Propeller, Kabel, 1 Lampe

Durchführung: Steckt den Propeller auf die Motorwelle. Beleuchtet die Solarzelle mit der Lampe. Verändert auch den Abstand zwischen Lampe und Solarzelle.

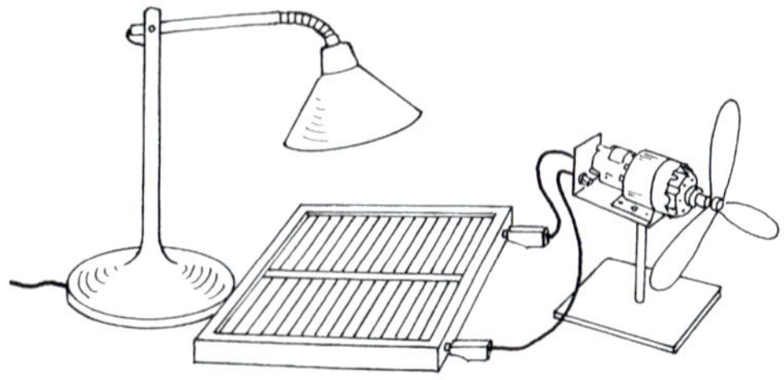

Auswertung: Welche Arten der Energie sind an dem Vorgang beteiligt? Beschreibt die Energieumwandlungen.

LERNSTATION 3

Das Thermoelement

Materialien: 1 Thermoelement, 2 Kabel, 2 Marmeladengläser mit Metalldeckel, 1 Elektromotor (Solarmotor) mit Propeller

Durchführung: Füllt ein Glas vollständig mit heißem, das andere mit kaltem Wasser. Die Gläser werden fest verschlossen. Handschuhe benutzen! Legt das Thermoelement zwischen die beiden Deckel (heißes Glas steht unten) und schließt den Motor an.

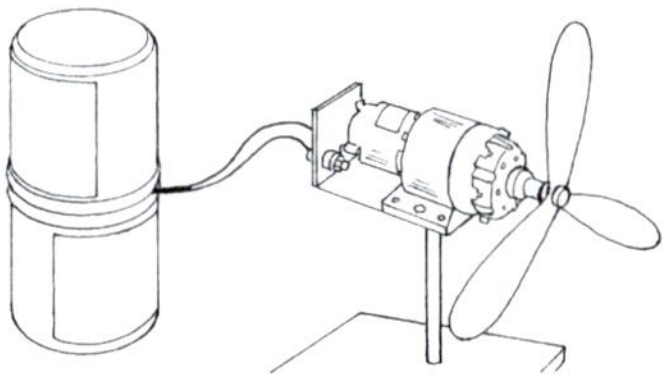

Auswertung: Welche Arten der Energie sind an dem Vorgang beteiligt? Stellt den Weg der Energie zeichnerisch dar.

LERNSTATION 4

Die „Minirakete“

Materialien: 1 Filmdose, Wasser, 1 Brausetablette, Papier, Schere

Durchführung: Fertigt aus Papier eine Raketenspitze und klebt sie auf den Boden der Filmdose. Dann füllt ihr die Filmdose zu einem Viertel mit Wasser, gebt ein Bruchstück der Brausetablette hinein, verschließt die Dose und setzt sie schnell mit dem Deckel nach unten auf einen ebenen Startplatz. Vorsicht, es kann etwas kleckern. Der Startplatz sollte also geräumt und „wasserfest“ sein.

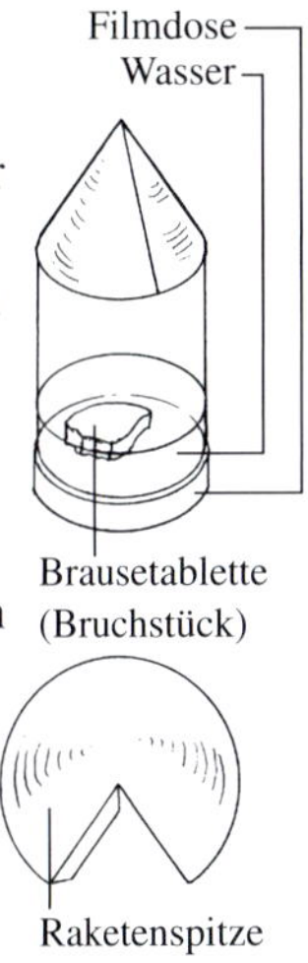

Auswertung: Welche Arten der Energie sind an dem Vorgang beteiligt? Stellt den Weg der Energie zeichnerisch dar. ◄

Physik erlebt

Energie, wandle dich!

In der Natur finden ständig Energieumwandlungen statt, ohne die es in unserer Welt nicht die vielfältigen Veränderungen gäbe, die wir laufend beobachten können.

Ende November bietet uns der Nachthimmel das fantastische Schauspiel der *Leoniden*. Diese Meteore (Sternschnuppen) scheinen aus dem Sternbild des Löwen (lat. *leo:* Löwe) zu kommen. Es handelt sich um Bruchstücke, die der Komet *Tempel-Tuttle* auf seiner Umlaufbahn um die Sonne im inneren Sonnensystem hinterlassen hat. Kreuzt die Erde die Bahn der Meteore, so tauchen sie mit großer Geschwindigkeit in die Atmosphäre ein und verglühen, wobei sich ihre Bewegungsenergie größtenteils in innere Energie verwandelt und dann durch Wärme und Licht an die Umgebung abgegeben wird.

Der Geysir „Old Faithful“ im Yellowstone Nationalpark (USA) spritzt heißes Wasser bis zu 55 m hoch – und dies etwa alle 100 Minuten. Geysire (isländ. *geysa:* wirbeln, strömen) kommen in aktiven vulkanischen Gebieten vor. Heißes Magma aus dem Erdinneren strömt bis fast an die Erdoberfläche. Dort erhitzt es in einer Höhle Grundwasser auf mehr als 100 °C, bis dieses explosionsartig anfängt zu sieden. Dann bahnen sich Wasser und Dampf ihren Weg durch eine Spalte im Gestein nach oben und „schießen“ mit großer Geschwindigkeit in die Luft. Innere Energie wird also in Höhenenergie umgewandelt.

Das *Indische Springkraut* wächst bei uns an Bächen und auf Feuchtwiesen. Es stammt aus dem Himalaya und wurde zunächst in England als Zierpflanze eingeführt. Während der Reifung steigt der Zelldruck in den Samenkapseln stark an – es ist, als ob eine Feder immer stärker zusammengedrückt würde. Schon bei leichter Berührung können die Kapseln platzen und die Samen bis zu 7 m weit herausschleudern.
Die Energie dazu stammt letztlich von der Sonne: Ihre Strahlung wandelt die Pflanze durch Fotosynthese in chemische Energie und in Spannenergie um.

Eine Seemöwe kennt zwar nicht die Arten der Energie oder den Energieerhaltungssatz – aber sie kann Energie trickreich einsetzen. Wie andere Raubvögel nutzt sie die Höhenenergie, um ihren Körper beim Beutefang auf große Geschwindigkeiten zu beschleunigen. Und sie beherrscht noch eine andere „Technik“: Sie lässt aus ihrem Schnabel Muscheln und kleine Krebse aus größerer Höhe auf einen Felsen fallen, damit die Schale zerstört wird.

Für Lachse ist es überlebenswichtig, dass sich Bewegungsenergie in Höhenenergie umwandeln lässt. Sie laichen im Quellgebiet desjenigen Flusses, in dem sie selbst das Licht der Welt erblickten. Auf der Wanderung flussaufwärts müssen sie oft kleinere Wasserfälle überwinden. Mit knapp $30\,\frac{km}{h}$ schnellen sie aus dem Wasser und können dadurch bis zu 3 m hoch springen. Manchmal endet ein solcher Sprung allerdings direkt im Maul eines wartenden Grizzlybären, der sich dadurch ohne großen Aufwand mit Energie versorgt. Im Gegensatz zu Pflanzenfressern, deren Nahrung nicht davonlaufen kann, ist die Nahrungsbeschaffung für Raubtiere meist sehr energiezehrend. Dafür werden sie aber auch belohnt, denn 1 kg Fleisch beinhaltet bis zu 15-mal so viel Energie wie 1 kg Gras.

Ohne die Fähigkeit, Energie im Körper in Form von Fett, Eiweiß und Kohlenhydraten zu speichern, müssten Tiere und natürlich auch Menschen permanent Nahrung zu sich nehmen. Denn sogar im Schlaf muss der Körper chemische Energie umwandeln – bei Säugetieren vor allem, um die Körpertemperatur konstant zu halten.
Für diesen „Grundumsatz“ wandelt unser Körper pro Sekunde etwa so viel Energie um wie eine 100-Watt-Glühlampe.
Die Muskulatur unseres Bewegungsapparats braucht noch mehr Energie: Da die Muskeln nur bis zu 25 % der zugeführten chemischen Energie in Bewegungsenergie umsetzen können, müssen wir ein Vielfaches der erzeugten Bewegungsenergie durch „Verbrennen“ der Nahrung aufbringen. Wo der Rest der eingesetzten Energie bleibt, verrät der Schweiß auf der Stirn: Die umgewandelte Energie erwärmt unseren Körper.

Energieformen in der Mechanik

Die Goldene Regel der Mechanik

Im Gebirge werden Straßen und Wanderwege oft in Serpentinen angelegt. ↑1
Dadurch ist der Anstieg weniger steil und man spart Kraft.
Spart man auch Energie?

1 Gebirgsstraße mit Serpentinen

2 Rampe: Hilfe für Rollstuhlfahrer

3 Schiefe Ebene beim Snowboarden

Rampen, in der Physik oft „schiefe Ebenen" genannt, erleichtern es im Alltag, Gegenstände oder Menschen nach oben zu transportieren. ↑2
Je flacher die Rampe ist, desto geringer ist der Kraftaufwand.
Auch in vielen Sportarten spielen schiefe Ebenen eine wichtige Rolle. ↑3
Bestimmt fallen dir außer dem Snowboarden noch weitere Sportarten im steilen Gelände ein, die einen besonderen „Kick" haben.
Der Bau von Serpentinen in den Bergen, der Einsatz von Rampen und das Fahren von Kurven in steilem Gelände dient ein und demselben Zweck: den Kraftaufwand zu verringern. Allerdings bekommt man die Krafteinsparung nicht geschenkt: Je kleiner die Kraft wird, desto länger wird der Weg. (Genauer gesagt: Je geringer die aufzuwendende Kraft ist, desto länger wird der Weg, den der Angriffspunkt der Kraft zurücklegen muss, um ein und dieselbe Aufgabe zu erledigen.)
Es wäre natürlich toll, wenn wir mithilfe der schiefen Ebenen auch Energie sparen könnten. Um zu untersuchen, ob das möglich ist, müsste man den „Energieaufwand" vergleichen können.

Probier's mal!

1 Radfahren am Hang
Suche dir einen steil ansteigenden, „autofreien" breiten Weg. Fahre mit dem Fahrrad eine Strecke, die du vorher am Wegrand absteckst, einmal parallel zum Wegrand und einmal in einer Schlangenlinie (volle Wegbreite nutzen) bergauf.
Tipp: Mit einem Mountainbike solltest du die „Bergtour" auf einer am Hang gelegenen Wiese, einem Stoppelacker oder auf ähnlich unbefestigtem Gelände unternehmen.
Du spürst beim Bergauffahren die Kraft, die deine Beine aufbringen müssen. Achte darauf, ob du bei der Kraft einen Unterschied zwischen der geradlinigen und der Schlangenlinienfahrt feststellen kannst. Schildere deine Erfahrungen!

2 Eine Dose rollt bergab
Lege ein langes Brett gegen den Sitz eines Stuhls und lass darauf eine ungeöffnete Konservendose ($m \approx 800\,g$) hinunterrollen. Am Ende des Bretts soll die Dose durch Zusammenstoß mit einem weichen Gegenstand (z. B. Kissen) gestoppt werden.
a Miss die Zeit vom Start der Dose bis zum Zusammenstoß und notiere den Wert. Notiere auch die Länge des Roll- und des Bremswegs.
b Stelle das Brett mal steiler, mal flacher auf und wiederhole dann den Versuch. Die Starthöhe der Dose über dem Fußboden muss jeweils gleich sein. Vergleiche die „Rollzeiten" und die zurückgelegten Wege. Was fällt dir auf? Halte deine Beobachtungen schriftlich fest.

Experiment

3 Eine „goldene Regel" für Rampen ↑4
Rampen, die denselben Höhenunterschied überwinden, können verschieden steil sein. Wie wirkt sich das genau auf die Kraft aus, die nötig ist, um einen Gegenstand nach oben zu befördern?
a Hänge einen Wagen zunächst an einen geeigneten Kraftmesser und hebe ihn langsam mit konstanter Geschwindigkeit von der Tischplatte bis zur Oberkante eines auf dem Tisch stehenden Klotzes hoch. Notiere den Betrag F_s der (Gewichts-)Kraft sowie den Weg Δs als erstes Wertepaar in einer Tabelle.

	ohne Rampe	Rampe 1	Rampe 2	Rampe 3
Δs in m	?	?	?	?
F_s in N	?	?	?	?

b Ziehe den Wagen auf verschieden langen Rampen langsam von der Tischplatte bis zur Oberkante des Klotzes hoch. So wird der Wagen (bzw. sein Schwerpunkt) stets um dieselbe Höhe Δh angehoben.
Hinweise: Werde beim Ziehen weder schneller noch langsamer. Ziehe den Kraftmesser parallel zur Oberfläche und zur Längskante der Rampe.
Lies jeweils den Wert der Zugkraft F_s ab und trage ihn mit der Rampenlänge Δs in die Tabelle ein.
c Füge in deiner Tabelle eine vierte Zeile für das Produkt $F_s \cdot \Delta s$ (in Nm) an. Berechne die Produkte aus deinen Messwerten und trage sie ein. Was fällt dir beim Betrachten der letzten Tabellenzeile auf? Fasse deine Beobachtung in einem Satz zusammen.
Hinweis: Die Reibungskraft beim Ziehen des Wagens nimmt ab, je steiler die Rampe ist, und „verschwindet" beim senkrechten Hochheben ganz.

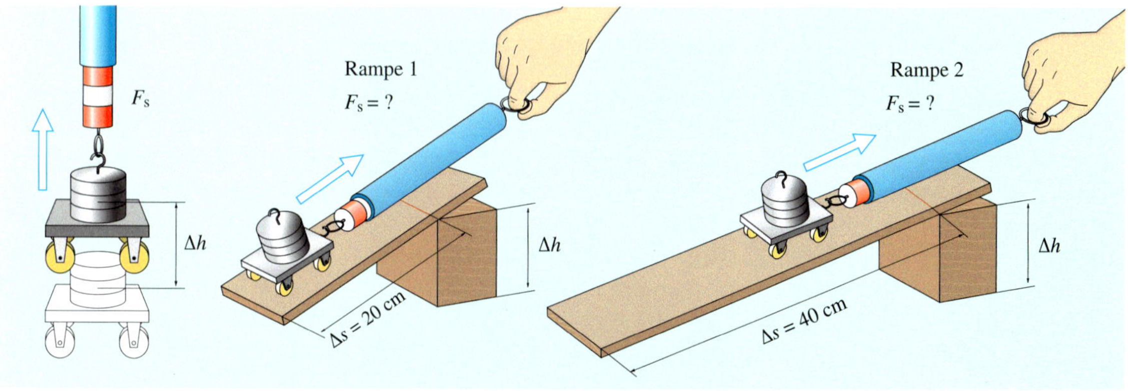

4 Kraft und Weg beim Hochheben und Hochziehen auf verschiedenen Rampen

GRUNDLAGEN: *Kraftwandler* – die Goldene Regel der Mechanik

▶ Durch den geschickten Einsatz verschieden langer Rampen können wir die zum Hochschieben oder -ziehen von Gegenständen benötigte Kraft fast nach Belieben reduzieren. Die Krafteinsparung wird aber immer durch eine längere Rampe „erkauft": Der Weg, den der Angriffspunkt der Zugkraft zurücklegen muss, wird länger. Es gilt:
halbe Kraft → doppelter Weg; ein Drittel der Kraft → dreifacher Weg.

Das Produkt aus dem Betrag F_s der konstanten Kraft in Wegrichtung und dem Weg Δs bleibt für ein und denselben Gegenstand (Gewichtskraft F_G) bei gleicher Hubhöhe Δh stets gleich groß – unabhängig von der Neigung der eingesetzten Rampe. ↑1 **Es gilt: $F_s \cdot \Delta s = F_G \cdot \Delta h$.**

Die Gleichung beschreibt die *Goldene Regel der Mechanik* für Rampen mathematisch. Die Regel lautet „griffig" formuliert:

Was man an Kraft spart, muss man an Weg zulegen.
Was man an Weg spart, muss man an Kraft zulegen.
Das Produkt aus Kraft und Weg bleibt stets gleich groß. ◀

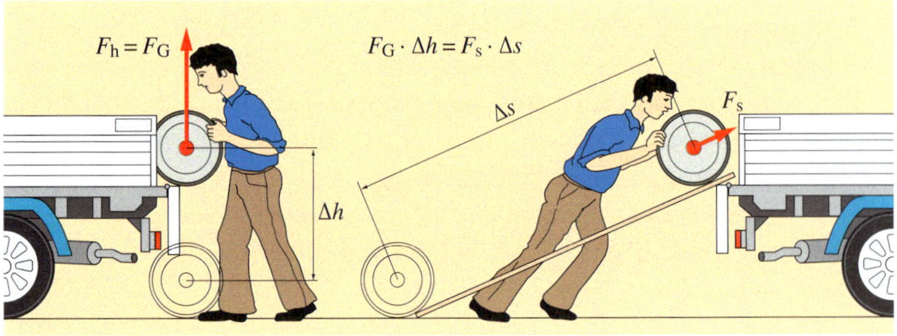

1 Goldene Regel der Mechanik bei der Rampe

Die Goldene Regel gilt nicht nur für schiefe Ebenen, sondern für alle erdenklichen Kraftwandler, die das Hochheben von Lasten erleichtern sollen: *Flaschenzüge* ↑2 zum Hochziehen schwerer Lasten; *Seilwinden*, mit denen die Feuerwehr Fahrzeuge birgt, die die Böschung hinuntergestürzt sind, oder mit denen Forstbetriebe Baumstämme aus dem Wald auf einen Weg ziehen … Viele Maschinen werden mit Kurbeln betrieben. ↑3 Auch sie folgen der Goldenen Regel. ↑4

2 Flaschenzug

3 Einfacher Wagenheber

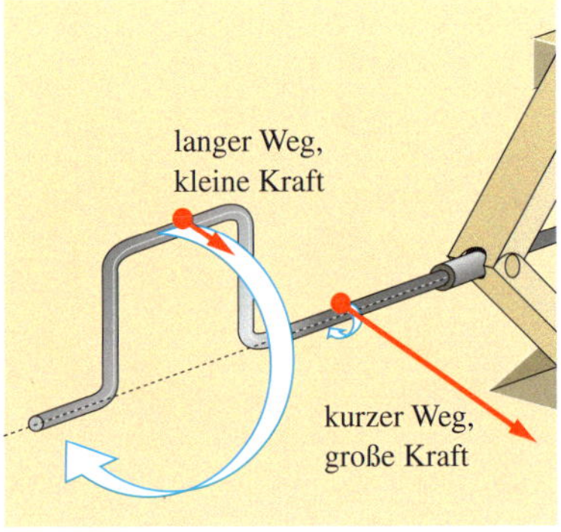

4 Goldene Regel bei der Kurbel

Aufgaben

1 *Schrauben? Runde Rampen!* Schrauben sind im Prinzip aufgewickelte schiefe Ebenen. Wickelt man ein Blatt Papier, das die Form eines rechtwinkligen Dreiecks hat und entlang dessen Hypothenuse eine farbige Linie aufgezeichnet ist, auf einen runden Stift auf, so entsteht eine Schraubenlinie. ↑5 Bei einem Stift aus Metall würde man durch Fräsen einer Vertiefung entlang dieser Linie eine Schraube erhalten.

a Konstruiere eine solche Schraubenlinie. ↑5

b Es gibt Schrauben mit Normalgewinde und mit Feingewinde. ↑6 Wodurch unterscheiden sie sich wohl? Wann wird welcher Schraubentyp verwendet? Begründe deine Antwort.

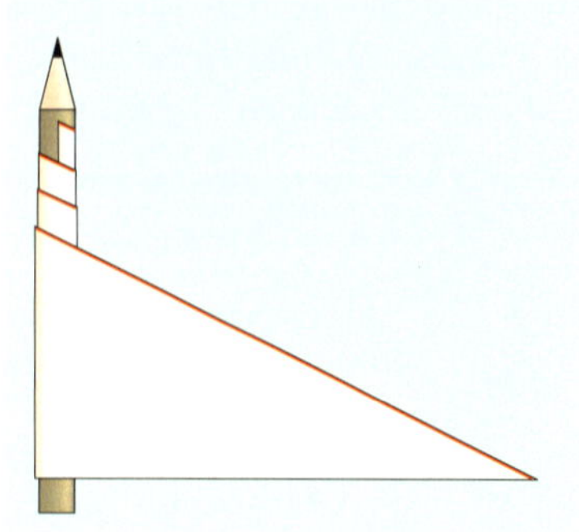

5 Konstruktion der Schraubenlinie

2 *Verschiedene Schrauben* Zwei gleich lange Holzschrauben haben verschiedene Durchmesser: 3 mm und 4 mm. Bei der dünneren Schraube erkennt man doppelt so viele Windungen wie bei der dickeren. Beide Schrauben werden in dasselbe Brett geschraubt. Dazu ist jeweils ein bestimmter Betrag an Kraft aufzuwenden. Welche Kraft ist wohl größer: $F_{\text{dünn}}$ oder F_{dick}? Wie groß ist der Quotient beider Beträge?

3 *Pyramiden* Beim Bau der ägyptischen Pyramiden wurden Steinquader auf untergelegten Rundhölzern über Rampen nach oben transportiert. Die Quader hatten ein Volumen von $V = 4{,}0\,\text{m} \cdot 1{,}5\,\text{m} \cdot 1{,}0\,\text{m}$, jeder Kubikmeter Gestein wog 2,3 t (*Dichte* des Gesteins: $\varrho = 2{,}3\,\frac{\text{t}}{\text{m}^3}$). Die Rampen hatten eine Steigung von 10 % (10 m „Höhengewinn" bei einer waagerechten Strecke von 100 m). Wie viele Männer mussten mindestens an einem Stein ziehen? *Annahme*: Jeder zog mit einer Kraft von 300 N.

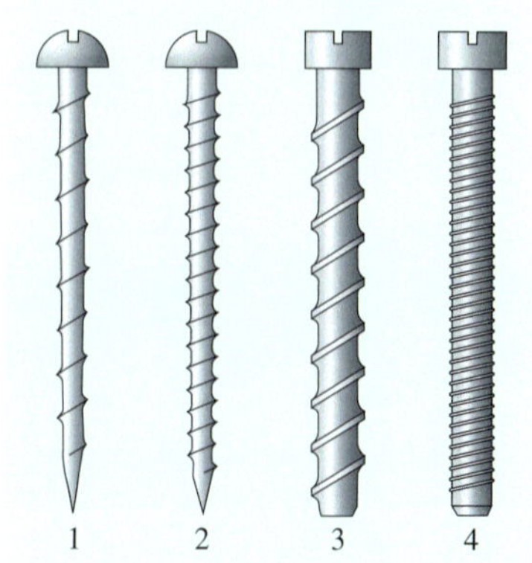

6 Welche Schraube für welchen Zweck?

Aus der Technik Scheren – Kraftwandler zum Schneiden

Eine Astschere ist ein sehr nützliches Gartengerät. ↑7 Sie ermöglicht es, mit geringem Kraftaufwand einen Ast zu durchtrennen. An den kurzen Schneiden wirken dabei große Kräfte. ↑8 Je länger die Stiele sind, desto weniger Kraft muss man aufwenden. Die kleinere Kraft am langen Stiel muss allerdings auf einem längeren Weg wirken: Auch für Astscheren gilt die Goldene Regel der Mechanik. Das Gleiche gilt natürlich für alle anderen Scheren, Zangen …

7 Eine Schere für Äste

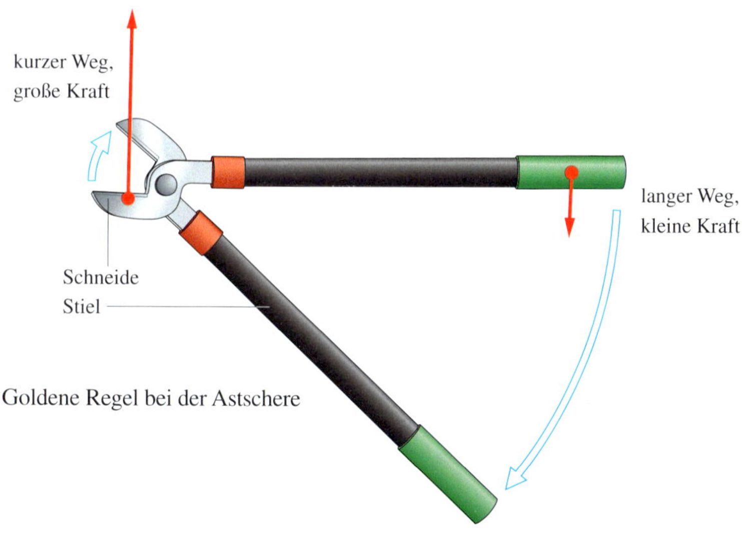

8 Goldene Regel bei der Astschere

Experimente[V]

Trotz moderner Technik sind die seit Jahrtausenden bekannten Kraftwandler *Flaschenzug* und *Hebel* heute noch aktuell. Lerne ihren Aufbau und ihre Funktion kennen ↑1, bevor du dich in die Lernstationen „stürzt".

Flaschenzüge

Flaschenzüge dienen dazu, Kräfte beim Heben oder Ziehen schwerer Lasten zu verringern. Sie bestehen aus einem Seil, das über eine Kombination mehrerer Rollen geführt wird. Flaschenzüge nutzen zwei Funktionen von Rollen: Umlenken und Kraftverteilen.

Umlenken:
Mit einer Rolle kann man die Richtung einer Kraft ändern, ohne ihren Betrag zu ändern.

Umlenken

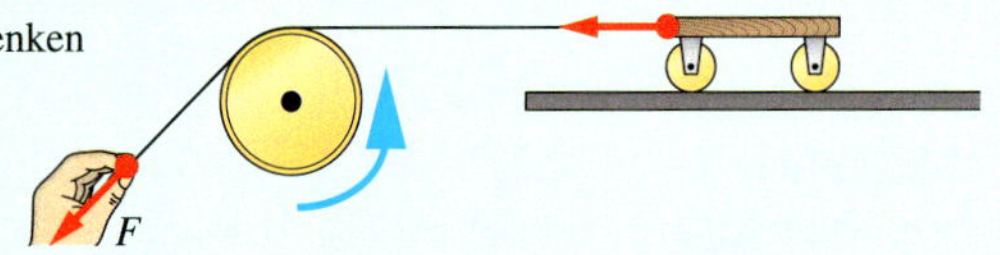

Um Kräfte in Ruhe untersuchen zu können, erzeugen wir jeweils ein Kräftegleichgewicht.

Kräftegleichgewicht

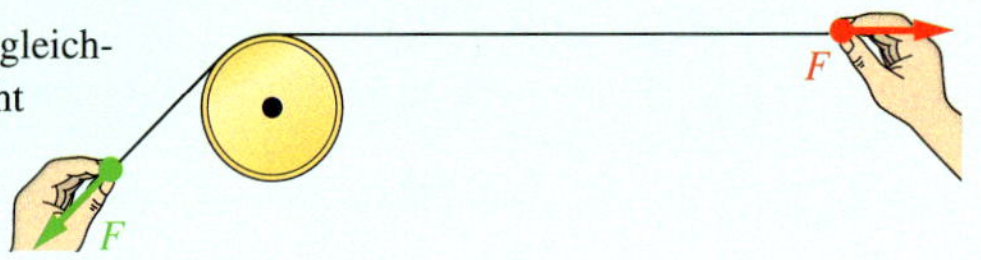

Kraftverteilen:
Mit einer Rolle kann man eine Kraft auf zwei Seilstücke verteilen und dadurch jeweils halbieren.

Kraftverteilen

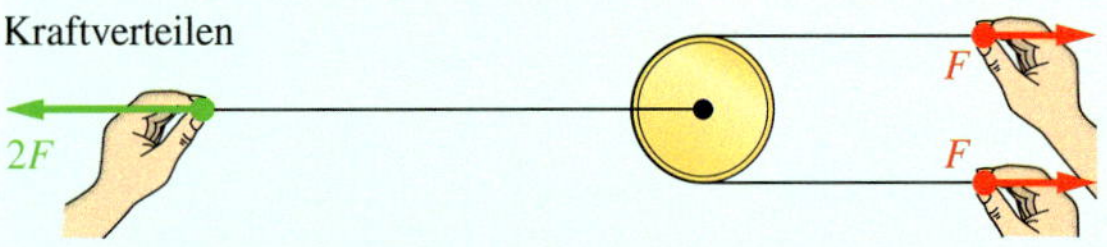

Flaschenzug mit zwei Rollen:
Die linke Rolle kann sich auf und ab bewegen, die rechte nicht. Mit der linken Rolle wird die Gewichtskraft auf zwei Seilstücke verteilt. Mit der rechten Rolle wird die eine „Krafthälfte" umgelenkt. Die Zugkraft ist nur halb so groß wie die Gewichtskraft auf das Wägestück.

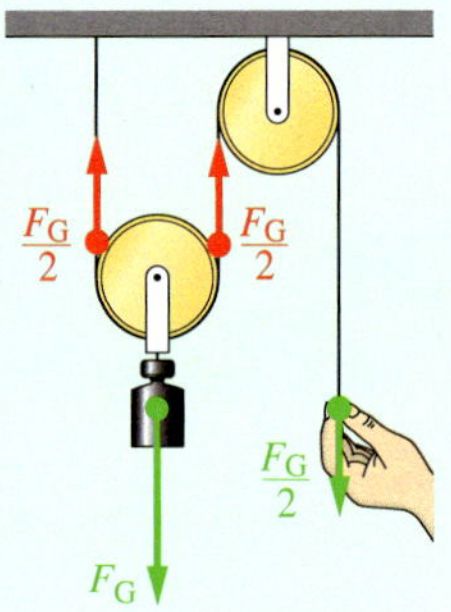

Hebel

Hebel sind starre Gegenstände, die drehbar gelagert sind. Sie werden genutzt, um Kräfte zu vergrößern oder Wege zu verringern.

Um Kräfte in Ruhe untersuchen zu können, erzeugen wir jeweils ein Kräftegleichgewicht. Die Kräfte lassen wir senkrecht am Hebel angreifen.

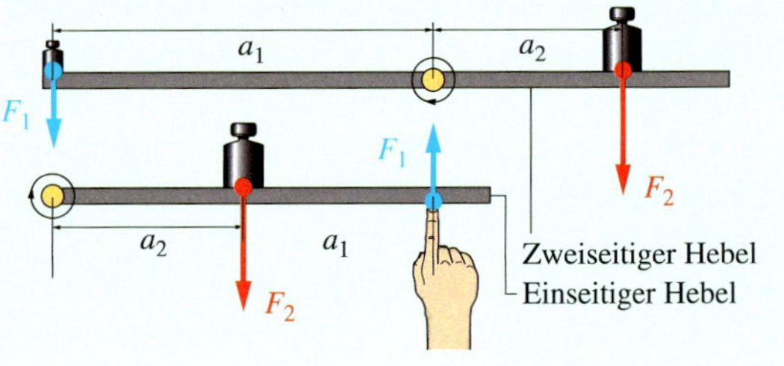

Beispiel: Die Kraft F_1 greift jeweils in doppeltem Abstand $a_1 = 2a_2$ vom Drehpunkt an wie F_2. Um ein Kräftegleichgewicht zu erreichen, muss F_1 nur halb so groß sein wie F_2.

Allgemein gilt:
Die Kräfte verhalten sich umgekehrt wie die Längen der Hebelarme: $\frac{F_1}{F_2} = \frac{a_2}{a_1}$ oder $F_1 \cdot a_1 = F_2 \cdot a_2$ (Hebelgesetz).

Der drehbar gelagerte Hebel kann auch ein Rad sein. Hier muss man „virtuelle" Kraftarme a_1 und a_2 konstruieren. Sie beginnen jeweils am Drehpunkt und stehen senkrecht auf den „Wirkungslinien" der Kräfte.

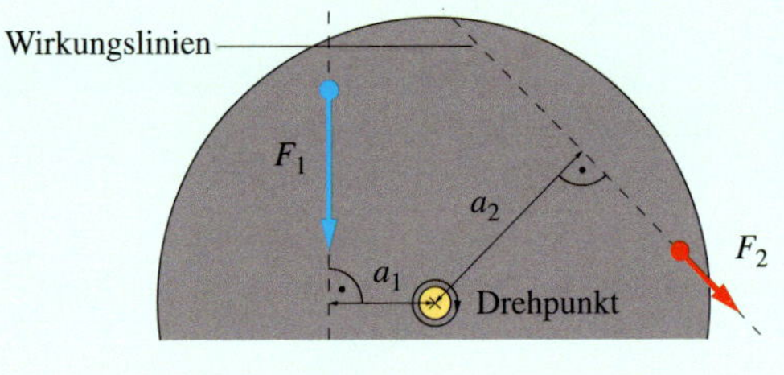

1 Aufbau und Funktion von Flaschenzügen und Hebeln

Experimente[V]

LERNSTATION 1

Zweiseitiger Hebel

Aufgabe: Ein Brett auf einem Balken – und schon ist der zweiseitige Hebel einsatzbereit. Mit ihm sollst du das Hebelgesetz bestätigen.

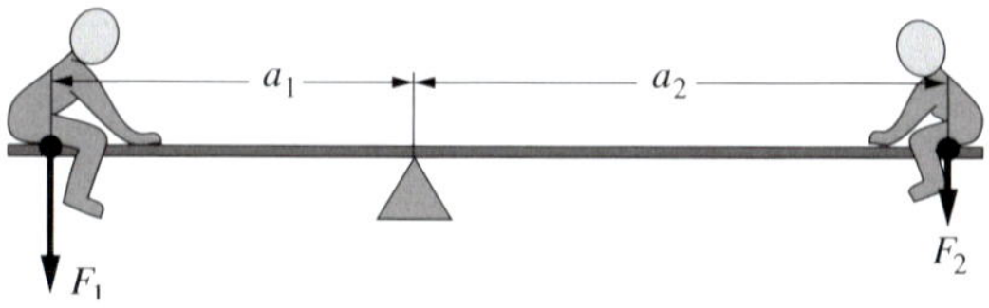

Durchführung: Für die Messungen brauchst du vier Personen. Bestimme jeweils ihre Masse und berechne die Gewichtskraft. Dann stellen sich jeweils Zwei auf die verschiedenen Seiten des Hebels, sodass Kräftegleichgewicht herrscht. Markiere die Hebelarme und miss ihre Länge. Trage Gewichtskräfte und Längen in eine Tabelle ein.

Auswertung: Bestätige das Hebelgesetz anhand der Messwerte.

LERNSTATION 2

Einseitiger Hebel

Aufgabe: Bestätige das Hebelgesetz mit einem einseitigen Hebel.

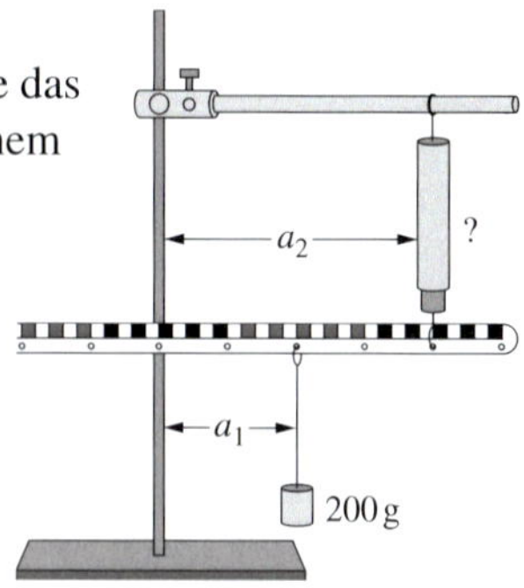

Durchführung: Hänge das Wägestück an einer Stelle des Hebels an. Miss die Zugkraft, die an verschiedenen Stellen (auf der gleichen Seite) des Hebels nötig ist, um ein Kräftegleichgewicht zu erreichen. Notiere jeweils die Längen der Hebelarme und die Beträge der Kräfte in einer Tabelle.

Auswertung: Bestätige das Hebelgesetz anhand der Messwerte.

LERNSTATION 3

Tretkurbel beim Fahrrad

Aufgabe: Die Tretkurbel sorgt dafür, dass die Zugkraft auf die Kette größer ist als die Tretkraft auf die Pedale. Bestimme die „Kraftübersetzung".

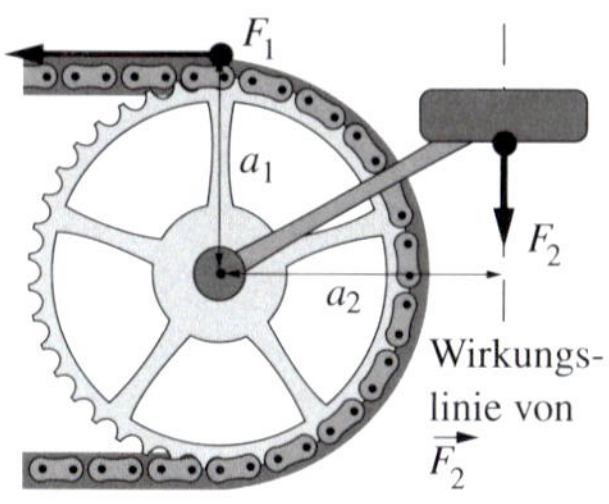

Durchführung:

Du brauchst zwei Helfer: Einer hält das Hinterrad deines Fahrrads hoch, ein anderer zieht mit einem Kraftmesser die (waagerecht gestellte) Kurbel nach unten. Du ziehst mit einem Kraftmesser an der Kette, sodass Kräftegleichgewicht herrscht. Notiere beide Kräfte. (Dein Fahrrad hat vorne mehrere Kränze? Dann führe die Messung auch an ihnen durch.)

Auswertung: Berechne die „Kraftübersetzung".

LERNSTATION 4

Nagelheber (Winkelhebel)

Der Nagelheber ist ein sehr wirkungsvoller Kraftwandler. Probiere es selbst einmal aus: Schlage einen Nagel so weit in den Holzbalken, dass er mit dem „Kuhfuß" noch gefasst werden kann. Ziehe ihn dann mit dem Nagelheber wieder heraus.

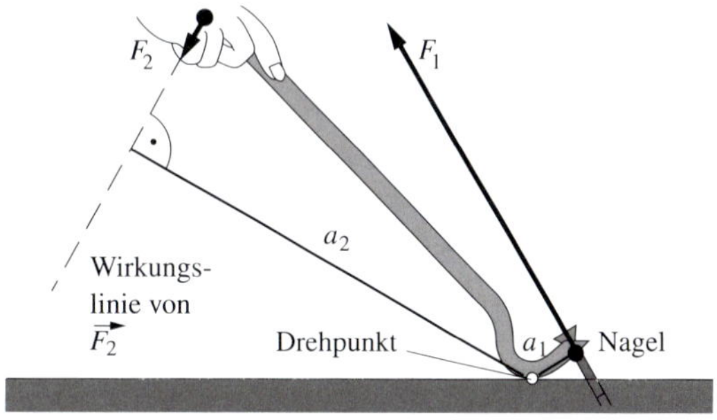

Aufgabe: Berechne die „Kraftübersetzung" für deinen Nagelheber.

Experimente[V]

LERNSTATION 5

Unterarmhebel

Aufgabe: Wenn ein Mensch eine Last hebt, wirkt sein Unterarm wie ein Hebel. Bestimme die Kraftübersetzung.

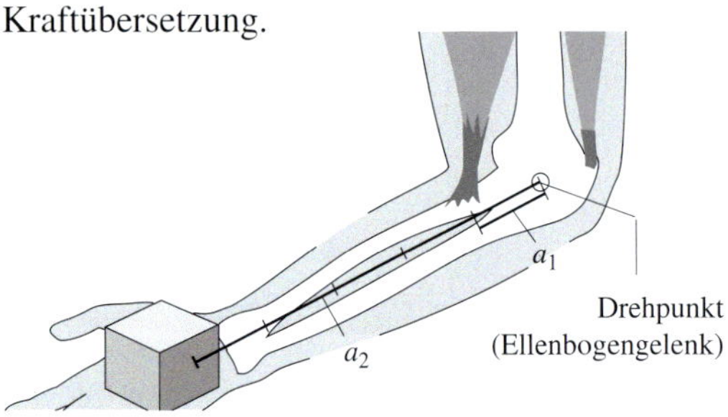

Durchführung: Miss am Skelettarm aus der Biologiesammlung die Längen der Hebelarme.

Auswertung: Berechne die Kraftübersetzung.

Vertiefung: Offensichtlich soll der Unterarmhebel keine Kräfte verringern. Welche Aufgabe hat er wohl?

LERNSTATION 6

Überall Hebel

Aufgabe: Viele alltägliche Gegenstände funktionieren als Hebel: Flaschenöffner, Korkenzieher, Beißzange, Seitenschneider, Schraubendreher … Bestimme für jeden die Kraftübersetzung.

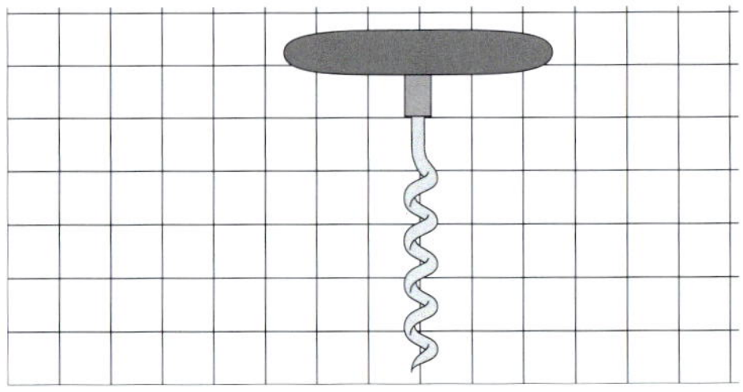

Durchführung: Die Werkzeuge werden auf kariertes Papier gelegt und der Umriss nachgezeichnet. Markiere für jedes den Drehpunkt, die Angriffspunkte der Kräfte und die Hebelarme.

Auswertung: Berechne die Kraftübersetzungen.

LERNSTATION 7

Flaschenzug

Bei diesem Flaschenzug sind jeweils 2 Rollen drehbar fest verbunden. Eine solche Rollenkombination nennt man „Flasche“.

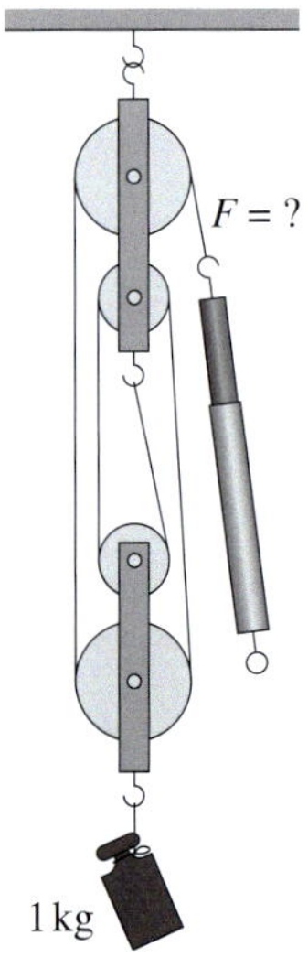

Aufgaben:

a Überlege, mit welcher Kraft F man ziehen muss, um das Wägestück (mit konstanter Geschwindigkeit) anzuheben. Verwende dazu
- eine Betrachtung der Kräfte,
- die Goldene Regel der Mechanik.

b Miss die Kraft F am Flaschenzug.

Auswertung: Vergleiche deinen Messwert mit dem theoretisch ermittelten. Wie kommt es wohl zu dem Unterschied?

LERNSTATION 8

Flaschenzug mit vielen Rollen

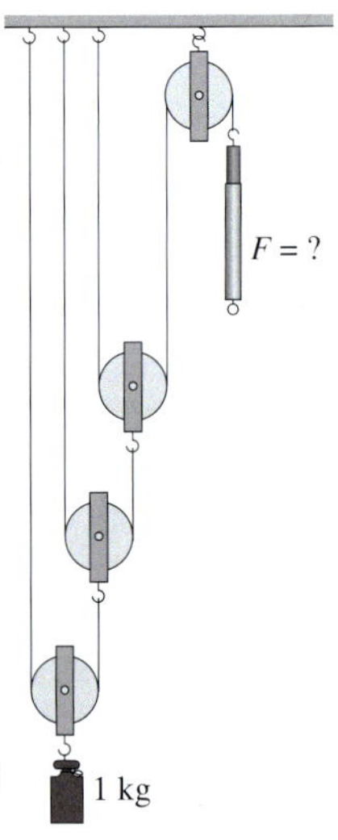

Aufgaben:

a Überlege, mit welcher Kraft F man jeweils ziehen muss, um das Wägestück (mit konstanter Geschwindigkeit) anzuheben. Verwende dazu
- eine Betrachtung der Kräfte,
- die Goldene Regel der Mechanik.

b Miss jeweils die Kraft F am Flaschenzug.

Auswertung: Vergleiche deine Messwerte mit den theoretisch ermittelten. Wie kommt es wohl zu den Unterschieden?

Experimente[V]

LERNSTATION 9

Korsett (Schnürmieder)
Auch früher gab es schon Hilfsmittel, um die „Idealfigur" zu erreichen.

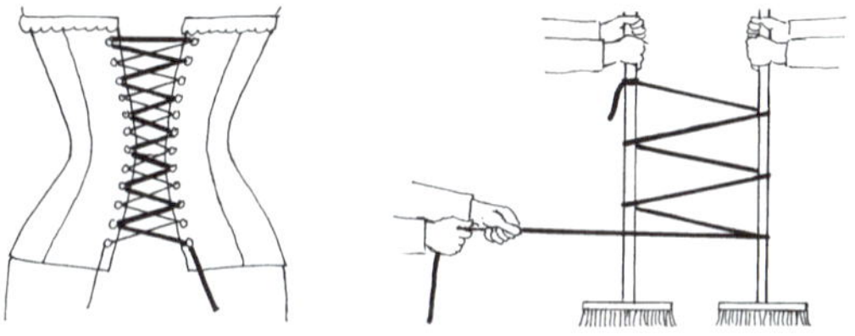

Aufgabe: Baue ein Modell des Schnürmieders aus zwei Besenstielen und einem Seil auf und probiere es aus.
Überlege, welche Kraftverstärkung du mit deinem Modell erreichen würdest, wenn das Seil nicht an den Besenstielen reiben würde.
Durchführung: Zwei Personen halten die Besenstiele, einer zieht am Seil.

LERNSTATION 10

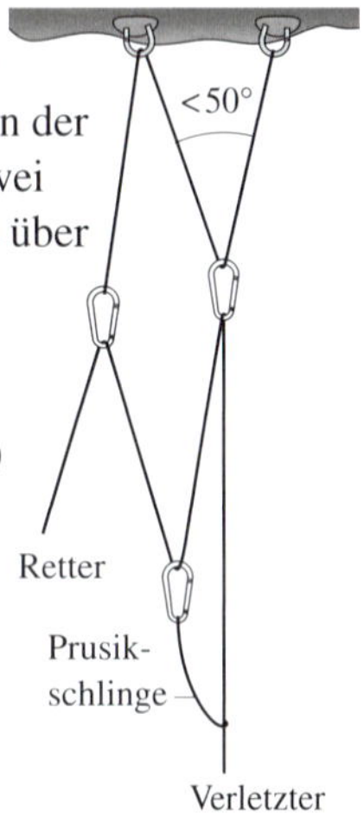

Mittenwalder Flaschenzug
Dieser Flaschenzug kommt in der Bergrettung zum Einsatz: Zwei Karabiner (Metallringe) sind über Expressen (Bänder) an Felshaken befestigt. Ein dritter Karabiner zieht über die Prusikschlinge (eine Schnur) zusätzlich an dem Seil, an dem der Verletzte hängt.
Aufgabe: Baue einen Mittenwalder Flaschenzug nach und probiere ihn aus.
Material: 2 Haken, in der Decke befestigt; 3 Karabiner; 10 m Seil, Ø 10 mm; 1 m Seil (für die Prusikschlinge), Ø 6 mm; Wägestück als Last.
Stattdessen kannst du auch 3 Rollen, Schnüre, Stativmaterial und ein Wägestück verwenden.

Aufgaben[V]

1 Gießkran

1 *Schwerlastflaschenzug* In Stahlwerken gibt es riesige Gießkräne. ↑1
270 t geschmolzenes Eisen befinden sich in der unten angehängten „Pfanne", die zusammen mit ihrer Aufhängung 5 t wiegt. Vier motorenbetriebene Flaschenzüge sind nötig, um die volle Pfanne zu heben. Jede einzelne Flasche besitzt fünf Rollen.
Welche Zugkraft muss jeder der vier Motoren entwickeln, wenn die volle Pfanne mit konstanter Geschwindigkeit hochgezogen werden soll?

2 *Unterkieferhebel* Der Unterkiefer ist im Kiefergelenk drehbar gelagert. ↑2 Um zuzubeißen, zieht sich der Muskel zusammen.
a Handelt es sich beim Unterkiefer um einen einseitigen oder einen zweiseitigen Hebel?
b Muss die Kraft durch den Muskel größer oder kleiner sein als die Kraft, die man zum Abbeißen eines Apfels braucht? Schätze die Kraftübersetzung ab.

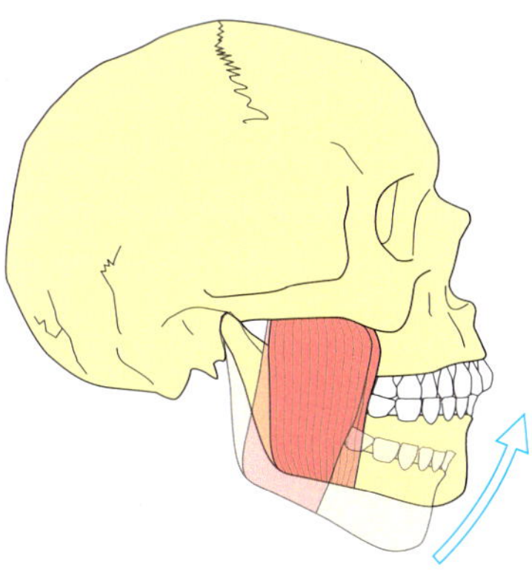

2 Kiefer

Potenzielle und kinetische Energie

Anna lenkt das Pendel bis vor Stefans Nasenspitze aus und lässt es dann bei gespanntem Schnur los. ↑1

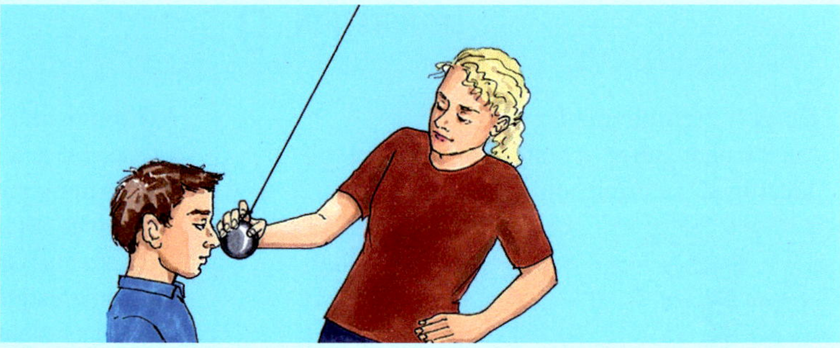

1

Die Pendelkugel wird beschleunigt, erreicht im tiefsten Punkt ihre größte Geschwindigkeit, steigt wieder an und erreicht einen neuen „Höhepunkt". ↑2 Dort kehrt sie um und schwingt zurück. Die Kugel nähert sich Stefans Gesicht, der bisher in starrer Haltung das Pendel mit den Augen verfolgt hat … ↑3

2

Ob sein Zurückweichen nötig war? Wie würdest du reagieren?

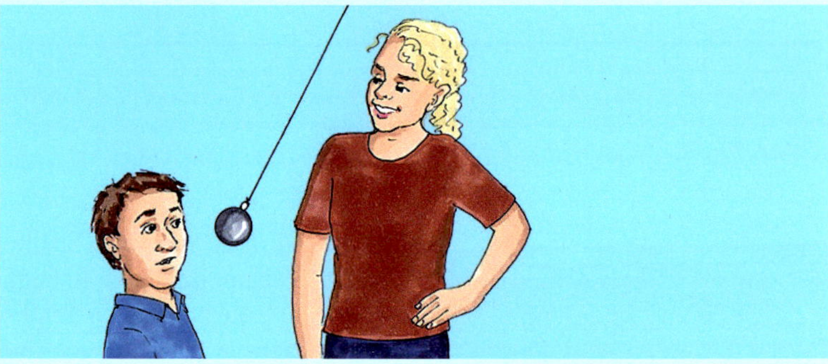

3

> ! Falls du den Versuch selbst ausprobieren willst: Pendel nicht anstoßen, Schnur straff halten!

Die Kugel wird bei der Abwärtsbewegung des Pendels immer schneller und bei der Aufwärtsbewegung immer langsamer. ↑1–↑3 Im höchsten Punkt wird die Geschwindigkeit für einen Moment gleich null, im tiefsten Punkt ist sie dagegen maximal. Kurz gesagt: Je höher sich die Kugel gerade befindet, desto langsamer ist sie – und umgekehrt. Dabei wird jeder Zustand der Pendelbewegung, also jedes „Paar" aus Geschwindigkeit und Höhe, beim Hin- und Herschwingen immer wieder eingenommen. Das gilt auch für die Bewegungsumkehr vor der Nase. Daher ist ein Ausweichen des Kopfes beim Zurückschwingen der Kugel physikalisch unbegründet. Höhe und Geschwindigkeit verändern sich periodisch (immer wiederkehrend) nach einer „verborgenen" Gesetzmäßigkeit. Um ihr auf die „Spur" zu kommen, betrachten wir die Pendelbewegung aus der Sicht der Energieerhaltung.

GRUNDLAGEN: Zwei Energieformen wandeln sich ineinander um

In der Mechanik untersuchen wir die Bewegungen von Körpern und die Kräfte, die die Bewegungen verursachen. Mechanische Energie tritt in verschiedenen Formen auf: Höhenenergie, Bewegungsenergie (kinetische Energie), Spannenergie einer Feder …

▶ **Höhenenergie** Damit ein Fadenpendel schwingen kann, muss der Pendelkörper einmal um die Höhe Δh angehoben werden. ↑4 Dazu wird ihm Energie zugeführt, über die er dann beim Schwingen verfügt. Auf welchem Weg, mit welcher Kraft und mit welchen Hilfsmitteln die Energie zugeführt wird, ist ohne Belang. Solange der Endzustand derselbe ist – ein um Δh angehobener Pendelkörper –, ist auch die Höhenenergie dieselbe.
Du kennst die Goldene Regel der Mechanik. Verändert man die Lage eines Gegenstands der Masse m um die Höhe Δh, ist das Produkt aus aufzuwendender Kraft F_s und Kraftweg Δs stets gleich groß: $F_s \cdot \Delta s = F_G \cdot \Delta h$. Es liegt nahe anzunehmen, dass die beim Anheben auf die Pendelkugel übertragene Energie genau durch den Term $F_G \cdot \Delta h$ bestimmt wird. Die Gewichtskraft F_G lässt sich durch die Masse m des Gegenstands und die Fallbeschleunigung g beschreiben: $F_G = m \cdot g$ (s. Grundwissen 7). Wir legen daher fest:

Ein Gegenstand der Masse m hat nach dem Anheben um die Höhe Δh die Höhenenergie $E_h = m \cdot g \cdot \Delta h$.

Energieumwandlung Wird der angehobene Gegenstand losgelassen, setzt er sich beschleunigt in Bewegung. Die Höhe nimmt ab, die Geschwindigkeit nimmt zu. Oder „energetisch": Die Höhenenergie E_h nimmt ab und die Bewegungsenergie E_{kin} (die kinetische Energie) nimmt zu. Dabei gilt:

Die Summe aus Höhenenergie und kinetischer Energie bleibt bei der Bewegung konstant, solange keine Energie nach außen abgegeben wird (oder von außen aufgenommen wird).
Es gilt: $E_h + E_{kin}$ = konstant (Energieerhaltung).

Ohne Energieabgabe würde das Pendel beliebig lange hin und her schwingen, Höhen- und Bewegungsenergie würden sich ständig ineinander umwandeln. Nimmt die eine Energieform ab, so nimmt die andere zu: ↑5
- Im tiefsten Punkt seiner Bahn hat der Pendelkörper keine Höhenenergie mehr und die Bewegungsenergie ist maximal.
- Im höchsten Punkt (Umkehrpunkt) ist die Höhenenergie maximal und die Bewegungsenergie gleich null.

Energieeinheit Die Einheit der Energie lässt sich aus dem Produkt für die Höhenenergie ablesen. Die einzelnen Einheiten lauten:
Masse m: 1 kg; *Erdbeschleunigung* g: $1\,\frac{m}{s^2}$; *Höhe* Δh: 1 m.
Für das Produkt $m \cdot g \cdot \Delta h$ ergibt sich also: $1\,kg \cdot m \cdot \frac{m}{s^2} = 1\,kg \cdot \frac{m^2}{s^2}$.
Diese Einheit heißt *1 Joule (1 J)*. Da das Produkt $m \cdot g$ gleich F_G ist und daher in N angegeben werden kann, gilt auch: 1 J = 1 Nm. ↑6

Energien werden in der Einheit 1 Joule (1 J) gemessen.

Es gilt: $1\,J = 1\,kg \cdot \frac{m^2}{s^2} = 1\,Nm$. ◀

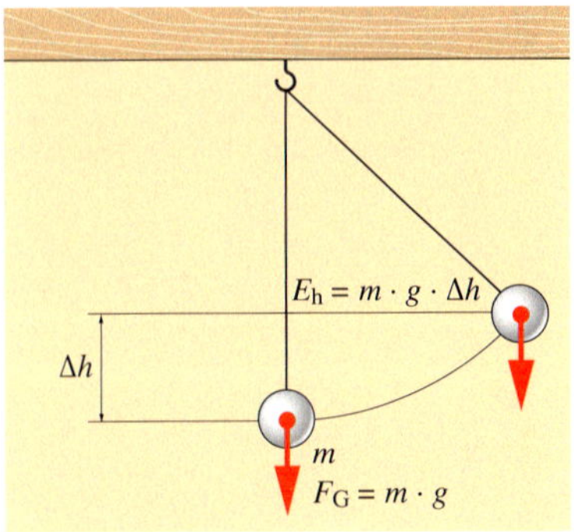

4 Höhenenergie

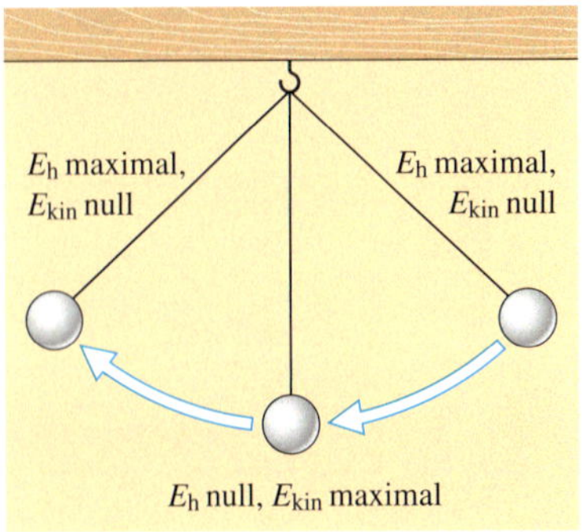

5 Energieumwandlung

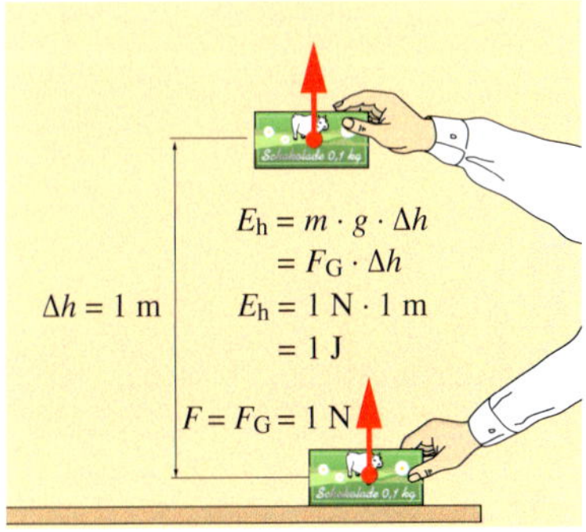

6 Einheit der Energie: 1 Joule (1 J)

Interessantes

Der Physiker JAMES PRESCOTT JOULE (1818–1889) erwarb sich besondere Verdienste dabei, einen Zusammenhang zwischen mechanischer Energie und Wärme auf der Grundlage des Energieerhaltungsprinzips zu finden.
Obwohl er Engländer war, wurde sein Nachname wegen seiner französischen Vorfahren teilweise französisch ausgesprochen: mit langem „u" (wie bei Schule).

GRUNDLAGEN: Kinetische Energie

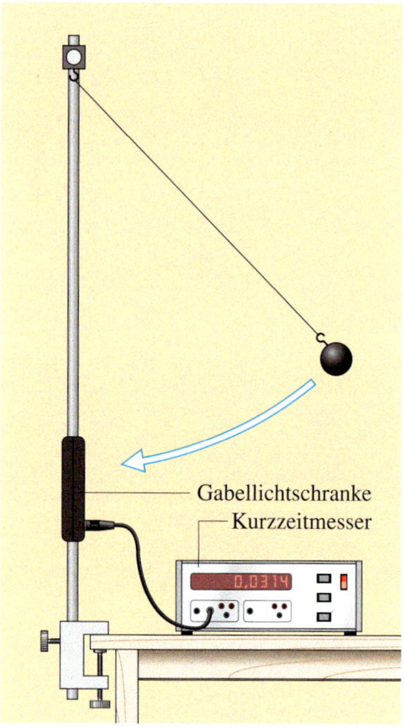

1 Geschwindigkeitsmessung

Wie groß ist eigentlich die Bewegungsenergie eines geschmetterten Volleyballs oder eines Lastwagens auf der Autobahn? Oder allgemeiner: Wie groß ist die kinetische Energie eines Körpers der Masse m, der sich mit der Geschwindigkeit v bewegt?

Um die Antwort zu finden, wenden wir das Energieerhaltungsprinzip an und werten ein Experiment aus. ↑1

Im tiefsten Punkt der Pendelbahn liegt die gesamte Energie des Pendelkörpers als kinetische Energie E_{kin} vor, im Umkehrpunkt als Höhenenergie $E_h = m \cdot g \cdot \Delta h$. Die Summe aus beiden Energien bleibt (näherungsweise) konstant:

tiefster Punkt (unten) Umkehrpunkt (oben)

$$E_{kin,\,unten} + E_{h,\,unten} = E_{kin,\,oben} + E_{h,\,oben}$$
$$E_{kin,\,unten} + 0\,J = 0\,J + m \cdot g \cdot \Delta h$$

Die Geschwindigkeit v im tiefsten Punkt der Pendelbahn wird mithilfe einer Lichtschranke und eines elektronischen Kurzzeitmessers gemessen (die Zeitdifferenz Δt liegt im Millisekundenbereich). Der Kurzzeitmesser läuft, solange die schwingende Pendelkugel das Lichtbündel der Lichtschranke unterbricht (Verdunklungszeit). Der dabei zurückgelegte Weg ist ungefähr so groß wie der Kugeldurchmesser d. Die Messungen ergeben folgende Werte:

Masse der Pendelkugel:	$m = 2{,}00\,kg$
Kugeldurchmesser:	$d = 8{,}0\,cm$
Hubhöhe:	$\Delta h = 33{,}0\,cm$
Verdunklungszeit:	$\Delta t = 0{,}0314\,s$ (Mittelwert aus 10 Messungen)

Aus den Werten für d und Δt lässt sich die Geschwindigkeit v der Pendelkugel an ihrer tiefsten Position berechnen: $v = 2{,}5\,\frac{m}{s}$.

Für die maximale Höhenenergie E_h erhält man:

$E_h = 2{,}00\,kg \cdot 9{,}81\,\frac{m}{s^2} \cdot 0{,}330\,m = 6{,}48\,kg\,\frac{m^2}{s^2}$.

Der letzte Bruch lässt sich auch so schreiben: $\frac{m^2}{s^2} = \left(\frac{m}{s}\right)^2$. Die Einheit der Geschwindigkeit kommt also „zum Quadrat" in der Einheit der Energie vor. Vermutlich geht also die Geschwindigkeit quadratisch in den gesuchten Term für die kinetische Energie ein.

Außerdem ist die kinetische Energie wahrscheinlich proportional zur Masse der Kugel: Je schwerer eine Kugel ist, desto mehr „Wucht" hat sie bei gleicher Geschwindigkeit.

Wir versuchen es deshalb mit folgendem Ansatz: $E_{kin} = m \cdot v^2$.

Setzt man die oben ermittelten Werte in diesen Ansatz ein, so ergibt sich für die kinetische Energie ein Wert von $13\,kg\frac{m^2}{s^2}$. Das ist ziemlich genau das Doppelte der maximalen Höhenenergie. Wir fügen also in unseren Ansatz auf der rechten Seite noch den Faktor $\frac{1}{2}$ ein. Theoretische Überlegungen (die du noch nicht nachvollziehen könntest) zeigen, dass dieser Ansatz tatsächlich die kinetische Energie richtig beschreibt.

▶ **Die kinetische Energie E_{kin} eines Körpers der Masse m, der sich mit der Geschwindigkeit v bewegt, beträgt: $E_{kin} = \frac{1}{2}\, m \cdot v^2$.**

Für einen Körper in Bewegung gilt also:
doppelte Geschwindigkeit → vierfache kinetische Energie,
dreifache Geschwindigkeit → neunfache kinetische Energie. ◀

Probier's mal!

1 Welche Rinne gewinnt? ↑2
Eine Rinne soll so gebogen werden, dass eine Murmel, die man an dem einen Ende loslässt, am anderen Ende möglichst hoch rollt.
Tipp: Du kannst zwei „Rennbahnen" auf einmal herstellen, indem du einen langen Plastikschlauch (Innendurchmesser etwas größer als die Murmeln) der Länge nach mit einer Küchenschere halbierst.

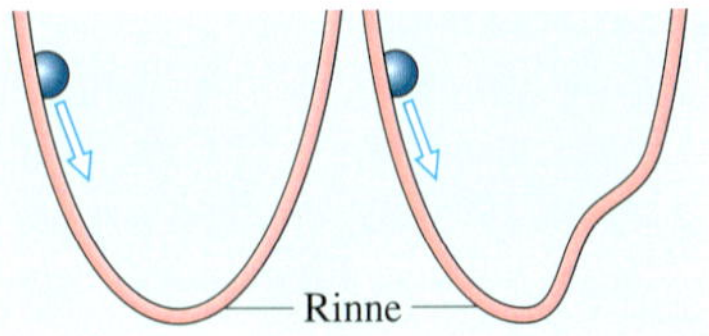

2

2 Münzenkatapult ↑3
Wenn du mit der einen Hand kräftig auf das kurze Ende der Holzleiste schlägst, werden beide Münzen hochgeschleudert.
Beobachte genau, welche Höhe jede Münze erreicht, und schätze das Verhältnis beider Höhen ab. Versuche, den Wert dieses Verhältnisses zu erklären.

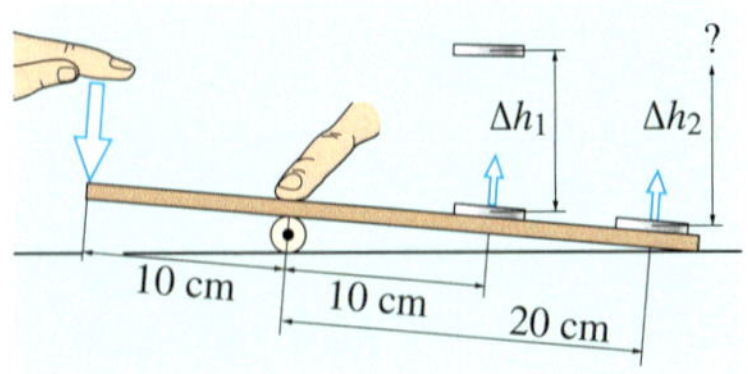

3

Aufgaben

3 ▶ *Am Berg* Tim hat auf einer Bergtour 500 Höhenmeter „vor sich". Mit Rucksack wiegt er 75 kg. Wie viel Energie müssen seine Muskeln für den Aufstieg mindestens bereitstellen?

4 *Umlenkpendel* Das schwingende Pendel wird am Stift umgelenkt. ↑4 Wie hoch steigt die Pendelkugel? Begründe deine Antwort.

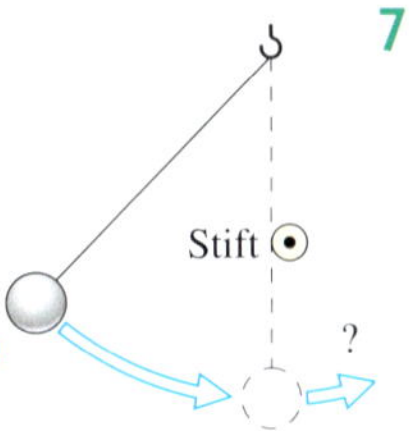

4

5 *Wasserenergie* In Itaipu (an der Grenze zwischen Brasilien und Paraguay) stürzt aus einem Stausee von der Größe des Bodensees Wasser aus 120 m Höhe in 18 Rohren auf die Turbinen eines Kraftwerks. Durch jedes Rohr fließen in jeder Sekunde 600 m³ Wasser. Berechne, wie viel elektrische Energie in jeder Sekunde (maximal) gewonnen werden kann.

6 *Lachssprung* Lachse überwinden auf der Wanderung zu ihren Laichgebieten kleinere Wasserfälle.

a Wie hoch kann ein Lachs springen, wenn er mit $8{,}0\,\frac{\text{m}}{\text{s}}$ senkrecht aus dem Wasser „schießt"?

b Ein zweiter Lachs springt doppelt so schnell aus dem Wasser. Erreicht er auch die doppelte Höhe?

7 *Brunnentiefe* Tanja steht mit ihrer älteren Schwester Michaela an einem alten Burgbrunnen. „Wie tief schätzt du den Brunnen?", fragt Tanja. „Das können wir ganz einfach messen", sagt Michaela. Sie nimmt ein Steinchen, lässt es in den Brunnen fallen und zählt: „Einundzwanzig, zweiundzwanzig, dreiundzwanzig, vierundzwan …" – „Blopp", da hören sie das Steinchen ins Wasser klatschen. „Knappe vier Sekunden!" ruft Michaela. „Viermal vier ist sechzehn, sechzehnmal fünf ist achtzig. Der Brunnen ist fast achtzig Meter tief." Tanja schaut Michaela entgeistert an … Michaela hat für ihre Rechnung eine Regel verwendet, die du selbst herleiten kannst. Dazu zwei Tipps:
- Die Wasseroberfläche liege bei $h_W = 0\,\text{m}$. Die Höhenenergie des Steins ist maximal, solange er in Michaelas Hand ruht. Die kinetische Energie ist dagegen zu Beginn des Eintauchens maximal.
- Für den (annähernd) freien Fall des Steinchens gilt: $v = g \cdot t$ ($g = 9{,}81\,\frac{\text{m}}{\text{s}^2}$). ◀

▶ **Musteraufgabe:** Du willst einen Schneeball an die Spitze eines 9,0 m hohen Fahnenmasts werfen. Welche Abwurfgeschwindigkeit ist dafür erforderlich?

Lösung: Die kinetische Energie des Balls beim Abwurf wandelt sich beim Aufsteigen vollständig in Höhenenergie um. Beide Energien sind gleich groß:

$E_{\text{kin, unten}} = E_{\text{h, oben}}$ bzw. $\frac{1}{2}\, m\, v^2 = m\, g\, \Delta h$.

Auflösen nach v^2 (m wird gekürzt): $v^2 = 2\, g\, \Delta h$.
Die „reine" Wurfhöhe ist geringer als 9,0 m, da der Ball vom ausgestreckten Arm über dem Kopf startet. Wir nehmen stattdessen $\Delta h = 7{,}2$ m an und erhalten:

$v^2 = 2 \cdot 9{,}81\,\frac{\text{m}}{\text{s}^2} \cdot 7{,}2\,\text{m} \approx 140\,\frac{\text{m}^2}{\text{s}^2}$.

Mit der „$\sqrt{\ }$"-Taste des Taschenrechners erhält man:
$v \approx 12\,\frac{\text{m}}{\text{s}} \approx 40\,\frac{\text{km}}{\text{h}}$. ◀

Probier's mal!

1 Federkanone

Baue aus einem (Druck-)Kugelschreiber Mine und Feder aus (s. S. 31 ↑5). Verwende die Mine als Startrampe für Flugversuche mit der Feder. Drücke die Feder mit dem Fingernagel verschieden stark zusammen und lass dann los. Halte dabei die Mine senkrecht und achte auf eine freie Flugbahn.
Welche Energieformen und -umwandlungen kommen bei dem Versuch vor?

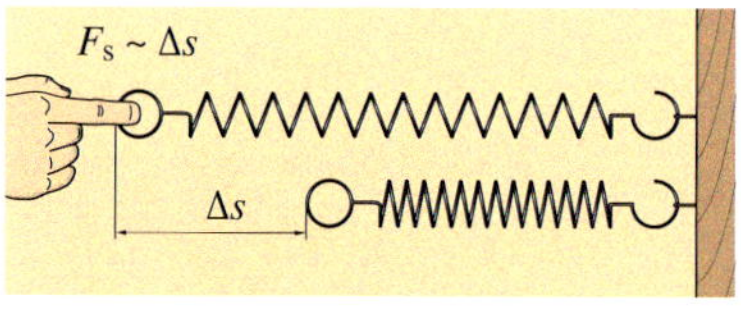

1 Dehnen einer Feder

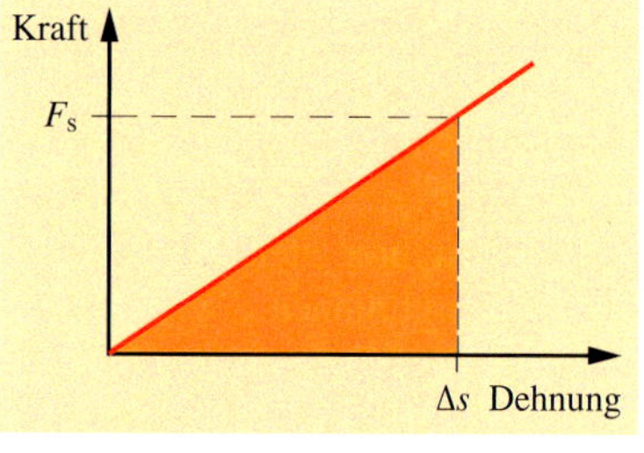

2 Dehnung-Kraft-Diagramm

GRUNDLAGEN: Wie viel Energie speichert eine gespannte Feder?

Um die Frage zu beantworten, betrachten wir eine Stahlfeder, die dem *Gesetz von Hooke* folgt. In der Klasse 7 hast du erfahren, dass für sie gilt: Die Kraft F_s, die die Feder um die Strecke Δs dehnt, ist proportional zu Δs. In Kurzform: $F_s \sim \Delta s$. ↑1 Der Graph im Dehnung-Kraft-Diagramm ist (bei nicht zu großen Kräften) eine Halbgerade, die im Ursprung beginnt. ↑2
Aus der Mathematik ist bekannt, dass sich proportionale Zusammenhänge durch Gleichungen beschreiben lassen. Wenn eine Größe y proportional zu einer anderen Größe x ist, gilt: $y = k \cdot x$ (dabei ist k eine Konstante). Für unsere Feder bedeutet das: $F_s = k \cdot \Delta s$. Die Konstante wird bei Federn als *Federkonstante D* bezeichnet (s. „Übrigens"): $F_s = D \cdot \Delta s$. Sie ist maßgeblich für die Energie, die bei einer Dehnung der Feder gespeichert wird.

▶ **Wird eine Feder gedehnt und ist dabei die Längenzunahme Δs proportional zur dehnenden Kraft F_s (gilt also $F_s = D \cdot \Delta s$), dann beträgt die in der Feder gespeicherte Energie: $E_{spann} = \frac{1}{2} D \cdot (\Delta s)^2$.**

Je größer die Federkonstante D ist, desto mehr Spannenergie speichert die Feder bei gleicher Dehnung. ◀

Im Folgenden erläutern wir, wie man zu der Gleichung für die Spannenergie kommt. Der „Schlüssel" dafür liegt im Diagramm ↑2: Die beim Spannen zugeführte Energie entspricht dem Flächeninhalt des orangefarbenen Dreiecks! Die theoretischen Überlegungen, die zu dieser Aussage führen, sind zu schwierig und aufwendig, um sie hier darzustellen. Dass sich eine Energie mithilfe der Fläche in einem Weg-Kraft-Diagramm bestimmen lässt, können wir aber an einem einfacheren Beispiel erläutern: der Höhenenergie.
Wenn wir die Goldene Regel der Mechanik mit unseren Ergebnissen zur Höhenenergie kombinieren, erhalten wir ein interessantes Ergebnis: Die Höhenenergie eines Gegenstands der Masse m, der um die Höhe Δh angehoben wird, nimmt um $E_h = m \cdot g \cdot \Delta h$ zu – unabhängig davon, ob das Anheben mit großer Kraft F_G auf kurzem Weg Δh oder mit kleiner Kraft F_s auf langem Weg Δs erfolgt. Stets gilt: $E_h = F_s \cdot \Delta s = F_G \cdot \Delta h$. Dieser Zusammenhang zwischen der Energie zum Hochheben und den Kräften und Wegen lässt sich sehr schön im Diagramm veranschaulichen. ↑3 Der Flächeninhalt des gelben Rechtecks entspricht dem Produkt $F_s \cdot \Delta s$, der Flächeninhalt des roten Rechtecks dem Produkt $F_G \cdot \Delta h$. Beide Flächeninhalte sind gleich groß und entsprechen der Zunahme der Höhenenergie.
Nun zurück zu unserem Federdiagramm: Die Fläche des Dreiecks beträgt: $\frac{1}{2} F_s \cdot \Delta s$. Wir formulieren also: $E_{spann} = \frac{1}{2} F_s \cdot \Delta s$. Wenn wir für die Kraft F_s das Produkt $D \cdot \Delta s$ einsetzen, erhalten wir: $E_{spann} = \frac{1}{2} D \cdot (\Delta s)^2$.

Übrigens

Federn können ganz schön „hart" sein: Je größer die Zugkraft F_s für die gleiche Dehnung Δs ist, desto „härter" ist die Feder. Eine größere Kraft bei gleicher Dehnung bedeutet, dass die Federkonstante D der härteren Feder größer ist ($F_s = D \cdot \Delta s$). Die Federkonstante wird auch „Federhärte" genannt.

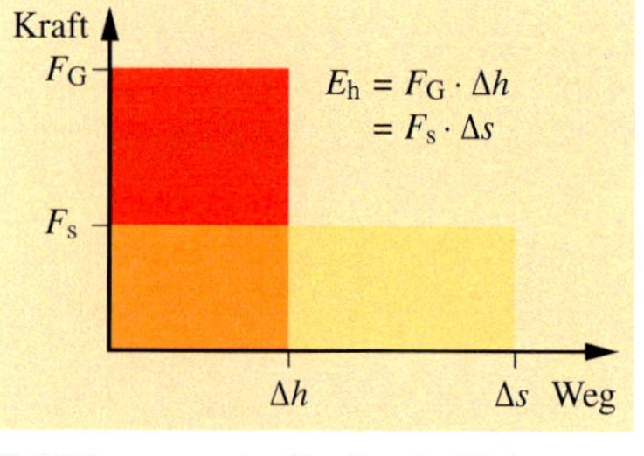

3 Höhenenergie: Rechtecksflächen

Aus der Technik Auch Luft kann man „spannen“

An Baustellen sind Presslufthammer nicht zu überhören. ↑4 Ein Kompressor saugt Luft an und presst sie zusammen. Dabei wird sie ähnlich wie eine Feder „gespannt“, ihre Energie nimmt zu. In einem Tank wird die komprimierte Luft gespeichert. Über einen Schlauch wird dann die Energie durch die Luft vom Tank zum Werkzeug transportiert und in kinetische Energie umgewandelt: Auf der Baustelle wird damit z. B. ein Presslufthammer angetrieben, in der Autowerkstatt ein Pressluftschrauber oder bei einem Zahnarzt ein sehr schneller Bohrer (Turbinenbohrer).
Heute spielt Pressluft als Energiespeicher für Werkzeuge eine Rolle. Bis Mitte des 20. Jahrhunderts wurden sogar Lokomotiven im Bergbau damit angetrieben (unter Tage entstanden damit keine Abgase). Pressluft kommt aber auch bei Spielzeugen zum Einsatz. ↑5

4 Presslufthammer

5 Pressluftrakete

GRUNDLAGEN: Potenzielle Energie – kinetische Energie

▶ Es ist jedem selbst überlassen, für Energieformen eigene Namen zu erfinden. Beispiele hast du bereits kennen gelernt: Höhenenergie, Spannenergie, Bewegungsenergie … Oft wird die Höhenenergie als Lageenergie bezeichnet, zur Spannenergie könnte man auch Dehnenergie sagen. Diese beiden Energieformen, zu denen man noch weitere hinzufügen könnte, werden unter einem Sammelbegriff zusammengefasst: *potenzielle Energie*. Alle Energieformen, die nichts mit Bewegung zu tun haben, sind von potenzieller Natur. Diese Einordnung erleichtert den Umgang mit dem Energiebegriff enorm.

Wir unterscheiden in der Mechanik nur zwei Energieformen: kinetische Energie und potenzielle Energie. Jede Energieform, die nicht kinetisch ist – also nichts mit Bewegung zu tun hat –, ist potenziell.
Die Umwandelbarkeit der beiden Energieformen ineinander und die Erhaltung der Energie insgesamt stellen ein fundamentales Naturgesetz dar: das Energieprinzip. ◀

Selbst gebaut

Die „von selbst" rollende Zauberdose

Wie von Zauberhand scheint sich die magische Dose von allein in Bewegung zu setzen – und kann sogar einen Berg hochrollen! ↑1 Du möchtest den „Trick" kennen lernen? Dann baue doch die Zauberdose nach. Nur eines sei verraten: Das Energieprinzip spielt die entscheidende Rolle. Viel Spaß beim Vorführen!

1 Die Dose rollt – scheinbar ohne Antrieb.

Material

Die Zauberdose erfordert etwas Bastelarbeit. Bevor du damit beginnen kannst, musst du einige Materialien beschaffen:

- 2 Gummiringe, mittlere Größe (Umfang ca. 13 cm)
- 1 Blechdose, zylinderförmig und leer, evtl. mit zugehörigem Deckel (Durchmesser: mind. 8 cm; Höhe so groß, dass der Gummiring, in der Diagonalen gespannt, auf 10–18 cm gedehnt wird)
- Streichhölzer oder dickerer Draht
- Gewicht (Masse: ca. 65 g) oder Bleiband zur Beschwerung von Vorhängen und eine alte Feinstrumpfhose
- Faden (Länge: ca. 10 cm)
- Hilfsmittel: Nagel, Hammer

So wird's gemacht ↑2

In den Rand des Dosenbodens schlägst du mit dem Hammer und einem Nagel zwei Löcher, die einander gegenüberliegen (B_1 und B_2).

Auch in die Wand der Dose schlägst du zwei Löcher (W_1 und W_2). Diese setzt du so, dass sie am oberen Rand der Dosenwand und senkrecht über den beiden Löchern im Dosenboden liegen. Beim „Lochen" der Dosenwand sollte der Nagel an der Innenseite der Wand angesetzt werden – sonst wird die Dose beim Schlagen eingedrückt.

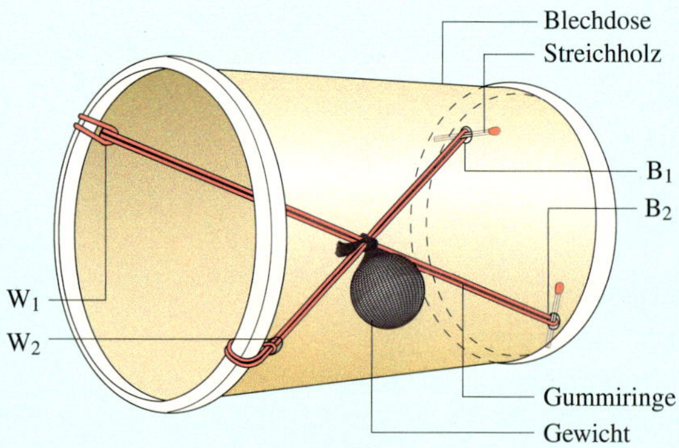

2 Aufbau der Zauberdose

Durch jedes der beiden Löcher in der Dosenwand steckst du einen Gummiring. So entsteht bei jedem Loch außerhalb und innerhalb der Dose eine Schlaufe. Die beiden äußeren Schlaufen steckst du jeweils durch die inneren und ziehst sie fest. Dadurch werden die beiden Gummiringe am oberen Rand der Dose befestigt und hängen als Schlaufen in den Innenraum der Dose.

Die Enden dieser Gummischlaufen ziehst du diagonal durch das Doseninnere zum jeweils gegenüberliegenden Loch am Dosenboden, führst sie durch diese Löcher nach außen und sicherst sie mit einem Streichholz. Dadurch entsteht ein Kreuz aus gespannten Gummiringen im Innenraum der Dose.

Im Kreuzungspunkt der Gummiringe befestigst du das Wägestück. Dazu „verpackst" du es mit der Feinstrumpfhose. Dann knotest du das Wägestück in der Mitte des Fadens fest, steckst den einen freien Teil des Fadens am Kreuzungspunkt zwischen beide Gummiringe, wickelst dieses Fadenende einmal um den Kreuzungspunkt herum und knotest es mit dem anderen Fadenende fest. Nur so wird gewährleistet, dass sich die Gummiringe beim „Aufziehen" der Dose richtig verdrillen.

Damit sich die Dose wie von Zauberhand alleine bewegen kann, muss sie „aufgezogen" werden. Dazu rollst du sie auf der Unterlage 4 bis 7 m weit langsam in eine Richtung. Lässt du sie danach los, rollt sie die ganze „Aufziehstrecke" wieder zurück (vielleicht sogar noch ein kleines Stückchen weiter) und pendelt mehrmals hin und her. Du kannst sie auch eine schiefe Ebene hinaufrollen lassen!

Der „Trick" gelingt besonders verblüffend, wenn du die Dose ohne Anwesenheit der Zuschauer „aufziehst" und die offene Seite der Dose von den Zuschauern abwendest oder sogar verschlossen hast. So bleibt ihnen die Energiequelle verborgen.

Kannst du jetzt die Funkionsweise der Zauberdose physikalisch erklären?

Aufgaben

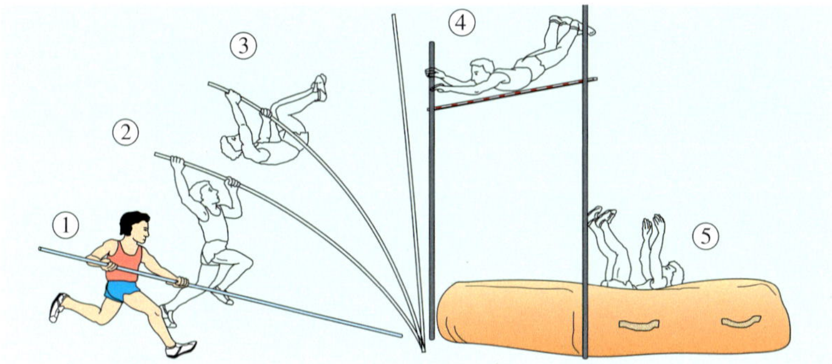

3

4

1 ▶ *Stabhochsprung* Diese Sportart ist etwas für die Artisten unter den Leichtathleten. Bei dem komplizierten Bewegungsvorgang spielen verschiedene Energieformen eine Rolle. ↑3

a Beschreibe die Energieumwandlungen, die in den fünf Phasen des Sprungs stattfinden.

b Beim Absprung erreicht der Sportler eine Geschwindigkeit von $9{,}5\,\frac{\text{m}}{\text{s}}$. Welche Höhe kann er maximal überspringen? *Tipp:* Der Sportler hat beim Absprung schon eine Anfangshöhe (er liegt ja nicht auf dem Boden). Berechne daher die maximale Höhendifferenz für den Schwerpunkt des Hochspringers: Er liege 1,0 m über dem Boden.

2 *Froschhochsprung* Hast du deine Eltern oder Freunde auch schon einmal damit erschreckt? Der Spielzeugfrosch ($m = 20\,\text{g}$) wird auf einen Tisch gestellt und mit dem Saugnapf auf der Standplatte befestigt. ↑4 Dabei wird die Feder gespannt ($D = 5{,}0\,\frac{\text{N}}{\text{cm}}$; $\Delta s = 3\,\text{cm}$). Nach kurzer Zeit schnellt der Frosch hoch.

a Berechne die in der zusammengedrückten Feder gespeicherte Spannenergie. *Tipp:* Rechne wie bei einer gedehnten Feder.

b Welche Höhe erreicht der Frosch maximal?

c Mit welcher Geschwindigkeit würde der Frosch landen, wenn es keinen Luftwiderstand gäbe? ◀

3 *Münzkatapult* Wenn du den Versuch 2 auf Seite 27 durchgeführt hast, solltest du jetzt das Verhältnis der Steighöhen beider Münzen berechnen. Erläutere jeden einzelnen Schritt des Rechengangs und deine Überlegungen dazu.

Experiment

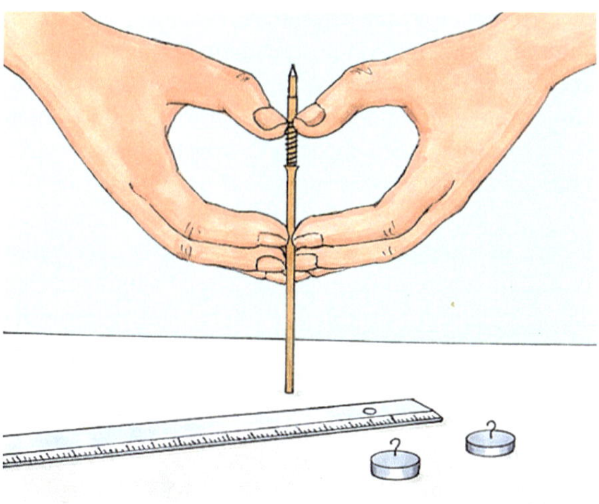
5 Wer trifft die Zimmerdecke am genauesten?

4 ▶ **Gut berechnet ist halb gewonnen** ↑5
Mit deiner „Federkanone“ (s. Versuch 1 auf der vorigen Doppelseite) kannst du die Feder bestimmt gegen die Zimmerdecke prallen lassen. Aber schaffst du es auch, dass die Feder die Decke nur gerade eben berührt? Damit es etwas spannender wird, hast du allerdings bloß einen Versuch frei! Überlege dir also vorher, wie du durch Messungen an der Feder und Berechnungen möglichst genau vorhersagen kannst, wie hoch die gespannte Feder fliegt. Setze deine Überlegungen dann in die Tat um. Versuche auch, den Einfluss des Luftwiderstands zu berücksichtigen.
Ob du die Decke genauer triffst als deine Klassenkameraden? Probiert es doch einmal in einem Wettbewerb aus! ◀

Arbeit, Leistung und Wirkungsgrad

Herr Marten ist Lehrer und leidenschaftlicher Bergsteiger. ↑1
Um in seiner Freizeit einen Gipfel zu erklimmen, muss er hart arbeiten – aus physikalischer Sicht.

1 Bergsteigen: Arbeit

An seinem Schreibtisch korrigiert er gerade eine Schulaufgabe. ↑2
Das kostet ihn auch ganz schön Arbeit – geistige Arbeit.
Aus physikalischer Sicht arbeitet er jetzt jedoch nicht!

2 Korrigieren: keine Arbeit

3 Viel Schweiß – wenig Arbeit

Arbeit kommt in der Alltagssprache oft vor. Erwachsene sind froh, wenn sie Arbeit haben. Schularbeiten sind dagegen weniger beliebt.
Die Physik kennt auch einen Arbeitsbegriff, der sich in der Regel aber von dem in der Alltagssprache unterscheidet. Hier erschweren „Sprachprobleme" das Verstehen physikalischer Konzepte zur Naturbeschreibung. Aber wir werden das schon packen!
Physikalische Arbeit ist immer mit *Kraft und Bewegung* verbunden. Beides spielt beim Bergsteigen eine Rolle. ↑1 Am Schreibtisch bewegt sich der Lehrer dagegen kaum, und Kraft braucht er zum Lesen und Schreiben schon gar nicht: „Keine Arbeit", sagt die Physik. ↑2
Schwitzen und Arbeiten gehören im Alltag irgendwie zusammen. Auch beim Maßkrugstemmen kommt man ganz schön ins Schwitzen. ↑3 Obwohl hier Kräfte im Spiel sind, sieht die Physik keinen Anlass, von Arbeit zu sprechen. Ziel ist es ja gerade, sich nicht zu bewegen. Die Muskeln zittern zwar, den Maßkrug betrifft das aber nicht.

Noch einmal zurück zum Bergsteigen: Sportliche Bergläufer „verschlingen" die Höhenmeter im Nu, während beim gemütlichen Familienausflug ein halber Tag bis zum Gipfelkreuz vergeht. Die Läufer brauchen für die gleiche physikalische Arbeit viel weniger Zeit, ihr „Arbeitstempo" ist höher. Statt von „Arbeitstempo" spricht man in der Physik von *Leistung*.
Dass die Leistung der Bergläufer größer ist als die der Ausflügler, ist offensichtlich. Als Physiker möchten wir es allerdings noch genauer wissen: Wie groß sind die Leistungen tatsächlich? Das kannst du ganz leicht ausrechnen – wenn du zuvor die Arbeit bestimmt hast!

GRUNDLAGEN: Arbeit und Leistung

▶ **Arbeit** Beim Anheben einer Tasche nimmt ihre Höhenenergie zu. Beim Anschieben eines Autos erhöht man seine Bewegungsenergie. ↑4 In beiden Fällen wird für die Energieübertragung eine Kraft über eine mehr oder weniger lange Strecke in Bewegungsrichtung ausgeübt.
Beim Abbremsen eines Fahrrads nimmt dagegen die Bewegungsenergie ab. Über die Bremsbeläge wirkt eine Kraft gegen die Bewegungsrichtung. ↑5
Wir sprechen ganz allgemein von „mechanisch" übertragener Energie, wenn die Übertragung mithilfe von Kräften in oder gegen die Bewegungsrichtung erfolgt. Der kurze Fachausdruck dafür lautet: *Arbeit*.

Die Arbeit W (engl. *work*) bezeichnet die einem Gegenstand bzw. System mechanisch zugeführte oder entzogene Energie ΔE.

Als übertragene Energie hat die Arbeit ebenfalls die Einheit 1 Joule (1 J). Die Arbeit „steckt" nach der Energiezufuhr zusätzlich im betreffenden Gegenstand oder System: Energien addieren sich.
Die Goldene Regel der Mechanik lässt sich nun sehr elegant formulieren: *Bei gleicher Höhendifferenz ist immer die gleiche Arbeit aufzuwenden, um einen Gegenstand anzuheben – egal, auf welchem Weg und mit welchem Hilfsmittel der Transport erfolgt.*
Die Arbeit beim Anheben eines Gegenstands der Masse m um die Höhe Δh können wir bereits berechnen: $W = \Delta E_h = F_G \cdot \Delta h = m \cdot g \cdot \Delta h$.
Ist der Gegenstand ein Wagen, der auf einer Rampe über die Strecke Δs nach oben geschoben wird, gilt bei konstanter Kraft F_s in Bewegungsrichtung (und konstanter Geschwindigkeit): $W = \Delta E_h = F_s \cdot \Delta s = m \cdot g \cdot \Delta h$.
Auf ebener Strecke würde der Wagen durch die konstante Kraft F_s in Bewegungsrichtung beschleunigt. Dann gilt: $W = \Delta E_{kin} = F_s \cdot \Delta s = \frac{1}{2} m v^2$.

Leistung Wenn zwei die gleiche Arbeit verrichten, müssen sie noch lange nicht das Gleiche *leisten*. Man muss nämlich auch die Zeit berücksichtigen, in der eine Arbeit verrichtet oder eine Energie umgesetzt wird. Die *Leistung P* (engl. *power*) misst die Arbeit W je Zeitspanne Δt.

Wenn in der Zeitspanne Δt die Arbeit W verrichtet oder die Energie ΔE umgesetzt wird, beträgt die Leistung: $P = \frac{W}{\Delta t}$ bzw. $P = \frac{\Delta E}{\Delta t}$.

Die Einheit der Leistung ist 1 Watt (1 W): $1\,W = 1\,\frac{J}{s}$. ↑6 ↑7 ◀

4 Kraft in Bewegungsrichtung: Bewegungsenergie nimmt zu.

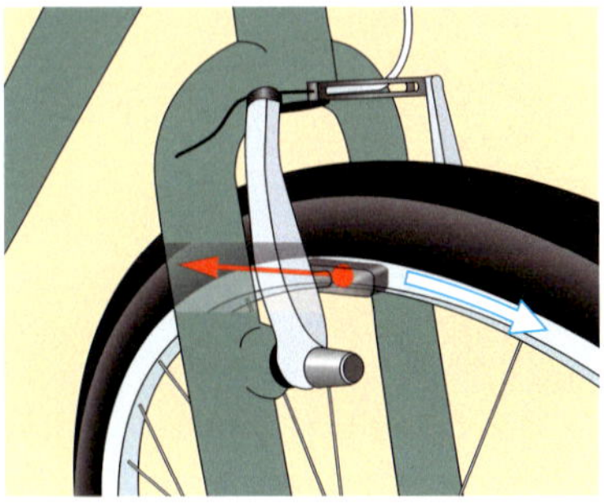
5 Kraft entgegen der Bewegungsrichtung: Bewegungsenergie nimmt ab.

Interessantes

James Watt (1736–1819) war ein englischer Ingenieur, der die Entwicklung der Dampfmaschinen entscheidend vorantrieb.
Auf ihn geht die früher übliche Einheit 1 PS („Pferdestärke") für die Leistung zurück. Sie wurde inzwischen durch die Einheit 1 W abgelöst.
Es gilt: 1,00 kW ≈ 1,36 PS.

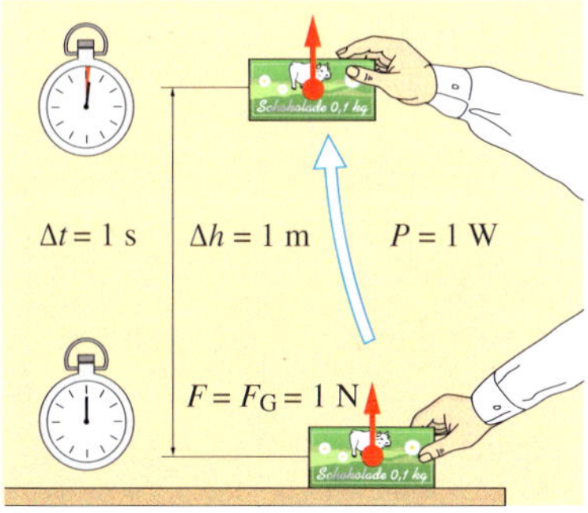

6 Einheit der Leistung: 1 Watt (1 W)

Energiewandler	Leistung
Taschenrechner	0,4 mW
Glühlampe	40 W
Mofa	1 kW
Elektroherd	6 kW
Pkw-Motor	80 kW
Lkw-Motor	300 kW
ICE-Triebwerk	5 MW
Flugzeugtriebwerk	30 MW
Kernkraftwerk	1 000 MW

7 Typische Leistungsangaben

Experimente

LERNSTATION 1

Leistung beim Treppensteigen

Materialien: Maßband, Stoppuhr, Personenwaage

Durchführung: Messt im Treppenhaus die (senkrechte) Höhe der Treppe vom Erdgeschoss bis in den zweiten Stock.
Ein Gruppenmitglied läuft schnell die Treppe hinauf, die anderen stoppen die Zeit.

Auftrag: Erfasst die Messwerte in einer Tabelle. Berechnet erst, um wie viel die Höhenenergie des Treppenläufers zugenommen hat. Bestimmt dann seine Leistung beim Treppensteigen.

LERNSTATION 2

Leistung beim Gewichtheben

Materialien: Zollstock, Stoppuhr, Waage, Hantel

Durchführung: Bestimmt die Gewichtskraft, die auf die Hantel wirkt, und bei jedem Gruppenmitglied die jeweilige Hubhöhe (Arm hängend – Arm gestreckt). Ein Gruppenmitglied stemmt die Hantel so oft wie möglich, die anderen zählen mit und stoppen die Zeit.

Auftrag: Erfasst die Messwerte in einer Tabelle und bestimmt die Leistung beim Gewichtheben.

LERNSTATION 3

Leistung beim Hochziehen einer Last

Materialien: Maßband, Stoppuhr, Waage, Seil, mit Wasser gefüllter Kanister

Durchführung: Messt im Treppenhaus die Höhe vom Erdgeschoss bis ins x-te Stockwerk. Bestimmt die Kraft, die zum Heben des Kanisters notwendig ist. Ein Gruppenmitglied zieht den Kanister möglichst schnell nach oben, die anderen stoppen die Zeit. (Vorsicht! Nicht in den Bereich unter dem Kanister treten.)

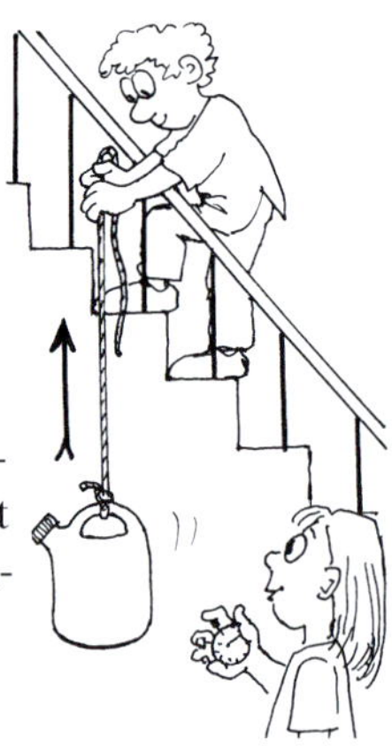

Auftrag: Bestimmt aus den Messwerten die Zunahme der Höhenenergie des Kanisters und die Leistung beim Hochziehen.

LERNSTATION 4

Leistung auf dem Fahrradergometer

Materialien: Taschenrechner

Hinweis: Fahrradergometer dienen dazu, die Leistung von Personen mithilfe eines ortsfesten Geräts zu bestimmen.

Auftrag:
Nico tritt am Ergometer 20 Sekunden voll in die Pedale. Die Anzeige am Gerät zeigt eine Energie von 6 kJ an. Melissa hat in 3 Minuten eine Energie von 27 kJ erstrampelt.
Wer hat die größere mittlere Leistung erbracht?
Warum gibt es bei der Leistung einen Unterschied? Nenne die Ursachen.

Experimente

LERNSTATION **5**

Leistung bei Liegestützen

Materialien: Personenwaage, Zollstock, Stoppuhr

Durchführung: Messt bei jedem Gruppenmitglied, mit welcher Kraft es sich beim Liegestütz mit beiden Händen auf der Personenwaage abstützt. Bestimmt an der Schulter die Hubhöhe. Ein Gruppenmitglied macht Liegestütze, die anderen zählen und stoppen die Zeit.

Auftrag: Bestimmt mithilfe eurer Messwerte die Zunahme der Höhenenergie und die Leistung jedes Gruppenmitglieds bei den Liegestützen.

LERNSTATION **6**

Leistung bei Klimmzügen

Materialien: Zollstock, Stoppuhr, Reckstange in der Turnhalle oder ein „Türreck"

Durchführung: Bestimmt bei jedem Gruppenmitglied durch Messen an der Schulter die Hubhöhe beim Klimmzug (hängend, den Boden nicht berühren, evtl. die Beine anwinkeln).

Jeder macht viele Klimmzüge, die anderen zählen mit und stoppen die Zeit.

Auftrag: Tragt eure Messwerte in eine Tabelle ein. Bestimmt jeweils die Zunahme der Höhenenergie und die Leistung bei den Klimmzügen.

LERNSTATION **7**

Wer war James Watt?

Materialien:
Lexika, Internet

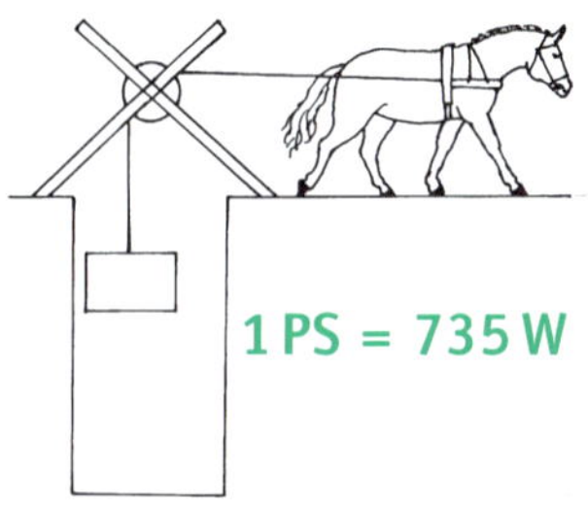

Auftrag: Vor über 200 Jahren bestimmte JAMES WATT die „Pferdestärke". Er wollte die Dauerleistung seiner Dampfmaschinen mit der von Pferden vergleichen.

Beschreibe, wie JAMES WATT die „Pferdestärke" festlegte. Wie müsste der Begriff „Pferdestärke" eigentlich richtig heißen?

Vergleiche die Spitzenleistung eines Radrennfahrers mit der Dauerleistung eines Pferdes.

LERNSTATION **8**

Leistung beim Steigen auf einen Stuhl

Materialien: Stuhl, Maßband, Stoppuhr, Hanteln oder Schultaschen.

Durchführung: Steige 30 s lang immer wieder auf einen Stuhl. Stelle dich oben jedes Mal aufrecht hin und stelle dich anschließend jedes Mal mit beiden Füßen auf den Boden.

Auftrag: Wie oft schaffst du es, auf den Stuhl zu steigen, wenn du dich so schnell wie möglich bewegst? Wie oft schaffst du es, auf den Stuhl zu steigen, wenn du zusätzlich eine Hantel oder eine schwere Schultasche in der Hand hältst? Vergleiche beide Leistungen miteinander und begründe dein Ergebnis.

Aus der Umwelt Was kann ein Mensch leisten?

1 Beim Hochsprung

Tätigkeit	Leistung in W
Spazierengehen	30 bis 40
Gartenarbeit, Hausarbeit, Radfahren, Treppensteigen	75 bis 125
Dauerlauf, Radfahren (bergauf)	150
Fußballspielen, Sprinten	220
Skilanglauf, Schwimmen (Kraulen)	250

2 Leistungen des Menschen

Die Sportlerin schleudert ihren Körper 195 cm hoch über die Latte. Ihren Schwerpunkt musste sie um ca. 1 m anheben. Für das Heben benötigte sie knapp 0,2 s. Die Leistung der Springerin beim Absprung betrug also mehr als 2,5 kW. ↑1

Wenn ein Mensch viele Stunden lang körperlich arbeitet, beträgt seine Dauerleistung ungefähr 75 W. ↑2 Höchstleistungen sind dagegen nur für kurze Zeit möglich. Bei hoher Leistung steigt die Anzahl der Herzschläge und die Atmung wird schneller. Wenn du z. B. 400 m in 100 s läufst, leisten deine Muskeln ca. 220 W. Für diese Leistung ist je Sekunde 1 kJ Energie erforderlich, denn nur etwa ein Viertel der aufgenommenen Energie kann von den Muskeln zum Arbeiten genutzt werden. Da dein Körper die Energie durch eine „Verbrennung“ aus der Nahrung bezieht, musst du in jeder Sekunde 1 l Luft zusätzlich einatmen – daher die schnellere Atmung.

Die Leistung des Körpers kann man mit dem Fahrradergometer messen. Je stärker die Pedale abgebremst werden, desto mehr muss der Mensch leisten. Er fährt dann sozusagen mit seinem Rad bergauf. ↑3 Welche Höchstleistung erreicht wird, hängt von weiteren Umständen ab: Alter und Geschlecht spielen eine Rolle, außerdem das Körpergewicht, das Training und der Gesundheitszustand.

Auch ein Mensch, der ruhig liegt, wandelt ständig chemische Energie um, um Blutkreislauf und Atmung in Gang und die Körpertemperatur konstant zu halten. Bei 50 kg Körpergewicht sind dafür ca. 5000 kJ pro Tag erforderlich. Teilt man die umgewandelte Energie durch die Zeit, so ergibt sich ein Wert von ca. 60 W.

1 *Außer Puste* Beschreibe, wie körperliche Leistung, Herzschlag und Atmung beim Joggen zusammenhängen.

3 Leistungsmessung auf dem Ergometer

Experimente

2 ▶ Aufwand und Nutzen: „Lastenaufzug" ↑4

Wird die gesamte Energie, die man beim „Lastenaufzug" zum Hochziehen aufwendet, in Höhenenergie umgewandelt?

a Ziehe eine schwere Last, deren Masse du vorher ermittelt hast, 0,50 m hoch. Miss die Zugkraft. Berechne die von dir aufgewendete Energie.

b Vergleiche mit der Zunahme der Höhenenergie der angehobenen Last. Drücke das Verhältnis beider Energiewerte in Prozent aus. ◀

3 Aufwand und Nutzen: Wasserkocher

Wird beim Wasserkochen die gesamte zugeführte elektrische Energie in innere Energie des Wassers umgewandelt?

a Fülle einen elektrischen Wasserkocher mit 0,5 l Wasser und miss die Wassertemperatur auf 0,1 °C genau. Schalte nun den Wasserkocher für 30 s ein. Rühre danach das Wasser gut um und miss erneut die Temperatur.

b Die zum Heizen aufgewendete Energie ΔE_{el} kannst du mit der Leistung P_{el} des Wasserkochers (s. Typenschild) berechnen: $\Delta E_{el} = P_{el} \cdot \Delta t$.

c Vergleiche die elektrische Energie mit der Zunahme der inneren Energie des Wassers. Drücke das Verhältnis in Prozent aus.
Hinweis: Wenn 0,5 l Wasser um 1,0 °C erwärmt wird, nimmt seine innere Energie um 2,09 kJ zu, bei 2,0 °C sind es 4,18 kJ usw.

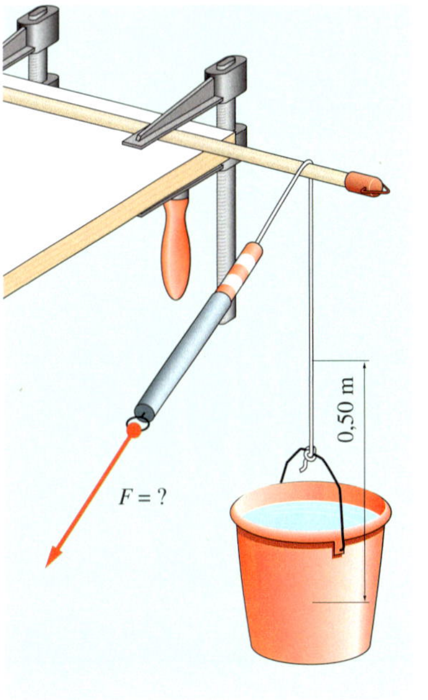

4 Aufwand gleich Nutzen?

GRUNDLAGEN: Wirkungsgrad

▶ Ob die gesamte Energie, die wir aufwenden, um etwas anzuheben, zu beschleunigen oder zu erwärmen, dem gewünschten Zweck auch wirklich zugute kommt? Ist der „Aufwand" gleich dem „Nutzen"?
Leider ist das nur selten der Fall: Infolge von Reibung, Luftwiderstand, Erwärmung und anderen „Störeffekten" wird stets ein mehr oder weniger großer Teil der aufgewendeten und umgewandelten Energie ungenutzt an die Umgebung abgegeben. Dieser Anteil erhöht die innere Energie der Umgebung – und ist damit für uns praktisch verloren und nicht mehr nutzbar: Er hat seinen „Wert" verloren. Um diesen Verlust bei Energieübertragungen genau angeben zu können, haben Ingenieure und Techniker eine in der Praxis wichtige Größe eingeführt: den Wirkungsgrad.

Der Wirkungsgrad η gibt bei Energieübertragungen an, wie groß der Anteil der nutzbaren Energie ΔE_{nutz} an der aufgewendeten Energie ΔE_{auf} ist: $\eta = \frac{\Delta E_{nutz}}{\Delta E_{auf}}$.

Wirkungsgrade werden oft in Prozent angegeben.
Beispiel: Der Dieselmotor eines Autos hat einen Wirkungsgrad von rund 35 %. ↑5 Es werden also nur 35 % der vom Kraftstoff bereitgestellten und bei der Verbrennung im Motor freigesetzten Energie tatsächlich für den Antrieb des Autos genutzt. Und ein Teil dieser Energie wird dann auch noch infolge des Luftwiderstands der Karosserie und der Reibung der Reifen ungenutzt „entwertet". ◀

Interessantes

Die Erfinder der Dampfmaschinen wunderten sich, dass ihre Maschinen viel weniger Arbeit verrichteten, als Energie für die Dampferzeugung aufgewendet wurde. Trotz raffiniertester Verbesserungen blieben die Maschinen weit von einer 100-prozentigen Energieausbeute entfernt. Heute weiß man, dass das auf einem Grundprinzip der Natur beruht: *Keine Maschine kann die zugeführte Energie vollständig zum Arbeiten nutzen.*

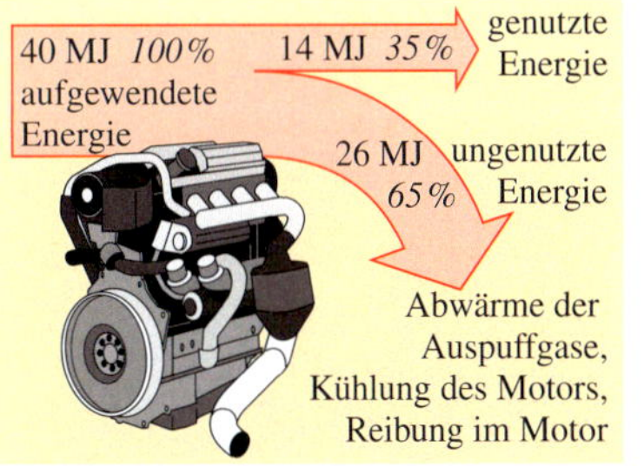

5 Wirkungsgrad: 35 %

Aufgaben

1 Richtkranz

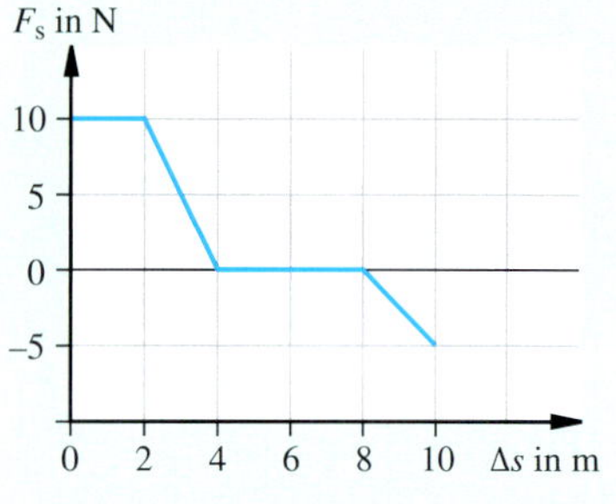

2

1 ▶ *Arbeit eines Krans* Über einem Neubau hängt in 30 m Höhe ein 50 kg schwerer Richtkranz am Kran. ↑1 Harry rechnet aus, wie viel Arbeit der Kran verrichtet, während der Kranz oben hängt: „Der Kranz wird mit einer Kraft von 500 N von der Erde angezogen. Also verrichtet der Kran die ganze Zeit über eine Arbeit von 500 N mal 30 m gleich 15 000 Nm.“ Das hört Georg und ruft: „Du spinnst doch, der Kran verrichtet überhaupt keine Arbeit, solange der Kranz da oben hängt. Die 15 000 Nm hat er nur zum Hochziehen aufbringen müssen!“ Wer von beiden hat wohl Recht? Begründe deine Meinung. ◀

2 *Energie entspricht Fläche* Ein Marmorblock wird nahezu reibungsfrei auf einer waagerechten Unterlage geradeaus geschoben. Die Kraft nimmt dabei ab. ↑2 *Hinweis:* Eine „negative Kraft“ im Diagramm bedeutet, dass die Kraft entgegengesetzt zur Bewegungsrichtung zeigt.

a Beschreibe die Bewegung des Blocks.

b Berechne die Arbeit, die während der 10 m verrichtet wird. *Hinweis:* Die Fläche zwischen dem Kraftgraphen und der 0-N-Linie ist ein Maß für die Energie bzw. Arbeit (s. S. 28). Wenn die Kraft positiv (negativ) ist, wird Energie zugeführt (entzogen).

3 ▶ *Arbeit und Leistung am Berg* Claudia und Jana brechen morgens gemeinsam von der Hütte zum Gipfelkreuz eines hohen Bergs auf. Claudia liebt extremes Klettern und steigt in eine fast senkrechte Wand ein. Jana lässt den Tag etwas gemütlicher angehen und schlägt den Wanderweg zum Gipfel ein. Während sie nach zweieinhalb Stunden oben ist, trifft Claudia erst nach fast vier Stunden ein.

a Wer hat mehr Arbeit verrichtet? Begründe deine Antwort. *Hinweis:* Claudia und Jana wiegen etwa gleich viel.

b Wer hat aus physikalischer Sicht mehr geleistet? ◀

4 ▶ *Leistung in der Sportstunde* Jörg und Gerd klettern an Seilen 5 m hoch. Beide schlagen nach genau 7 s gleichzeitig an.

a Der Sportlehrer sagt, beide hätten die gleiche Leistung erbracht und bekämen daher dieselbe Note. Was sagst du zu dieser Bewertung? Begründe deine Meinung.

b Berechne die Leistungen von Jörg ($m = 44$ kg) und Gerd (50 kg). ◀

5 *Pumpleistung* Im Prospekt einer Wasserpumpe steht: „Förderleistung 180 Liter pro Minute“. Was hältst du von dieser Angabe? Bezeichnet sie wirklich eine Leistung?

6 ▶ *Kraftwerksleistung* Auf die Turbine eines Wasserkraftwerks fallen in jeder Sekunde 500 ℓ Wasser aus einer Höhe von 20 m. Die kinetische Energie wird vom Generator mit einem Wirkungsgrad von 85 % in elektrische Energie umgewandelt.

a Zeichne das Energieflussdiagramm für das Wasserkraftwerk.

b Berechne, wie viel elektrische Energie der Generator in jeder Sekunde zur Verfügung stellt.

c Wie groß ist die Leistung des Generators? ◀

Aufgaben

7 *Perpetuum mobile* Ein wenig Träumen sei erlaubt: Welche Aussage kannst du über den Wirkungsgrad eines Perpetuum mobiles machen?

8 ▶ *Arbeit und Leistung beim Radfahren* Thomas fährt mit gleich bleibender Geschwindigkeit Fahrrad. Er benötigt für 200 m auf waagerechter Straße 30 s. Seine Leistung beim Treten beträgt 180 W.

a Während der Fahrt ändern sich weder kinetische noch potenzielle Energie von Fahrrad und Fahrer! Wo geht die aufgewandte Energie hin?

b Berechne die Kraft (Luftwiderstand, Reibung beim Rollen), die Thomas entgegenwirkt. *Hinweis:* Wegen der Reibung in den Lagern, an der Kette … beträgt der Wirkungsgrad beim Treten nur 90 %. ◀

9 *Bremsschule (für Experten)* Ein Motorradfahrschüler lernt zu bremsen. Auf ein Zeichen der Fahrlehrerin soll er die „Maschine" so schnell wie möglich zum Stehen bringen. Das Motorrad verfügt über eine hochwertige elektronische Anfahr- und Bremskontrolle, die den „Schlupf" der Räder optimal regelt. (Der „Schlupf" beschreibt, wie gut die Reifen abrollen: Bei 0 % Schlupf rollen sie ohne Durchrutschen ab, bei 100 % drehen sie durch wie auf Glatteis oder bei einem „Kavaliersstart".)

a Beim Bremsen eines Fahrzeugs ist die Reibungskraft $F_R = \mu\, F_G$ zwischen Fahrbahn und Rädern die entscheidende Größe. Sie ist direkt proportional zur Gewichtskraft F_G. Was bedeutet der Proportionalitätsfaktor μ (die „Reibungszahl") anschaulich?

b Die Gleichung $\frac{1}{2} v^2 = \mu\, g\, \Delta s$ beschreibt den Zusammenhang zwischen der Geschwindigkeit v, der „Reibungszahl" μ und dem Bremsweg Δs. Leite die Gleichung her (s. Musteraufgabe).

c Der Fahrschüler verdoppelt die Geschwindigkeit. Um welchen Faktor verlängert sich der Bremsweg? Begründe deine Antwort.

d Berechne für $v = 50\ \frac{\text{km}}{\text{h}}$ den Bremsweg Δs auf nassem Asphalt bei optimaler Bremswirkung. ↑3 Würde diese Strecke in einer echten Gefahrensituation ausreichen, um zum Stehen zu kommen?

e Welche praktischen Folgerungen aus der Gleichung $\frac{1}{2} v^2 = \mu\, g\, \Delta s$ und dem Diagramm sollte die Fahrlehrerin ihrem Schüler vermitteln?

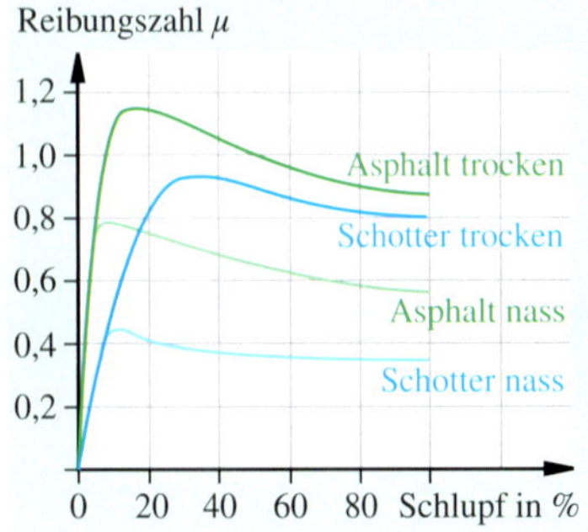

3

▶ **Musteraufgabe:** Ein Autofahrer sieht auf der Autobahn bei 100 $\frac{\text{km}}{\text{h}}$ nach einer Kurve plötzlich das Ende eines Staus. Nach Verstreichen der „Schrecksekunde" führt er eine Vollbremsung durch. Dieses Abbremsen dauert 2,5 s, die Bremskraft beträgt im Mittel 9,40 kN. Auto und Fahrer haben zusammen eine Masse von 860 kg.

a Beim Bremsen nimmt die kinetische Energie des Autos ab. Wohin „geht" sie?

b Wie weit muss das Auto zu Beginn des Bremsens (nachdem es während der „Schrecksekunde" noch ungebremst weiter gerollt ist) mindestens noch vom Ende des Staus entfernt sein, damit es nicht auf das letzte Auto auffährt?

Lösung:

a An den Bremsen wird die kinetische Energie mechanisch abgegeben (Reibung) und in innere Energie der Bremsscheiben und -beläge umgewandelt.

b Die kinetische Energie des ungebremsten Autos beträgt: $E_{\text{kin}} = \frac{1}{2}\, m\, v^2$.

Für die mechanisch übertragene Energie (Arbeit) beim Abbremsen bis zum Stillstand gilt:

$W = \Delta E_{\text{kin}} = F \cdot \Delta s = \frac{1}{2}\, m\, v^2$.

Für den erforderlichen Bremsweg Δs erhält man also:

$$\Delta s = \frac{m\, v^2}{2\, F}\,; \quad \Delta s = \frac{860\,\text{kg} \left(\frac{100}{3{,}6}\ \frac{\text{m}}{\text{s}}\right)^2}{18{,}8 \cdot 10^3\,\text{N}} = 35{,}3\,\text{m}.$$ ◀

Auf einen Blick

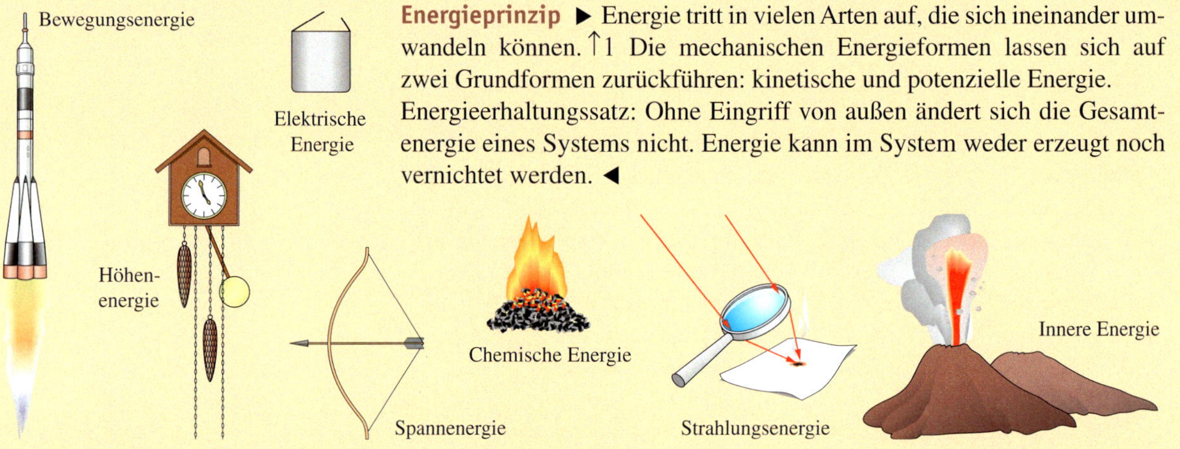

1 Energiearten

Energieprinzip ▶ Energie tritt in vielen Arten auf, die sich ineinander umwandeln können. ↑1 Die mechanischen Energieformen lassen sich auf zwei Grundformen zurückführen: kinetische und potenzielle Energie.
Energieerhaltungssatz: Ohne Eingriff von außen ändert sich die Gesamtenergie eines Systems nicht. Energie kann im System weder erzeugt noch vernichtet werden. ◀

Goldene Regel der Mechanik ▶ Für alle Kraftwandler (schiefe Ebenen, Flaschenzüge, Scheren …) gilt:
Was man an Kraft spart, muss man an Weg zulegen.
Was man an Weg spart, muss man an Kraft zulegen.
Das Produkt aus konstanter Kraft F_s in Wegrichtung und Weg Δs bleibt (für denselben Zweck) stets gleich groß: $F_s \cdot \Delta s$ = konstant. ◀
Wird ein Gegenstand um die Höhe Δh angehoben, gilt: $F_s \cdot \Delta s = F_G \cdot \Delta h$. ↑2

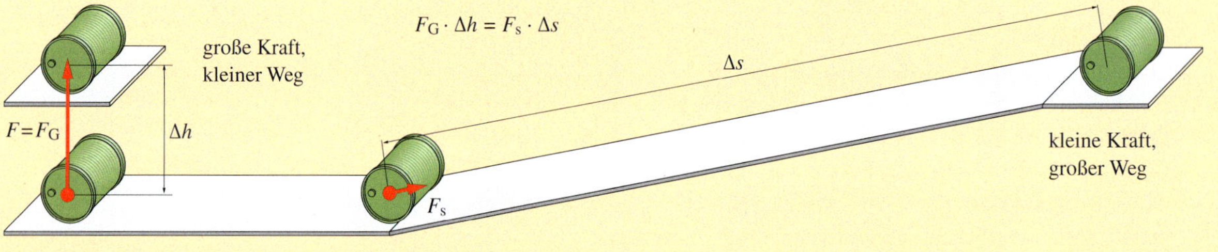

2 Die Goldene Regel der Mechanik bei der Rampe

Höhenenergie, Bewegungsenergie, Spannenergie ▶ Die Energie eines Gegenstands der Masse m, der um die Höhe Δh angehoben oder auf die Geschwindigkeit v beschleunigt wurde, lässt sich so berechnen: ↑3

$$E_h = m \cdot g \cdot \Delta h \quad \textit{Höhenenergie}$$

$$E_{kin} = \frac{1}{2} m \cdot v^2 \quad \textit{Bewegungsenergie (kinetische Energie)}$$

Die Energie einer Feder (Federkonstante D), die um die Strecke Δs gedehnt oder gestaucht wurde, beträgt: ↑4

$$E_{spann} = \frac{1}{2} D \cdot (\Delta s)^2 \quad \textit{Spannenergie}$$

Die Einheit der Energie ist 1 Joule (1 J): 1 J = 1 Nm. ◀

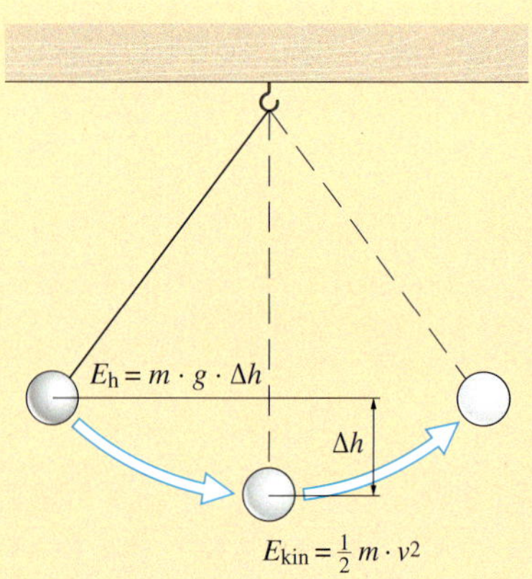

3 Höhen- und Bewegungsenergie

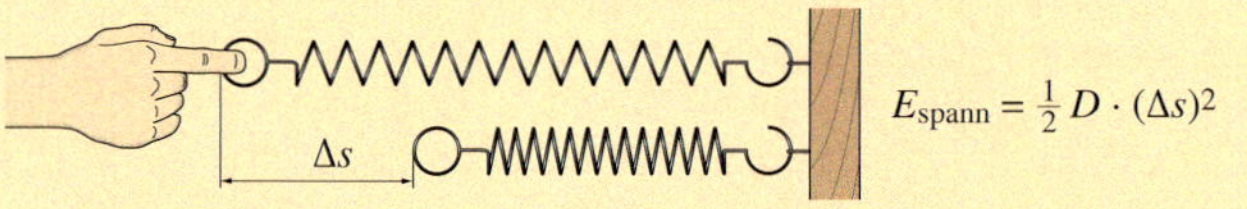

4 Spannenergie

Arbeit, Leistung, Wirkungsgrad ▶ Die *Arbeit W* gibt die einem Gegenstand (System) mechanisch zugeführte oder entzogene Energie ΔE an. „Mechanisch" bedeutet hier, dass eine Kraft längs eines Wegs wirkt. ↑5
Bei konstanter Kraft F_s in Bewegungsrichtung gilt: $W = F_s \cdot \Delta s$.

5 Arbeit

Die *Leistung P* gibt an, wie schnell eine Arbeit W verrichtet bzw. die Energie ΔE umgesetzt wird: $P = \frac{W}{\Delta t}$ bzw. $P = \frac{\Delta E}{\Delta t}$.
Die Einheit der Leistung ist 1 Watt (1 W): $1\,\text{W} = 1\,\frac{\text{J}}{\text{s}}$.

Der *Wirkungsgrad η* gibt bei Energieübertragungen an, wie groß der Anteil der nutzbaren Energie ΔE_{nutz} an der aufgewandten Energie ΔE_{auf} ist: ↑6
$\eta = \frac{\Delta E_{nutz}}{\Delta E_{auf}}$. ◀

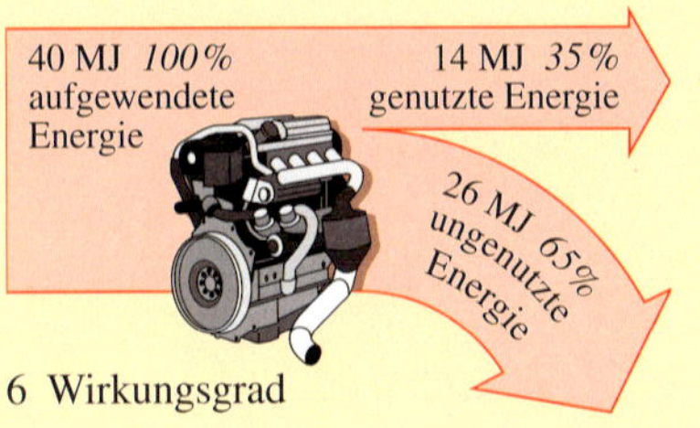

6 Wirkungsgrad

Alles klar?

1 *Sonnenenergie* „Fast die gesamte Energie, die wir nutzen, stammt letztlich von der Sonne." Begründe diese Aussage.

2 ▶ *Energiefluss* Wie kommt die Energie von deinen Muskeln in die leuchtende Lampe deines Fahrrads? Beschreibe den Vorgang anhand eines Energieflussdiagramms. ◀

3 ▶ *Turmspringer* Bist du schon einmal vom 5-m-Brett gesprungen?
a Mit welcher Geschwindigkeit tauchst du ins Sprungbecken ein?
b Geht Energie nach dem Eintauchen „verloren"? ◀

4 ▶ *Regale auffüllen* Jan will eine Flaschenkiste ins Regal stellen. ↑7
a Welche Energie braucht er dazu (mindestens)?
b Tatsächlich wandelt Jans Körper viel mehr Energie um. Warum ist das nötig? Was geschieht mit der „überflüssigen" Energie? ◀

5 ▶ *Belastungstest* JOHN STAPP ↑8 wurde mit seinem Raketenschlitten auf einer Strecke von 112 m mit einer Kraft von 27 kN von einer sehr hohen Geschwindigkeit v bis zum Stillstand abgebremst.
a Berechne die Geschwindigkeit v.
Hinweis: $m = 80\,\text{kg}$. ◀
b Berechne auch die Verzögerung a (in Vielfachen von g) und die Bremsdauer Δt.

6 *Leistungsmessung* Beschreibe zwei verschiedene Verfahren genau, mit denen du deine körperliche Leistung messen kannst.

7 ▶ *Leistung, Kraft und Energie* Beschreibe je einen Vorgang, der zu den folgenden Aussagen „passt":
a Es können große Kräfte auftreten, ohne dass viel Energie mechanisch übertragen wird.
b Die Leistung kann groß sein, auch wenn kaum Energie umgesetzt wird. ◀

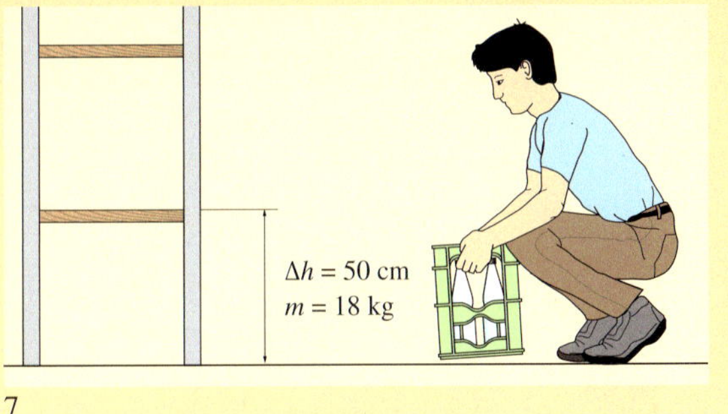

7

8 Bremsversuch: Was hält der Mensch aus?

Check up

1 ▶ *Halfpipe* Camilla saust auf ihren Inlineskates durch die Halfpipe. ↑1 Sie fährt die Rampe auf der linken Seite hinunter und auf der rechten Seite bis zur waagerechten Plattform wieder hinauf.

a Ohne eigenes Zutun würde Camilla die rechte Plattform nicht erreichen. Beschreibe für diesen Fall den Bewegungsablauf aus Sicht der Energie und ihrer Umwandlungen.

b Wie könnte man den Anteil der „verloren gegangenen" Energie bestimmen?
Gib an (Skizze und Text), wie die Messungen durchgeführt werden müssen. Stelle dar, wie man aus den Messwerten den Energieanteil bestimmen kann.

c Wie schafft es Camilla wohl, die Plattform doch zu erreichen?

d Beim Snowboarden gibt es Halfpipes, die ein zusätzliches Gefälle haben. ↑2 Wie schaffen es die Snowboarder, mehrere Meter über die Halfpipe hinauszuspringen, wenn sie am unteren Ende angekommen sind? Begründe deine Antwort aus Sicht der Energie. ◀

2 *Verschiedene Rampen* Florian möchte eine Schubkarre voll Erde zum Gemüsebeet schieben. Leider scheitert er an der hohen Stufe, die auf halbem Weg liegt. Aber zum Glück stehen im Schuppen verschieden lange Bohlen. Welche davon sollte er wohl unterlegen? Begründe deine Antwort physikalisch.

3 ▶ *Aufwand und Nutzen* LUDWIG XIV. ließ 1685 für den Schlosspark von Versailles ein (sündhaft teures) Wasserhebewerk an der Seine errichten. 17 000 t Eisen wurden verbaut. 14 große Wasserräder pumpten in 12 Stunden 3 000 000 Liter Wasser 163 Meter hoch. Ihre Leistung betrug insgesamt 750 PS. Berechne den Wirkungsgrad des Hebewerks. ◀

4 *Hartes Streichholz* Zerbrich ein Streichholz in zwei gleich große Stücke und danach jedes Stück nochmals in zwei kleinere Stücke. Was spürst du beim Zerbrechen?
Warum werden die Kräfte zum Zerbrechen größer, wenn die Holzstücke kleiner werden?

1

2

› Die Lösungen findest du im Anhang.

Schätze deine Kenntnisse und Fähigkeiten ein!
Ordne dazu deiner Lösung im Heft ein Smiley zu:
☺ Ich konnte die Aufgabe richtig lösen.
😐 Ich konnte die Aufgabe nicht komplett lösen.
☹ Ich konnte die Aufgabe nicht lösen.

Aufgabe	Fähigkeit	Hilfe findest du auf Seite ...
1	Bewegungen aus Sicht der Energie und ihrer Umwandlungen beschreiben.	8, 11, 25
1, 3	Wirkungsgrade bei Energieumwandlungen bestimmen.	37, 41
4	Hebelgesetz anwenden.	20
2	Kräfte und Wege bei Rampen in Beziehung setzen.	18

Aufbau der Materie und Wärmelehre

Feuer, Luft, Erde und Wasser – aus vier Elementen besteht die Welt? Der Grieche Empedokles von Agrigent (5. Jh. v. Chr.) war Politiker, Arzt, Dichter und Philosoph. Er stellte sich vor, dass die genannten vier Elemente immer erhalten bleiben und niemals entstehen. Sie sollten sich nur in „ihrer Menge ändern, indem sie sich zu Einem verflechten und aus dem Einen wieder entflechten". Diese Vorstellung bildete über 2000 Jahre lang die Basis der Naturphilosophie und hat das Naturerleben der Menschen geprägt.

Aus dem Blickwinkel der Energie betrachtet, sind die Ideen von Wandel und Erhaltung sehr modern. Wie sich mechanische und innere Energie verflechten und entflechten, werden wir in der Wärmelehre untersuchen. Und auch die Vorstellung von Grundelementen, aus denen unsere Welt besteht, ist keineswegs überholt: Atome und andere Teilchen helfen uns dabei, den Aufbau der Materie zu beschreiben.

Aufbau der Materie und innere Energie

Teilchenmodell

1 DEMOKRIT (460–371 v. Chr.), im Gewand einer späteren Epoche

Die Welt besteht aus unteilbaren kleinsten Bausteinen – spitz und rund, verbunden mit Haken und Ösen. So ähnlich stellten sich jedenfalls griechische Naturphilosophen rund 400 Jahre v. Chr. den Aufbau der Materie vor. ↑1, 2
Ihre Bezeichnung für diese Bausteine war *atomos:* das Unteilbare.

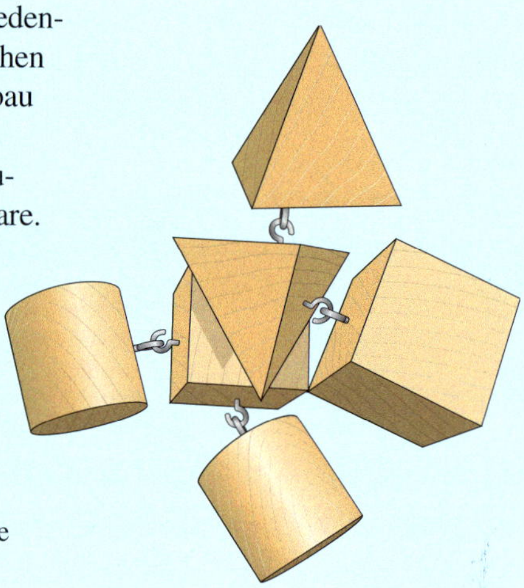

2 Modell vom Aufbau der Materie nach DEMOKRIT

Mit keinem noch so raffiniert gebauten Lichtmikroskop kann man Atome sichtbar machen. Um in die Welt der Atome vorzustoßen, ist man in den letzten Jahrzehnten ganz andere Wege gegangen. So lassen sich heute Oberflächen mit einem Rastertunnelmikroskop Atom für Atom mit einer äußerst feinen Spitze abtasten. Ein Computer errechnet aus den Messdaten mithilfe komplizierter mathematischer Gleichungen ein Bild der Oberflächenstruktur. ↑3
Wie groß sind eigentlich die winzigen Atome? Eine Vorstellung davon liefern erstaunlicherweise die Ölfilme, die Gewässer großflächig verschmutzen und das Leben darin gefährden. ↑4 Die Ölmoleküle (das sind Zusammenschlüsse mehrerer Atome zu einem größeren Teilchen) liegen nebeneinander in einer Schicht, die höchstens einige Moleküle „dick" ist. Anhand der Größe des Ölfilms kann man die Molekülgröße abschätzen!

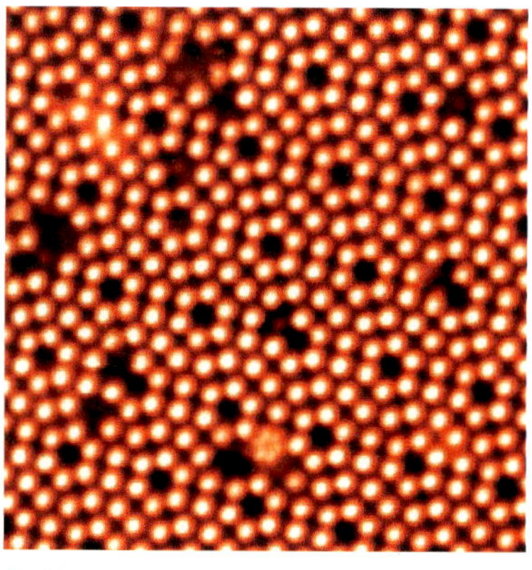

3 Oberfläche von Silicium unter dem Rastertunnelmikroskop

4 Ölfilm nach Überschwemmung von Heizkellern

Probier's mal!

1 Modellversuch zur Bestimmung des Atomdurchmessers

Das Verfahren, mit dem sich die Größe von Ölmolekülen abschätzen lässt, kannst du an einem einfachen Modell kennen lernen. Dabei übernehmen getrocknete Erbsen die Rolle der Ölmoleküle.

a Nimm eine Hand voll Erbsen und bestimme ihr Gesamtvolumen V mit einem Messbecher. ↑5

b Schütte die Erbsen auf einen Teller und forme sie zu einer kreisförmigen Schicht, die nur eine Lage dick ist. Als geometrischen Körper erhältst du dann einen flachen Zylinder. Wenn du seinen Radius R gemessen hast, kannst du den Durchmesser d der Erbsen berechnen. Probiere es aus!
Tipps: Für das Volumen des Zylinders gilt: $V = \pi \cdot R^2 \cdot d$.
Falls du ohne Taschenrechner arbeitest, rechne mit $\pi = 3{,}14$.

c Welchen Fehler macht man mit dieser Kugelschichtmethode?

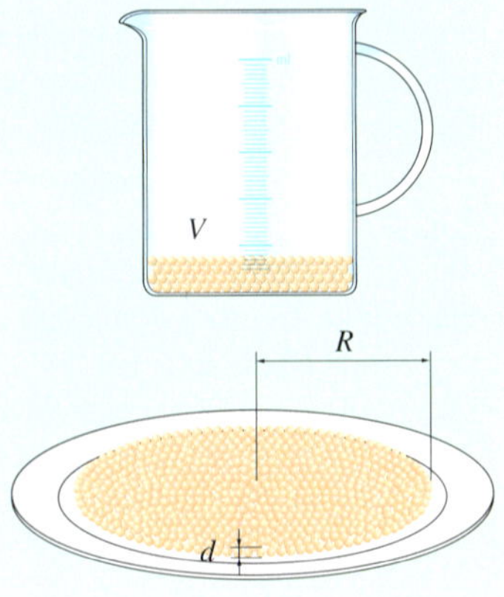

5 Modellversuch: Erbsendurchmesser

Experiment

2 Wie groß ist der Durchmesser von Ölmolekülen?

Die Idee für diesen Versuch ist recht einfach: Eine geringe Menge Öl wird auf Wasser getropft und bildet einen Ölfilm. ↑6 Unter der Annahme, dass dieser nur aus einer einzigen Lage von Molekülen besteht, lässt sich aus dem Ölvolumen V und dem Flächeninhalt A des Ölfilms seine Dicke d berechnen: $V = A \cdot d$ bzw. $d = \frac{V}{A}$. Dieser Wert ist gleich dem Durchmesser eines Ölmoleküls.

Die Durchführung des Versuchs ist etwas knifflig. Der erfahrene Experimentator verwendet zwei „Tricks":

- Ein Tropfen Öl bildet einen großen Ölfilm, der auf keinen Teller passt. Das Öl wird deshalb vorher mit Leichtbenzin gemischt: Ein genauso großer Tropfen wie zuvor enthält dann nur noch eine ganz winzige Menge Öl. Wenn man einen Tropfen dieser Mischung auf Wasser gibt, bleibt bald nur noch das Öl zurück, weil das Leichtbenzin sehr rasch verdunstet.
- Damit man den Ölfilm auf dem Wasser gut sehen kann, werden Bärlappsporen (oder Korkmehl) auf die Wasseroberfläche gegeben. Das feine Pulver wird vom Öl verdrängt, es bildet sich ein sichtbarer Kreis.

a Dein Lehrer gibt dir eine Mischung aus $2\,cm^3$ Leichtbenzin und $2\,mm^3$ Öl(säure). Das Mischungsverhältnis beträgt also 1 : 1000.

b Aus einer Pipette lässt du $1\,cm^3$ der Mischung in ein Gefäß tropfen und zählst die Tropfen. Berechne daraus das Volumen eines Tropfens sowie das Volumen des Öls, das in einem Tropfen enthalten ist.

c Fülle einen großes, flaches Gefäß mit Wasser. Auf der Oberfläche verstreust du gleichmäßig Bärlappsporen. ↑7

d Lass einen Tropfen deiner Mischung auf die Wasseroberfläche fallen. Bestimme den Radius R des kreisförmigen Ölfilms.

e Berechne zunächst den Flächeninhalt A des Ölfilms: $A = \pi \cdot R^2$. Damit kannst du schließlich den Durchmesser d der Ölmoleküle errechnen. Gib den Wert auch in mm und in m an.

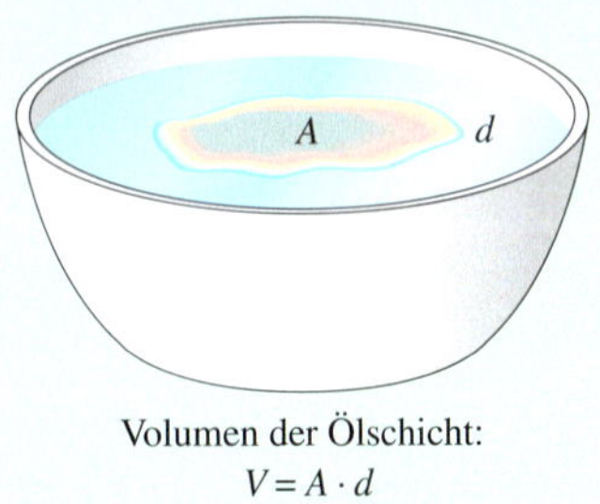

6 Versuchsidee

7 Aufbau und Durchführung

Aufgaben

1 *Ölfleck* Bei einem Ölfleckversuch (s. vorige Seite) ergibt 1 cm^3 der Mischung aus Leichtbenzin und Öl 65 Tropfen. Wie groß ist der Ölfilm, den ein Tropfen der Mischung auf Wasser erzeugt?

a Berechne den Radius der kreisrunden Ölfläche. Nimm dazu an, dass ein Ölmolekül einen Durchmesser von 0,000 002 mm hat.

b Nach einer Überschwemmung hat sich ein Ölfilm von 1 km^2 Oberfläche gebildet. Schätze ab, aus wie vielen Ölmolekülen er besteht. *Tipp:* Gehe wieder davon aus, dass ein Ölmolekül 0,000 002 mm dick ist und der Ölfilm nur aus einer Lage von Molekülen besteht. (In Wirklichkeit können auch einige Molekülschichten übereinanderliegen.)

2 *Vom Molekül zum Atom* Ein Ölsäuremolekül habe einen Durchmesser von 0,000 002 mm und bestehe aus 54 Atomen. Versuche den Durchmesser eines Atoms abzuschätzen. *Tipp:* Nimm zur Vereinfachung an, dass das Molekül und die Atome würfelförmig sind. Alle Atome sollen gleich groß sein und ohne Zwischenraum aneinander liegen.

Zum Vergleich

In einem einzigen Schnapsglas voll Wasser (20 cm^3) befinden sich rund $2 \cdot 10^{26}$ Wassermoleküle – mehr als Sandkörner in der Sahara.

GRUNDLAGEN: **Teilchenmodell**

▶ Jede Materie besteht aus unvorstellbar kleinen Teilchen, die man als *Atome* bezeichnet. Der Durchmesser eines Atoms liegt in der Größenordnung von einem Zehntel eines Millionstel Millimeters! Oft sind mehrere Atome zu einem etwas größeren Teilchen verbunden, man spricht von einem *Molekül. Beispiele:* Beim Wassermolekül sind zwei Wasserstoffatome mit einem Sauerstoffatom verbunden. Duftstoffe, wie sie z. B. beim Abbrennen von Räucherstäbchen freigesetzt werden, bestehen aus sehr komplexen Molekülen mit vielen unterschiedlichen Atomen.

Die Atome sind so verschwindend klein, dass wir nicht sehen können, wie sich die Materie aus ihnen aufbaut. Deshalb benötigen wir eine Vorstellungshilfe: ein *Modell.* Um den Aufbau der Materie beschreiben zu können, werden wir das *Teilchenmodell* einsetzen:

Wir stellen uns die Teilchen als Kügelchen vor; verschiedene Arten von Atomen stellen wir z. B. durch unterschiedlich gefärbte Kugeln dar (die tatsächlichen Atome haben keine Farbe). Zwischen den Teilchen können Kräfte wirken; Anziehung werden wir durch dickere Linien darstellen, die die Kugeln verbinden.

Beispiel: Beim Wassermolekül stellen wir uns die Anordnung im (dreidimensionalen) Raum vor, dass die Wasserstoffatome mit dem Sauerstoffatom einen stumpfen Winkel bilden. ↑1 (Weshalb die Teilchen gerade so angeordnet sein sollen und nicht anders, ist ein Ergebnis noch tiefer gehender physikalischer Betrachtungen.)

Wir stellen uns vor, dass die Materie aus winzigen Kügelchen aufgebaut ist, zwischen denen große Kräfte wirken können, wenn sie sich nahe genug kommen.
Eine Vorstellung wie die vom Wassermolekül, die nicht alle Attribute des Objekts erfasst, nennt man in den Naturwissenschaften *Modell.* Modelle dienen der Veranschaulichung und Erklärung. ◀

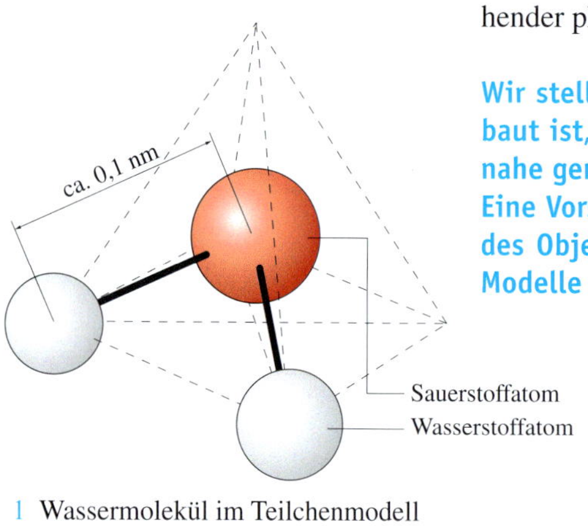

1 Wassermolekül im Teilchenmodell

Aus der Natur Wie das duftet!

Die Geruchsempfindung in unserer Nase wird durch komplizierte Moleküle ausgelöst. Während Kaffeeduft aus etwa 15 Aromastoffen besteht, setzt sich der Duft einer Rose aus über 500 Aromastoffen zusammen. Die meisten davon erkennt die Nase aber eigentlich gar nicht: Oft reichen schon wenige Leitsubstanzen aus, um einen Geruch zu identifizieren. Bei der Rose genügt sogar nur ein einziger Stoff, das Geraniol. Nimmt man ihn wahr, so denkt man sofort an Rosen. Allerdings merkt man auch, dass zum betörenden Duft einer echten Rose noch etwas fehlt.

Rund 10 000 Gerüche kann die Nase unterscheiden. Sie ist sogar so empfindlich, dass sie Vanillin (den Aromastoff der Vanilleschote) von Iso-Vanillin (griech. *iso-:* gleich) unterscheiden kann, obwohl die Molekülstrukturen fast identisch sind. ↑2

Verantwortlich für die Wahrnehmung von Gerüchen ist die rund 5 cm² große *Riechschleimhaut* in unserer Nase. Sie enthält ungefähr 3 Millionen Riechsinneszellen mit feinen Härchen, die auf verschiedene Gerüche spezialisiert und von der Nasenschleimhaut überzogen sind. ↑3 Bevor ein Aromastoff an ein Sinneshärchen „andocken" kann, muss er sich zunächst im Wasser der Schleimhaut lösen. Gelangt ein Duftmolekül dann an ein darauf spezialisiertes Sinneshärchen, löst es in der Riechzelle einen elektrischen Impuls aus, der ans Gehirn weitergeleitet wird. Dort wird es im *Riechkolben* verarbeitet, der zu den ältesten Teilen des Gehirns gehört und direkt hinter der Nasenwurzel liegt. 30 000 kugelige „Rechenzentren" sortieren und verrechnen die Impulse nach Stärke und Absender und schicken das Ergebnis an das *Riechhirn*, wo es weiterverarbeitet wird. Schließlich landet es im *Mandelkern* – einem Hirnteil, der Gefühle wie Ekel oder Wohlbehagen weckt. Wenn der Geruch intensiv genug ist, schickt das Riechhirn Impulse auch in die *Großhirnrinde*, wo ein bewusster Geruchseindruck entsteht. Jetzt erst wird Rosenduft auch wirklich als solcher wahrgenommen.

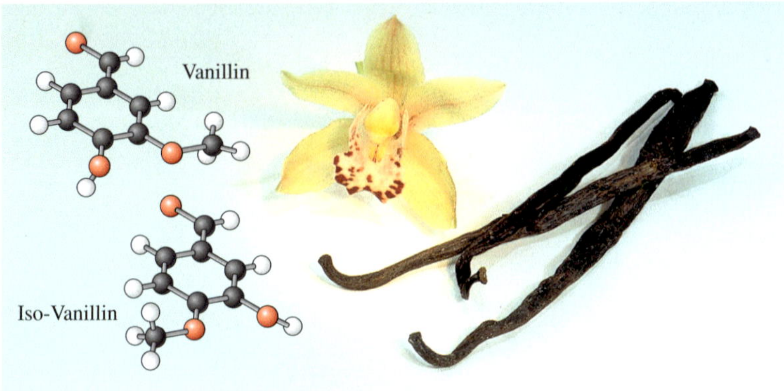

2 Aufbau von (Iso-)Vanillin

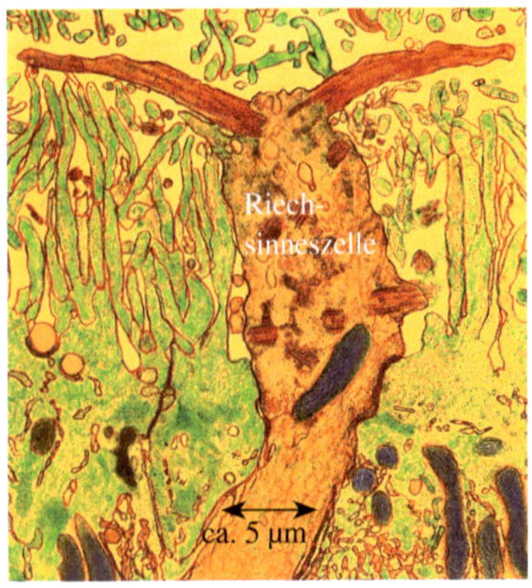

3 Riechschleimhaut (Schnitt)

Aufgaben

3 *Alles Wasser der Erde* Das Wasser auf der Erde hat ein Volumen von rund $1{,}4 \cdot 10^9\,\text{km}^3$ (einschließlich des Wassers im Boden und in der Luft).

a Wie viele Kubikzentimeter Wasser sind dies? Vergleiche diese Anzahl mit der Anzahl der Wassermoleküle in $1\,\text{cm}^3$ Wasser.

b Schätze ab, wie viele Wassermoleküle es auf der Erde gibt.

4 *Das Parfüm* Du schnupperst an einem Parfümflakon, erkennst einen nach Zitrone riechenden Duft und empfindest ein Wohlgefühl. Beschreibe die Vorgänge nach dem Öffnen des Flakons bis zur bewussten Empfindung.

5 *Gummimoleküle* Autoreifen werden immer dünner, weil das Gummi vom Straßenbelag abgerieben wird. Bei einem Anfangsradius von 40 cm können es nach 30 000 km durchaus 5 mm Abrieb sein. Aus dem (von anderen Untersuchungen her) bekannten Durchmesser eines Gummimoleküls hat man darauf geschlossen, dass im Mittel bei jeder Umdrehung des Reifens ungefähr eine Molekülschicht abgerieben wird. Welchen Durchmesser hat wohl ein Gummimolekül?

Nano – nanu?

Nanoforscher (griech. *nanos:* Zwerg) untersuchen unvorstellbar kleine Gegenstände: 1 Nanometer (1 nm) ist ein Milliardstel Meter oder ein Millionstel Millimeter lang. Um eine 1 nm dünne Faser zu bekommen, müsste man ein Haar in Längsrichtung in 50 000 gleiche Teile spalten!
Atome haben einen Durchmesser von rund einem Zehntel Nanometer. Die DNA-Moleküle, in denen unsere Erbanlagen verschlüsselt sind, haben eine Dicke von 2 nm. ↑1 Dagegen ist ein rotes Blutkörperchen mit 8000 nm fast schon ein Riese. ↑2
Anwendungsmöglichkeiten der Nanotechnologie findest du in unterschiedlichsten Bereichen.

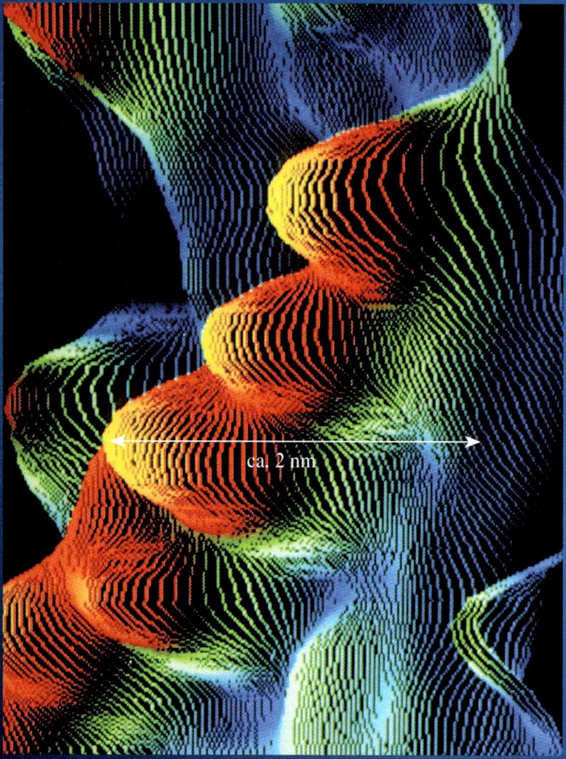

1 Teil eines DNA-Moleküls

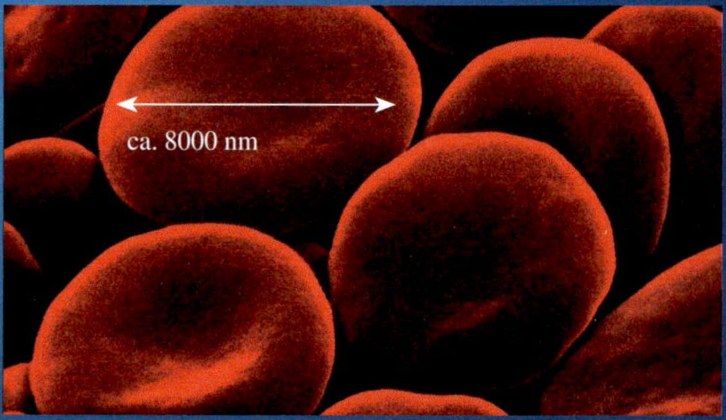

2 Rote Blutkörperchen

Die Natur als Vorbild: Die *Bionik* ist eine Wissenschaft, die Erkenntnisse aus der Biologie technisch umsetzt.
Vielleicht hast du schon einmal etwas vom Lotuseffekt gehört: Dabei geht es um Oberflächen, die extrem wasser- und schmutzabweisend sind. ↑3 Dieser Effekt beruht auf der Oberflächenstruktur der Blätter von Lotuspflanzen (oder Kapuzinerkresse und Tulpen). ↑4 Sie haben kleine Noppen, die einige Tausend Nanometer groß sind und selbst eine noch feinere Nanostruktur aus Wachskristallen besitzen (kleiner Ausschnitt im Bild). Wassertropfen liegen darauf wie auf einem „Nagelbett", von dem sie einfach abrollen können. Diese Erfindung der Natur haben Bioniker auf andere Oberflächen übertragen: Kleidung, Dachziegel, Fassadenanstriche … . Das Wasser perlt von ihnen nicht nur ab, sondern nimmt dabei auch noch den Schmutz mit.
Ein Albtraum für die Betreiber von Waschanlagen: Autos mit Lotuseffekt würden sich bei Regen wie von selbst waschen!

3 Lotuseffekt

4 Lotusblatt

Auch in der Medizin werden Produkte aus der Nanotechnologie eingesetzt. An der *Charité* und am *Bundeswehrkrankenhaus* in Berlin wurden erstmalig klinische Studien zur Thermotherapie mit magnetischen Nanoteilchen durchgeführt. Bei dieser neuen Krebstherapie wird eine Flüssigkeit aus 15 nm großen Eisenoxidteilchen, die in Wasser fein verteilt sind, direkt in den Tumor gespritzt. ↑5 Anschließend werden die Teilchen wechselnden magnetischen Kräften ausgesetzt, sodass sie hin und her „zittern". Dabei geben sie Energie an den Tumor ab, der dadurch erwärmt wird. Diese Erwärmung führt zu einer Schädigung der Tumorzellen, während umliegendes gesundes Gewebe weitgehend unberührt bleibt.
Das wichtigste Handwerkszeug der Nanoforscher ist das Rastertunnelmikroskop. ↑6 Es tastet Oberflächen mit einer winzig kleinen Metallspitze ab, auf der sich nur ein einzelnes Atom befindet. Zwischen ihr und der Oberfläche wird eine Spannung gelegt. Je nach Abstand von den Atomhüllen der Oberfläche fließen verschieden große Ströme zwischen Spitze und Oberfläche. Daraus berechnet ein Computer mithilfe komplizierter Gleichungen ein Bild von der Lage der Atome. ↑7 Es zeigt allerdings nur eine virtuelle Wirklichkeit, die von den Messwerten *und* von den verwendeten Formeln abhängt.

5

1 *Krieg der Nanosterne* Ein Naroboter greift ein Virus im menschlichen Körper an! ↑8 Ist das eine Vision – oder gibt es solche Roboter schon? Recherchiere dazu im Internet. Versuche bei dieser Gelegenheit auch weitere Anwendungsmöglichkeiten der Nanotechnologie zu finden. Erstelle eine kleine Präsentation deiner Suchergebnisse.

2 *Lotuseffekt* Gib einzelne Wassertropfen mit einer Plastikspritze ohne Nadel (aus der Apotheke) auf verschiedene Materialien und untersuche, wie die Tropfen bei gleicher Schräglage abperlen. Wie verändert sich das Abperlen, wenn du die Oberflächen mit Staub, Fett … behandelst? Vielleicht erhältst du im Baumarkt sogar eine (beschädigte) Dachpfanne mit Lotuseffekt für deine Versuche!

6 Rastertunnelmikroskop

7 Eisenatome auf Kupferoberfläche

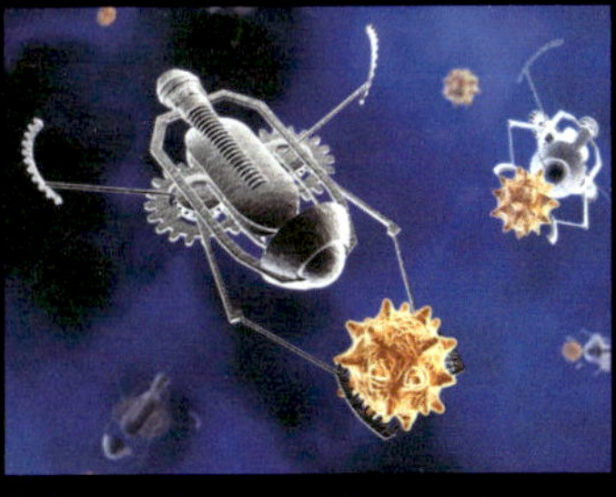
8 Nanoroboter greifen an!

Innere Energie

Schon manchem Schiff ist es zum Verhängnis geworden, dass Wasser nicht nur in flüssiger Form vorkommt, sondern auch in fester Form als Eis. ↑1

Dagegen befinden sich in der Luft große Mengen an gasförmigem Wasser (Wasserdampf), das allerdings nicht sichtbar ist. Erst wenn sich die Wassermoleküle zu unzähligen Tröpfchen zusammenballen, entstehen die Wolken, die wir am Himmel sehen können.

1 90 % des Eisbergs befinden sich unter Wasser!

2 Energiezufuhr lässt Eis schmelzen.

Wenn du dich umschaust, „begegnen" dir Stoffe in drei verschiedenen *Aggregatzuständen:* fest, flüssig und gasförmig. Einige Stoffe kennst du sogar in verschiedenen Zuständen: Wasser, Kerzenwachs …
Eis, Wasser und Wasserdampf sind äußerlich sehr verschieden, obwohl es sich immer um denselben Stoff handelt. Wie können wir diese Unterschiede erklären? Dazu müssen wir unser Teilchenmodell erweitern. Die Energie wird dabei eine wichtige Rolle spielen: Zum Schmelzen von Eis oder Verdampfen von Wasser muss Energie zugeführt werden. ↑2, 3 Die grundlegenden Veränderungen im Aufbau sind nämlich mit einer Zunahme der inneren Energie verbunden.
Den Aufbau von Stoffen kann man bei Zimmertemperatur leider nicht mit dem Rastertunnelmikroskop untersuchen. Man würde nämlich höchstens völlig unscharfe Abbildungen erhalten. Für gute Bilder müssen die Stoffe tiefstgekühlt werden. Doch selbst bei –266 °C sind die Abbildungen noch immer etwas unscharf. ↑4 Und das liegt nicht daran, dass jemand die Aufnahme verwackelt hat.

3 Energiezufuhr lässt Wasser verdampfen.

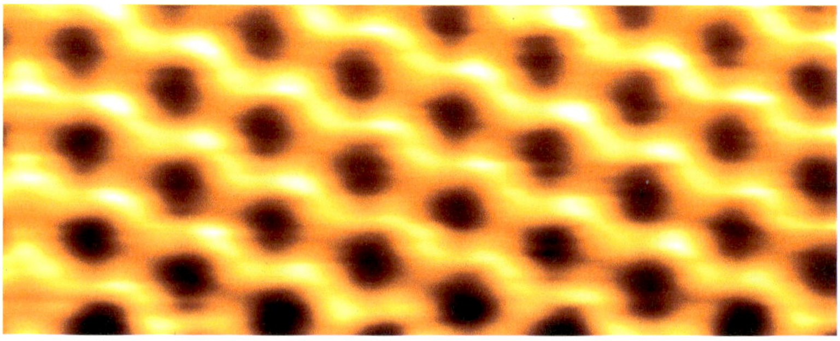

4 Graphitoberfläche bei –266 °C (Rastertunnelmikroskop)

Probier's mal!

1 Parfümgeschwindigkeit
Wenn du etwas Parfüm in einer Ecke deines Zimmers versprühst, ist es bald im ganzen Raum zu riechen (auch ohne Luftzug). Wie lange dauert es eigentlich, bis du es z. B. in der gegenüberliegenden Ecke schnuppern kannst?

2 Luft und Wasser verdichten
Ob sich Luft und Wasser zusammenpressen lassen? Probiere es mit einer Plastikspritze (ohne Nadel!) aus. ↑5 Welchen Unterschied zwischen Luft (gasförmig) und Wasser (flüssig) stellst du fest?

3 ▶ Weder geschüttelt noch gerührt
Wenn du einen Tropfen Tinte in ein Glas voll Wasser fallen lässt, verteilt sich die Tinte. Das ist klar und braucht nicht untersucht zu werden. Ob sich aber der Vorgang in kaltem Wasser genauso abspielt wie in heißem? Probiere es aus! ◀

4 Feste Körper „züchten"
Beim „Züchten" von Salzkristallen kannst du einen festen Körper aus einer Flüssigkeit wachsen lassen. ↑6
Gib in ein Glas mit destilliertem Wasser von etwa 40 °C unter Rühren so viel Speisesalz, dass ein Teil davon nicht mehr gelöst wird. Gieße die „gesättigte", noch warme Lösung ohne den Bodensatz in ein leeres Glas um. Binde einen Wollfaden an einen Bleistift; lege den Bleistift über das Glas, sodass der Faden in die Salzlösung taucht. Beim Abkühlen der Lösung bilden sich kleine Kristalle am Faden.
Um größere Kristalle zu bekommen, lässt du nur zwei oder drei Kristalle am Wollfaden. Den Faden mit diesen Kristallen hängst du wieder in eine (warme) „gesättigte" Salzlösung. Jetzt brauchst du nur noch ein paar Tage zu warten.

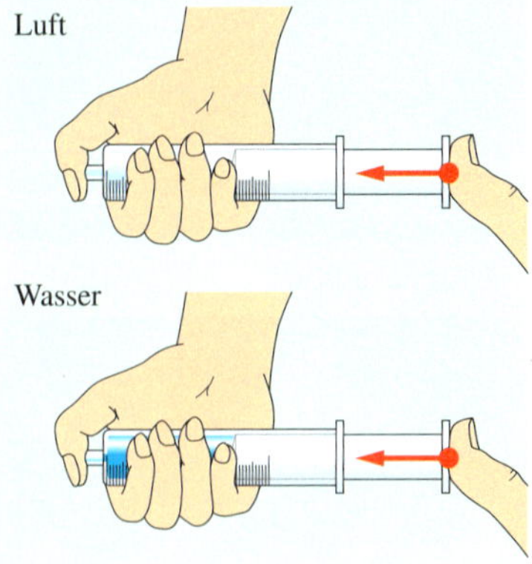

5

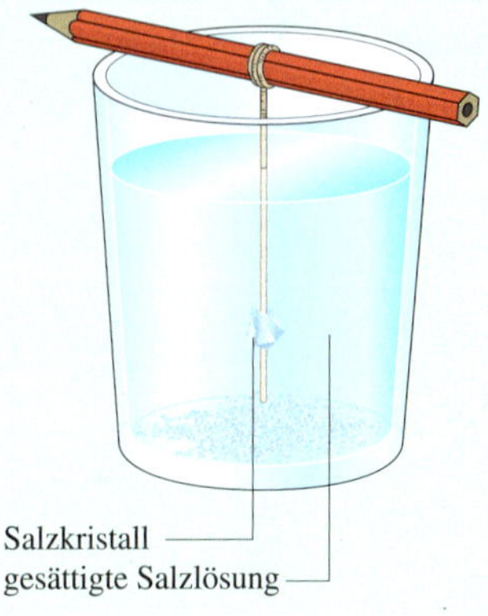

6 Salzkristall „züchten"

Experimente

5 ▶ Unruhige Fetttröpfchen
Verdünne etwas Milch mit viel Wasser und betrachte sie unter dem Mikroskop: Erkennst du die einzelnen runden Fetttröpfchen? Da sie nicht leben, müssten sie eigentlich ruhig an ihrem Platz bleiben … Beschreibe deine Beobachtung und versuche sie zu erklären.
Tipp: Woraus ist Wasser aufgebaut? ◀

6 Modellversuch: Fetttröpfchen
Große Teilchen können durch kleine bewegt werden. ↑7 Die Styroporkugel soll ein Fetttröpfchen darstellen, die Glasperlen die Wasserteilchen. Die Glasperlen werden von der vibrierenden Lautsprechermembran hochgeschleudert. Wie bewegt sich die Styroporkugel? Was ist davon im „Originalversuch" zu sehen, was nicht?

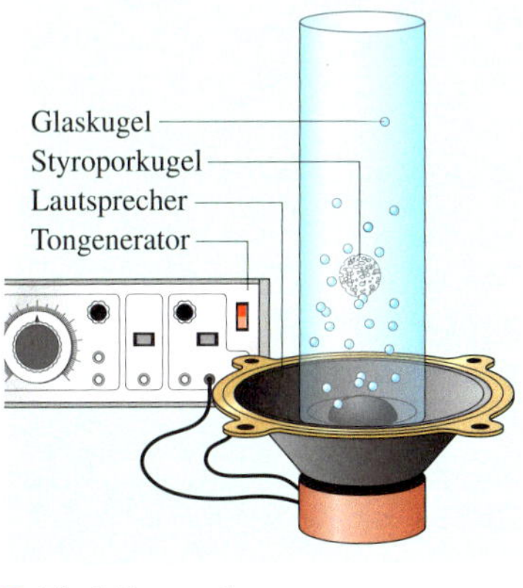

7 Modellversuch

1 Quarzkristall

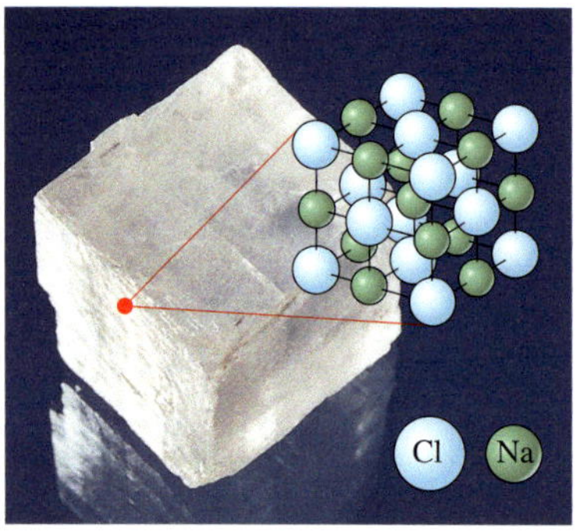

2 Kochsalzkristall im Modell

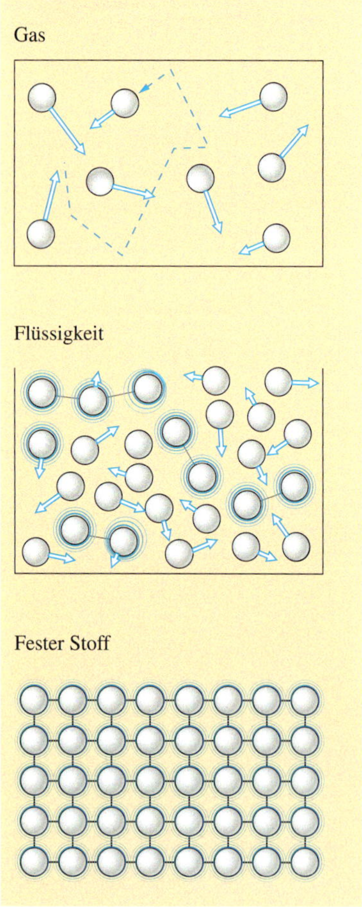

3 Aggregatzustände im Teilchenmodell

GRUNDLAGEN: Aggregatzustände im Teilchenmodell

Fest Kristalle faszinieren durch ihre regelmäßige Formen. ↑1 Wir stellen uns vor, dass sie auf einer regelmäßigen Teilchenanordnung beruhen. *Beispiel:* Beim Kochsalzkristall bilden positiv geladene Natrium-Ionen (Na^+) und negativ geladene Chlor-Ionen (Cl^-) aufgrund elektrischer Kräfte ein dreidimensionales Gitter. ↑2 (Ionen sind Atome, die Elektronen abgegeben oder zusätzlich aufgenommen haben.)

▶ **Bei festen Stoffen wirken große anziehende Kräfte zwischen den Teilchen. Die Teilchen sind dadurch jeweils an feste Plätze gebunden und lassen sich relativ schwer voneinander trennen. Der Abstand zwischen ihnen ist so klein, dass er sich kaum noch verringern lässt.** ◀

Bei Diamantkristallen sind die Anziehungskräfte zwischen den Teilchen so groß, dass die Kristalle kaum zerstört werden können.

Flüssig Wasser lässt sich ähnlich wie feste Stoffe praktisch nicht zusammenpressen. Man kann es aber mit der Hand leicht „zerteilen" und umrühren. Es passt sich jeder Gefäßform an. Diese Eigenschaften erklären wir so:

▶ **Der Abstand zwischen den Teilchen ist auch bei Flüssigkeiten so klein, dass er sich kaum noch verringern lässt. Die Anziehung zwischen den Teilchen ist schwächer als bei festen Stoffen, sodass sie sich leichter voneinander trennen bzw. gegeneinander bewegen.** ◀

Gasförmig Luft und alle anderen Gase lassen sich leicht zusammenpressen, „durchschneiden" und „umrühren".

▶ **Wir stellen uns vor, dass die Teilchen in Gasen weit voneinander entfernt sind und zwischen ihnen keine Anziehungskräfte bestehen.** ◀

Teilchenbewegung und Temperatur Wenn man Duftöl in ein Schälchen gießt, verteilt sich das Aroma rasch im Zimmer. Ein Tropfen Tinte verteilt sich auch ohne Umrühren in einem Glas Wasser – und zwar umso schneller, je wärmer das Wasser ist. Diese Vorgänge erklären wir damit, dass sich die Teilchen bewegen: ↑3 ▶ In Gasen bewegen sich die Teilchen völlig frei; nur bei Zusammenstößen werden sie abgelenkt. In Flüssigkeiten gleiten Teilchen aneinander vorbei. In festen Körpern schwingen die Teilchen an ihren Plätzen hin und her. Je höher die Temperatur eines Gegenstands ist, desto schneller bewegen sich seine Teilchen hin und her – und umgekehrt.

Die kleinsten Teilchen eines Körpers befinden sich in ständiger Bewegung. Die Temperatur des Körpers ist ein Maß für die mittlere kinetische Energie, die jedes Teilchen aufgrund dieser Bewegung hat. ◀

Bei ihren Zusammenstößen werden die Teilchen ständig beschleunigt oder abgebremst: Ihre kinetische Energie ändert sich also laufend. Berechnet man aber die mittlere kinetische Energie je Teilchen, so bleibt sie bei einer festen Temperatur unverändert. (Es gibt allerdings stets Teilchen, die schneller oder langsamer als der Durchschnitt sind.)

Aus der Natur Edelsteine

Seltene Edelsteine mit Kristallstruktur haben die Menschen seit jeher fasziniert und zu manchem Aberglauben verführt. So schreibt eine venezianische Überlieferung dem Opal ↑4 magische Eigenschaften zu: Wenn er grau und stumpf wird, drohe seinem Träger Unheil.
Ein besonders wertvoller Kristall ist der Diamant: ↑5 Er kann pro Gramm bis zu 50 000 € kosten!
Edelsteine werden in Karat (1 Karat = 0,2 Gramm) gewogen. Der größte Diamant, der bisher gefunden wurde, brachte 3106 Karat auf die Waage.
Diamant besteht aus Kohlenstoffatomen: Jedes Atom ist mit seinen vier Nachbaratomen durch jeweils ein Elektronenpaar fest verbunden. ↑6

Aus Kohlenstoffatomen bestehen auch Graphitkristalle: Du verwendest sie jeden Tag, wenn du mit einem Bleistift schreibst (Blei kommt in der Mine des Stifts dagegen nicht vor). Bei Graphit bestehen feste Bindungen nur mit jeweils drei Nachbaratomen, ein Elektron pro Atom ist nahezu frei beweglich. ↑6 Nur unter großem Druck lässt sich Graphit zu einem Industriediamanten umordnen.

1 *Kohlenstoff = Kohlenstoff?* Mit dem Bleistift kann man schreiben, mit Diamant nicht; Graphit ist ein guter elektrischer Leiter, Diamant ein Isolator. Erkläre die unterschiedlichen Eigenschaften mithilfe des Teilchenmodells.

4 Opal

5 Rohdiamant

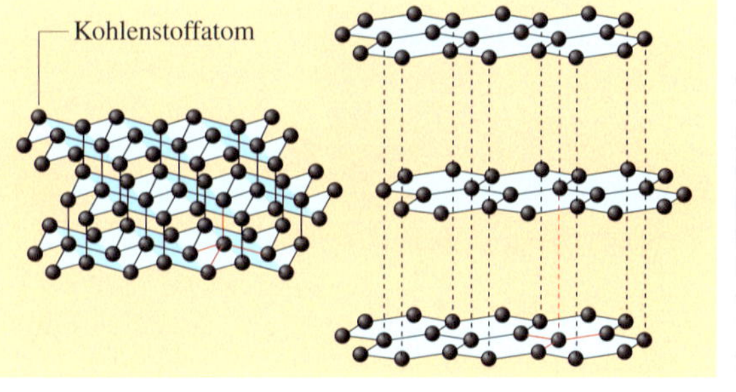

6 Teilchenmodell: Diamant (links) und Graphit (rechts)

Aus der Geschichte Die merkwürdige Bewegung winziger Körper

Im Jahr 1827 untersuchte der englische Botaniker ROBERT BROWN Blütenstaub unter dem Mikroskop. ↑7 Er beobachtete winzige Körnchen in einem Wassertropfen: „Als ich die Gestalt dieser in Wasser getauchten Pollenkörnchen untersuchte, bemerkte ich, dass viele von ihnen in Bewegung waren. Nach häufiger Wiederholung der Beobachtungen überzeugte ich mich, dass diese Bewegungen nicht von Strömungen in der Flüssigkeit herrührten, sondern den Pollenkörnchen selbst angehörten.“ Brown folgerte, dass es sich um Kleinstlebewesen handeln musste. Weitere Experimente mit sicherlich nicht lebendigen Ruß- oder Metallteilchen zeigten ihm aber die gleiche unaufhörliche Bewegung! Erst 50 Jahre später kamen andere Forscher der Ursache auf die Spur: Die unsichtbaren Wassermoleküle, deren Existenz noch umstritten war, sollten für die Zitterbewegung der Pollenkörnchen verantwortlich sein!

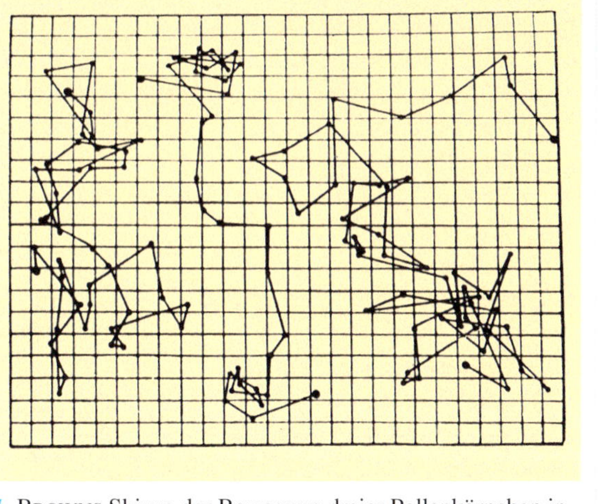

7 BROWNS Skizze der Bewegung dreier Pollenkörnchen in Wasser (Zeit zwischen zwei Punkten: 30 s)

2 *Wer bewegt?* Wie kommt die Bewegung der Pollenkörnchen im Wasser wohl zustande?

GRUNDLAGEN: Innere Energie bei verschiedenen Aggregatzuständen

▶ Wenn du die Hände aneinanderreibst, werden sie wärmer. ↑1 Die zugeführte Energie wird in den Händen selbst gespeichert, man nennt sie *innere Energie*. In unserem Teilchenmodell für feste Körper können wir das Reiben so beschreiben: Teilchen der Handoberfläche werden von ihren Plätzen gezerrt, schwingen zurück und regen auch die Nachbarteilchen zu heftigeren Schwingungen an. ↑2 Die kinetische Energie aller Teilchen nimmt also zu: Die Temperatur steigt. Außerdem nimmt die potenzielle Energie der Teilchen bei ihrer Auslenkung aus der „Mittellage" insgesamt zu. Die Erhöhung der inneren Energie besteht also aus einem kinetischen *und* einem potenziellen Anteil. Dieser Zusammenhang gilt ganz allgemein für feste Körper.

1 Reibung erzeugt … innere Energie!

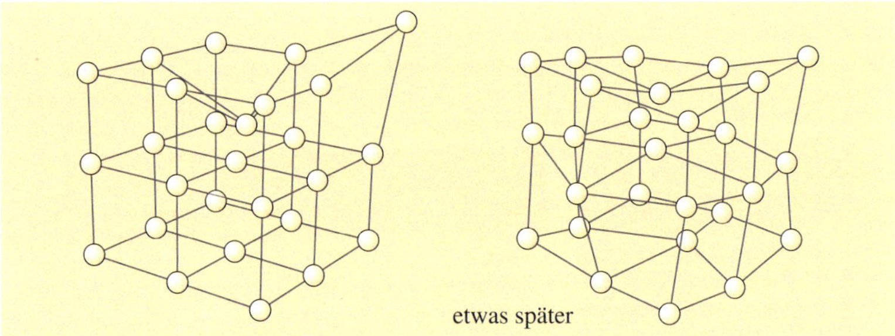

2 Erhöhung der inneren Energie: potenziell und kinetisch

Auch bei Flüssigkeiten teilt sich die Zunahme an innerer Energie beim Erwärmen auf die kinetische und die potenzielle Energie des Systems auf.
Bei Gasen stellen wir uns vor, dass keine Anziehungskräfte zwischen den Teilchen bestehen, sie halten sich nicht gegenseitig an ihren Orten fest. Daher wird beim Erwärmen keine zusätzliche potenzielle Energie gespeichert: Die innere Energie steckt vollständig in der Teilchenbewegung. (Wenn die Gasatome durch Anziehungskräfte zu Molekülen verbunden sind, enthält die innere Energie auch einen potenziellen Anteil.)

Die innere Energie eines Körpers besteht aus der Summe aller kinetischen Energien seiner Teilchen sowie aus der Summe aller potenziellen Energien, die die Teilchen aufgrund gegenseitiger Kräfte haben. Bei Gasen steckt die innere Energie (überwiegend) in der Teilchenbewegung. ◀

Zum Vergleich

Die innere Energie eines Gases besteht fast ausschließlich aus der kinetischen Energie seiner Teilchen. Luftteilchen bewegen sich bereits bei 20 °C im Mittel so schnell wie Düsenjets! Zwischen zwei Stößen kommen sie jedoch nicht weit – im Mittel nur 0,1 µm.

Aufgaben

1 *Teilchenspiele*

a Die Teilchenbewegung eines Gases lässt sich durch ein Spiel veranschaulichen:
Eure Schulklasse stellt das Gas dar. Jeder spielt ein Gasteilchen und bewegt sich auf geraden Wegen in zufällige Richtungen bis zum nächsten Zusammenstoß mit Partnern oder Wänden. Dann ändert die Person ihre Richtung. Wie könnt ihr eine Temperaturerhöhung veranschaulichen?

b Versucht auch, die Teilchenbewegung in einem festen oder flüssigen Körper darzustellen.

c Wie könnt ihr mit einem großen Gymnastikball die brownsche Bewegung darstellen?

2 *Teilchen, Temperatur und Energie* Die Temperatur von Eisenschrot wird erhöht. Was bedeutet das für die Eisenatome? Beschreibe auch die Änderung der inneren Energie.

Aus Technik und Umwelt Von Wärmekissen und Eiswürfeln

Ein Wärmekissen ist ein praktischer Energiespeicher für die kalte Jahreszeit. ↑3 Du legst es einige Minuten lang in kochendes Wasser. Dabei schmilzt der Inhalt, eine Salzmischung. Dann lässt du das Wärmekissen wieder auf Umgebungstemperatur abkühlen, sein Inhalt bleibt dabei flüssig. Wenn du nach draußen gehst und kalte Hände bekommst, knickst du ein kleines Blechstück im Wärmekissen um – und schon wird das Kissen warm. Dabei verändert sich sein Inhalt: Er erstarrt! Im flüssigen Zustand speichert das Wärmekissen offenbar innere Energie, die beim Erstarren frei wird.

▶ Was beim Schmelzen oder Erstarren aus Sicht der inneren Energie passiert, erklären wir am ähnlichen Beispiel von Wasser und Eis. Einen Eiswürfel kannst du mit einem Hammer zerschlagen; dazu brauchst du Energie. Auch um den Eiswürfel zu schmelzen, ist Energie erforderlich. Im Teilchenmodell kannst du das so erklären: Die Wassermoleküle im Eiswürfel üben Kräfte auf ihre Nachbarteilchen aus und halten sich so gegenseitig an ihren Plätzen. Um diesen festen Zusammenhalt zu lockern oder zu zerstören, musst du Energie zuführen – z. B. mit dem Hammer oder einem Heizgerät.

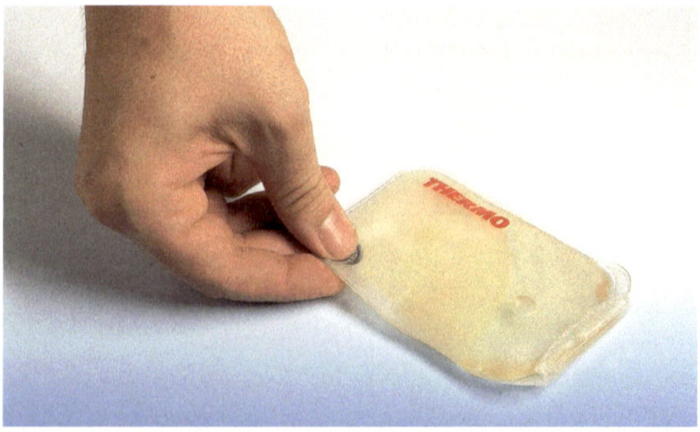

3 Ein „Klick" – und das Wärmekissen ist aktiviert.

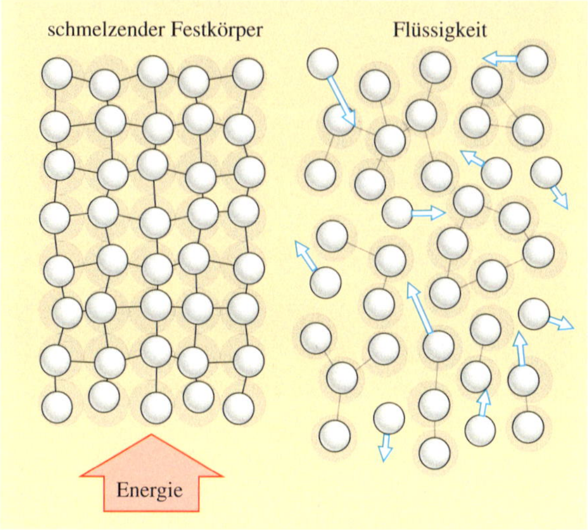

4 Der Schmelzvorgang im Teilchenmodell

Wenn du genügend Energie zuführst, wird die Bewegung der Moleküle so heftig, dass sie sich nicht mehr an ihren Plätzen halten können. Dann schmilzt das Eis. ↑4 Beim Schmelzen muss immer weiter Energie zugeführt werden, damit alle verbleibenden festen Bindungen zwischen den Molekülen gelockert oder zerstört werden. Dabei steigt die Temperatur aber nicht an! Die Energiezufuhr erhöht nämlich nicht die mittlere kinetische Energie der Moleküle, sondern ihre mittlere potenzielle Energie. Diese Erhöhung ist der Grund dafür, dass flüssiges Wasser von 0 °C mehr innere Energie hat als Eis bei gleicher Temperatur.
Beim Erstarren werden die festen Bindungen wiederhergestellt. Dabei gibt das Wasser genauso viel Energie ab, wie es beim Schmelzen aufgenommen hat. ◀
Wasser erstarrt in der Regel von alleine, wenn es kalt genug ist. Die Flüssigkeit im Wärmekissen braucht dazu etwas Unterstützung: Man vermutet, dass sich beim Knicken „Kristallisationskeime" an der Oberfläche des Blechstücks bilden, an denen das Erstarren beginnt.

Aufgaben

3 ▶ *Temperatur und innere Energie* Heißer Tee hat eine höhere Temperatur als das Wasser in einem Fußbad. Treffen die folgenden Aussagen zu (begründe jeweils deine Antwort)?

a Die Teilchen im Teewasser bewegen sich schneller als die im Fußbad, ihre mittlere kinetische Energie ist höher.

b Die innere Energie des Teewassers ist größer als die des Wassers im Fußbad. ◀

4 ▶ *Selbstständige Durchmischung* Duftstoffe breiten sich in der Luft viel schneller von alleine aus als Farbstoffe in Wasser (bei jeweils gleicher Temperatur). Versuche den Unterschied mithilfe des Teilchenmodells zu erklären. ◀

Absoluter Temperaturnullpunkt

Die tiefste Temperatur im Universum
2003 Am Massachusetts Institute of Technology (MIT) in Boston haben Physiker einen neuen Weltrekord beim Erzeugen tiefer Temperaturen aufgestellt. Dem Team um den aus Deutschland stammenden Physiknobelpreisträger WOLFGANG KETTERLE gelang es, Natriumatome auf eine Temperatur von nur einem halben Nanokelvin (Milliardstel Kelvin) zu kühlen. Der bisherige Rekord lag mit drei Nanokelvin sechsmal höher.

Bei sehr tiefen Temperaturen treten Eigenschaften der Materie zutage, die bei Normaltemperaturen nicht zu beobachten sind. Sie sind nicht nur Gegenstand der aktuellen Grundlagenforschung, sondern werden bereits technisch genutzt, z. B. beim Transrapid.

Gibt es eine tiefste Temperatur? Und was bedeutet eigentlich „Nanokelvin"?

1 WOLFGANG KETTERLE in seinem Labor

Temperaturen können nicht beliebig tief sinken. Vielmehr gibt die Natur eine tiefste Temperatur vor, die nicht unterschritten werden kann. Das leuchtet eigentlich sofort ein, wenn wir unser Teilchenmodell ernst nehmen. Danach hängt die Temperatur eines Gegenstands ja unmittelbar mit der Bewegung der Teilchen (Atome und Moleküle) zusammen, aus denen er aufgebaut ist. Und wenn diese Teilchen vollständig zur Ruhe gekommen sind, dann sind wir am absoluten Nullpunkt der Temperatur angekommen.
Erstaunlicherweise ist es praktisch unmöglich, den absoluten Nullpunkt zu erreichen. Unter gewaltigem technischem Aufwand kommen Tieftemperaturphysiker ihm allerdings äußerst nahe – auf ein Milliardstel Grad Celsius! Ob du es für möglich hältst oder nicht: Wir werden in einem Experiment bei ganz gewöhnlichen Temperaturen die tiefste Temperatur mit erstaunlicher Genauigkeit bestimmen.

Aufgabe

1 Zuschauen bei einer Tieftemperaturshow
Bei sehr tiefen Temperaturen verhalten sich alltägliche Gegenstände oft ganz ungewöhnlich. Um das zu zeigen, braucht man z. B. ein paar Liter flüssigen Stickstoff (– 196 °C). Aus Sicherheitsgründen dürfen die folgenden Versuche aber nur vom Lehrer ausgeführt werden! Beschreibe jeweils deine Beobachtungen.

a Eine kleine Menge des flüssigen Gases wird mit Schwung auf den Fußboden (kein Teppich) gegossen …
b Eine Rose wird kurz in das flüssige Gas getaucht. Dann zieht man sie heraus und schlägt mit einem Hammer darauf.
c Vorsichtig wird ein wenig flüssiges Gas in eine flache, mit Wasser gefüllte Schale gegossen …
d Ein aufgeblasener Luftballon wird übergossen … ↑2

2

GRUNDLAGEN: Absoluter Temperaturnullpunkt

▶ Die tiefste Temperatur ist erreicht, wenn jegliche Bewegung der Teilchen zum Stillstand gekommen ist. Absolute Starre: Dieser Zustand legt den absoluten Temperaturnullpunkt fest. Er liegt weit unterhalb von 0 °C.

Es gibt eine tiefste Temperatur, die nicht unterschritten werden kann. Sie liegt bei – 273,15 °C. ◀

Um den Nullpunkt zu bestimmen, könnte man Luft immer weiter abkühlen – der technische Aufwand wäre jedoch unvorstellbar groß. Außerdem könnten wir das Erreichen der tiefsten Temperatur gar nicht feststellen: Ein normales Thermometer würde einfrieren, und man kann ja nicht einfach nachschauen, ob die Teilchen schon zur Ruhe gekommen sind. Erstaunlicherweise lässt sich die Lage des absoluten Nullpunkts aus dem Verhalten von Luft bei „normalen" Temperaturen ableiten (s. Versuch auf der nächsten Seite). Dazu brauchen wir allerdings eine neue physikalische Größe: den *Druck*.

Vielleicht hast du den Druck schon einmal bei einem Fahrradreifen kontrolliert. ↑3 Wenn der Reifen prall aufgepumpt ist, übt die eingeschlossene Luft große Kräfte auf den Schlauch und das Ventil aus – der Druck ist hoch.

Beispiel: Bei einem Rennradreifen übt die eingeschlossene Luft auf jeden Quadratzentimeter des Schlauchs eine Kraft von 100 N aus! Der Druck beträgt in diesem Fall $100 \frac{\text{N}}{\text{cm}^2} = 10{,}0$ bar.

Im Teilchenmodell können wir uns die Ursache dieser Kraft so vorstellen: ↑4 Die Gasteilchen bewegen sich kreuz und quer. Treffen sie auf eine Begrenzungswand, werden sie wie Billardkugeln an der Bande zurückgeworfen. Dabei üben sie ihrerseits Kräfte auf die Wand aus.

Wenn ein prall gefüllter Reifen abkühlt, wird er schlaffer: Der Druck nimmt ab. Da die Teilchen sich bei geringerer Temperatur langsamer bewegen, üben sie nur noch geringere Kräfte auf die Wandflächen aus. Ruhende Teilchen würden gar keine Kraft mehr ausüben.

Am absoluten Temperaturnullpunkt ist der Druck von Gasen gleich null.

Schon gewusst?

Beispiele: Druck in …

einem Autoreifen	3 bar
einem Fahrradreifen	bis 10 bar
einer Spraydose	10 bar

Drücke werden in der Regel in Pascal (Pa) oder Bar (bar) angegeben: 1 bar = 100 000 Pa.

3 Druckmessung

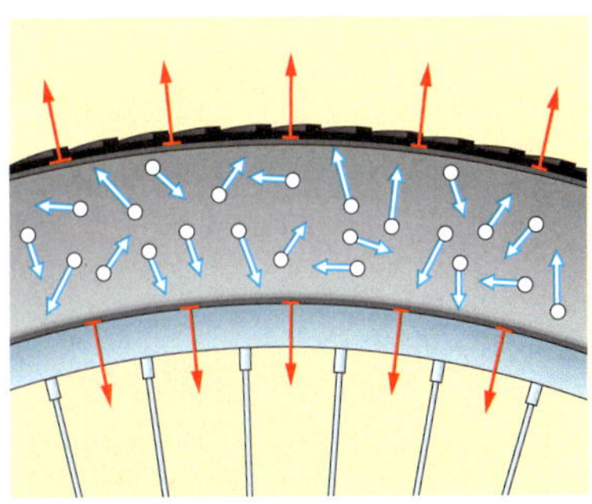

4 Teilchenmodell: Kräfte durch ein Gas unter Druck

Experiment

Die Vorstellungen von Gasen am absoluten Nullpunkt sind theoretische Fantasien: Bevor man Gase bis nahe an den Nullpunkt abkühlen kann, werden sie nämlich flüssig. Trotzdem kann uns niemand daran hindern, uns ein „ideales“ Gas vorzustellen, das nie flüssig wird. Ja, wir werden sogar aufgrund dieser Vorstellung aus den Druck- und Temperaturmesswerten des folgenden Experiments den Nullpunkt ermitteln.

1 Bestimmung des absoluten Temperaturnullpunkts

a *Vorbereitung:* Ein großes Weckglas wird mit einem Föhn innen von jeglicher Feuchtigkeit befreit. In das trockene Glas gibt man ein elektronisches Thermometer, ein Druckmessgerät und am besten noch ein Tütchen Trockenmittel. ↑1 Das Glas wird absolut luftdicht verschlossen und für einige Stunden in einen Kühlschrank gestellt, der auf die niedrigste Temperatur eingestellt ist.

b *Durchführung:* Das Weckglas mit der abgekühlten Luft wird in einem Raum bei Zimmertemperatur so aufgestellt, dass beide Messgeräte bequem abgelesen werden können. Die Temperatur der eingeschlossenen Luft wird in Abständen von 2 bis 3 Minuten abgelesen und mit dem zugleich gemessenen Druck in eine Tabelle eingetragen. Wenn die eingeschlossene Luft auf Raumtemperatur erwärmt ist, stellt man das Weckglas in ein Wasserbad mit sehr heißem Wasser (z. B. 90 °C) und misst wieder Temperatur und Druck.

c *Auswertung:* Übertrage die Messwertpaare in ein Temperatur-Druck-Diagramm (horizontale Achse: Temperatur; vertikale Achse: Druck). Durch die Messpunkte soll eine Ausgleichsgerade gelegt werden, sodass ungefähr gleich viele Messpunkte etwas oberhalb und etwas unterhalb davon liegen. ↑2 (So werden die kaum vermeidbaren Schwankungen der Messwerte ausgeglichen.) Am Schnittpunkt der Geraden mit der Temperaturachse hat der Druck den Wert null. Die zugehörige Temperatur gibt also den Nullpunkt an. Bestimme sie!
Tipp: Setze ein Tabellenkalkulationsprogramm ein.

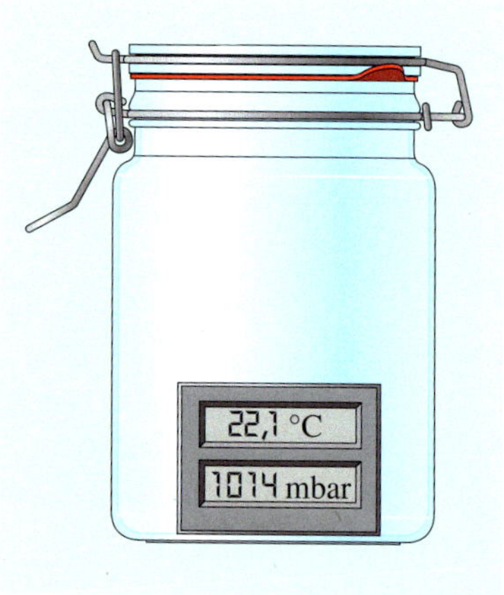

1

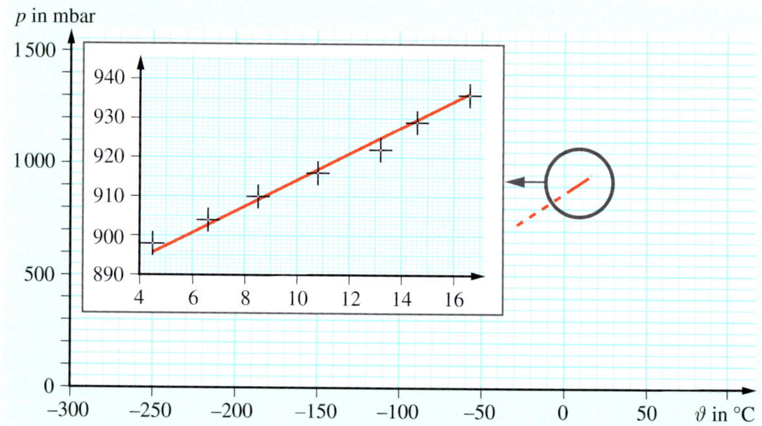

2 Temperatur-Druck-Diagramm und Ausgleichsgerade

Hinweis: Die Deutung des Geradenschnittpunkts mit der Temperaturachse als Nullpunkt setzt eigentlich voraus, dass sich die Luft im Weckglas bis hin in diesen Temperatur- und Druckbereich hinein wie ein ideales Gas verhält. Obwohl das in Wirklichkeit nicht der Fall ist, wird dein Ergebnis die Methode rechtfertigen. Der experimentell ermittelte absolute Nullpunkt wird in der Nähe von –273,15 °C liegen – ein erstaunlich genaues Ergebnis angesichts der abenteuerlichen Geradenfortsetzung in einen unbekannten Bereich hinein!

GRUNDLAGEN: Celsiusskala und Kelvinskala

Die Celsiusskala auf einem Flüssigkeitsthermometer hat genau festgelegte „Fixpunkte“: ↑3 Die Schmelztemperatur von Eis wird als 0 °C angezeigt, die Siedetemperatur von Wasser als 100 °C. Der Abstand dazwischen ist auf der Skala in 100 gleich große Grade (lat. *gradus:* der Schritt) eingeteilt. Dass sich die Fixpunkte auf Wasser beziehen, ist nicht zwingend – viele andere Stoffe wären ebenfalls geeignet. Und man muss auch nicht Schmelz- oder Siedetemperaturen verwenden: Bei der Fahrenheitskala (s. S. 63) ist die menschliche Körpertemperatur auf 100 Grad Fahrenheit festgelegt!
Im Jahr 1848 schlug WILLIAM THOMSON, der spätere LORD KELVIN OF LARGS, eine stoffunabhängige *absolute Temperaturskala* vor (lat. *absolutus:* losgemacht), die bis heute eine wichtige Rolle in der Wärmelehre spielt. Sie beginnt bei der tiefstmöglichen Temperatur mit 0 Kelvin (0 K):
0 K ≙ –273,15 °C, 1 K ≙ –272,15 °C … 100 K ≙ –173,15 °C …
0 °C ≙ 273,15 K, 1 °C ≙ 274,15 K … 100 °C ≙ 373,15 K …
Zur Unterscheidung verwenden wir das Formelzeichen T für absolute Temperaturen, ϑ für „Celsiustemperaturen“. Temperaturdifferenzen geben wir (wie in der Physik üblich) in Kelvin an.

▶ **Die tiefste natürliche Temperatur ist der Nullpunkt der Kelvinskala (absolute Temperaturskala). Kelvin- und Celsiuskala haben die gleiche Schrittweite, sind aber um 273,15 Grad gegeneinander verschoben.** ◀

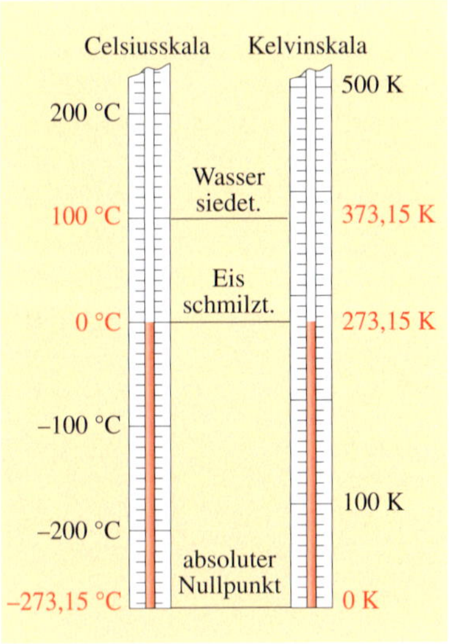

3 Celsius- und Kelvinskala

2 *Kelvin- und Celsiusskala*
Rechne die Angaben um:
– T = 10 K, 1000 K in Grad Celsius
– ϑ = –10 °C, 10 °C in Kelvin

Aus der Technik Supraleitung

Solange Metalldrähte einen elektrischen Widerstand haben, werden sie durch den elektrischen Strom erwärmt und geben recht viel Energie in Form von Wärme ungenutzt ab. Bei Temperaturen in der Nähe von 0 K verlieren die Drähte ihren Widerstand: Sie leiten dann auch sehr große elektrische Ströme ohne Energieabgabe! Man spricht von *Supraleitung.*
Mithilfe supraleitender Spulen können starke Elektromagnete hergestellt werden. Wegen der fehlenden Energieabgabe muss man die Energiequelle nur einmal kurz einschalten: Die Stromstärke bleibt danach stabil.
Supraleitende Elektromagnete werden z. B. bei der Untersuchung des Gehirns eingesetzt. ↑4
Auch die moderne Magnetschwebebahn Transrapid kann nicht auf sie verzichten. ↑5
In der Nähe von Genf (Schweiz) sollen Atomkerne im LHC (Large Hadron Collider), dem größten Teilchenbeschleuniger der Welt, fast mit Lichtgeschwindigkeit durch zwei 27 km lange ringförmige Röhren „gejagt“ werden. Tausende von supraleitenden Elektromagneten halten sie auf ihrer Bahn. ↑6 Die Spulen werden auf 1,9 K abgekühlt.

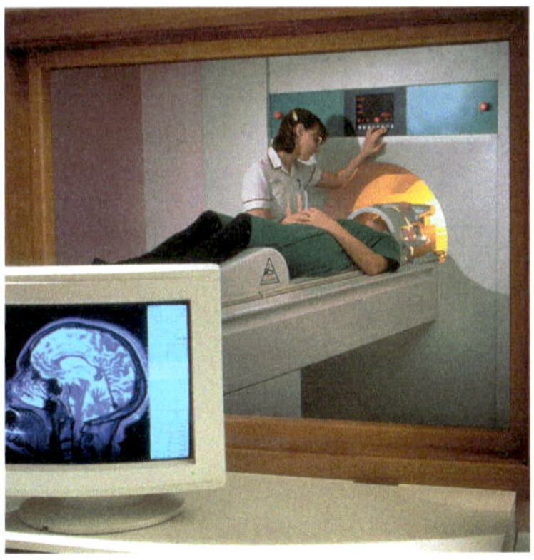

4 Magnetresonanztomografie

5 Transrapid

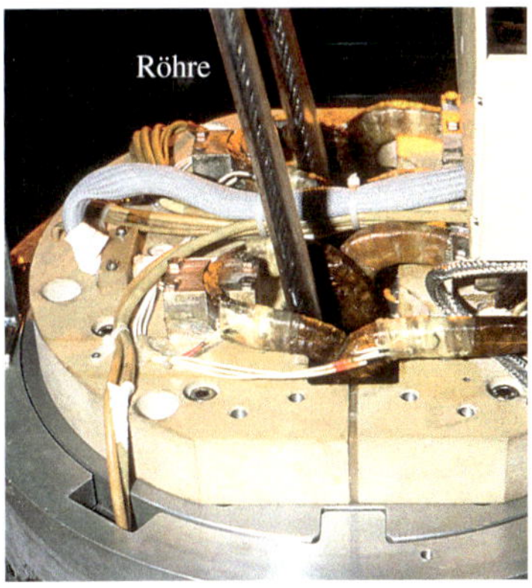

6 Magnetspulen für den LHC

Temperatur und Volumen

1

2

Hochspannungsleitungen hängen aufgrund ihres Eigengewichts zwischen den Masten ganz schön durch – mal weniger und mal mehr! ↑1, 2

Wie kommt es, dass Überlandleitungen nicht immer gleich weit durchhängen? ↑1, 2 Werden sie von Zeit zu Zeit stärker heruntergezogen? Die Erklärung für dieses Phänomen liegt in einem einfachen Naturgesetz, das du rasch herausfinden wirst.

Das Naturgesetz gilt nicht nur für lange Drähte, sondern auch für die meisten anderen festen Körper, für Flüssigkeiten und Gase. Die bekannteste Anwendung bei Flüssigkeiten ist wahrscheinlich das Flüssigkeitsthermometer. ↑3

Eine Abweichung von diesem Naturgesetz kann man ausgerechnet bei einem Stoff beobachten, der auf der Erde mit am häufigsten vorkommt: Wasser. Diese „Anomalie“ hat schon vielen Fischen das Leben gerettet. Im Winter sorgt sie dafür, dass tiefe Seen nicht bis zum Boden zufrieren. Am Seeboden ist die Wassertemperatur dann sogar am höchsten!

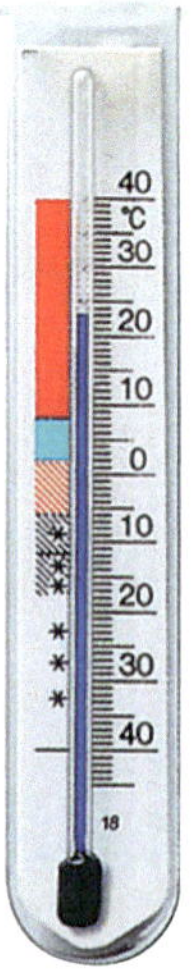

3 Flüssigkeitsthermometer

Probier's mal!

1 Ein Draht wird beim Erhitzen …

▶ Hochspannungsleitungen sind auch nur Drähte. Wie sie sich verändern, wenn sie erhitzt werden, erfährst du in diesem Versuch. ↑4
Du brauchst dazu zwei leere, gleiche Weinflaschen, einen passenden Korken, einen stabilen, unlackierten Draht (z. B. von einem Kleiderbügel aus Draht) von ca. 50 cm Länge, Papier oder dünne Pappe, ein Gasfeuerzeug (oder Kerze) und eine lange Stecknadel.

a *Vorbereitung:* Drücke den Korken fest in die Öffnung der einen Flasche und stich ein Drahtende oberhalb des Flaschenhalses in den Korken. Schneide aus dem Stück Papier einen Zeiger und „spieße" ihn in der Mitte auf die Stecknadel. Lege die Stecknadel mit dem Papierzeiger über die Öffnung der zweiten Flasche. Stelle diese Flasche dann in die Nähe der ersten Flasche, sodass das freie Drahtende waagerecht auf der Stecknadel lose aufliegt. Richte den Zeiger so aus, dass er mit der Spitze senkrecht nach oben zeigt.

b *Durchführung:* Erhitze den Draht zwischen den Flaschen vorsichtig mit der Flamme. Beobachte dabei den Zeiger sehr genau.

c *Auswertung:* Beschreibe und erkläre deine Beobachtung. Hättest du die Veränderung auch ohne Stecknadel und Zeiger bemerkt?

d *Erweiterung:* Mit einem Campinggasbrenner kannst du den Draht bis zum Glühen erhitzen. Dreht sich der Zeiger genauso weit wie vorher? Wie hängen Temperatur und Drahtlänge zusammen? ◀

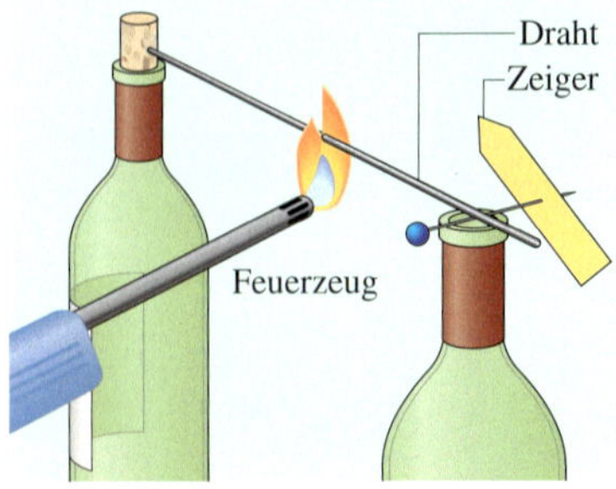

! Brand- und Verbrennungsgefahr: Trage am besten hitzebeständige Handschuhe und sorge für eine feuerfeste Unterlage. Führe den Versuch nur unter Aufsicht eines Erwachsenen durch.

4

2 Trinkhalme verbiegen – mit heißem Wasser

Wenn du kochend heißes Wasser durch einen Trinkhalm laufen lässt, bleibt er gerade. Verbindest du ihn aber fest mit einem zweiten, krümmt er sich. Probiere es aus! ↑5
Tipps: Die Trinkhalme müssen mit gutem Klebeband an möglichst vielen Stellen fest aneinandergeklebt werden und dabei parallel ausgerichtet bleiben. Während des Versuchs müssen die Halme übereinanderliegen. Das Wasser darf nur durch den unteren Halm fließen: Wenn kein Trichter mit genügend kleinem Ausfluss vorhanden ist, kannst du auch eine 20-ml-Einwegspritze verwenden. Am besten führst du den Versuch mit einem Partner aus: Einer gießt das Wasser sorgfältig in den Halm, der andere beobachtet die Halme genau.
In welche Richtung verbiegen sich die Halme?
Erkläre, wie es zu der Krümmung kommt. Wie könnte man wohl eine Krümmung in die andere Richtung erreichen?

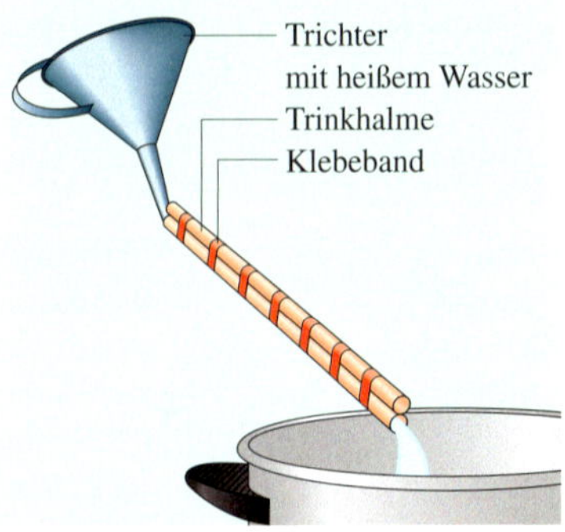

! Verbrühungsgefahr: Trage am besten hitzebeständige, wasserundurchlässige Handschuhe.

5

3 Luft wird erwärmt – der Geisterballon

▶ Wenn du einen Luftballon über die Öffnung einer leeren Flasche ziehst, hängt er schlaff herunter. ↑6 Das ändert sich schlagartig, wenn du die Flasche in einen Topf mit heißem Wasser stellst. Eine Erklärung für das verblüffende Verhalten des Luftballons fällt dir sicher nicht schwer! ◀

6

GRUNDLAGEN: Temperaturänderung – Volumenänderung

Feste Körper Eisen dehnt sich beim Erwärmen aus. Diesen Zusammenhang zeigt ein einfacher Versuch. ↑1 Die Eisenkugel passt bei 20 °C bequem durch das Loch. Wird sie erhitzt, bleibt die Kugel dagegen stecken – egal, wie man sie dreht: Die Kugel hat sich in alle Richtungen ausgedehnt. Lässt man sie abkühlen, fällt sie irgendwann auf einmal durch die Aussparung: Die Kugel hat sich wieder zusammengezogen.
Die Ausdehnung der Eisenkugel hängt von zwei Faktoren ab:
- Je größer die Temperaturerhöhung ist, desto mehr nimmt ihr Durchmesser zu (doppelte Temperaturzunahme → doppelte Zunahme des Durchmessers).
- Je größer der Anfangsdurchmesser der Eisenkugel ist, desto mehr nimmt er bei gleicher Temperaturerhöhung zu (doppelte Dicke → doppelte Zunahme des Durchmessers).

Diese Zusammenhänge gelten nicht nur für Kugeln und andere Gegenstände aus Eisen, sondern für alle Metalle und auch für die meisten anderen festen Stoffe. Die Ausdehnung äußerlich gleicher Körper hängt vom Stoff ab, aus dem sie bestehen: Eine Eisenkugel dehnt sich bei gleicher Erwärmung weniger aus als eine gleich große Aluminiumkugel. ↑2
Wenn ein Gegenstand sehr lang ist, ist auch seine Längenzunahme beim Erwärmen sehr groß. Bei Überlandleitungen führt das im Sommer dazu, dass sie sehr weit durchhängen.

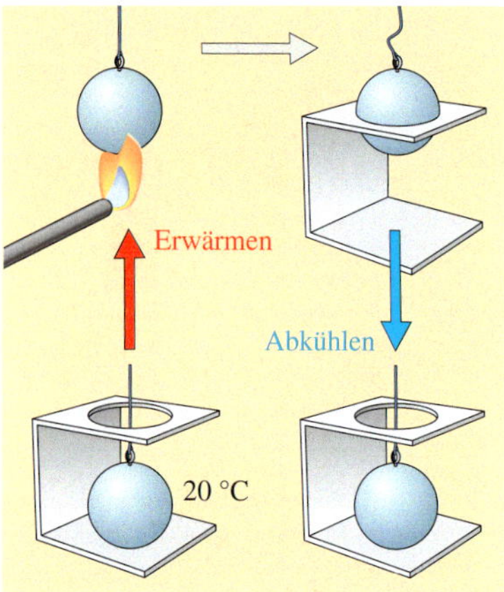

1 Temperaturänderung → Volumenänderung

Fester Körper (1-m-Stab)	Längenzunahme beim Erwärmen um 1 °C
Porzellan	0,003 mm
Granit	0,005 mm
Glas	0,009 mm
Beton	0,012 mm
Eisen	0,012 mm
Gold	0,014 mm
Kupfer	0,016 mm
Messing	0,018 mm
Silber	0,019 mm
Aluminium	0,024 mm
Zink	0,027 mm
Eis	0,037 mm
Asphalt	0,200 mm
Flüssigkeit (1 ℓ)	**Volumenzunahme beim Erwärmen um 1 °C**
Wasser	0,2 ml
Quecksilber	0,2 ml
Heizöl	0,9 ml
Alkohol	1,1 ml
Benzol	1,2 ml

2 Ausdehnung beim Erwärmen

Flüssigkeiten Flüssigkeitsthermometer beruhen darauf, dass sich die Flüssigkeit beim Erwärmen ausdehnt und beim Abkühlen zusammenzieht. Dieser Zusammenhang gilt für fast alle Flüssigkeiten. Bei gleicher Temperaturerhöhung ist die Ausdehnung 10- bis 100-mal so groß wie bei festen Körpern! Sie hängt vom Material ab: Wasser dehnt sich z. B. weniger aus als Alkohol.
Wasser dehnt sich allerdings nicht immer aus: Wenn man es von 0 °C aus erwärmt, zieht es sich erst einmal zusammen! ↑3 Diese Abweichung von der Regel bezeichnet man als *Anomalie* des Wassers. Bei 4 °C erreicht 1 kg Wasser sein kleinstes Volumen (1 ℓ) und damit seine größte Dichte. Dieser Zusammenhang hat in Gewässern wichtige Folgen (s. S. 64).

Gase Ein aufgeblasener Luftballon, der im kalten Raum schrumpelig aussieht, dehnt sich im wärmeren Raum aus und wird wieder prall. Im Teilchenmodell können wir das so erklären: Ein Gas nimmt stets den ganzen Raum ein, der ihm zur Verfügung steht. Die Gasteilchen bewegen sich bei höherer Temperatur schneller und üben beim Aufprall auf die Begrenzungswände größere Kräfte aus (der Druck nimmt zu). Geben Teile der Wände nach, so dehnt sich das Gas aus.

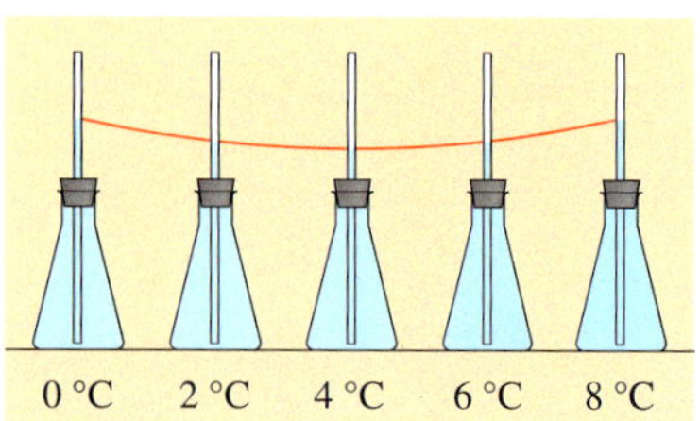

3 Anomalie des Wassers

▶ **In der Regel dehnen sich Körper beim Erwärmen aus – Gase stärker als Flüssigkeiten, Flüssigkeiten stärker als feste Körper. Die Volumenänderung ist jeweils proportional zur Temperaturänderung (bei gleichem Ausgangsvolumen) bzw. proportional zum Ausgangsvolumen (bei gleicher Temperaturänderung). Bei festen Körpern und Flüssigkeiten hängt die Ausdehnung vom Material ab, bei Gasen nicht. Wasser zieht sich bei Erwärmen von 0 bis 4 °C zusammen (Anomalie).** ◀

Aus der Technik Zwei Thermometer, die auf Ausdehnung beruhen

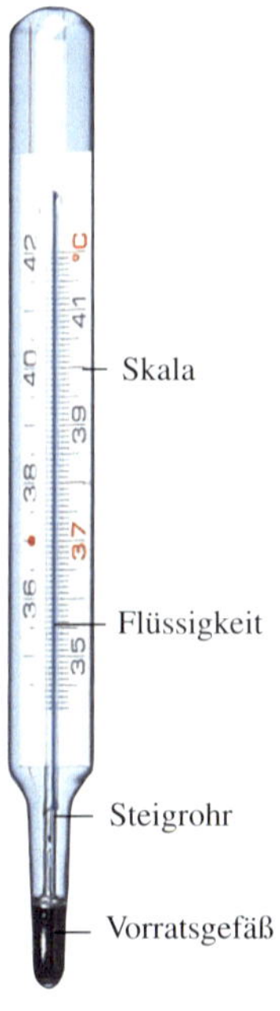

4 Fieberthermometer

Das Volumen von Flüssigkeiten ändert sich proportional zur Temperatur. Diese Eigenschaft wird beim *Flüssigkeitsthermometer* genutzt. ↑4 Das Steigrohr ist sehr eng, damit die kleinen Volumenänderungen eine große Längenänderung der Flüssigkeitssäule bewirken. Thermometer für verschiedene Temperaturbereiche enthalten unterschiedliche Flüssigkeiten, die in diesen Bereichen weder erstarren noch sieden.

Die unterschiedliche Ausdehnung von Metallen beim Erwärmen nutzt man beim *Bimetallthermometer*. ↑5 „Kernstück" ist ein zur Spirale aufgerollter Bimetallstreifen. Bei ihm sind zwei Streifen aus verschiedenen Metallen (z. B. Kupfer und Eisen) aufeinandergelötet. ↑6 Beim Erwärmen dehnt sich Kupfer stärker aus als Eisen: Der Bimetallstreifen krümmt sich nach unten. Die Bimetallspirale biegt sich beim Erwärmen weiter auf.

1 *Verbogene Trinkhalme* Hast du den Trinkhalmversuch 2 auf Seite 61 durchgeführt? Dann versuche doch einmal, das Versuchsergebnis zu erklären.

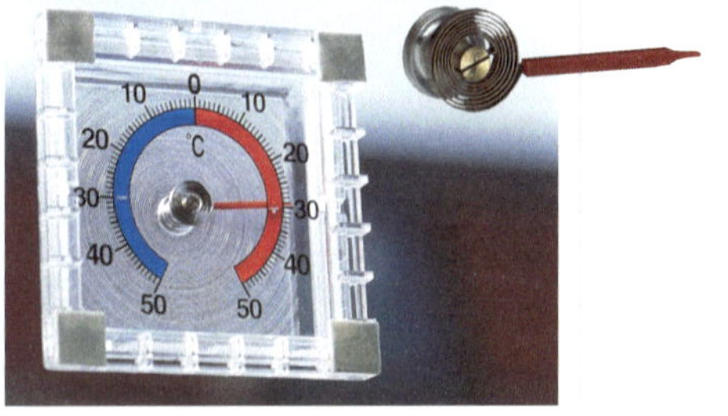

5 Bimetallthermometer

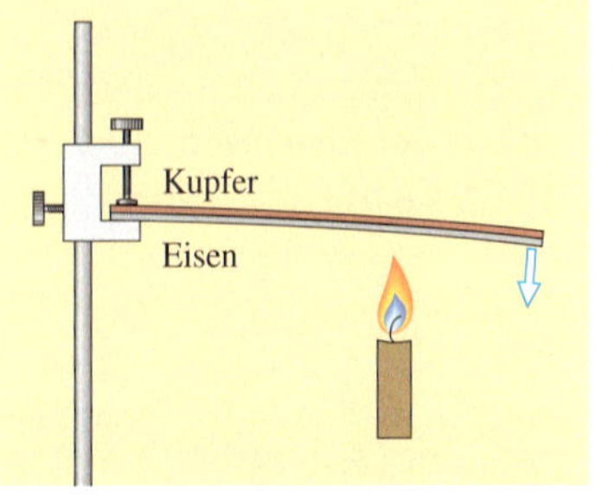

6 Erwärmen eines Bimetallstreifens

Aus der Geschichte Vom Danziger Rekordwinter zum Grad Celsius

Von alters her spielt die Körpertemperatur des Menschen beim Erkennen von Krankheiten eine wichtige Rolle. Flüssigkeitsthermometer, um Temperaturen genau zu messen, gibt es jedoch erst seit drei Jahrhunderten. ↑7 Die Messergebnisse der ersten Exemplare ließen sich kaum vergleichen: Jede Skala war ein Unikat, trotz gleicher Temperatur las man jeweils einen anderen Wert ab. Um zu gleichen Werten zu kommen, wurden deshalb einheitliche Fixpunkte zum Eichen der Skalen vorgeschlagen:

- Daniel Gabriel Fahrenheit nahm die tiefste Temperatur des Winters von 1709 in Danzig, um die 0-Grad-Markierung an seiner Thermometerskala anzubringen. Diese Temperatur ließ sich mit einer „Kältemischung" aus Wasser, Eis und Salmiak reproduzieren. Seine Körpertemperatur (37,8 °C: Fahrenheit hatte wohl leichtes Fieber!) legte 100 Grad fest. Die Fahrenheitskala ist heute noch in den USA verbreitet.
- René-Antoine Ferchault de Réaumur legte 1730 die Erstarrungs- und die Siedetemperatur von Wasser für die Fixpunkte zugrunde. Als Thermometerflüssigkeit verwendete er Weingeist (Alkohol). Da sich 1000 ml Weingeist vom Gefrierpunkt des Wassers auf 1080 ml in siedendem Wasser ausdehnen, teilte Réaumur auf seiner Skala den Abstand zwischen Schmelz- und Siedetemperatur in 80 Grad ein.
- Anders Celsius verwendete 1742 für die Fixpunkte der Skala seines Quecksilberthermometers dieselben Temperaturen wie Réaumur. Er bezeichnete aber die Schmelztemperatur als 100 Grad, die Siedetemperatur als 0 Grad. 1745 wurde die Skala in die heutige Form „umgedreht". Sie ist im europäischen Kulturraum am weitesten verbreitet.

spiralförmiges Steigrohr (ca. 1 m lang)

7 Thermometer aus Florenz

Fahrenheit	Réaumur	Celsius
212 °F	80 °R	100 °C
194 °F	72 °R	90 °C
176 °F	64 °R	80 °C
158 °F	56 °R	70 °C
140 °F	48 °R	60 °C
122 °F	40 °R	50 °C
104 °F	32 °R	40 °C
86 °F	24 °R	30 °C
68 °F	16 °R	20 °C
50 °F	8 °R	10 °C
32 °F	0 °R	0 °C

8 Vergleich der Temperaturskalen

Aus der Natur Die Anomalie des Wassers rettet Fische im Winter

▶ Stehende Gewässer frieren im Winter stets von oben her zu. Das Wasser erstarrt zuerst an der Oberfläche und sinkt nicht nach unten. Während flache Tümpel im Lauf des Winters bis zum Grund durchfrieren, bleibt in tieferen Seen das Wasser unter der dicker werdenden Eisschicht flüssig. Die Seen weisen eine Temperaturschichtung auf: ↑1

Direkt unter dem Eis hat das Wasser eine Temperatur von 0 °C; mit zunehmender Tiefe steigt die Wassertemperatur an und erreicht nach einigen Metern 4 °C. Daher können Fische in Seen den Winter überstehen.

Die Temperaturschichtung ist eine Naturerscheinung, an der nichts Außergewöhnliches zu sein scheint. Doch wenn man nach einer Erklärung sucht, stößt man darauf, dass sich Wasser anders verhält als „normale" Flüssigkeiten:

Die meisten Flüssigkeiten ziehen sich beim Abkühlen gleichmäßig zusammen. Das Volumen einer bestimmten Flüssigkeitsmenge wird mit jedem Grad Celsius, um das die Temperatur sinkt, um einen bestimmten Betrag kleiner. Die Dichte der Flüssigkeit nimmt entsprechend zu.

Warmes Wasser verhält sich genauso. Unterhalb von 20 °C zieht es sich aber immer weniger stark zusammen. Bei 4 °C hat eine bestimmte Wassermenge schon das kleinste Volumen, das sie überhaupt erreichen kann. Wenn man sie weiter abkühlt, dehnt sie sich aus – das Volumen wird wieder größer! Wasser hat also bei 4 °C seine größte Dichte, zwischen 4 °C und 0 °C nimmt sie bei sinkender Temperatur ab. Da dieses Verhalten von der Gesetzmäßigkeit abweicht, spricht man von einer *Anomalie* des Wassers (griech. Vorsilbe *a-:* nicht, *nomos:* Gesetz).

Von der Dichte hängt es ab, ob ein Körper auf einer Flüssigkeit schwimmt: Ist seine Dichte größer als die der Flüssigkeit, dann sinkt er. Ist seine Dichte kleiner als die der Flüssigkeit, schwimmt der Körper auf der Flüssigkeit: Deshalb kann sowohl wärmeres als auch kälteres Wasser auf Wasser von 4 °C schwimmen.

Damit können wir nun erklären, wie es zu der winterlichen Temperaturschichtung in einem See oder einem anderen stehenden Gewässer kommt:

Sinken im Herbst und im Winter die Lufttemperaturen, dann kühlt auch das Wasser an der Oberfläche des Sees ab. Wenn es eine geringere Temperatur annimmt als tiefere Wasserschichten, sinkt es ab – das Oberflächenwasser hat ja dann eine größere Dichte als das übrige Wasser. An seine Stelle tritt wärmeres Wasser aus tieferen Schichten. Dieser Wasseraustausch geht so lange weiter, bis der ganze See eine Temperatur von 4 °C erreicht hat.

Wenn nun das Wasser an der Oberfläche noch weiter abkühlt (auf 3 oder 2 °C), sinkt dieses noch kühlere Wasser nicht mehr nach unten – es schwimmt auf dem Wasser von 4 °C. Also nimmt die Wassertemperatur bloß an der Wasseroberfläche und in den höheren Wasserschichten ab und nur an der Oberfläche erstarrt das Wasser zu Eis. ◀

1 Temperaturschichtung eines Sees im Winter

Aufgaben

1 *Messprobleme* Thomas misst beim Weitsprung mit einem Metallmessband, das in der Sonne gelegen hat. Wird sein Messwert prinzipiell zu groß oder zu klein sein?

2 *Diebe?* Frau Bahr lässt an einem Sommertag 1000 ℓ Heizöl in den Tank im Keller ihres Hauses füllen. Als sie am nächsten Morgen auf die Tankanzeige schaut, sind es nur noch 990 ℓ! Wie kann das sein?

3 *Genauer hingeschaut* Wenn man ein erwärmtes Flüssigkeitsthermometer in kaltes Wasser eintaucht, steigt das Ende der Flüssigkeitssäule zunächst etwas an. Wie ist denn das möglich?

4 *Metalldetektor* Ein Bimetallstreifen aus Kupfer und Zink wird mit einem Ende eingespannt, das freie Ende wird erwärmt. ↑2 Befindet sich der Kupferstreifen oben oder unten?

5 *Kraftvolle Temperaturänderung* ↑3 Das Messingrohr wird erhitzt und dehnt sich aus. Der Keil lockert sich dadurch und wird immer wieder mit einem Hammer festgeklopft. Dann wird die Flamme entfernt und das Messingrohr vorsichtig mit Wasser übergossen – und der stabile Bolzen aus Gusseisen zerbricht!
Erkläre, wie es zur Bolzensprengung kommt.

6 ▶ *Brücken und Rohre* Lange Brücken sind auf Rollen gelagert und besitzen Dehnungsfugen. ↑4, 5 Lange Rohrleitungen im Freien sind in regelmäßigen Abständen U-förmig ausgestülpt. ↑6
Wieso ist das sinnvoll? ◀

7 *Exaktometer* Ein Flüssigkeitsthermometer soll so gebaut werden, dass es mit der gleichen Flüssigkeit deutlich genauer messen kann als ein bereits vorhandenes. Was würdest du prinzipiell ändern, um die Genauigkeit zu steigern? Begründe deine Vorschläge.

8 *Luftflasche*^{V} Eine verschlossene 1-ℓ-Flasche enthält Luft von 0 °C (273,15 K) bei einem Druck von 1,0 bar. Sie wird auf 70 °C erwärmt.
a Wie verändert sich der Druck in der Flasche beim Erwärmen? Was würde geschehen, wenn man die erwärmte Flasche öffnet?
b Die Flasche ist mit einem Korken verschlossen, der „herausfliegt“, wenn der Druck größer als 2,0 bar wird. Bis zu welcher Temperatur (in °C) muss man die Flasche erwärmen, damit das eintritt?
Hinweis: Für die Druckzunahme gilt: $\Delta p = p_{273,15\,\mathrm{K}} \cdot \frac{\Delta T}{273,15\,\mathrm{K}}$.

9 *Fremde Länder …* Während ihrer Ferien in Florida (USA) möchte Stefanie gern im Meer baden. Sie sieht am Strand eine digitale Großanzeige der Wassertemperatur: „71,4 degrees – das kann doch nie im Leben stimmen!“, erschrickt sie. Dann erinnert sich Stefanie, dass in den USA die Temperatur in Grad Fahrenheit gemessen wird. Welche Temperatur hat das Wasser in Grad Celsius?

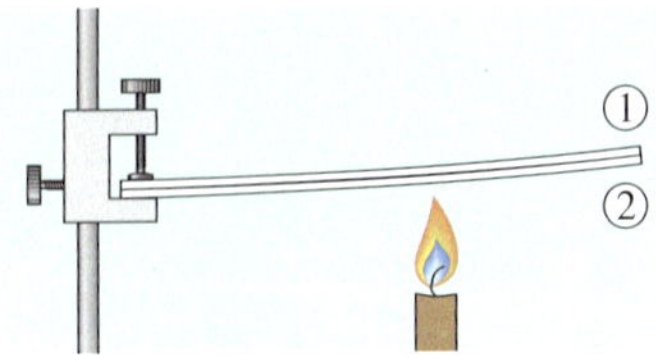

2 Bimetallstreifen

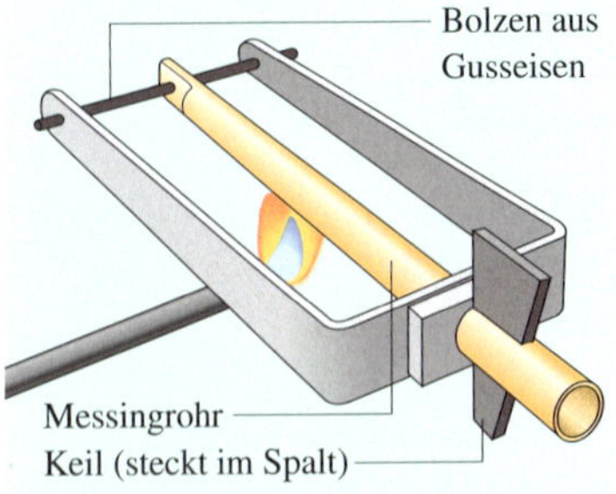

3 Bolzensprenger

4 Brücke auf Rollen

5 Dehnungsfuge in der Fahrbahn

6 Rohrleitung mit Ausstülpung

Auf einen Blick

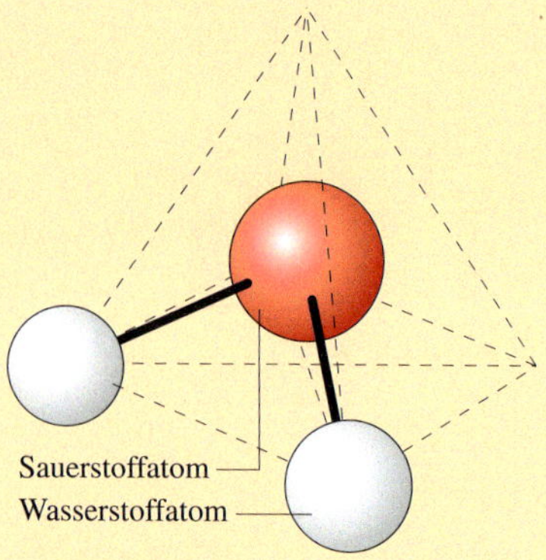

1 Wassermolekül im Teilchenmodell

Teilchenmodell ▶ Jede Materie besteht aus unvorstellbar kleinen *Atomen* und *Molekülen* (Verbindungen aus mehreren Atomen). Der Durchmesser eines Atoms liegt in der Größenordnung von einem Zehntel eines Millionstel Millimeters!

Die Atome sind so verschwindend klein, dass wir nicht sehen können, wie sich die Materie aus ihnen aufbaut. Deshalb verwenden wir eine Vorstellungshilfe, das *Teilchenmodell*: ↑1, 2

- Wir stellen uns vor, dass die Materie aus winzigen Kügelchen aufgebaut ist, zwischen denen große Kräfte wirken können, wenn sie sich nahe genug kommen.
- Die Teilchen befinden sich in ständiger Bewegung: Je höher die Temperatur eines Stoffs ist, desto schneller bewegen sie sich – und desto größer ist ihre mittlere kinetische Energie. ◀

Fest	Flüssig	Gasförmig
Beobachtung: Feste Stoffe lassen sich kaum zusammenpressen, verformen oder zerstören. Kristalle haben eine sehr regelmäßige Form.	*Beobachtung:* Flüssigkeiten lassen sich kaum zusammenpressen. Sie passen sich aber jeder Gefäßform an und lassen sich leicht umrühren.	*Beobachtung:* Gase lassen sich leicht zusammenpressen, „durchschneiden“ und „umrühren“. Sie füllen den zur Verfügung stehenden Raum aus.
Erklärung: Wir stellen uns vor, dass die Teilchen in festen Stoffen nur sehr geringe Abstände voneinander haben, die sich kaum noch verringern lassen. Die Teilchen ziehen sich gegenseitig stark an. Durch diese Kräfte sind sie jeweils an einen festen Ort gebunden.	*Erklärung:* Der Abstand zwischen den Teilchen in Flüssigkeiten ist so klein, dass er sich kaum noch verringern lässt. Die Anziehungskräfte zwischen den Teilchen sind kleiner als bei festen Stoffen, die Teilchen sind nicht an feste Orte gebunden.	*Erklärung:* Die Gasteilchen sind weit voneinander entfernt. Zwischen ihnen bestehen praktisch keine Anziehungskräfte.
Je höher die Temperatur ist, desto heftiger „zittern“ die Teilchen an ihrem Ort hin und her.	Je höher die Temperatur ist, desto schneller gleiten die Teilchen aneinander vorbei.	Je höher die Temperatur ist, desto schneller „fliegen“ die Teilchen zwischen zwei Stößen.

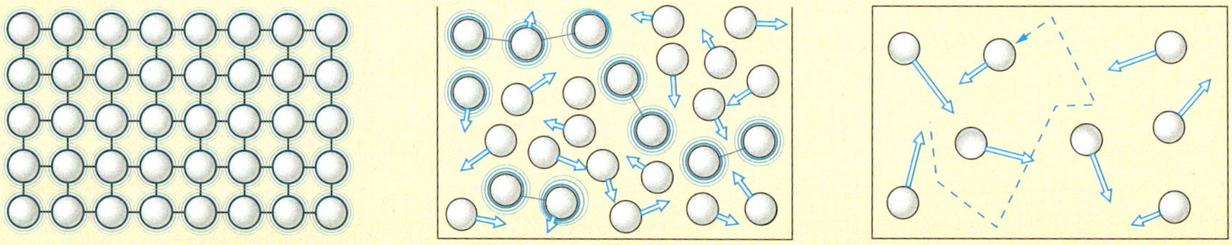
2 Aggregatzustände im Teilchenmodell

Innere Energie ▶ Die innere Energie eines Körpers besteht aus:
- der Summe aller kinetischen Energien seiner Teilchen und
- der Summe aller potenziellen Energien, die die Teilchen aufgrund gegenseitiger Kräfte haben.

Bei Gasen steckt die innere Energie (überwiegend) in der Teilchenbewegung. ◀

Temperaturnullpunkt ▶ Es gibt eine tiefste Temperatur, die nicht unterschritten werden kann. Sie liegt bei –273,15 °C. Im Teilchenmodell stellen wir uns vor, dass sich die Teilchen eines Körpers am absoluten Nullpunkt nicht bewegen, ihre kinetische Energie ist gleich null.
Mit dem absoluten Temperaturnullpunkt beginnt die absolute Temperaturskala (Kelvinskala). ↑3 Sie ist um 273,15 Grad gegenüber der Celsiusskala verschoben. ◀

3 Kelvin- und Celsiusskala

Temperatur und Volumen ▶ Körper dehnen sich in der Regel beim Erwärmen aus und ziehen sich beim Abkühlen zusammen. ↑4
Die Volumenänderung ist jeweils proportional
- zur Temperaturänderung (bei gleichem Ausgangsvolumen) bzw.
- zum Ausgangsvolumen (bei gleicher Temperaturänderung).

Bei festen Körpern und Flüssigkeiten hängt die Ausdehnung vom Material ab, bei Gasen nicht.
Wasser zieht sich beim Erwärmen von 0 °C auf 4 °C zusammen und dehnt sich erst danach aus (Anomalie des Wassers). ◀

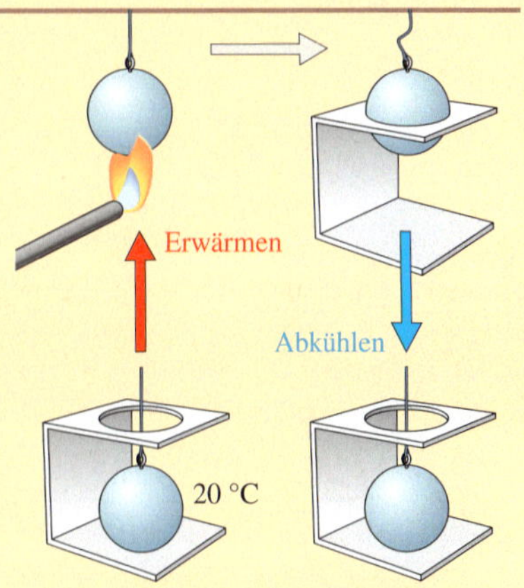

4 Temperatur- und Volumenänderung

Alles klar?

1 *Modellversuch: Teilchendurchmesser* Ein 2-ℓ-Kochtopf ist bis zum Rand mit Tischtennisbällen gefüllt. Auf ein Kuchenblech geschüttet, bilden sie dicht an dicht liegend ein 34,0 cm · 16,5 cm großes Rechteck. Berechne den ungefähren Durchmesser eines Tischtennisballs.

2 ▶ *Dreimal Wasser* Wasser kennst du in drei Aggregatzuständen. Beschreibe sie jeweils mithilfe des Teilchenmodells. ◀

3 ▶ *Teilchenbewegung* Max stöhnt: „Die Luftteilchen sind ganz schön hektisch heute, echt schweißtreibend." Was meint er wohl damit? ◀

4 ▶ *Abkühlung* Ein Eisenstück wird abgekühlt.
a Beschreibe mithilfe des Teilchenmodells, wie sich die innere Energie des Eisenstücks verändert.
b Warum kann man beim Abkühlen nicht beliebig tiefe Temperaturen erreichen? ◀

5 ▶ *... in die Brücke eine Lücke* Dehnungsfugen werden bei langen Brücken nicht aus Tücke in die Fahrbahnen geschnitten. Welches Bild zeigt die Dehnungsfuge im Sommer, welches im Winter? ↑5, 6 Begründe deine Antwort. ◀

5

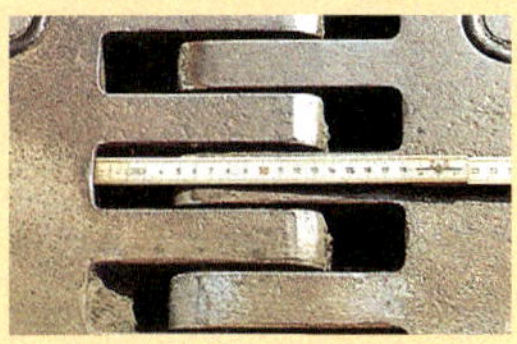
6

6 ▶ *Wassertemperatur* Im Sommer wird das Wasser im See nach unten hin immer kälter. Im Winter ist es genau andersherum: Wie kann das sein? ◀

Änderung der inneren Energie

1. Hauptsatz der Wärmelehre

Der Schmied verformt durch kräftige Hammerschläge ein glühendes Hufeisen und bringt es dabei teilweise besonders hell zum Leuchten! ↑1
Die beim Erwärmen und Bearbeiten zugeführte Energie steckt im Eisen – zum großen Teil allerdings nicht für lange …

1 Das Eisen schmieden – bis es besonders heiß ist!

2 Crashtest: Bewegungsenergie → innere Energie

3 Im Stahlwerk: Wärme → innere Energie (des Stahls)

Was haben die Hammerschläge eines Hufschmieds mit einem Auffahrunfall zu tun? Aus Sicht der Energie handelt es sich fast um den gleichen Vorgang: Bewegungsenergie wird in innere Energie umgewandelt. Damit die Insassen des Autos möglichst wenig Schaden erleiden, muss die Karosserie so konstruiert sein, dass die Energie hauptsächlich im Material der „Knautschzone" gespeichert wird und die Fahrgastzelle nur gering beschädigt wird. Die Qualität der Knautschzonen müssen die Autofirmen bei regelmäßigen Crashtests überprüfen lassen. ↑2
Eisen wird man in der Regel nicht durch Verrichten von Arbeit, sondern durch Zufuhr von Wärme erhitzen (das Ergebnis ist jeweils das gleiche). Bei sehr großer Wärmezufuhr kann Eisen sogar flüssig werden. Das wird z. B. in Hochöfen genutzt: In ihnen wird Eisen aus dem Erz, das in Bergwerken abgebaut wird, herausgeschmolzen. ↑3 Durch Einblasen von Sauerstoff in die Schmelze wird aus dem Roheisen Stahl erzeugt.
Erwärmen und Verformen durch Energiezufuhr spielt im Alltag und in technischen Einrichtungen eine große praktische Rolle. Physikalisch verbirgt sich dahinter das Energieprinzip, das hier die Mechanik mit der Wärmelehre verbindet. Aus historischen Gründen wird es in diesem Zusammenhang als 1. Hauptsatz der Wärmelehre bezeichnet. (Hauptsätze gibt es in der Physik eine ganze Reihe. Sie drücken stets fundamentale Gesetzmäßigkeiten der Natur aus.)
In den folgenden Versuchen kannst du genauer untersuchen, wie sich die innere Energie eines Körpers durch Arbeit und Wärme erhöhen lässt.

Probier's mal!

1 Mechanischer Handwärmer
Bewege eine Hand mit fest angedrückten Handballen einige Male auf einer beschichteten Tischplatte kräftig hin und her. Achtung: Verwende auf keinen Fall eine „rohe" Holzplatte, damit du dir keine Splitter einreißt und die Hand nicht aufschrammst!
Was spürst du?
Versuche deine Beobachtung auf der Grundlage des Energieprinzips zu deuten. Was geschieht mit der beim Reiben verrichteten Arbeit?

2 Ein Flaschengeist?
Den folgenden Zaubertrick kannst du zu Hause vorführen. Versuche ihn mithilfe des Energieprinzips physikalisch zu erklären.

a Spüle eine Glasflasche mit kaltem Wasser aus und befeuchte ihre Öffnung. Lege dann eine Münze darauf, die groß genug ist, um die Öffnung zu verschließen. Halte nun die Flasche mit beiden Händen fest umschlossen – und nach kurzer Zeit wird die Münze auf dem Flaschenhals leicht angehoben und fällt dann wieder zurück. Dieses „Hüpfen" wiederholt sich einige Male.

b Was verändert sich, wenn du die Flasche nicht mit den Händen erwärmst, sondern in eine Schüssel mit heißem Wasser stellst? Spüle die Flasche noch einmal kalt aus und probiere es aus!

c Du kannst die Flasche auch erwärmen, ohne sie zu berühren! Dazu brauchst du eine Leuchte (80 W oder 100 W) oder eine Rotlichtlampe. Strahle die Flasche damit aus kurzer Entfernung an. *Tipp:* Besonders gut gelingt der Versuch, wenn du die der Lampe zugewandte Oberfläche der Flasche vorher mit einer Kerzenflamme gründlich berußt hast.

GRUNDLAGEN: Der 1. Hauptsatz der Wärmelehre

Wenn man ein kaltes Stück Blei in die Hand nimmt, wird es erwärmt: Seine innere Energie nimmt zu. Diese Erhöhung kann man mit einem Thermoelement nachweisen: ↑4 Wenn die Temperatur an den miteinander verlöteten Drähten aus verschiedenen Metallen steigt, zeigt das Messgerät eine Spannung an. Die innere Energie des Bleistücks lässt sich aber auch ganz anders erhöhen: indem man es mit einer starken Lampe anstrahlt oder kräftig mit einem Hammer darauf schlägt.

▶ Diese verschiedenen Arten der Energiezufuhr werden mithilfe von zwei physikalischen Größen beschrieben:
- Unter *Arbeit* versteht man die mechanisch übertragene Energie. Hier spielen Kraft und Weg die entscheidende Rolle.
- Unter *Wärme* versteht man die thermisch übertragene Energie. Die Übertragung kann bei engem Kontakt zwischen zwei Gegenständen erfolgen (*Beispiel:* Kochtopf auf Herdplatte) oder ohne Berührung durch Strahlung. Die Übertragung bei Kontakt erfolgt immer nur in eine „Richtung": vom Körper mit höherer Temperatur zu dem mit niedrigerer Temperatur.

Bei Energiezufuhr durch Arbeit oder Wärme kann sich die innere Energie eines Körpers erhöhen. Im Teilchenmodell stellen wir uns vor, dass die kinetische und potenzielle Energie der Atome bzw. Moleküle des Körpers zunimmt. Dabei macht es keinen Unterschied, ob die Energie mechanisch oder thermisch zugeführt wird. Umgekehrt nimmt die innere Energie eines Körpers ab, wenn er Arbeit verrichtet oder Wärme abgibt.

Die innere Energie eines Gegenstands oder Systems kann sich bei Energieübertragung in Form von Arbeit oder Wärme ändern. Wenn keine andere Energieumwandlung auftritt, gilt (Energieerhaltung): Änderung der inneren Energie = Wärme + Arbeit. ◀

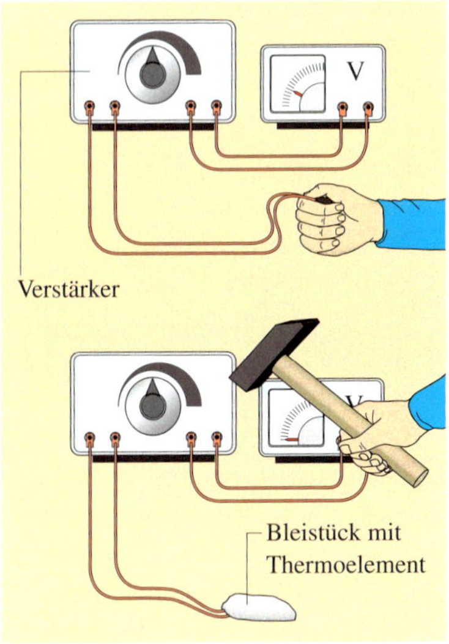

4 Erhöhung der inneren Energie auf verschiedene Weise

Aus der Technik Knautschzonen verhindern Schlimmeres

Auch bei einem Autounfall geht keine Energie „verloren“. Damit der Fahrgastraum nicht zerstört wird und die Insassen geschützt werden, muss die kinetische Energie in eine „harmlose“ Energieart umgewandelt werden. Ingenieure haben deshalb Karosserien entwickelt, bei denen die Kräfte beim Aufprall über Stahlstreben ↑1 in Bereiche gelenkt werden, die ohne Gefahr für die Insassen stark verformt werden können. Hier wird dann die mechanische Energie in innere Energie der verformten Teile umgewandelt. ↑2 Diese Umformung lässt sich an einem Modell eindrucksvoll veranschaulichen. ↑3 Ein Rollwagen besitzt ein Gestell, in dem Bleiklötzchen an quer gespannten kleinen Federn befestigt sind. Lässt man den Wagen gegen eine harte Wand fahren, prallt er kaum zurück und bleibt schon nach wenigen Zentimetern stehen. Dafür schwingen die Bleiklötzchen heftig hin und her, jedes in eine andere Richtung.

Die kinetische Energie des Wagens ist in kinetische und potenzielle Energie der Bleiklötzchen und Federn umgewandelt worden: Die innere Energie des Wagens hat zugenommen.

1 Autokarosserie

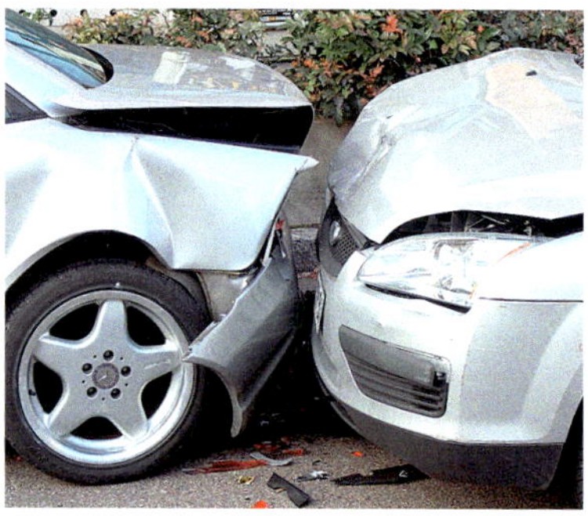

2 Nur Blechschaden

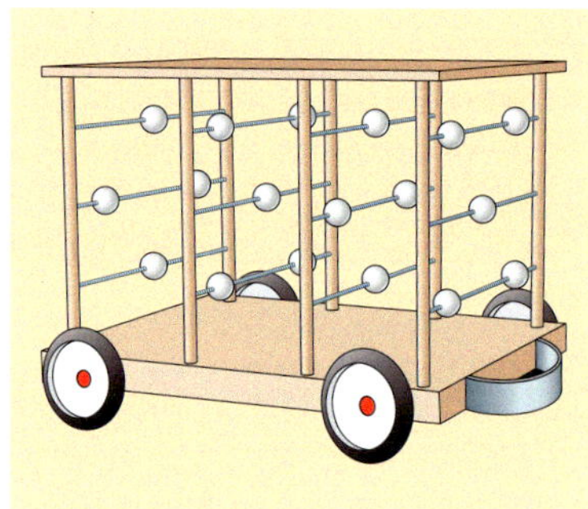

3 Kinetische Energie → innere Energie

Aufgaben

1 ▶ *Hand- und Fußwärmer* Maren und Timo kommen nach einer Schneeballschlacht durchgefroren ins Haus. Timo reibt sich seine Hände und Maren macht sich gleich ein warmes Fußbad zurecht.

a Beschreibe aus der Sicht der Energie, wie sich Maren und Timo aufwärmen wollen.

b Versuche die beiden verschiedenen Vorgänge mithilfe des Teilchenmodells zu beschreiben. ◀

2 *Energie unterwegs* Wenn du ein kaltes Hufeisen in die Hand nimmst, steigt seine Temperatur nicht nur an der Oberfläche an. Die Wärme dringt gewissermaßen nach innen ein. Wie kannst du dir diesen Vorgang im Teilchenmodell vorstellen?

3 ▶ *Wärme, innere Energie und Temperatur* Welche physikalische Größe ist jeweils gemeint?

a Ist das heute eine Wärme!

b Am Sommerabend steckt die Hauswand voller Wärme.

c Das Essen wird aufgewärmt.

d Das Wasser hat eine Wärme von 12 °C.

e Die Wärmflasche gibt ihre Temperatur nach und nach ab. ◀

4 ▶ *Bleikügelchen und 1. Hauptsatz* Bleikügelchen kannst du erwärmen, indem du sie in einer Plastikröhre fallen und aufprallen lässt (s. Experiment „Wo bleibt die Energie?“ auf Seite 7).
Wie viele Umdrehungen braucht man wohl, damit 500 g Bleischrot um 1,0 °C erwärmt werden?
Hinweise: Die Röhre sei 1,0 m lang. Aus Erwärmungsversuchen weiß man, dass eine Wärme von 130 J erforderlich ist, damit die Temperatur von 1,0 kg Bleischrot um 1 °C steigt.

a Berechne die Anzahl der Umdrehungen. Beschreibe ausführlich die physikalischen Überlegungen, die dich zur Lösung führen.

b Überprüfe deine Lösung nach Möglichkeit durch einen Versuch.
Wenn der Rechenwert vom Versuchsergebnis abweicht, muss das nicht heißen, dass du falsch gerechnet hast. Wie könnte es sonst noch zu Abweichungen gekommen sein? ◀

Aus der Geschichte Robert Mayer – ein Genie und sein Schicksal

Der Entdecker des Energieerhaltungssatzes war der Heilbronner Arzt ROBERT MAYER (1814–1878).
In seiner Schulzeit beeindruckten ihn Darstellungen angeblicher Perpetua mobilia. Später beschäftigte er sich viele Jahre mit dem, was wir heute Energie nennen, und suchte nach Zusammenhängen zwischen „Bewegung“ und „Wärme“. 1842 veröffentlichte er die Ergebnisse seiner Überlegungen und Versuche. Seine Erkenntnisse würde man heute so formulieren:

- Wasser wird durch Schütteln erwärmt. Durch Arbeit wird seine innere Energie erhöht.
- Um die Temperatur eines Körpers zu erhöhen, muss ihm Energie zugeführt werden – entweder durch Arbeit oder als Wärme.
- Energie bleibt immer erhalten; sie wird weder erzeugt noch zerstört. Energie wird nur von einem Körper auf einen anderen übertragen.

Doch berühmte Physiker seiner Zeit belächelten MAYERS Ideen. Er erntete nur Hohn und Spott.
1847 bestätigte der Engländer JAMES P. JOULE mit eigenen Versuchen, dass „Bewegung“ und „Wärme“ Energieformen sind und dass kinetische, potenzielle und innere Energie ineinander umgewandelt werden können. JOULE erwähnte MAYER mit keinem Wort.
MAYER war niedergeschlagen. 1850 unternahm er einen Selbstmordversuch. Man brachte ihn in ein Irrenhaus; die Ärzte hielten ihn für größenwahnsinnig. Als er 13 Monate später nach Hause zurückkehrte, wollte sich kein Patient mehr von ihm behandeln lassen.
Langsam wendete sich das Blatt: Einige Physiker erkannten, dass sie MAYER Unrecht getan hatten. 1862 fand er endlich Anerkennung. Die Royal Institution of Britain stellte fest: “No greater genius than Robert Mayer has appeared in our century.”

Aus der Astronomie Wärme und Temperaturen in unserer Sonne

Im Kern der Sonne werden durch Verschmelzung von Atomkernen gewaltige Energien freigesetzt. ↑4 Dabei wandelt sich Wasserstoff in Helium um. (Mehr darüber wirst du in der 9. Klasse erfahren.) Die Temperaturen betragen viele Millionen Grad Celsius!
Durch Strahlung gelangt die freigesetzte Energie nach außen. Sie wird unzählige Male von der Sonnenmaterie aufgenommen und abgegeben. Der Weg der Strahlung ist nicht geradlinig, die Aufnahme- und Abgabevorgänge verlaufen völlig ungeordnet. Es dauert rund eine Million Jahre, bis die im Sonnenzentrum freigesetzte Energie die Fotosphäre erreicht.
In der Strömungszone, einer 600 000 km dicken Schicht (die Erde ist nicht einmal 14 000 km dick!) unterhalb der Fotosphäre, wird die Wärme hauptsächlich durch strömende heiße Gasmassen übertragen. Sie steigen in oberflächennahe Bereiche auf, geben dort Wärme ab und kühlen ab. Dann sinken sie wieder in heißere Bereiche zurück und werden dort erneut mit innerer Energie „beladen“. So führen sie ständig Wärme von innen nach außen.
Die Fotosphäre ist die Übergangszone vom Innern der Sonne zur Sonnenatmosphäre an der Oberfläche. In ihr herrscht eine Temperatur von „nur noch“ 6000 °C. Die Fotosphäre ist die Schicht, die wir bei der Betrachtung der Sonne sehen.
Die Sonnenatmosphäre umgibt schließlich die Sonne wie eine durchsichtige Haut. Sie ist 10 000 bis 30 000 km dick und leuchtet deutlich schwächer als die Fotosphäre.

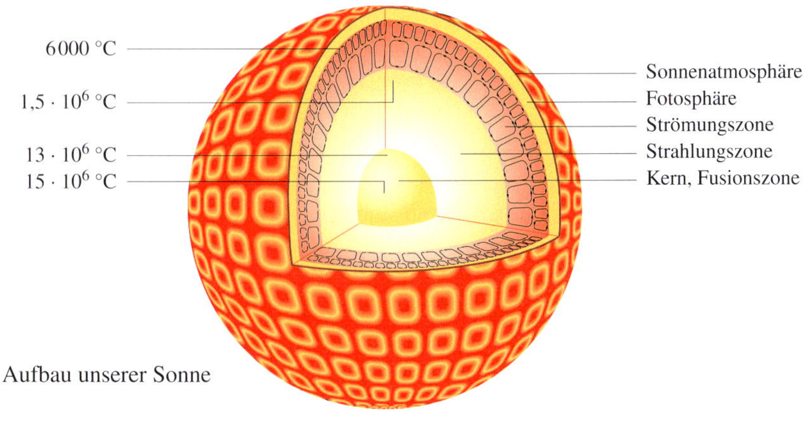

4 Aufbau unserer Sonne

Erwärmen

Wir wissen zwar nicht, welche Freudenlaute den Menschen vor rund 300 000 Jahren entfuhren, als es ihnen erstmals gelang, Feuer zu entzünden. Aber wir können noch heute die Tragweite dieses Schritts für die Entwicklung der Menschheit erkennen. Feuer bedeutete Schutz vor wilden Tieren und Licht in der Dunkelheit. Mit der Wärme des Feuers konnte man auch in kältere Gegenden vordringen. Und die bislang nur rohe Nahrung ließ sich durch Erwärmen verdaulicher machen. Der direkte Kontakt der Nahrung mit den Flammen führte aber oft zu einem unbefriedigenden Ergebnis, da sie unkontrolliert und ungleichmäßig erhitzt wurde. Die Menschen waren aber erfindungsreich und vergruben bald die Nahrung in der vom Feuer erhitzten Asche. Erst viel später lernten sie Gefäße herzustellen, in denen sich Wasser und Speisen erwärmen ließen: die Geburtsstunde der Küche, wie wir sie kennen.

1 Buschmänner entzünden ein Feuer.

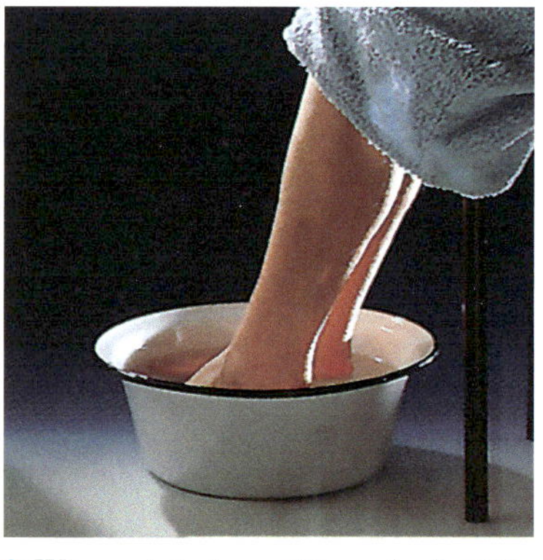

2 Wärme strömt vom Wasser in die Füße.

3 Erwärmen durch Strahlung

Um deine kalten Füße aufzuwärmen, kannst du ein warmes Fußbad nehmen. ↑2 Nach einem Saunagang wirst du sie dagegen eher zum Abkühlen in ein Becken mit lauwarmem Wasser stellen. In beiden Fällen sinkt die Temperatur des wärmeren Gegenstands. Er gibt innere Energie durch Wärme an den kälteren Gegenstand ab, wodurch dessen innere Energie und Temperatur zunehmen. Wärme ist auch beim Kochen wichtig: Wie viel Wärme ist erforderlich, um einen Tee oder gar eine ganze Mahlzeit zuzubereiten? Werden verschiedene Speisen bei gleicher Wärmezufuhr gleich schnell heiß (oder sollte man einiges schon früher auf den Herd stellen)? Warum kühlen heiße Tomaten langsamer ab als der Braten? Die Versuche auf der nächsten Seite werden dich zu den Antworten führen.

Heißen Tee kann man rasch abkühlen, indem man kaltes Wasser hinzugibt. Der Kontakt zwischen zwei verschieden warmen Flüssigkeiten oder Gasen, die durchmischt werden, ist nämlich besonders gut. Die Temperatur der Mischung liegt zwischen den beiden Ausgangstemperaturen („0. Hauptsatz der Wärmelehre"). Auch wenn ein fester Körper vollkommen von einer Flüssigkeit oder einem Gas umgeben ist, ist der Kontakt recht gut – denke nur an das Fußbad. Verglichen damit ist der Kontakt zwischen zwei festen Körpern selten sehr gut. Man kann ihn verbessern, indem man die Berührungsflächen vergrößert, sie mit „Wärmeleitpaste" bestreicht oder die Körper einfach fest aneinanderpresst.

Energieübertragung durch Wärme gibt es auch ohne Berührung. Cafés und Gaststätten „verlängern" mit Heizstrahlern die warme Jahreszeit. ↑3 Diese Strahler übertragen Energie auf die Gäste, ohne die Luft dazwischen wesentlich zu erwärmen.

Experimente

1 Flüssigkeiten kühlen ab
Was meinst du: Kühlt „Hochprozentiges“ im Kühlschrank genauso schnell ab wie Wasser? Überprüfe deine Vermutung:
Fülle zwei identische verschließbare Gefäße einmal mit 200 g Wasser, einmal mit 200 g Spiritus. ↑4 Wenn beide Flüssigkeiten Raumtemperatur haben, stellst du die Gefäße nebeneinander in den Kühlschrank, ohne dass sie sich berühren. Miss nach einiger Zeit (z. B. 30 min) die Temperaturen der Flüssigkeiten. Was stellst du fest?

2 Flüssigkeiten werden erwärmt
Erwärme Wasser und Speiseöl nacheinander mit demselben Tauchsieder. Nimmt ihre Temperatur in der gleichen Zeit um den gleichen Betrag zu? Überprüfe es im Versuch. ↑5

a Miss die Zeit, um jeweils 500 g der beiden Flüssigkeiten um 10 K, 20 K … 50 K zu erwärmen. *Schalte den Tauchsieder danach sofort aus!* Trage Temperaturunterschiede und Zeiten jeweils in eine Tabelle ein. Berechne die Energien, die den Flüssigkeiten in den verschiedenen Zeiten zugeführt werden. Trage die Ergebnisse auch in die Tabellen ein. *Hinweis:* Ein 300-W-Tauchsieder gibt in jeder Sekunde 300 J Wärme ab, ein 1000-W-Tauchsieder 1000 J.

b Welchen Einfluss hat die Flüssigkeitsmenge auf die Temperaturänderung? Bestimme die Energie, die zugeführt werden muss, um 125 g, 250 g, 500 g, 750 g, 1000 g Wasser um 40 K zu erwärmen.

! Spiritus ist leicht brennbar und giftig. Damit ihn niemand versehentlich trinkt, müssen die Inhaltsstoffe auf beiden Gefäßen deutlich sichtbar angegeben sein.

4

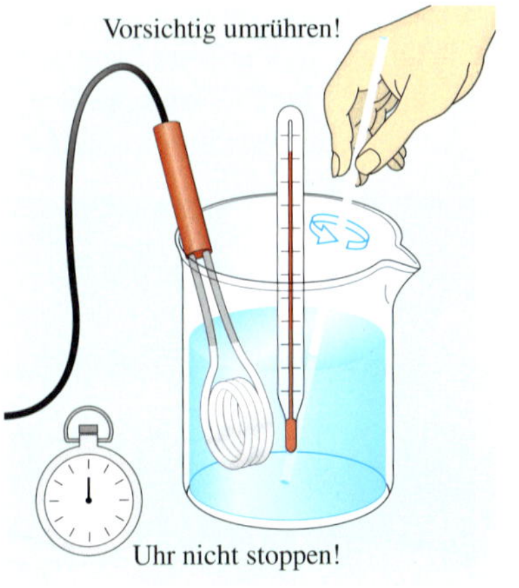

5

GRUNDLAGEN: Wärme und Temperaturerhöhung

Das Speiseöl in einer Pfanne wird sehr schnell heiß. Bei der gleichen Menge Wasser würde die Temperatur viel langsamer zunehmen. Aus Sicht der Energie bedeutet das: Speiseöl muss man im Vergleich zu Wasser weniger Wärme zuführen, damit bei gleicher Masse die gleiche Temperaturerhöhung eintritt. Anhand der Wärme, die man benötigt, um 1 kg eines Stoffs um 1 K zu erwärmen, kann man Stoffe unterscheiden und ordnen. ↑6
Beispiel: Damit die Temperatur von 1 kg Eisen um 1 K steigt, braucht man eine Wärme von 0,45 kJ; bei 1 kg Gold reichen dafür 0,13 kJ. Im Teilchenmodell können wir den Unterschied so erklären: Die Wärme erhöht die innere Energie der Stoffe, die Atome schwingen heftiger hin und her. Die Bindungen („Federn“) zwischen den Eisenatomen sind stärker als zwischen den Goldatomen. Damit ihre Bewegungsenergie genauso zunehmen kann wie die der Goldatome, müssen die Bindungen der Eisenatome stärker gelockert werden. Dafür ist mehr Wärme nötig, sodass für die Zunahme der Bewegungsenergie weniger Energie übrig bleibt.

▶ **Verschiedene Stoffe benötigen für die gleiche Temperaturerhöhung unterschiedlich viel Wärme. Das Erwärmen von Wasser erfordert besonders viel Energie: 4,19 kJ je Kilogramm und je Kelvin.**

Beim Abkühlen gibt ein Körper genauso viel Wärme ab, wie er beim Erwärmen um dieselbe Temperaturdifferenz aufgenommen hat. ◀

Stoff (1 kg)	Energie in kJ
Blei	0,13
Gold	0,13
Zinn	0,23
Messing	0,38
Kupfer	0,39
Eisen	0,45
Stein	0,7
Glas	ca. 0,8
Beton	ca. 0,84
Sand	0,84
Ziegelstein	0,84
Keramik	0,85
Aluminium	0,90
Kunststoffe	1,3 bis 2,1
Holz	ca. 1,5
Styropor	1,5
Motoröl	2,0
Glycerin	2,39
Spiritus	2,43
Milch	3,9
Wasser	4,19
Luft (Druck konst.)	1,01
Helium (Druck konst.)	5,23

6 Energie zum Erwärmen verschiedener Stoffe um jeweils 1 K

Aus der Umwelt Wasser und Klima

▶ Die Meere erwärmen sich im Sommer nur langsam. Die geringen Temperaturerhöhungen sind allerdings mit großen Zunahmen an innerer Energie verbunden. Die gespeicherte Energie wird im Winter durch Wärme abgegeben. An den Küsten der Weltmeere schwankt daher die Temperatur im Jahresverlauf weniger als im Landesinnern. So sind z. B. die Winter in Newcastle milder, die Sommer hingegen kühler als in Nowosibirsk – obwohl beide Städte auf demselben Breitengrad liegen. ↑1

Gleiches gilt, wenn auch nicht so extrem ausgeprägt, in unmittelbarer Nähe großer Seen. So treten in Ufernähe des Bodensees Nachtfröste, die den Obstanbau gefährden würden, nur selten auf, weil das Gewässer die Umgebung heizt. Auf der Blumeninsel Mainau gedeihen im Freien sogar Pflanzen wie am Mittelmeer.

In der äquatornahen Wüste Sahara gibt es dagegen kaum Wasser in den oberen Bodenschichten. Das Thermometer kann tagsüber leicht auf über 50 °C steigen. Sand, Steine und die Luft heizen sich rasch auf, kühlen nachts aber ebenso schnell wieder ab. Dann fällt die Temperatur nicht selten unter den Gefrierpunkt. Die fast alles bedeckenden Beduinengewänder müssen also nicht nur Schutz vor der Sonne und dem Sand, sondern auch vor der Kälte bieten. ↑2 ◀

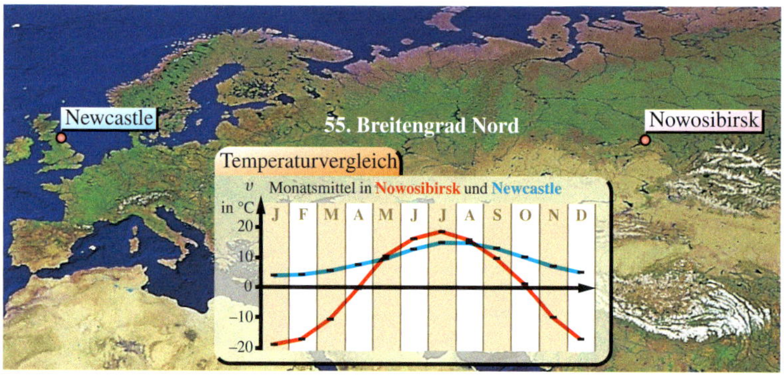

1 Temperaturen nahe und fern des Meers

2 Sahara: kalt bei Nacht

Aus dem Alltag Heute schon Kalorien gezählt?

Durchschnittliche Nährwerte für 100 g:
598 kJ (143 kcal), 2,6 g Eiweiß, 14,9 g Kohlenhydrate, 7,8 g Fett

3

Kalorien sind in aller Munde! Oft hat man dabei den Eindruck, es würde sich um kleine Fettmonster handeln, die nur darauf warten, an Bauch, Po oder Hüfte ihr Lager aufzuschlagen.

Eine Kalorie ist aber eigentlich etwas anderes: eine Energieeinheit. 1 Kalorie (1 cal) gibt die Energie an, die einem Gramm Wasser durch Wärme (lat. *calor*) zugeführt werden muss, damit seine Temperatur um 1 K steigt. Somit gilt die Umrechnung: 1 cal = 4,19 J. Allerdings wurde die Kalorie vor 30 Jahren per Gesetz durch das Joule abgelöst und ist seitdem genau genommen nicht mehr zulässig.

Bei der „Verbrennung" der Nahrung im Körper wird Wärme abgegeben – je nach Nahrung und Menge unterschiedlich viel. Aus der überschüssigen Energie in der Nahrung legt sich der Körper „Brennstoffvorräte" an: die Fettpolster.

Der unterschiedliche „Brennwert" von Brot, Obst, Kartoffeln … sollte heutzutage in Joule angegeben werden. Dennoch findest du auf den Lebensmitteln immer noch Angaben in Kalorien oder Kilokalorien. ↑3 Dabei wird besonders in der Werbung fälschlich oft von Kalorien gesprochen, obwohl Kilokalorien (kcal) gemeint sind. Hier wird sehr großzügig der Faktor 1000 unterschlagen!

Aufgaben

1 ▶ *Füße verbrannt* An einem Sommertag ist der Sand am Strand manchmal so heiß, dass man nicht barfuß darüberlaufen kann. Im Wasser bleibt es dagegen angenehm kühl. Woran kann das liegen? ◀

2 ▶ *Zunge verbrannt* Eine heiße Tomate im Mund ist schmerzhafter als ein genauso heißes Stück Pfannkuchen. Erkläre den Unterschied. ◀

3 ▶ *Wärmekissen* Kirschkernkissen und Wärmflaschen können den kalten Nacken wohlig wärmen. ↑4 Warum muss man Kirschkernkissen für den gleichen Effekt auf viel höhere Temperaturen erhitzen als das Wasser in der Wärmflasche? ◀

4

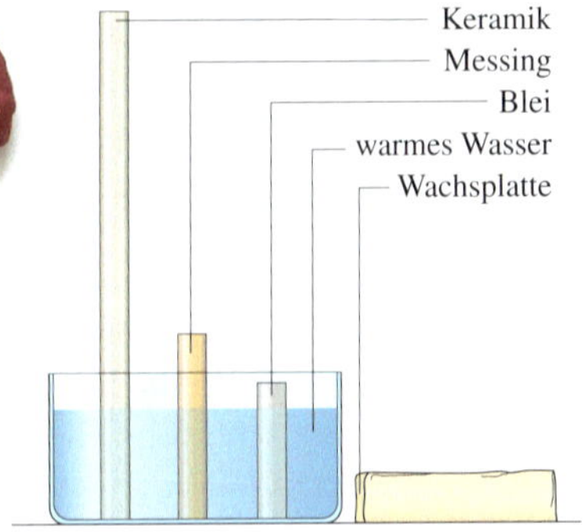

5 Welcher Stab sinkt am tiefsten ein?

4 *Knobelei* Drei Stäbe aus Blei, Keramik und Messing mit gleicher Masse und gleicher Grundfläche werden auf dieselbe Temperatur erhitzt. Dann werden sie auf einer dicken Wachsplatte abgestellt. ↑5 Welcher Zylinder sinkt beim Schmelzen des Wachses wohl am tiefsten ein? Begründe deine Antwort.

5 *Badetag* Marie liebt es, heiß zu baden – nach Möglichkeit jeden Tag. Ein teures Vergnügen?

a Das Badewasser wird von einem Durchlauferhitzer (Boiler) erhitzt. Das Gerät hat eine Heizleistung von 2500 W: Es kann also in jeder Sekunde eine Wärme von 2500 J abgeben. Das Wasser kommt mit 15 °C aus der Leitung und wird auf 60 °C erhitzt. Wie viel elektrische Energie ist für das Aufheizen von 90 ℓ Wasser erforderlich? Was bezahlt Marie dafür (3,6 MJ elektrische Energie kosten 0,18 €)?

b Wie lange braucht der Boiler, um die 90 ℓ Wasser zu erhitzen?

6 ▶ *Energiespielereien im Olympiabad* Das Hauptbecken im Olympiabad in München ist 50 m lang, 25 m breit und 2,8 m tief. Das Wasser ist höchstens lauwarm – aber es steckt voller Energie!

a Wie viel Energie braucht man, um das Wasser im Hauptbecken von 20 auf 22 °C aufzuheizen?

b Der Betreiber des Olympiaparks meint, 20 °C seien ausreichend. Die elektrische Energie zum Erwärmen auf 22 °C „steckt“ er lieber in den Fahrstuhl zur Aussichtsplattform des benachbarten Olympiaturms. Wie viele Personen könnte man mit der gesparten Energie auf die Höhe von 190 m befördern?

c Wenn du ins Wasser springst, wird deine kinetische Energie zum größten Teil in innere Energie des Wassers umgewandelt. Könntest du das Wasser damit selbst auf 22 °C erwärmen? Wie oft müsstest du dazu vom 80 cm hohen Startblock hineinspringen? ◀

7 ▶ *Glühender Meteorit* Ein 120 K kalter Eisenmeteorit stürzt mit einer Geschwindigkeit von $30\,000\,\frac{\text{km}}{\text{h}}$ zur Erde. Seine Bewegungsenergie wird durch die Luftreibung in innere Energie umgewandelt. Ob der Meteorit wohl anfängt zu schmelzen (Schmelztemperatur von Eisen: 1535 °C)? ◀

▶ **Musteraufgabe:** Die Bergers wollen sich zu später Stunde noch einen Kaffee in ihrem Wohnwagen auf dem Campingplatz kochen. Sie stecken ihre letzten Münzen in den Automaten für den Stromanschluss: 30 Cent für 3,6 MJ elektrische Energie. Dann füllen sie die Kaffeemaschine mit 1,2 ℓ Wasser (8 °C) und schalten sie an. Reicht die elektrische Energie? Wie lange braucht die Kaffeemaschine, um die 1,2 ℓ Wasser zum Sieden zu bringen? *Hinweis:* Die Maschine benötigt in jeder Sekunde eine Energie von 0,8 kJ.

Lösung: Die Wärme zum Erhitzen von 1,0 kg Wasser von 8 °C auf 100 °C ($\Delta T = 92\,\text{K}$) beträgt:
$92 \cdot 4{,}19\,\text{kJ} = 0{,}39 \cdot 10^3\,\text{kJ} = 0{,}39\,\text{MJ}$.
Bei 1,2 kg sind es folglich $1{,}2 \cdot 0{,}39\,\text{MJ} = 0{,}46\,\text{MJ}$.
Die zur Verfügung gestellte elektrische Energie von 3,6 MJ ist also groß genug zum Kaffeekochen.
Die Energie zum Erhitzen des Wassers wird von der Kaffeemaschine in folgender Zeit umgewandelt:

$$\Delta t = \frac{0{,}46 \cdot 10^3\,\text{kJ}}{0{,}8\,\text{kJ}}\,\text{s} = 5{,}8 \cdot 10^2\,\text{s} = 9{,}6\,\text{min}. \blacktriangleleft$$

Aus Umwelt und Technik Wärmeleitung, Konvektion und Strahlung

„Unter Wärme versteht man die Energie, die infolge von Temperaturunterschieden zwischen Körpern übertragen wird." Schön und gut – aber wie kommt denn nun die Wärme von A nach B? Da gibt es im Prinzip drei Möglichkeiten: Wärmeleitung, Konvektion und Strahlung.

Wärmeleitung Wenn du barfuß ins kalte Badezimmer gehst, kommen dir die Steinfliesen viel kälter vor als der Vorleger – obwohl Fliesen und Vorleger die gleiche Temperatur haben. Mit einem Kochlöffel aus Holz oder Kunststoff kannst du die kochende Suppe lange umrühren – ein Löffel aus Stahl oder Silber würde schon nach kurzer Zeit zu heiß werden.

Beim Stahllöffel kann man förmlich fühlen, wie die Temperatur durch den Stiel „hochkriecht". Man sagt, der Stiel „leitet" die Wärme. Auch die Steinfliesen im Badezimmer sind gute Wärmeleiter: Sie leiten die Wärme so rasch von deinen Füßen weg, dass der Körper gar nicht schnell genug Energie nachliefern kann – die Füße kühlen ab.

Holz- oder Kunststofflöffel sind dagegen offensichtlich schlechte Wärmeleiter (was für ihren Zweck natürlich gerade richtig ist). Und beim Badvorleger steigt die Temperatur nur da an, wo du gerade mit deinen Füßen stehst. Diese Stellen brauchen nicht viel Wärme, bis sie deine Fußtemperatur erreicht haben und die Wärmeabgabe beendet wird. Deshalb kühlen deine Füße nur wenig ab.

Wie die Wärmeleitung in festen Körpern vor sich geht, können wir uns im Teilchenmodell vorstellen. ↑1 Die Teilchen, aus denen der Gegenstand besteht, schwingen an ihren Plätzen hin und her. Wenn der Gegenstand an einer Stelle erwärmt wird, beginnen die Teilchen dort heftiger zu schwingen. Aufgrund der Bindungen („Federn") zwischen den Teilchen werden in der Folge auch ihre Nachbarteilchen heftiger zum Schwingen gebracht. Diese Teilchen regen wiederum ihre Nachbarteilchen zu heftigeren Schwingungen an … Nach einer Weile bewegen sich alle Teilchen heftiger hin und her: Die Temperatur des Körpers hat zugenommen. Die Unterschiede im Aufbau der Stoffe führen dazu, dass der Vorgang in manchen Stoffen besser und schneller „abläuft" als in anderen.

Beim Heizen von Häusern spielt die Wärmeleitfähigkeit der Außenwände eine entscheidende Rolle. Sie sollen die Wärme in der kalten Jahreszeit nicht zu schnell von innen nach außen leiten. Das wird z. B. durch Dämmplatten aus Styropor erreicht, die außen an den Wänden angebracht sind. ↑2 Styropor ist ein hervorragend schlechter Wärmeleiter, weil er besonders viel Luft eingeschlossen hat – und Luft kann Wärme fast gar nicht leiten, weil die Teilchen ja untereinander keine Bindungen haben.

Konvektion Bei Wärmeleitung wird Energie übertragen, aber keine Materie – die Teilchen schwingen ja an festen Plätzen hin und her. Im Gegensatz dazu wird bei der Konvektion Energie durch erwärmte, strömende Flüssigkeiten oder Gase mitgenommen (lat. *convector:* Mitreisender).

Meeresströmungen und Winde bestimmen das Klima auf unserer Erde. Ohne sie gäbe es keine raschen Temperaturwechsel, da Luft und Wasser schlechte Wärmeleiter sind. Durch Konvektion sind z. B. Temperaturstürze innerhalb wenigen Stunden möglich, wenn plötzlich kalte Polarluft über Tausende von Kilometern in unsere Breiten strömt. Umgekehrt kann bei uns warme Mittelmeerluft dem Winter schnell den Garaus machen. Und der Golfstrom ist die „Warmwasserhei-

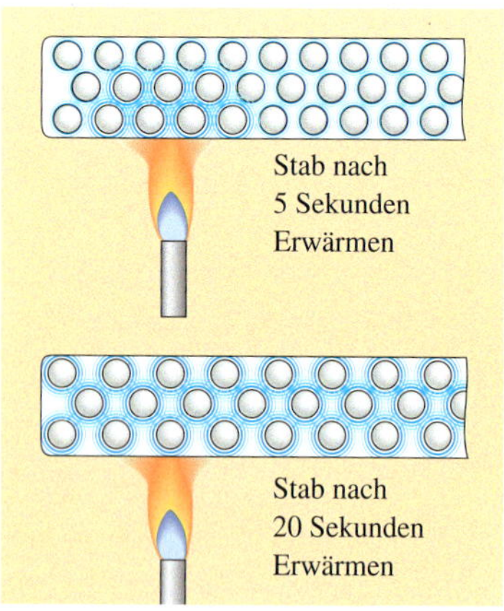

1 Wärmeleitung im Teilchenmodell

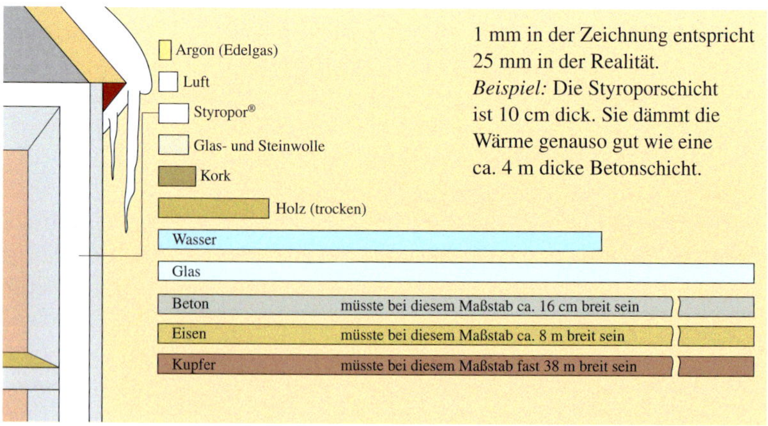

2 Je besser ein Material die Wärme leitet, desto dicker müsste die Dämmschicht sein, um die gleiche Wärmedämmung zu erzielen.

zung“ Europas: ↑3 Er transportiert riesige Mengen an Wärme über 6000 km aus der Karibik bis nach Island und Nordnorwegen und hebt dort die Durchschnittstemperatur um über 10 °C. Ohne Golfstrom könnten auf den Scilly-Inseln keine Palmen im Freien gedeihen und der Hafen von Murmansk wäre nicht ganzjährig eisfrei.

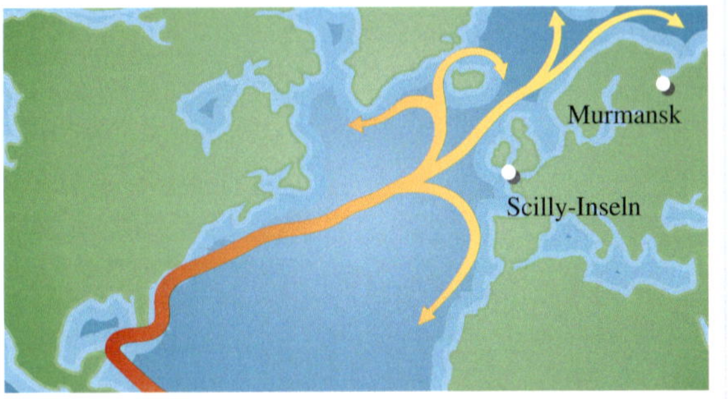

3 Golfstrom: Konvektion im großen Stil

Strahlung Die Sonne erhellt und erwärmt unsere Erde. ↑4 Dabei durchquert die Energie 150 Millionen Kilometer leeren Weltraum. Ohne Materie kommen Wärmeleitung und Konvektion für die Energieübertragung nicht infrage. Die Energie wird stattdessen durch Strahlung transportiert.
Ein Teil dieser Strahlung ist für Menschen sichtbar: das Licht. Die Sonnenstrahlung enthält außerdem auch Infrarot- und Ultraviolettstrahlung, die wir zwar nicht sehen, aber doch spüren können. Die Ultraviolettstrahlung kann z. B. Sonnenbrand verursachen.
Nicht nur die Sonne gibt Energie durch Strahlung ab, sondern jeder Körper, dessen Temperatur oberhalb des absoluten Nullpunkts liegt. Nur bei hohen Temperaturen enthält die Strahlung einen sichtbaren Anteil. ↑5 Bei niedrigeren Temperaturen benötigt man z. B. Infrarotkameras, um aus der Strahlung „Wärmebilder“ zu erstellen. ↑6
Die Strahlung wird von den Körpern, auf die sie trifft, unterschiedlich gut aufgenommen: Körper mit schwarzen, matten Oberflächen „verschlucken“ (absorbieren) sie zum großen Teil und werden daher stark erwärmt. Körper mit weißen Oberflächen streuen die Strahlung und absorbieren nur wenig. Blanke Metalloberflächen reflektieren die Strahlung fast vollständig. Deshalb sind Thermosflaschen innen verspiegelt, damit die Strahlung der heißen Getränke nicht nach außen dringen kann.

4 Erde in der Strahlung der Sonne

5 Eisen bei verschiedener Temperatur

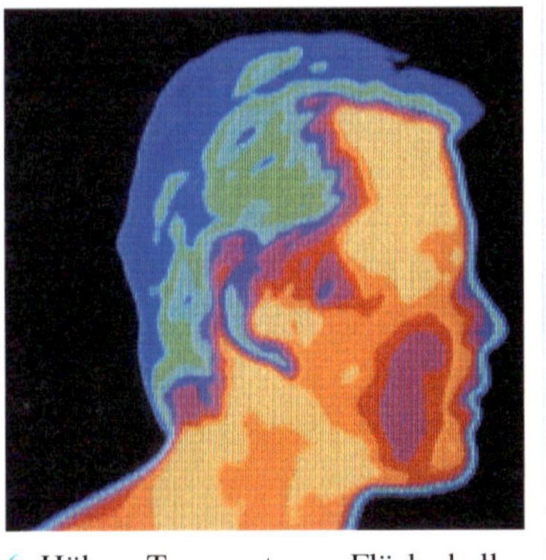
6 Höhere Temperatur → Fläche heller

1 *Küchenphysik* Bei Kochtöpfen für Elektroherde sind die Griffe oft aus ganz anderem Material als der Boden. Wie sollte jeweils die Wärmeleitfähigkeit der Materialien beschaffen sein?

2 *Iglu* In den Polarregionen ist es bekanntlich sehr kalt. Welchen Sinn haben dann Iglus aus Schnee? Wie sollte der Schnee beschaffen sein?

3 *Hausbau* Warum verwendet man zur Wärmedämmung der Außenwände poröse Materialien? Bei der Beurteilung der Wärmedämmung ist der „k-Wert“ wichtig: Finde heraus, was man darunter versteht.

4 *Heizung*^{V} Bei der Zentralheizung spielen alle drei Arten der Wärmeübertragung eine Rolle. Zeichne schematisch, wie eine Heizungsanlage aufgebaut ist. Beschreibe, wie die Wärme an den verschiedenen Stellen (Brenner, Heizkörper …) übertragen wird.

5 *Lagerfeuer* Am herbstlichen Lagerfeuer glüht das Gesicht und der Rücken ist kalt. Wie kommt das?

Schmelzen, Verdampfen und Verdunsten

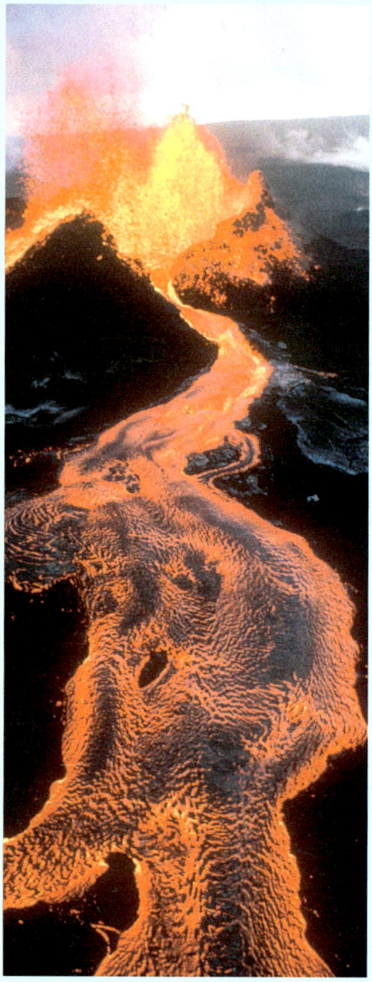

1 Vulkanausbruch

Im Erdinnern ist das Gestein bei mehr als 4000 °C geschmolzen. Wenn dieses *Magma* in höhere Schichten aufsteigt, kann es an besonders dünnen Stellen die Erdkruste durchbrechen und zutage treten – jetzt wird es *Lava* genannt. ↑1

Mit einer Austrittstemperatur zwischen 800 °C und 1200 °C bahnt sich der Lavastrom seinen Weg. Als Flüssigkeit passt er sich flexibel dem Gelände an und kann auch bei geringem Gefälle viele Kilometer zurücklegen. In seiner Umgebung erwärmt sich die Luft auf mehrere hundert Grad Celsius, die Lava selbst kühlt kaum ab.

Ein schnelles Ende findet der Lavastrom allerdings, wenn er sich ins Meer ergießt. ↑2 Erhitzen und Verdampfen des Wassers entziehen der Lava so viel innere Energie, dass sie stark abkühlt und erstarrt. Eine neue Küste entsteht.

2 Alles wandelt sich: Erstarren, Verdampfen und Kondensieren

3 Eisenhütte im Mittelalter

Die Vielfalt und den ständigen Wandel unseres Planeten verdanken wir auch der Wandelbarkeit von Stoffen, die in verschiedenen Aggregatzuständen existieren können. Denke nur an den Wasserkreislauf auf der Erde: Durch Verdunstung entsteht z. B. über dem Meer ständig Wasserdampf. Von Winden kann er in große Höhen und über weite Entfernungen transportiert werden. Dort kühlt er ab und kondensiert oder kristallisiert: Regen, Schnee und Hagel führen zu Bächen, Flüssen und Gletschern, die die Landschaft formen. Und letztlich strömt das Wasser wieder ins Meer. Im Lauf der Jahrtausende machte sich der Mensch die Wandelbarkeit der Stoffe in vielen Bereichen zunutze. ↑3 Anfangs spielte dabei das Prinzip „Versuch und Irrtum“ eine große Rolle. Heute können wir die Abläufe aus Sicht der Energie und ihrer Erhaltung genau beschreiben und verstehen: Was geschieht beim Übergang von einem Zustand in den anderen? Wie groß sind die Energien, die dabei eine Rolle spielen?

Experimente

1 ▶ Wärme und Temperatur beim Schmelzen

Ein eisgekühltes Getränk im Juli ist etwas Feines. Auch wenn es in der Sonne steht, erwärmt es sich (zunächst) nicht. Wie ist das möglich?
Fülle einen kleinen Topf halb mit zerstoßenen Eiswürfeln und halb mit kaltem Leitungswasser. Erwärme den Topf auf der Kochplatte (oder mit einem Tauchsieder) und rühre das Wasser dabei um. Was beobachtest du?
Miss alle 30 s die Temperatur auf 0,5 °C genau, bis die Wassertemperatur 10,0 °C erreicht hat. Stelle die Temperatur in Abhängigkeit von der Zeit in einem Diagramm dar. Was fällt dir auf?

2 Wärme und Temperatur beim Sieden

Wird (flüssiges) Wasser eigentlich immer wärmer, wenn man es auf einer Kochplatte erhitzt?
Fülle 80 °C heißes Wasser 1 cm hoch in ein feuerfestes Glasgefäß mit flachem Boden und einem kleinem Loch im Deckel. ↑4 Das Loch dient dazu, dass Dampf entweichen und der Messfühler eines elektronischen Thermometers ins Wasser tauchen kann. Erwärme das Glasgefäß auf einer Kochplatte, bis das Wasser vollkommen verdampft ist, und dann noch weitere 3 Minuten. Miss dabei alle 30 s die Temperatur. Stelle die Temperatur in Abhängigkeit von der Zeit in einem Diagramm dar. Was fällt dir auf?

3 Wärme beim Erstarren?

Die Energie, die man Eis zum Schmelzen zuführt, wird als innere Energie gespeichert. Ob man sie beim Erstarren wieder freisetzen kann?
Statt Wasser untersuchen wir Fixiersalz. Gib es in ein großes Reagenzglas und schmilz es im Wasserbad. ↑5 Miss die Schmelztemperatur. Fülle die Schmelze in mehrere kleine Reagenzgläser ab und lass sie auf Zimmertemperatur abkühlen. Rühre dabei nicht um!
Wirf in eine „unterkühlte Schmelze" einen Kristall des Fixiersalzes. Was kannst du beobachten? Miss und fühle auch die Temperatur. ◀

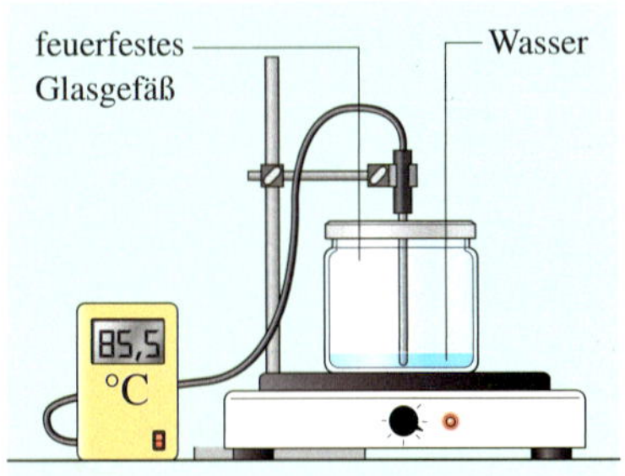

4

! Verbrühungsgefahr durch heiße Flüssigkeiten und Wasserdampf. Vermeide Hautkontakt, trage Handschuhe und bedeckende Kleidung.

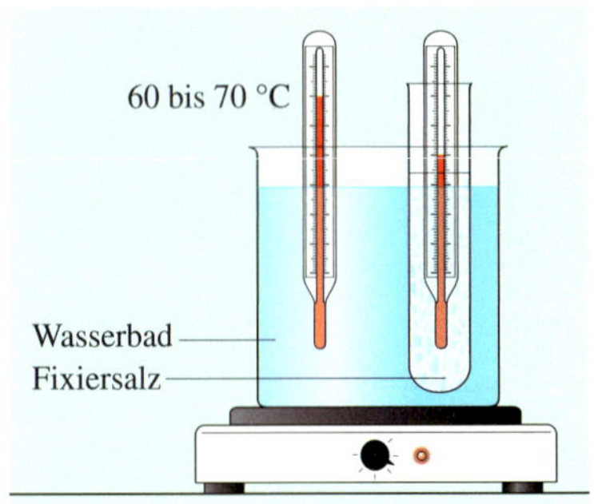

5

GRUNDLAGEN: Temperaturen bei Zustandsänderungen

▶ Erwärmt man einen festen Körper fortwährend, so steigt seine Temperatur zunächst bis zur Schmelztemperatur an und bleibt dann während des Schmelzens konstant. ↑6 Nach dem Schmelzen steigt die Temperatur der Flüssigkeit bei fortgesetzter Wärmezufuhr bis zur Siedetemperatur an und bleibt während des Siedens konstant.
Erst wenn die Flüssigkeit vollständig verdampft ist, lässt sich die Temperatur des entstandenen Gases weiter steigern.
Kühlt man das Gas wieder ab, so laufen die Temperatur- und Zustandsänderungen „rückwärts" ab. Für die Übergangstemperaturen gilt:

Schmelztemperatur = Erstarrungstemperatur,
Siedetemperatur = Kondensationstemperatur. ◀

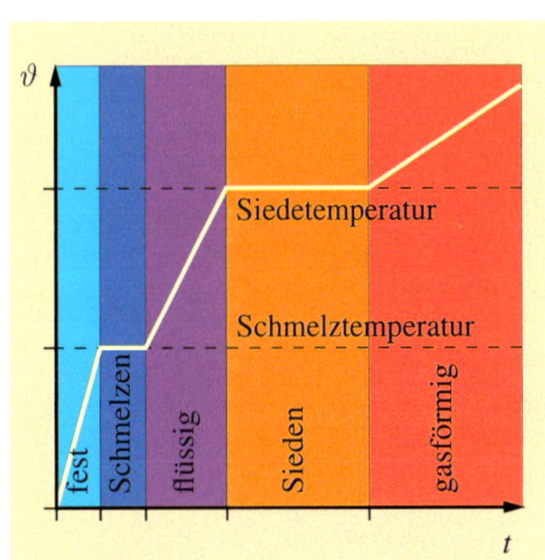

6 Temperaturverlauf beim Erwärmen

GRUNDLAGEN: Wärme bei Zustandsänderungen

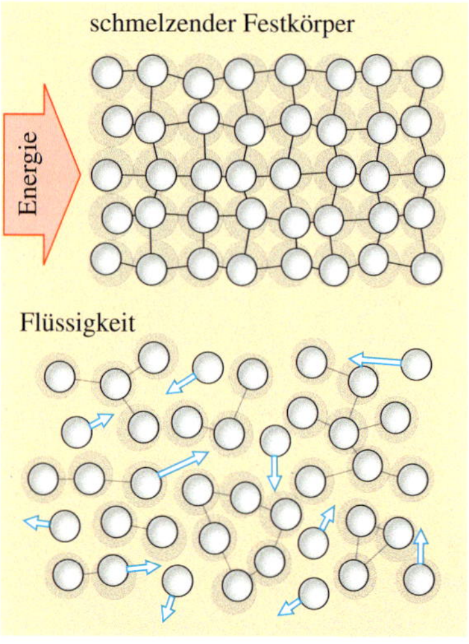

1 Schmelzen im Teilchenmodell

▶ Beim Schmelzen oder Verdampfen bleibt die Temperatur eines Stoffs konstant – obwohl ihm Energie durch Wärme zugeführt wird. Was geschieht mit der Wärme? Das können wir im Teilchenmodell erklären: Die Wärme zum Schmelzen erhöht die innere Energie des festen Körpers. Dabei nimmt die mittlere kinetische Energie der Teilchen nicht zu (konstante Temperatur), sondern es werden die Bindungen zwischen den Teilchen gelockert. ↑1 Und die Wärme zum Sieden löst alle Bindungen zwischen den Teilchen. In beiden Fällen nimmt die mittlere potenzielle Energie der Teilchen zu.
Beim Kondensieren und beim Erstarren geben die Teilchen diese höhere potenzielle Energie ab, wenn sie wieder festere Bindungen eingehen.

Die Wärme, die einem Körper zum Schmelzen oder Verdampfen zugeführt wird, erhöht seine innere Energie, ohne dass die Temperatur ansteigt. Beim Erstarren oder Kondensieren des Körpers wird diese Wärme wieder abgegeben. Dabei gilt: ↑2
Schmelzwärme = Erstarrungswärme,
Verdampfungswärme = Kondensationswärme.

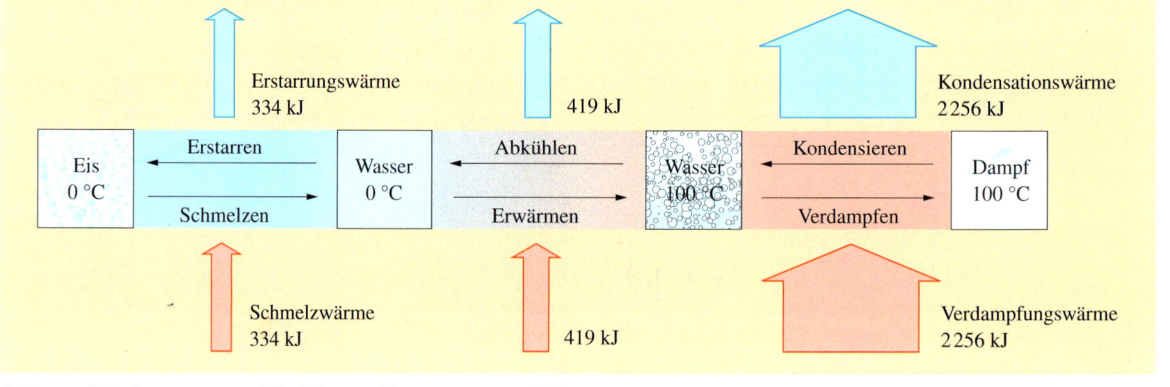

2 Zustandsänderungen von 1 kg Wasser: Temperatur- und Wärmewerte

Schon gewusst?

Wasserdampf ist gasförmiges Wasser. Dass er unsichtbar wie Luft ist, kannst du an den durchsichtigen Dampfblasen im siedenden Wasser erkennen.
Die weißen Schwaden, die beim Kochen aus dem Topf kommen, bestehen dagegen aus Wassertröpfchen. Sie entstehen aus Wasserdampf, der oberhalb des Topfs wieder kondensiert.

Wie groß die Schmelzwärme oder die Verdampfungswärme ist, ist von Stoff zu Stoff verschieden. ↑3 Im Teilchenmodell erklären wir die Unterschiede z. B. damit, dass die Bindungen je nach Stoff verschieden „stark" sind, sodass unterschiedlich viel Energie benötigt wird, um sie zu lockern oder zu lösen. ◀

Stoff (1 kg)	Schmelztemperatur	Schmelzwärme	Siedetemperatur	Verdampfungswärme
Stickstoff	–210 °C	26 kJ	–196 °C	198 kJ
Spiritus	–114 °C	108 kJ	78 °C	840 kJ
Quecksilber	–39 °C	12 kJ	357 °C	285 kJ
Wasser	0 °C	334 kJ	100 °C	2256 kJ
Aluminium	660 °C	397 kJ	2450 °C	10880 kJ
Kochsalz	800 °C	492 kJ	1465 °C	2906 kJ
Eisen	1535 °C	260 kJ	2730 °C	6340 kJ

3 Schmelzen und Sieden: Temperaturen und Umwandlungswärmen

Aufgaben

1 ▶ *Wärmt Eis?* Droht im Frühjahr in kalten Nächten Frost, werden in manchen Obstplantagen die frischen Triebe der Obstbäume mit Wasser besprüht, um sie vor dem Erfrieren zu bewahren. ↑4 Blüten und Blätter werden von einer dünnen Eisschicht überzogen.
Erkläre die Wirkungsweise dieser Schutzmaßnahme.

2 *Erhitzen mit Dampf* So geht's besonders schnell: ↑5 In das kalte Wasser wird Dampf aus einer Espressomaschine geleitet – und in wenigen Sekunden ist das Wasser kochend heiß.

a Erkläre das schnelle Erhitzen aus Sicht der Energie.

b In 200 g Wasser von 18 °C wird 20 g Wasserdampf von 100 °C eingeleitet. Um wie viele Grad Celsius kann das Wasser durch die Kondensationswärme des Wasserdampfs erhitzt werden?

3 *Viel hilft viel?* Warum ist es nicht möglich, Kartoffeln schneller zu garen, indem man das Wasser im Topf stärker kochen lässt?
Wie sollte man die Herdplatte am besten einstellen?

4 *Achtung, Dampf!* Wieso ist der Kontakt von Wasserdampf mit der Haut so gefährlich?

5 *Frostschäden* In trockenem Sandboden erfrieren Pflanzen im Winter (bei gleicher Temperatur) schneller als in feuchtem Humusboden. Wie kannst du das erklären? ◀

6 *Cool!* Isabel wirft Eiswürfel in ihre Limonade, damit ihr Getränk lange kühl bleibt. Max meint, ein Schuss kaltes Wasser aus dem Kühlschrank hätte zum Kühlen auch gereicht.
Erkläre aus Sicht der Energie, weshalb gleich viel Wasser von 0 °C viel weniger kühlt als Eis von 0 °C.

4 Frostschutz für Obstbäume

5 Schnell erhitzt

Probier's mal!

▶ Bei heißem Wetter können Erfrischungstücher eine Wohltat sein. ↑6 Man feuchtet die Haut damit an und erhält rasch Kühlung. Die Flüssigkeit (sie enthält Alkohol) „verschwindet" dabei: Sie wird gasförmig, ohne zu sieden – sie verdunstet. Woher kommt die Energie dafür?

7 Kühlen durch Verdunstung
Verreibe ein wenig Wasser auf dem Handrücken. Was spürst du, wenn es verdunstet?
Versuche es auch einmal mit etwas Spiritus oder Parfüm gleicher Temperatur. Hauche die Flüssigkeiten beim Verdunsten zusätzlich etwas an. Merkst du einen Unterschied? ◀

6 Erfrischungstücher

Experiment

1 ▶ Verdunstungskühlung

a Wickle etwas Watte um das Vorratsgefäß eines Thermometers. Feuchte die Watte mit Spiritus an. Beobachte die Anzeige, während du das Thermometer ruhig hältst. Was geschieht?
Feuchte die Watte noch einmal etwas an und blase dann aus 50 cm Abstand gegen die Watte (benutze auch einmal einen Föhn). Was fällt dir auf?

b Gib einen großen Tropfen Wasser zwischen zwei Objektträger. ↑1 Auf den oberen Objektträger kommt noch ein wenig Äther. Blase nun leicht über den Äther. Beobachte, was geschieht. ◀

1

GRUNDLAGEN: Verdunstung

2 Kühlung durch Verdunstung

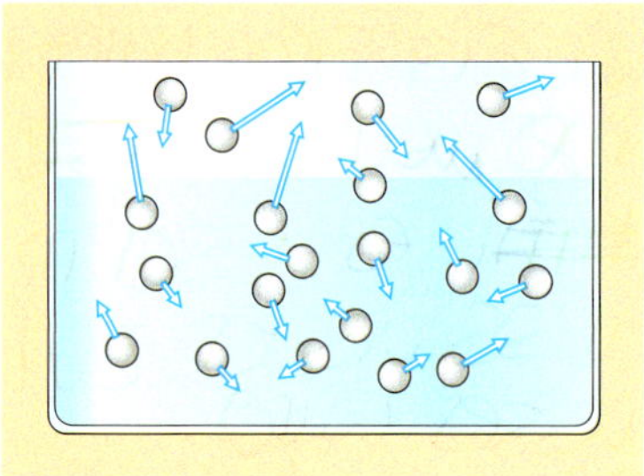
3 Verdunsten einer Flüssigkeit im Teilchenmodell

▶ Nach einem Sommerregen „verschwinden" die Pfützen oft ganz schnell wieder. Obwohl das Wasser in ihnen weit von seiner Siedetemperatur entfernt ist, verdampft es. Man sagt, das Wasser „verdunstet".
Eine Folgeerscheinung des Verdunstens spürst du, wenn du im Freibad aus dem Wasser kommst: ↑2 Insbesondere bei Wind fängst du rasch an zu frösteln. Wieso das Verdunsten des Wassers auf der Haut zu einer Abkühlung führt, können wir im Teilchenmodell erklären: ↑3
Die Teilchen im Wasser sind unterschiedlich schnell. Die schnellsten haben so viel kinetische Energie, dass sie die Anziehungskräfte durch die anderen Teilchen überwinden und das Wasser verlassen können. Im Wasser sinkt dadurch der Mittelwert der kinetischen Energie der verbliebenen Teilchen. (Wenn die größten Schüler deine Klasse verlassen, sinkt die Durchschnittsgröße in der Klasse.) Das bedeutet, dass die Temperatur des Wassers abnimmt. Sinkt sie unter die Hauttemperatur, dann strömt Wärme aus der Haut ins Wasser. Die Haut kühlt dadurch ab.

Flüssigkeiten, die sich nicht in geschlossenen Gefäßen befinden, verdunsten unterhalb ihrer Siedetemperatur. Sie kühlen dabei ab, ihre Temperatur kann unter die Umgebungstemperatur sinken.

Die Verdunstungskühlung muss nicht immer unangenehm sein: Bei Erfrischungstüchern und Deodorants ist sie erwünscht. Beide enthalten Alkohol, der rascher als Wasser verdunstet und seine Umgebung dabei stärker abkühlt. Im Teilchenmodell stellen wir uns vor, dass die Anziehungskräfte zwischen den Teilchen bei Alkohl schwächer als bei Wasser sind. Die Teilchen können daher den Alkohol leichter verlassen und die Temperatur des Alkohols sinkt rascher.
Im Freien trocknet die feuchte Wäsche auf der Leine schneller als im gleich warmen Kellerraum. Wieder hilft uns das Teilchenmodell bei der Erklärung: Durch die Verdunstung sind die feuchten Wäschestücke von Dampf umgeben. Einige der Teilchen kehren aus dem Dampf stets wieder in das Wasser zurück. Dadurch verlangsamt sich die Verdunstung. Im geschlossenen Raum kann sich ein „Gleichgewicht" zwischen austretenden und zurückkehrenden Teilchen bilden: Das Wasser verdunstet nicht weiter. Wird der Dampf dagegen durch Wind vom Wasser weggetragen, gelingt nur noch wenigen Teilchen die Rückkehr: Das Wasser verdunstet schneller. ◀

Aufgaben

2 *Kühler Ton* In warmen Ländern wird anstelle des Kühlschranks oft eine preiswertere Methode zum Kühlen benutzt: Das Wasser im porösen Tongefäß bleibt kühl, nur der Krug wird außen etwas feucht. ↑4 Erkläre, wie die Kühlung funktioniert. Warum verwendet man keine Glasflaschen?

4 Poröser Tonkrug

3 *Brandschutz* An Tankstellen sind Rauchen und offenes Feuer strengstens verboten. Erkläre, weshalb Feuergefahr besteht, selbst wenn nirgendwo Benzin ausgelaufen ist.

4 *Länger warm halten* Im geschlossenen Topf kühlt die heiße Suppe langsamer ab als im offenen. Wie ist das möglich?

5 *Windhauch aus Nord* Du kannst die Richtung eines schwachen Luftzugs bestimmen, indem du einen Finger befeuchtest und ihn dann in den Luftzug hältst. Erkläre das Vorgehen physikalisch.

6 *Schnell vereisen* Sportverletzungen werden oft mit einem „Kältespray" erstversorgt. Wie wirkt es?

Aus der Umwelt Verdunsten: Kühlung und Antrieb

▶ Biochemische Prozesse ermöglichen das Leben auf der Erde. Damit sie ablaufen können, müssen gewisse Temperaturgrenzen eingehalten werden. Bei gleichwarmen Lebewesen sind diese Grenzen besonders eng gesetzt. Bedingt durch den Tag-Nacht-Wechsel sowie die Jahreszeiten schwanken aber die Umgebungstemperaturen erheblich. Zudem führt eine erhöhte Aktivität des Organismus zu „überschüssiger" innerer Energie, die abgeführt werden muss.

Die Lebewesen haben verschiedene Möglichkeiten zum Temperaturausgleich entwickelt. Eine wichtige davon ist die Fähigkeit, Wasser zu speichern und bei drohender Überhitzung durch Verdunsten an die Umgebung abzugeben. Dadurch wird eine Abkühlung erreicht. Schwitzen ist für den Menschen überlebenswichtig! Tiere ohne Schweißdrüsen in der Haut müssen das Wasser über feuchte Schleimhäute verdunsten lassen: Deshalb hecheln Hunde mit weit heraushängender Zunge. ↑5

5 Hecheln zur Kühlung

Pflanzen verdunsten ebenfalls Wasser – eine große Birke an einem Sommertag bis zu 200 ℓ. ↑6 Außer einer Temperaturregulierung bewirken sie damit einen Sog, der Wasser und neue Nährstoffe aus den Wurzeln nach oben transportiert.

Auch die Erde „schwitzt" und stabilisiert dadurch ihre Temperatur. Den größten Anteil an der weltweiten Verdunstung haben die Ozeane. Ohne den Vorgang der Verdunstung müssten die Meere erst kochen, damit sich der für den Wasserkreislauf der Erde so wichtige Dampf bilden könnte! Durch die große Oberfläche der Pflanzen steuern bewachsene Böden ebenfalls einen großen Teil des Wasserdampfs in der Atmosphäre bei. Großflächige Rodungen z. B. in tropischen Regenwäldern unterbinden diese Verdunstung und führen zu Klimaveränderungen. ◀

6 Verdunstung an den Blättern: 200 ℓ täglich!

Aus der Umwelt Wolken, Regen und andere Niederschläge[V]

▶ Wolken und Nebel entstehen, wenn Wasserdampf kondensiert. ↑1 Die Kondensation beginnt meist an einem „Kondensationskeim“: An ein Staubkorn oder ein Salzkristall lagern sich mehr und mehr Wassermoleküle an und bilden so schließlich einen winzigen Wassertropfen, der das Licht bricht und reflektiert, sodass er sichtbar ist. ◀

Sind die Tröpfchen einer Wolke noch klein, fallen sie nicht zu Erde. Denn durch die Kondensation des Wasserdampfs wird Energie frei, die zur Erwärmung der Wolkenluft führt. Dadurch entsteht ein Aufwind, der die Tröpfchen in der Schwebe halten kann oder mit nach oben reißt. (Auch z. B. Greifvögel und Segelflieger nutzen diese Aufwinde und kreisen bevorzugt an der Unterseite von Wolken nach oben.)

Wenn die Tropfen größer sind, können sie vom Aufwind nicht mehr getragen werden, und es beginnt zu regnen. Regentropfen sind unterschiedlich groß:

1 Regenwolke

Nieselregen besteht aus Tropfen von Sandkorngröße ($0{,}1\,\text{mm} < d < 0{,}5\,\text{mm}$), die Tropfen eines heftigen Gewitterregens können dagegen bis auf Kirschkerngröße ($d \approx 5\,\text{mm}$) anwachsen!

Schnee

Schnee entsteht, wenn sich in den Wolken feinste Wassertröpfchen an Kristallisationskeimen (z. B. Staubteilchen) anlagern und dort gefrieren. Dieser Prozess setzt in der Regel erst bei Temperaturen unterhalb von –10 °C ein (in der Atmosphäre kann sogar bis –40 °C flüssiges Wasser existieren). Die so entstehenden Eiskristalle sind weniger als 0,1 mm groß. Sie fallen nach unten und nehmen dabei weitere Wasserteilchen und -tröpfchen auf.

2

Hagel

Hagelkörner entstehen in hohen Wolken mit sehr viel Wasser, das an vergleichsweise wenigen Kristallisationskeimen gefriert, sodass die Körner rasch anwachsen.
Da viel Wasser kondensiert, entstehen durch die Kondensationswärme starke Aufwinde, die auch größere Eisklumpen nach oben tragen können, wo sie weiter anwachsen. Manchmal werden die Klumpen viele Male vom Aufwind erfasst und bestehen dann aus mehreren dicken Eisschichten.

3

Reif

Reif entsteht meistens in wolkenlosen, kalten Nächten mit Bodenfrost. Enthält die Luft nur wenig Wasserdampf, dann können sich keine Wassertropfen bilden. Reif entsteht, wenn sich der Wasserdampf nicht erst in Wasser umwandelt, sondern gleich zu kleinen Eiskristallen erstarrt. Sie wachsen an den Oberflächen von Zweigen und Grashalmen, die als Kristallisationskeime dienen. Trägt Wind weitere Feuchtigkeit heran, wachsen die Eiskristalle dem Wind entgegen.

4

Aus Umwelt und Technik Wasser siedet nicht immer bei 100 °C!

Aus dem Bergsteigerleben

Nach einer kräftezehrenden Kletterpartie braucht der Körper eine wärmende Suppe oder eine Tasse Tee. Außer der Aussicht gibt es noch eine „Belohnung“: Je höher sich der Kletterer gewagt hat, desto eher fängt das Wasser im Topf an zu kochen. ↑5 Auf der knapp 3000 m hohen Zugspitze siedet Wasser schon bei 90 °C. Auf dem Mount Everest in 8848 m Höhe müsste man es nur noch auf 75 °C erhitzen! Allerdings braucht man bei niedrigen Siedetemperaturen viel länger, um rohe Speisen zu garen, als bei höheren Temperaturen – wenn es überhaupt gelingt.

5

6

Aus der Werbung

„Gesunde Ernährung ist heute wichtiger als je zuvor. Deswegen sollten Sie außer auf der Auswahl der Zutaten auch auf die Zubereitung Ihrer Speisen besonders achten. Lange Koch- bzw. Zubereitungszeiten können Vitamine und Nährstoffe vollständig zerstören. Jede eingesparte Minute Kochzeit sichert Ihnen lebenswichtige Vitamine und Nährstoffe!
In einem Schnellkochtopf bleiben Vitamine, Mineralien sowie Nähr- und Aromastoffe weitgehend erhalten.“ ↑6

In großen Höhen siedet Wasser bei Temperaturen unterhalb von 100 °C, im Schnellkochtopf erst weit darüber. Wie ist das möglich?

▶ Wasser siedet, wenn sich in seinem Innern Dampfblasen bilden. Im Dampf sind die Wassermoleküle gegenseitig kaum noch gebunden. Sie sind beweglicher als in der Flüssigkeit und nehmen viel mehr Platz ein. Dadurch steigt der Wasserspiegel ein wenig an, wenn sich eine Dampfblase bildet. Diesem Anstieg wirkt die Luft über der Wasseroberfläche entgegen: Sie steht unter Druck (ähnlich wie in einem Fahrradreifen) und übt deshalb eine Kraft nach unten auf das Wasser aus. Damit sich eine Blase bilden kann, muss der Druck des Wasserdampfs in ihr mindestens so groß sein wie der Druck in der Luft.
Der Druck in der Dampfblase steigt mit der Temperatur des Wassers: Die Wasserteilchen, die in die Dampfblase übertreten, haben bei höherer Temperatur eine größere mittlere Geschwindigkeit. Sie prasseln daher heftiger und häufiger gegen die „Wände“ der Dampfblase und üben insgesamt größere Kräfte aus: Der Druck in der Blase ist größer. Wenn die Temperatur des Wassers hoch genug ist, erreicht der Druck in der Dampfblase den Druck in der Luft. ◀

In zunehmender Höhe über dem Meeresspiegel wird der Druck in der Luft immer geringer. Daher bilden sich schon bei Temperaturen unterhalb von 100 °C Wasserdampfblasen, das Sieden setzt früher ein.
Im Schnellkochtopf herrscht dagegen über dem Wasser ein sehr hoher Druck. Beim Erhitzen ist viel Wasser verdunstet, der Wasserdampf kann aber wegen des dicht sitzenden Deckels nicht entweichen. Der Dampf erhöht den Druck noch zusätzlich, gegen den die Dampfblasen „ankämpfen“ müssen. Dadurch bilden sie sich nicht bei 100 °C, sondern erst bei etwa 120 °C. Bei der höheren Temperatur garen Speisen schneller.

Föhn![V]

Kopfschmerzen: Föhnwetterlage!

Die einen lieben ihn, da er für angenehme Temperaturen, trockene Luft und eine fantastische Fernsicht von manchmal über 200 km sorgt. Wetterfühlige Menschen dagegen würden gerne auf ihn verzichten – leiden sie doch bei Föhn unter Kopfschmerzen, Übel- und Müdigkeit oder Herz- und Kreislaufproblemen.

Der Föhn ist ein warmer, trockener Fallwind am Alpenrand, der meist in Böen bläst und Sturmstärke erreichen kann. Charakteristisch sind die ihn begleitenden linsenförmigen Wolken, die vom Volksmund „Föhnfische" genannt werden.

Warme und trockene Fallwinde gibt es nicht nur bei uns. Im französischen Zentralmassiv nennt man sie *Aspre*, an der Ostseite der Rocky Mountains *Chinook*, in den Anden *Puelche* (Chile) oder *Zonda* (Argentinien), in den neuseeländischen Alpen *Canterbury Northwester* …

Windbruch durch Föhn

„Föhnmauer" in Norwegen

Der Föhn beruht auf Luftdruckunterschieden, die eine Luftströmung über einen Gebirgskamm bewirken, beispielsweise von Südtirol nach Bayern.

Durch die Alpen wird die strömende Luft zum Aufsteigen gezwungen. Mit zunehmender Höhe sinkt der Druck, die Luftmassen dehnen sich aus und schieben dabei die sie umgebende Luft beiseite – sie verrichten Arbeit. Dadurch wird ihre innere Energie geringer: Die Temperatur sinkt zunächst um rund 1,0 °C je 100 Höhenmeter. Beim Abkühlen beginnt der in der Luft enthaltene Wasserdampf zu kondensieren. Die dabei frei werdende Energie (Kondensationswärme) bewirkt, dass sich die bewegten Luftmassen jetzt nur noch um knapp 0,6 °C je 100 Höhenmeter abkühlen. Es bilden sich Wolken, aus denen Schnee und Regen fällt.
Nördlich des Alpenkamms kehrt sich der Prozess um. Die Luft gleitet nach unten, wird komprimiert und erwärmt sich dabei. Das verbliebene Wasser verdunstet und entzieht der Luft dabei innere Energie (Verdampfungswärme): Die Temperatur steigt deshalb zunächst nur um 0,6 °C pro 100 Höhenmeter. Da schon viel Wasser auf der Südseite abgeregnet ist, lösen sich die Wolken jetzt bereits in größerer Höhe und bei niedrigeren Temperaturen auf als bei ihrer Entstehung während des Aufsteigens. Wenn alles Wasser verdunstet ist, steigt die Temperatur in der absinkenden Luft um 1,0 °C je 100 Höhenmeter. Am Fuß der Berge ist die Luft daher viel wärmer und trockener als vor dem Aufsteigen.

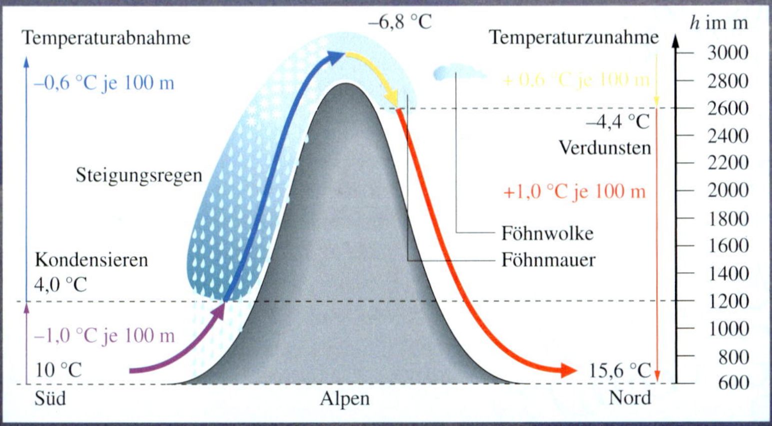

Entstehung des Föhns

Energieentwertung

Die „Richtung“ von Vorgängen

1 Ein rückwärtslaufender Film: Warum gibt es diesen Bewegungsablauf eigentlich nicht in Wirklichkeit?

Um aus dem Wasser wieder zurück auf das Sprungbrett zu gelangen, müsste die Springerin eigentlich nur so viel Energie aus dem Wasser und der Luft aufnehmen, wie sie beim Sprung abgegeben hat. ↑1 Warum funktioniert das nicht?

Gibt es überhaupt Vorgänge, die von selbst „rückwärts“ ablaufen können? Bei denen die Energieumwandlungskette genauso gut vom „Ende“ bis zum „Anfang“ durchlaufen werden kann? Oder in physikalischer Fachsprache: Gibt es *reversible* Vorgänge (lat. *reversio:* Umkehr)?

Abkühlungs- und Verbrennungsvorgänge gehören wohl nicht dazu: Kalter Tee wird nicht von selbst wieder warm. Und eine abgebrannte Kerze entzündet sich nicht von selbst, um dann beim Brennen wieder größer zu werden.

Aber das Schwingen eines Pendels, das Auf- und Abspringen eines Flummis … – hier scheinen sich doch Bewegungen in immer gleicher Weise zu wiederholen. Wenn man etwas genauer hinschaut, entdeckt man jedoch, dass die Wiederholungen in Wirklichkeit nie völlig gleich sind. ↑2 Die mechanische Energie wird immer geringer.

Wie kommt es, dass die umgewandelte Energie am Ende eines Vorgangs nicht mehr zu „gebrauchen“ ist, um den Anfangszustand völlig wiederherzustellen? Bei der Antwort spielen die „Umgebung“ und die Temperatur eine wichtige Rolle.

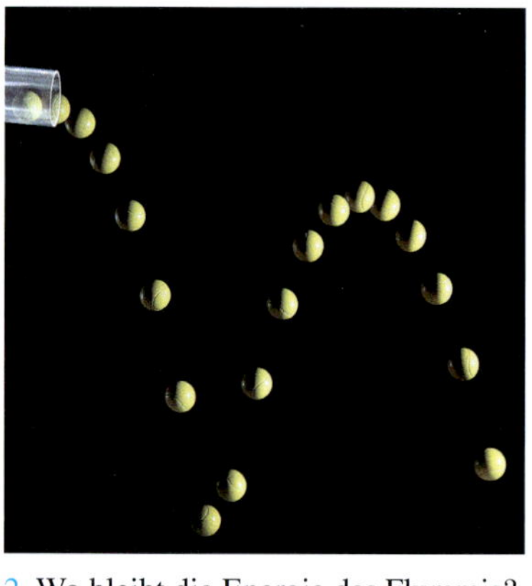

2 Wo bleibt die Energie des Flummis?

Aufgaben

1 ▶ *Wo bleibt die Energie?*

a Beschreibe am Beispiel des Turmspringers, eines abkühlenden Tees, einer abbrennenden Kerze und eines auf und ab laufenden Jo-Jos, was mit der am Anfang vorhandenen Energie geschieht.

b Was müsste man jeweils tun, damit diese Vorgänge immer wieder neu ablaufen können? ◀

2 *Einbahnstraße* Beschreibe drei Vorgänge, die von selbst nur in einer Richtung ablaufen. Versuche jeweils zu begründen, weshalb sie nicht auch in der umgekehrten Richtung ablaufen.

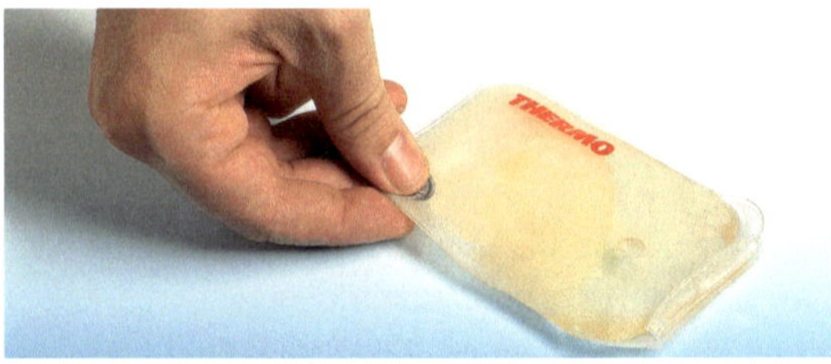

3

3 *Energie beim Bremsen* Damit dein Fahrrad schnell zum Stehen kommt, musst du die Bremse betätigen.

a Beschreibe den Bremsvorgang aus Sicht der Energieumwandlungen.

b Kann man die beim Bremsen umgewandelte Energie noch sinnvoll nutzen? Begründe deine Antwort.

c Auch wenn man die Bremse nicht betätigt, kommt das Fahrrad zum Stillstand. Wie kommt es dazu? Vergleiche den Vorgang mit dem „aktiven" Bremsen: Nenne Gemeinsamkeiten und Unterschiede.

4 ▶ *Wärmekissen* Knickt man das Plättchen an, erwärmt sich der Handwärmer rasch (s. S. 55). ↑3

a Wie könntest du zeigen, dass die Wärme nicht aus der warmen Umgebung in den kälteren Handwärmer geströmt sein kann?

b Was musst du tun, um den Handwärmer ein weiteres Mal zu benutzen? ◀

Experiment

5 ▶ **Innere Energie → elektrische Energie**

Mit heißem Wasser elektrische Energie erzeugen? Ein Thermoelement macht's möglich! ↑4 Welche Rolle spielt die Temperatur des Wassers dabei?

Vorbereitung: Erwärme je 1 ℓ Leitungswasser auf 30 °C, 60 °C und 90 °C. Fülle damit je ein Marmeladenglas und verschließe es mit einem passenden Deckel aus Metall. (Das restliche erwärmte Wasser noch nicht weggießen.) Fülle ein weiteres Glas mit kaltem Leitungswasser und verschließe es. Schließe den Propeller (oder die Lampe) an das Thermoelement an.

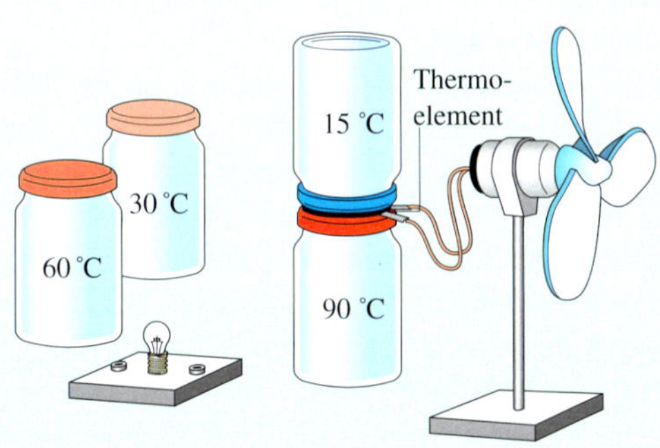

4 Innere Energie → elektrische Energie

a Lege das Thermoelement zwischen zwei Gläser mit unterschiedlichen Wassertemperaturen – und schon dreht sich der Propeller. Probiere die verschiedenen Gläserkombinationen aus: Bei welcher dreht sich der Propeller am schnellsten?

b *Viel hilft viel?* Fülle ein zweites Marmeladenglas mit Wasser von 90 °C und stelle es auf das andere 90-°C-Glas. Läuft der Propeller jetzt schneller?

c Zwei Marmeladengläser sollen erneut mit Wasser gefüllt werden, sodass der Propeller anschließend besonders schnell läuft. Welche Wassertemperaturen würdest du vorschlagen? Probiere es aus! ◀

! Gefahr durch heißes Wasser: Trage wärmeisolierende Handschuhe. Sei vorsichtig, damit die Gläser mit dem heißen Wasser nicht zerbrechen.

GRUNDLAGEN: Energieentwertung

1 Elektroschweißen: mehr als 2000 °C

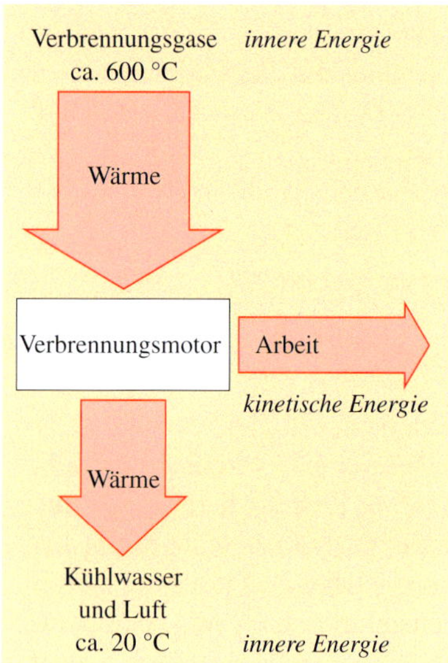

2 Energiefluss beim Motor

Übrigens

Energieentwertung bezeichnet man oft als „Energieverbrauch". Man kann das mit dem Wasserverbrauch vergleichen: Wasser wird „verbraucht" (ohne weniger zu werden!), wenn man damit kocht, duscht oder die Toilette spült. Mit dem Duschwasser könnte man noch die Toilette spülen, aber keinen Tee mehr kochen.
Auch „verbrauchte" Energie ist weiterhin vorhanden, aber eben weniger zu gebrauchen.

▶ Beim Elektroschweißen erreicht man so hohe Temperaturen, dass die zu verschweißenden Metalle schmelzen. ↑1 Mit elektrischer (oder mechanischer) Energie können Gegenstände unabhängig von ihrer Anfangstemperatur erhitzt werden. Die eingesetzte Energie wird dabei vollständig in innere Energie umgewandelt, die Temperatur der Gegenstände kann im Prinzip beliebig hoch steigen.
Soll umgekehrt die innere Energie eines Gegenstands in elektrische oder mechanische Energie umgewandelt werden, gelingt dies immer nur ziemlich unvollständig. Damit eine Umwandlung überhaupt möglich ist, muss Wärme von einem Gegenstand mit hoher Temperatur zu einem anderen Gegenstand mit niedriger Temperatur strömen. Dadurch wird der kältere Gegenstand erwärmt, er speichert zusätzliche innere Energie. Diese Energie wird also nicht in die gewünschte Energieart umgewandelt, sie ist für die Nutzung „verloren". ◀
Beispiel: Beim Automotor soll die innere Energie eines heißen Verbrennungsgases in kinetische Energie umgewandelt werden. ↑2 Dazu ist es erforderlich, dass Wärme vom Motor zum Kühler und damit letztlich in die Umgebung fließt. Die Energie, die dem Kühlwasser und der Umgebungsluft zugeführt wird, kommt der kinetischen Energie des Autos nicht mehr zugute. Ist die Energie erst einmal als innere Energie in der Umgebung gespeichert, kann sie nicht mehr genutzt werden – solange es keinen noch kälteren Körper gibt, zu dem Wärme fließen könnte.

▶ Wärme fließt von selbst immer nur von einem Gegenstand (System) mit höherer Temperatur zu einem mit niedrigerer Temperatur. Dabei lässt sich ein Teil der Energie in mechanische oder elektrische Energie umwandeln.
Die Energie, die an das kältere System abgegeben und dort als innere Energie gespeichert worden ist, kann für dieselbe Umwandlung nicht mehr genutzt werden: Wir sagen, dass diese Energie „entwertet" worden ist.

Um die innere Energie eines Gegenstands in eine bestimmte Menge an elektrischer oder mechanischer Energie umzuwandeln, muss also immer ein „Mehr" an innerer Energie eingesetzt werden: Der Wirkungsgrad ist grundsätzlich kleiner als 100 %. ◀ Dagegen könnte man im Prinzip (wenn es gelänge, die Reibung „auszuschalten") die mechanische Energie eines Gegenstands ohne Energieentwertung vollständig in elektrische Energie umwandeln – und umgekehrt.
Mit einem Tauchsieder kann man elektrische Energie zwar vollständig in innere Energie von Wasser umwandeln. Dabei macht es aber einen großen Unterschied, ob man das Gerät in einen Wassereimer oder in den Atlantik taucht. Die zusätzliche innere Energie im Atlantik lässt sich überhaupt nicht mehr nutzen, sie ist vollständig entwertet worden. Die innere Energie im heißen Wasser kann man dagegen z. B. noch über ein Thermoelement wieder in elektrische Energie zurückverwandeln (s. ↑4 auf der vorigen Seite). Allerdings erhält man auf diese Weise viel weniger elektrische Energie, als ursprünglich eingesetzt wurde – der Rest der Energie ist entwertet worden.

GRUNDLAGEN: Reversible und irreversible Vorgänge

▶ Um die „Richtung“ von Vorgängen zu untersuchen, kehren wir zum Eingangsbeispiel zurück: Wenn die Wasserspringerin in das Becken eintaucht, wird ihre mechanische Energie in innere Energie des Wassers umgewandelt. Wie beim Tauchsieder im Atlantik (s. vorige Seite) wird die Energie dabei so entwertet, dass sie sich praktisch nicht mehr in mechanische Energie zurückverwandeln lässt. Der Vorgang ist nicht umkehrbar: Er ist *irreversibel*. Auch bei allen anderen Vorgängen führen Energieentwertungen dazu, dass sie nicht „rückwärts“ ablaufen und den Anfangszustand wiederherstellen können. Um das zu erreichen, müsste man neue Energie von außen zuführen.

Immer wenn bei einem Vorgang in einem System mechanische, elektrische (oder chemische) Energie in innere Energie umgewandelt wird bzw. Wärme von einem Gegenstand mit höherer Temperatur zu einem mit niedrigerer Temperatur fließt, wird Energie „entwertet“. Ein solcher Vorgang ist dann irreversibel, der Anfangszustand lässt sich ohne Energiezufuhr von außen nicht wiederherstellen. ◀

Auf der Erde gibt es wegen der unvermeidlichen Reibung praktisch keine reversiblen Bewegungsvorgänge. Die Planetenbewegung im All ist dagegen (nahezu) reversibel.

Aus der Technik Energie sparen – unnötige Energieentwertungen vermeiden

Energieentwertungen lassen sich kaum vermeiden. In vielen Fällen käme man allerdings mit einem geringeren „Energieverbrauch“ ans gleiche Ziel.
Die Wärme zum Heizen wird meist aus der chemischen Energie von Öl und Gas gewonnen. Von den sehr heißen Verbrennungsgasen im Heizbrenner fließt Wärme zum viel kälteren Heizungswasser. ↑3 Die Energieentwertung ist groß. Das müsste nicht sein, weil ja nur eine recht niedrige Zimmertemperatur aufrechterhalten werden muss. Dazu würde z. B. Wärme aus Sonnenkollektoren ausreichen, die bei relativ geringen Temperaturen abgegeben wird. Es genügt allerdings nicht, die gewünschte Temperatur einmal zu erreichen und dann die Heizung abzuschalten: Innere Energie des Zimmers wird ständig weiter entwertet, indem Wärme durch die Wände und Fenster in die kalte Umgebung fließt. Die damit verbundene Entwertung lässt sich nicht völlig vermeiden – aber verlangsamen. Dazu dürfen Wände und Fenster nur wenig Wärme nach außen abgeben, eine Wärmeisolierung ist nötig.
Auch bei Lampen im Haushalt kann man unnötige Energieentwertungen vermeiden. Zwar wird immer elektrische Energie letztlich in innere Energie der Umgebung umgewandelt. Bei Energiesparlampen sorgt jedoch weniger Energie für den gleichen Nutzen, da ihre „Lichtausbeute“ größer ist. ↑4

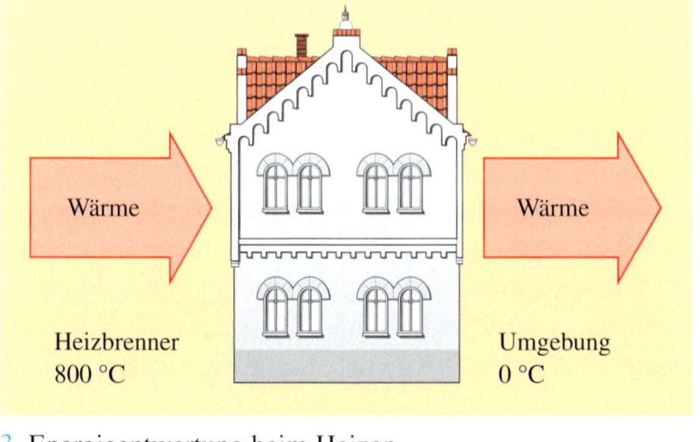

3 Energieentwertung beim Heizen

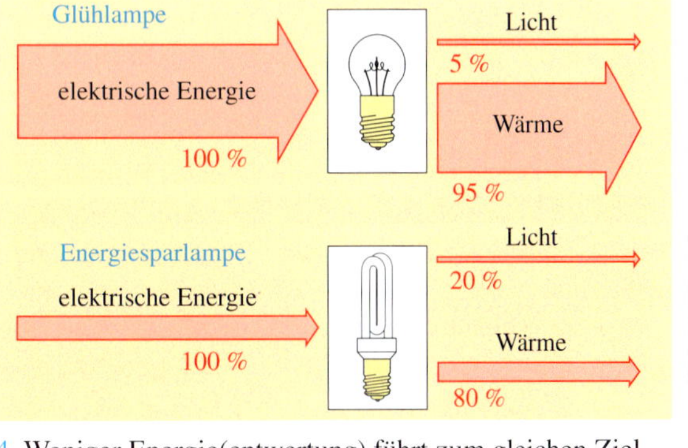

4 Weniger Energie(entwertung) führt zum gleichen Ziel.

Verbrennungsmotoren[V]

Zwei Extreme im Bau von Verbrennungsmotoren:
Der Motor für Modellflugzeuge ist 296 g leicht, hat eine Leistung von 0,8 kW und schafft bis zu 18 500 Umdrehungen pro Minute. ↑1
Der „Schiffsdiesel“ erreicht bei 92 Umdrehungen pro Minute eine Leistung von 18 MW – so viel wie rund 250 Automotoren! ↑2

1 Modellflugzeugmotor

2 Dieselmotor für ein Schiff

3 Werbung für einen Motorwagen

Kaum eine Erfindung hat das Leben der Menschen so beeinflusst wie der Verbrennungsmotor – und kaum eine war so umstritten. Als die ersten „Motorkutschen“(um 1886) vorgestellt wurden ↑3, lehnten viele Menschen die „knatternden und stinkenden“ Ungetüme ab. In Stuttgart wurden Autos mit Steinen beworfen und im Königreich Baden war jegliches Fahren damit verboten. Noch im Jahr 1910 wandten sich Zeitungen gegen die „sinnlose Raserei der Benzinkutschen“. Bald aber änderte sich diese Einstellung. Das Auto wurde zum „liebsten Kind der Nation“ – je schneller und glänzender, desto besser! Heute besitzt fast jeder Zweite in Deutschland ein Auto.
Trotz technischer Fortschritte ist das Funktionsprinzip der Verbrennungsmotoren unverändert geblieben: Da wird in einem fort angesaugt, verdichtet, explodiert und ausgepufft! Mehr dazu wirst du gleich erfahren.
Verbrennungsmotoren haben uns nicht nur Vorteile gebracht: Die Umwelt wird mit Abgasen und Abwärme belastet, die Erdölreserven schwinden und die Kosten für die Treibstoffe steigen … Die Abgase werden zwar (bei Benzinmotoren) inzwischen durch Katalysatoren recht gut gereinigt. Aber wie kann man den „Energieverbrauch“ – also die unnötige Energieentwertung – der Motoren senken? Oder anders ausgedrückt: Wie lässt sich der Wirkungsgrad erhöhen? Eine Antwort darauf liegt in der Temperatur: Manche mögen’s heiß!

GRUNDLAGEN: Der Viertaktmotor („Benzinmotor“)

▶ Was im Zylinder eines Verbrennungsmotors beim Zünden geschieht, zeigt ein Modellversuch. ↑4 (Achtung: Der Versuch ist nur ungefährlich, wenn man sich genau an die Anweisungen hält!) Etwas Benzin wird in die Papprőhre mit den Korkstücken getropft. Dann wird ein Pappdeckel lose aufgelegt und die Röhre geschüttelt, damit sich die Benzindämpfe mit der Luft mischen (die Korkstücke sorgen für eine gute Durchmischung). Wird das Benzin-Luft-Gemisch gezündet, verbrennt es mit einer kleinen Explosion. Die heißen Verbrennungsgase dehnen sich blitzartig aus und „sprengen“ den Deckel ab.
Wie solche Explosionen ein Auto antreiben, erklären wir am Beispiel des „Benzinmotors“. ↑5 In der Regel besitzt er vier Zylinder. Die Kolben „kurbeln“ bei ihrer Auf- und Abbewegung nacheinander an einer Welle, der Kurbelwelle. Diese treibt über ein Getriebe die Räder an. Das Geschehen in jedem Zylinder lässt sich mithilfe von vier Arbeitsschritten („Takten“) beschreiben:

1. Ansaugtakt: Der Kolben bewegt sich abwärts. Ein Benzin-Luft-Gemisch strömt durch das geöffnete Einlassventil in den Zylinder.
2. Verdichtungstakt: Der Kolben bewegt sich, angetrieben von der Kurbelwelle, nach oben und presst das Gasgemisch zusammen. Die Ventile sind verschlossen.
3. Arbeitstakt: Durch einen Funken der Zündkerze wird das Gasgemisch zur Explosion gebracht. Der Kolben wird nach unten gepresst und treibt die Kurbelwelle an.
4. Auspufftakt: Der Kolben wird wieder nach oben getrieben und schiebt die Abgase durch das geöffnete Auslassventil in das Auspuffsystem.

In jedem Zylinder laufen nacheinander zeitlich versetzt die vier Takte ab. Immer nur ein Kolben treibt die Kurbelwelle und die anderen Kolben an. ◀

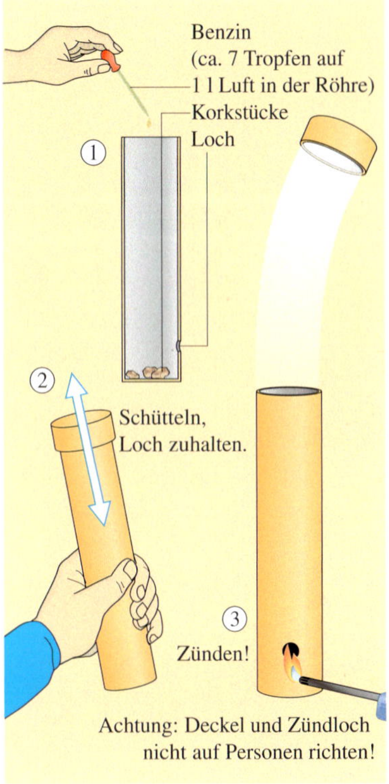

4 Modellversuch: Explosion im Zylinder eines Verbrennungsmotors

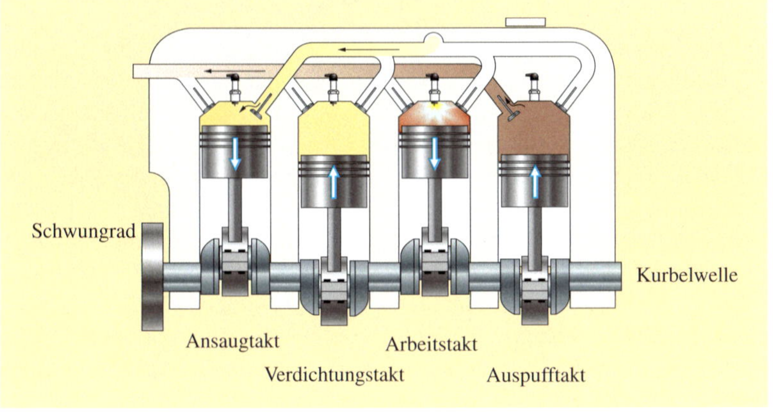

5 Arbeitsschritte beim Viertaktmotor („Benzinmotor“; vereinfacht)

Im Schnitt durch einen Motor ↑6 erkennst du in der Mitte die mit den Kolben verbundene Kurbelwelle, die über die Kette zwei weitere Wellen parallel zur Kurbelwelle antreibt. Ovale „Nocken“ auf diesen „Nockenwellen“ öffnen und schließen die Ventile zum richtigen Zeitpunkt. Die Einspritzdüsen spritzen Benzin fein verteilt in die Zylinder, die Zündkerzen zünden das Benzin-Luft-Gemisch durch einen Funken. Eine Pumpe treibt das Öl aus der Ölwanne durch dünne Kanäle zur Kühlung und Schmierung des Motors.

6 Benzinmotor (Schnittzeichnung; einige Schnittflächen sind zum besseren Erkennen rot markiert.)

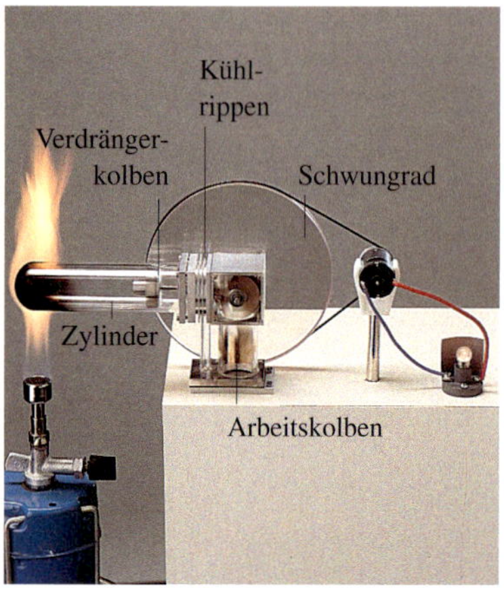

1 Heißluftmotor (Modell)

Übrigens

Unter „Wärmekraftmaschinen" versteht man Verbrennungsmotoren, Gasturbinen, Dampfmaschinen … Ihr Name ist etwas irreführend, weil sie ja Wärme nicht in Kraft umwandeln, sondern in mechanische Energie. Eigentlich würde man sie genauer als Wärme-mechanische-Energie-Maschinen bezeichnen – aber wer will so ein Wortungetüm schon in den Mund nehmen?

GRUNDLAGEN: Der Wirkungsgrad von Verbrennungsmotoren

▶ Alle Verbrennungsmotoren arbeiten nach demselben Prinzip:

- Wärme, die durch Verbrennen frei wird, erhöht die innere Energie eines Gasgemischs (Wärme → Zunahme der inneren Energie).
- Das Gasgemisch dehnt sich aus und bewegt einen Kolben (Abnahme der inneren Energie → Arbeit). Der Kolben erhält kinetische Energie.

Verbrennungsmotoren wandeln innere Energie in mechanische Energie um. Ein großer Teil der zugeführten Wärme wird dabei stets als „Abwärme" bei niedriger Temperatur über den Kühler an die Umgebung abgeführt, er ist entwertet.

Bei jedem Motor muss es Stellen hoher und niedriger Temperatur geben, sonst bleibt er stehen. Besonders gut lässt sich das an einem Heißluftmotor zeigen. ↑1 Wenn man die Luft im Zylinder erhitzt, dehnt sie sich aus, sodass die Kolben und das Schwungrad angetrieben werden. Erhitzt man nun die Kühlrippen auch mit einer Flamme, wird die Kolbenbewegung langsamer oder hört ganz auf.

Der Temperaturunterschied spielt eine entscheidende Rolle für den Wirkungsgrad eines Verbrennungsmotors:

Verbrennungsmotoren arbeiten besonders wirkungsvoll, wenn der Unterschied zwischen der Temperatur T_{zu} des heißen Verbrennungsgases und der Temperatur T_{ab} des Kühlsystems möglichst groß ist. ◀

Der französische Ingenieur SADI CARNOT (1796–1832) fand heraus, wie man aus diesen beiden Temperaturen den maximalen Wirkungsgrad einer „Wärmekraftmaschine" berechnen kann. Die Temperaturen müssen als absolute Temperaturen (in Kelvin) eingesetzt werden:

$$\eta_{max} = \frac{T_{zu} - T_{ab}}{T_{zu}}.$$

Da die Temperatur T_{ab} in der Regel die Umgebungstemperatur ist, sollte T_{zu} möglichst hoch sein. Nur so lässt sich ein günstiger Wirkungsgrad erreichen. Dieselmotoren sind z. B. wegen ihrer höheren Verbrennungstemperatur effektiver als Benzinmotoren.

Beispiel: Beim Dieselmotor haben die heißen Verbrennungsgase eine Temperatur von knapp 900 K, die Temperatur der Umgebung (als Teil des Kühlsystems) beträgt rund 300 K. Der maximale Wirkungsgrad beträgt:

$$\eta_{max} = \frac{T_{zu} - T_{ab}}{T_{zu}} = \frac{900\,\text{K} - 300\,\text{K}}{900\,\text{K}} \approx 65\,\%.$$

Der tatsächliche Wirkungsgrad von Dieselmotoren liegt nur bei der Hälfte. ↑2 Die Umwandlung von Wärme in mechanische Energie erfolgt also bei Weitem nicht optimal – eine wichtige Aufgabe für Motorenbauer.

Wärmekraftmaschinen		Sonstige Energiewandler	
Dampfmaschine	10 %	Solarzelle	bis 20 %
Dampfturbine	40 %	Zentralheizung (Öl, Gas)	bis 85 %
Ottomotor	25 %	Elektromotor, groß	bis 90 %
Dieselmotor	35 %	–, klein	bis 50 %
Heißluftmotor	bis 40 %	Generator	bis 95 %

2 Einige (tatsächliche) Wirkungsgrade

Aufgaben

1 *Motorschaden* Was geschieht, wenn die Kette von der Kurbelwelle beim Fahren abrutscht?

2 ▶ *Energiewandler Verbrennungsmotor*

a Beschreibe die Energieumwandlungen, die im Viertaktmotor stattfinden.

b Wie könnte man den Wirkungsgrad erhöhen? Welche Energieentwertungen kann man prinzipiell nicht vermeiden, welche schon? ◀

3 ▶ *Dieselmotor und Zweitakter* Neben Benzinmotoren „bevölkern" auch viele Diesel- und Zweitaktmotoren unsere Straßen. Wie funktionieren diese Motoren?

a Dieselmotoren kommen im Gegensatz zu Benzinmotoren ohne Zündkerzen aus. ↑3 Die Luft wird durch Verdichten im Zylinder so stark erhitzt, dass der Treibstoff von selbst zündet, wenn er eingespritzt wird. Beschreibe die einzelnen „Takte" beim Dieselmotor.

b Viertaktmotoren sind für Mofas mit Einzylindermotoren nicht geeignet. (Überlege dir, woran das liegt.) Man verwendet stattdessen „Zweitakter". ↑4 Beschreibe die einzelnen „Takte". ◀

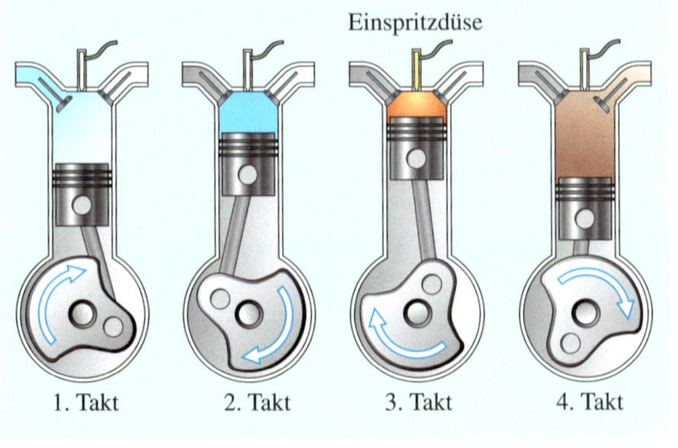

3 Dieselmotor: 4 Zylinder, 4 Takte

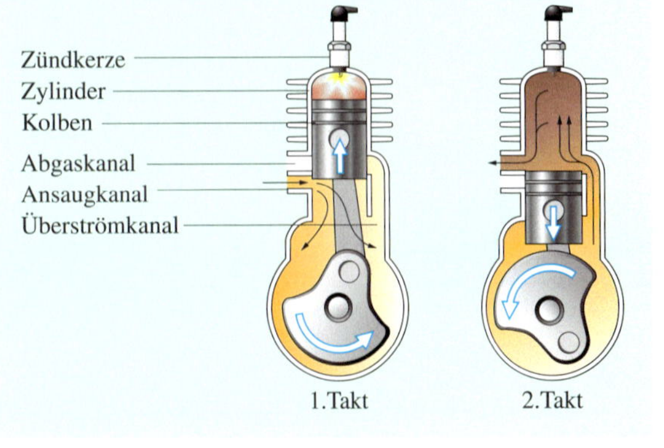

4 Mofamotor: 1 Zylinder, 2 Takte

Aus der Technik Wasserstoffmotoren

Die großen Autohersteller bemühen sich seit Jahren, Wasserstoff für den Antrieb neuer Autos zu nutzen.
Beim Viertakt-Wasserstoff-Motor wird Wasserstoff als Treibstoff genutzt. Als Abgase entstehen Stickstoffoxide und Wasser(dampf). Die schwierigsten Probleme dabei sind das Tanken und das Aufbewahren des Wasserstoffs im Auto. Er muss im flüssigen Zustand (bei −253 °C!) transportiert werden. Das geht nur in sehr gut isolierten Spezialtanks, die einem sehr hohen Druck standhalten können. Solche Tanks sind schwer und nehmen viel Platz ein.
Bei Motoren mit Brennstoffzellen werden Wasserstoff und Sauerstoff direkt in elektrische Energie umgewandelt (s. S. 137). Diese wird dann von einem Elektromotor genutzt. Der Wasserstoff kann in Spezialtanks mitgeführt werden oder in einem „Chemiewerk" an Bord des Autos aus Methanol hergestellt werden. Als „Abgase" entstehen Wasser(dampf) und bei Methanolmotoren auch Kohlenstoffdioxid.

Gut eine Million Euro kostet dieses Brennstoffzellenauto, von dem 60 getestet werden. ↑5 Mit 1,8 kg Wasserstoff – bei einem Druck von 350 bar im Wagenboden gespeichert – fährt es 150 km weit. Fahrberichte sprechen von „temperamentvoller" Beschleunigung bei leicht turbinenartigem Summen des Elektromotors (65 kW). Die Höchstgeschwindigkeit ist elektronisch auf 140 $\frac{km}{h}$ beschränkt.

5 Versuchsauto mit Brennstoffzellenmotor

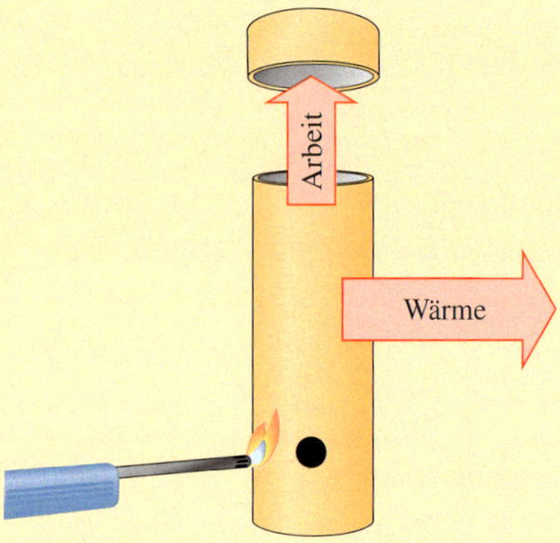

1

1. Hauptsatz der Wärmelehre ▶ Bei Energiezufuhr durch Arbeit oder Wärme kann die innere Energie eines Körpers zunehmen. Umgekehrt kann die innere Energie eines Körpers durch Abgabe von Energie in Form von Wärme oder Arbeit abnehmen. ↑1

- Unter Arbeit versteht man die mechanisch übertragene Energie. Hier spielen Kraft und Weg die entscheidende Rolle.
- Unter Wärme versteht man die thermisch übertragene Energie. Energie kann thermisch bei Kontakt zwischen zwei Körpern übertragen werden oder durch Strahlung. Die Übertragung bei Kontakt erfolgt stets von Körpern mit höherer Temperatur zu Körpern mit niedrigerer Temperatur.

Wenn keine anderen Energieformen oder Arten der Energieübertragung auftreten, gilt: Änderung der inneren Energie = Wärme + Arbeit. ◀

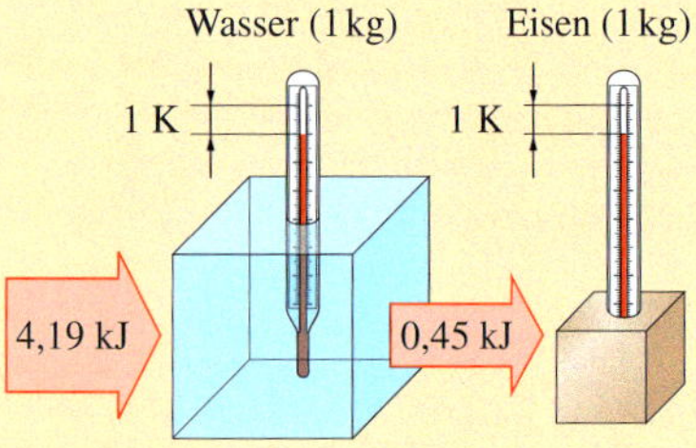

2 Wärme und Temperaturzunahme

Wärme und Temperaturänderung ▶ Von der Masse und dem Material eines Körpers hängt es ab, wie viel Wärme nötig ist, damit seine Temperatur z. B. um 1 K steigt. ↑2 Das Erwärmen von Wasser erfordert besonders viel Energie: 4,19 kJ je Kilogramm und je Kelvin.

Beim Abkühlen gibt ein Körper genauso viel Wärme ab, wie er beim Erwärmen um dieselbe Temperaturdifferenz aufgenommen hat. ◀

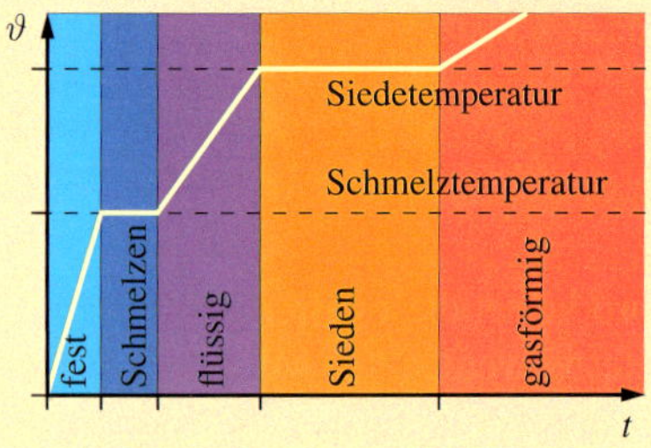

3 Temperaturverlauf beim Erwärmen

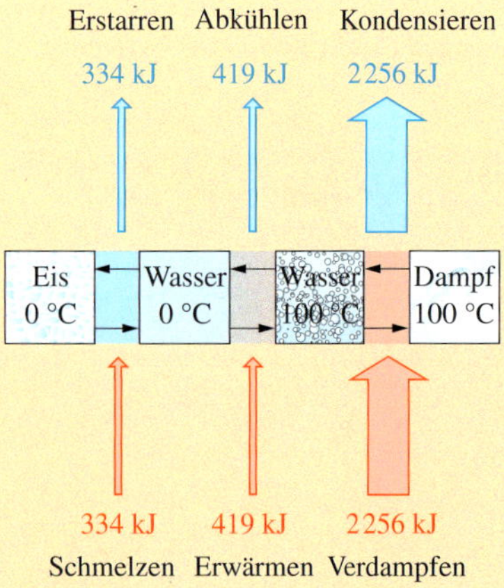

4 Zustandsänderungen von Wasser (1 kg): Temperatur- und Wärmewerte

Wärme und Zustandsänderungen ▶ Erwärmt man einen festen Körper fortwährend, so steigt seine Temperatur zunächst bis zur Schmelztemperatur an und bleibt während des Schmelzens konstant. ↑3 Beim Schmelzen werden die Bindungen zwischen den Teilchen gelockert: Die mittlere potenzielle Energie der Teilchen nimmt zu, die mittlere kinetische Energie bleibt konstant. Wie viel Wärme beim Schmelzen zugeführt werden muss, hängt von Masse und Material des Körpers ab.

Nach dem Schmelzen steigt die Temperatur der Flüssigkeit bis zur Siedetemperatur an und bleibt während des Verdampfens erneut konstant. Beim Verdampfen werden die Bindungen zwischen den Teilchen gelöst: Ihre mittlere potenzielle Energie nimmt zu, die mittlere kinetische Energie bleibt konstant. Wieder hängt es von Masse und Material des Körpers ab, wie viel Wärme zum Verdampfen nötig ist. Wenn die Flüssigkeit vollständig verdampft ist, lässt sich die Temperatur des entstandenen Gases weiter steigern.

Kühlt man das Gas wieder ab, so laufen die Änderungen „rückwärts" ab. ◀

Betrachtet man alle Zustandsänderungen zusammen, so gilt: ↑4

- *Schmelztemperatur = Erstarrungstemperatur* und *Schmelzwärme = Erstarrungswärme.*
- *Siedetemperatur = Kondensationstemperatur* und *Verdampfungswärme = Kondensationswärme.*

▶ Flüssigkeiten können unterhalb ihrer Siedetemperatur verdunsten. Die schnellsten Teilchen verlassen dabei die Flüssigkeit. Die Temperatur der Flüssigkeit nimmt beim Verdunsten ab. Sinkt sie unter die Umgebungstemperatur, so erhält die Flüssigkeit Wärme aus der Umgebung. ◀

Energieentwertung ▶ Immer wenn bei einem Vorgang in einem System mechanische, elektrische (oder chemische) Energie in innere Energie umgewandelt wird bzw. Wärme von einem Gegenstand mit höherer Temperatur zu einem mit niedrigerer Temperatur fließt, wird Energie „entwertet". Die Entwertung besteht darin, dass die Energie nach Ablauf des Vorgangs nicht noch einmal für genau den gleichen Vorgang genutzt werden kann. Ein solcher Vorgang ist irreversibel, der Anfangszustand lässt sich ohne Energiezufuhr von außen nicht wieder herstellen.

Verbrennungsmotoren wandeln die innere Energie eines heißen Verbrennungsgases zum Teil in mechanische Energie des Kolbens um. ↑5 Der andere Teil der inneren Energie wird entwertet und als „Abwärme" bei niedriger Temperatur über einen Kühler an die Umgebung abgeführt. Damit ein Verbrennungsmotor besonders wirkungsvoll arbeitet, muss eine möglichst hohe Temperatur T_{zu} des Verbrennungsgases und eine möglichst niedrige Temperatur T_{ab} des Kühlsystems vorliegen. ◀

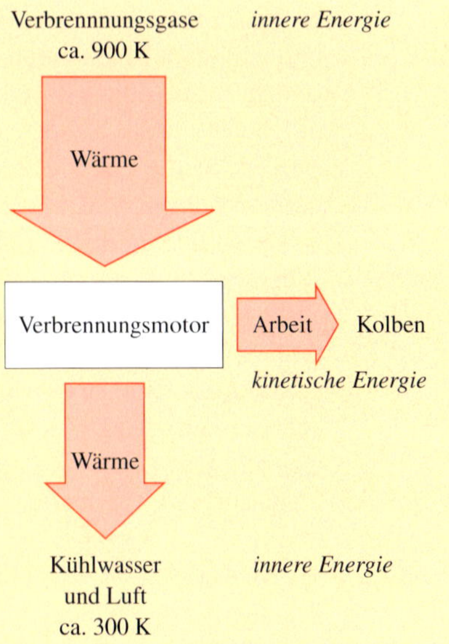

5 Energiefluss beim Motor

Alles **klar?**

1 ▶ *Energievergleich* 1,5 ℓ Wasser werden für eine Kanne Tee von 15 °C auf 100 °C erhitzt.

a Berechne, um wie viel Kilojoule die innere Energie des Wassers zunimmt.

b Wie hoch müsstest du steigen, damit die Zunahme deiner Höhenenergie so groß ist wie die Zunahme der inneren Energie des Wassers?

c „Beim Erhitzen und beim Beschleunigen nimmt die kinetische Energie zu." Erkläre diese Aussage. ◀

2 ▶ *Thermoskanne* In einer Thermoskanne bleiben Getränke stundenlang warm oder kalt. ↑6

a Wie wird verhindert, dass Energie abgestrahlt wird?

b Wie wird erreicht, dass heiße Getränke nicht durch Wärmeleitung oder Konvektion zu rasch abkühlen? ◀

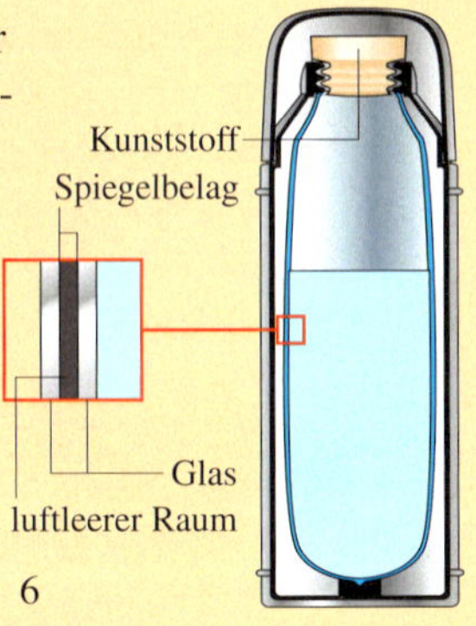

6

3 *Physik beim Kochen*

a „Energiespartipp: Beim Kochen immer einen passenden Deckel für den Topf verwenden!" Warum ist dieser Tipp sinnvoll?

b Fallen dir als Physiker weitere Energiespartipps zum Kochen ein? Begründe sie jeweils.

c Ein Topf mit kochendem Wasser und Kartoffeln steht auf der heißen Herdplatte, der Topfdeckel klappert laut. Wenn du die Vorgänge physikalisch betrachtest, kannst du den 1. Hauptsatz an verschiedenen Stellen „entdecken".

4 *Siedendes Badewasser?* Im Badezimmer beschlagen die Fensterscheiben, wenn du badest. Wie kommt es dazu?

5 ▶ *Eis auf Heiß* Wenn du ein Stück Eis auf eine heiße Herdplatte legst, schmilzt es rasch. Erkläre den Schmelzvorgang im Teilchenmodell. ◀

6 ▶ *Bedenkenswert* Ludwig sagt: „Energie muss nicht gespart werden – sie bleibt ja stets erhalten." Was meinst du dazu? ◀

7 *Solarenergie* „Mithilfe der Sonnenenergie kann man überflüssige Energieentwertungen vermeiden." Erläutere diese Aussage an zwei Beispielen aus der Technik.

Check up

1 ▶ *Heißschmied* Ein sportlicher Schmied will ein Stück Eisen durch rasche Hammerschläge zum Glühen bringen. Wie ist das möglich?

a Beschreibe die Energieumwandlungen. Wieso darf der Schmied nicht allzu lange Pausen zwischen den einzelnen Schlägen machen?

b Wie oft muss der Schmied hämmern, bis das Eisen glüht? *Hinweise:* Der Hammer (1400 g) prallt jeweils mit einer Geschwindigkeit von $30\,\frac{\text{m}}{\text{s}}$ auf das Eisenstück, die Bewegungsenergie wird zu 80 % in innere Energie umgewandelt. Das Eisenstück (150 g) wird von 20 °C auf 500 °C erhitzt.

2 *Mischungsversuch* Zwei Flüssigkeiten wurden übereinandergeschichtet und haben sich anschließend vermischt. ↑1

a Beschreibe und vergleiche die Ergebnisse.

b Erkläre im Teilchenmodell, warum sich die wärmeren Flüssigkeiten rascher durchmischen.

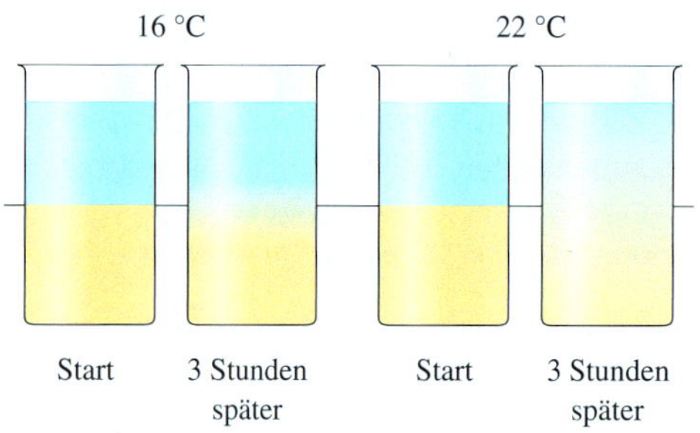

1

3 *Kochphysik* Auf einem Gasherd wurden Kartoffeln in einem Topf mit Wasser gekocht. ↑2

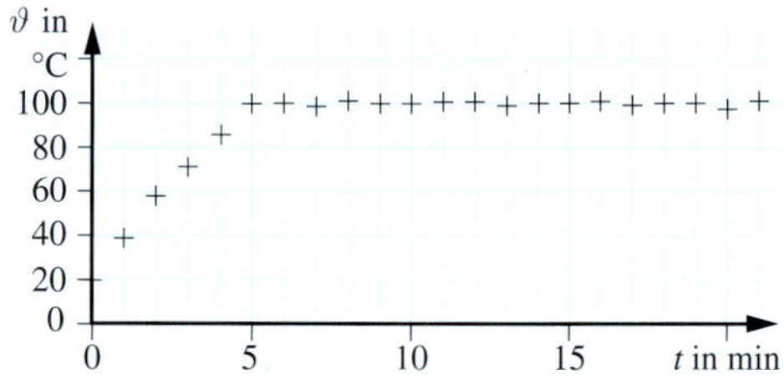

2

a Beschreibe den Temperaturverlauf des Wassers. Wozu diente die zugeführte Wärme in den ersten 5 Minuten, wozu danach?

b Nach 5 Minuten wurde die Gasflamme kleiner gestellt. Warum ist das empfehlenswert?

c Berechne die Energie, die dem Wasser und den Kartoffeln in den ersten 5 Minuten zugeführt worden ist. *Hinweise:* Die Kartoffeln bestehen hauptsächlich aus Wasser. Zusammen mit dem Wasser wiegen sie 1,5 kg.

d In den ersten 5 Minuten wurden $0{,}054\,\text{m}^3$ Erdgas verbrannt. Berechne den Wirkungsgrad beim Erhitzen der Kartoffeln. *Hinweis:* Beim Verbrennen von $1\,\text{m}^3$ Erdgas wird eine Wärme von 39 MJ abgegeben.

4 *Willkommene Abkühlung* In manchen Sommernächten kann man vor Hitze nicht schlafen. Duscht man kurz lauwarm und legt sich noch feucht ins Bett, empfindet man angenehme Kühle. Wie kommt es zur Abkühlung?

5 *Aluminiumbeton?* Bei vielen Gebäuden bestehen die Außenwände aus Stahlbeton, in dem sich „Skelette" aus Stahl befinden.

a „Skelette" aus Aluminium wären zwar leichter, aber die Wände würden bei hohen Außentemperaturen zerbrechen. Woran liegt das?

b Warum brechen Stahlbetonwände nicht? ◀

› Die Lösungen findest du im Anhang.

Schätze deine Kenntnisse und Fähigkeiten ein!

Ordne dazu deiner Lösung im Heft ein Smiley zu:

- ☺ Ich konnte die Aufgabe richtig lösen.
- 😐 Ich konnte die Aufgabe nicht komplett lösen.
- ☹ Ich konnte die Aufgabe nicht lösen.

Aufgabe	Fähigkeit	Hilfe findest du auf Seite …
1	Erwärmen durch Arbeit beschreiben und berechnen.	69, 25
2	Temperaturabhängigkeit beim Mischen von Flüssigkeiten erklären.	52
1, 3	Wärme für die Temperaturerhöhung eines Körpers berechnen.	73
3	Zustandsänderungen beim Erwärmen anhand des Temperaturverlaufs erkennen.	79
4	Verdunstungskühlung erklären.	82
5	Ausdehnung von Stahlbeton beim Erwärmen untersuchen.	62
1, 3	Wirkungsgrad bei Energieumwandlungen verwenden und berechnen.	37

Elektrische Energie

Der neueste Elektroflitzer in den USA ist ein Hightechgerät. Jede Neigung der Körperachse wird in Bewegung „übersetzt“: Neigt man sich nach vorne, fährt der Roller vorwärts usw. Dafür sind komplizierte Sensoren an der Bodenplatte und 10 Mikroprozessoren verantwortlich.
Mit einer Höchstgeschwindigkeit von $20\,\frac{km}{h}$ ist man recht flott unterwegs. Dafür sorgt ein „Energiebündel“ im Kasten unter den Füßen: 120 Akkus sind zusammengeschaltet und sorgen für eine Leistung von 1,9 kW (2,5 PS), die Spannung beträgt 72 V!
Nach ungefähr 35 km sind die Akkus allerdings komplett entladen. Dann muss der Elektroroller zum „Tanken“ an die Steckdose. Ob das so günstig ist – bei den heutigen Energiepreisen?

Elektrische Spannung

Ladung, Stromstärke und Spannung – genauer betrachtet

BENJAMIN FRANKLIN (1706 bis 1790) war einer der Gründerväter der USA – und erfand als Naturforscher den Blitzableiter. Er vermutete, ein Blitz sei nichts anderes als ein kurzzeitiger Fluss elektrischer Ladung. Diese Vermutung war nicht neu, aber FRANKLIN war der Erste, der sie in einem Experiment überprüfte: An einem seidenen Drachen befestigte er eine eiserne Spitze und am Ende der Halteschnur einen stählernen Schlüssel. Die elektrische Ladung des Blitzes sollte sich an der Halteschnur nach unten bewegen und am Schlüssel sammeln; aus diesem sollte man dann Funken ziehen können. Im Sommer 1752 ließ FRANKLIN mit seinem kleinen Sohn auf einer Wiese bei Philadelphia den Drachen in den Gewitterhimmel aufsteigen. ↑1 Zu seiner Freude sah er, dass er Recht hatte – aus dem Schlüssel sprang ein Funke auf sein Handgelenk über. Zum Glück schlug der Blitz nicht wirklich in den Drachen ein, denn das hätten beide nicht überlebt. FRANKLIN nahm aber richtig an, dass die vom Himmel abgeleitete Ladung dieselbe war, die zu Blitzen führte. Als praktisch veranlagter Mann schlug FRANKLIN vor, die schädlichen Wirkungen eines Blitzschlags an Gebäuden durch Eisenstangen zu verhindern, die auf oder neben ihnen errichtet und mit dem Erdboden leitend verbunden werden.

1 BENJAMIN FRANKLIN als Ladungsableiter – unter Lebensgefahr!

2 Blitzeinschlag in das Modell eines Kirchturms

Heute wissen wir, dass für die Entstehung eines Blitzes extrem hohe elektrische Spannungen nötig sind. Inzwischen kann man so große Spannungen im Labor erzeugen, dass sich damit Blitzeinschläge im Modell simulieren lassen. ↑2 So finden im *Deutschen Museum* in München Blitzvorführungen an der Hochspannungsanlage statt. Dabei werden Spannungen erzeugt, die ihren Höchstwert von rund 3 Millionen Volt innerhalb von zwei Millionstel einer Sekunde erreichen!

Phänomene, die auf hohen elektrischen Spannungen beruhen, gehören zu den faszinierendsten in der Physik überhaupt. Was sich hinter dem Begriff *elektrische Spannung* verbirgt, ist jedoch nicht ganz leicht zu verstehen. Aus der Jahrgangsstufe 7 weißt du bereits, dass Spannung etwas mit Antrieb zu tun hat. Und bei Antrieb ist natürlich die Energie nicht weit! Wie hängen Spannung und Energie zusammen? Du wirst es bald erfahren. Voraussetzung ist allerdings ein solides Grundwissen über *elektrische Ladung und Stromstärke*.

Aufgaben

1 *Autobatterien mit A-h-Effekt* Starterbatterien für Autos unterscheiden sich nicht nur in Größe und Preis. Wenn du genau hinschaust, siehst du, dass ihre „Amperestunden-Zahl" verschieden ist: So steht z. B. „66 Ah" auf der einen Batterie (für ein Auto mit Dieselmotor), „45 Ah" auf einer anderen (für ein Auto mit Benzinmotor). Was haben diese Werte zu bedeuten?

a „1 Ampere" ist die Einheit für die Stromstärke, „1 Stunde" für die Zeit. Für welche Größe könnte „1 Amperestunde" die Einheit sein? *Tipp:* Wie ist die Stromstärke definiert? (Schau doch einmal im Grundwissen der Jahrgangsstufe 7 nach.)

b Bei großer Kälte beträgt die Stromstärke im Anlasser (Starter) des Dieselmotors 300 A, beim Benzinmotor sind es 220 A. Bei welcher Batterie kann man den Anlasser längere Zeit laufen lassen?

c Wie viel Ladung (in Coulomb) fließt jeweils durch den Anlasser, wenn man eine Minute lang versucht, den Motor zu starten?

Musteraufgabe: Viele Fahrräder haben dynamobetriebene Rückleuchten, die auch bei Stillstand leuchten. Als elektrische Energiequelle dient dann ein „Goldcap", in dem positive und negative Ladungen getrennt voneinander gespeichert sind. Im Stand sorgt der Ladungsausgleich dafür, dass die Stromstärke in der Rückleuchte bei 0,25 A gehalten wird, bis das „Goldcap" entladen ist.
Wie lange darf die Rotphase an der Ampel dauern, wenn das „Goldcap" zunächst voll geladen ist (4,8 C)?

Lösung: Die Stromstärke $I = 0{,}25$ A ist gleich dem Quotienten aus der Ladung $Q = 4{,}8$ C, die beim Entladen fließt, und der Entladedauer Δt:

$I = \frac{Q}{\Delta t}$ (s. Grundwissen der Jahrgangsstufe 7).

Die Entladedauer Δt gibt an, wie lange die Rotphase dauern darf, ohne dass die Rückleuchte „ausgeht":

$\Delta t = \frac{Q}{I}$; $\Delta t = \frac{4{,}8\ \text{C}}{0{,}25\ \text{A}} = 19$ s.

GRUNDLAGEN: Elektrische Ladung gibt es nur portionsweise

Wenn man eine Klarsichtfolie mit einem Wolltuch reibt, unterscheidet sie sich von der ungeriebenen Folie durch die Ladung ihrer Oberfläche. In ihrer Nähe kann man dann elektrische Kräfte beobachten. Die elektrische Ladung ist eine wichtige Größe zur Beschreibung von Körpern – so wie die Masse, das Volumen … Wir stellen uns vor, dass die Ladung eines Körpers auf den Ladungen seiner Teilchen beruht:
Im Teilchenmodell haben wir Atome als kleinste Einheiten betrachtet. Um die Ladung eines Körpers zu erklären, stellen wir uns vor, dass die Atome weiter unterteilt sind: in positiv geladene Protonen, elektrisch neutrale Neutronen und negativ geladene Elektronen. ↑3 Die Ladung aller Elektronen in der Atomhülle ist genauso groß wie die aller Protonen im Atomkern: Atome sind insgesamt elektrisch neutral. Die Ladung eines Elektrons hat immer denselben Betrag, man spricht von der *Elementarladung e*. Die Ladung der Protonen hat den gleichen Betrag.
Wenn man beim Reiben einer Folie Atomen ihrer Oberfläche Elektronen entreißt, erhält man nach außen hin geladene „Restatome". Werden einem Atom z. B. zwei Elektronen entrissen, trägt es die Ladung 2 *e*. Geschieht das bei einer Million Atome, hat die Folie eine Ladung von 2 000 000 *e*.

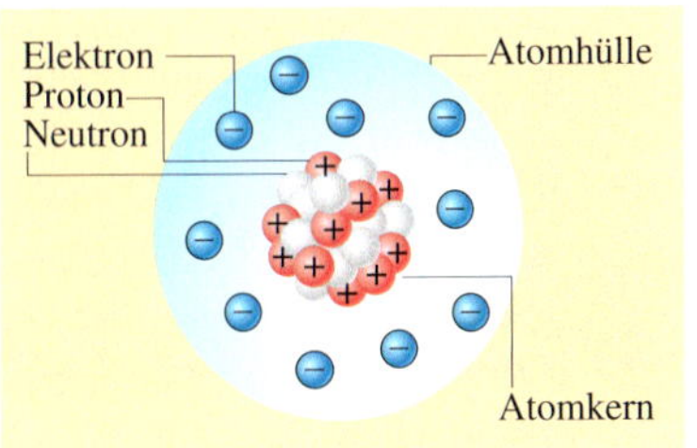

3 Erweitertes Atommodell

Elektrische Ladungen setzen sich aus kleinsten „Portionen" zusammen, die so groß sind wie die Ladung eines Elektrons. Diese Elementarladung beträgt: e = 0,000 000 000 000 000 000 160 22 C.

1 Coulomb ist eine riesige Ladung: 6 240 000 000 000 000 000 ($6{,}24 \cdot 10^{18}$) Elektronen müssen dafür ihre Elementarladungen „zusammenlegen".

Zum Vergleich

Die Masse eines Elektrons beträgt nur 0,000 000 000 000 000 000 000 000 000 000 91 kg.
Erst etwa $1{,}1 \cdot 10^{30}$ Elektronen besitzen zusammen eine Masse von 1 kg!

GRUNDLAGEN: Elektrische Stromstärke und Elementarladung

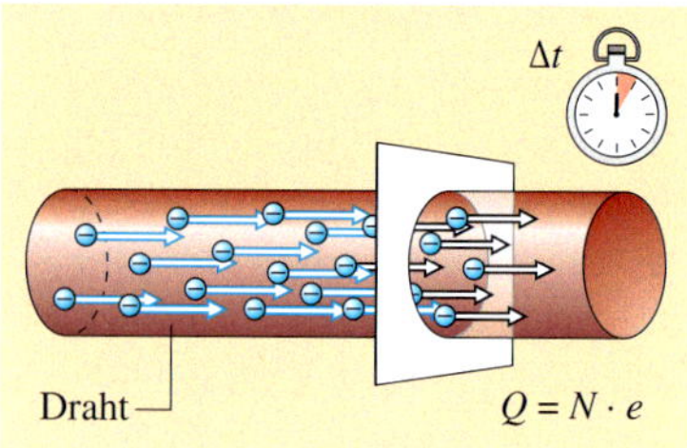

1 Stromstärke im Modell

▶ Immer wenn elektrische Ladung transportiert wird, spricht man von einem elektrischen Strom. Elektrische Stromstärke I und Ladung Q sind eng miteinander verknüpft.
Beispiel: ↑1 Die Stromstärke I an einer beliebigen Stelle eines Drahts ist gleich dem Quotienten aus der Ladung Q, die in einer bestimmten Zeitspanne Δt durch den Drahtquerschnitt an der Stelle hindurchströmt, und dieser Zeitspanne: $I = \frac{Q}{\Delta t}$.
Mithilfe der Elementarladung können wir diese Definition noch „verfeinern". Die Ladung Q ergibt sich aus der Anzahl N der Elektronen, die durch den Querschnitt fließen, und der Elementarladung e: $Q = N \cdot e$.
Einsetzen in die Definitionsgleichung ergibt: $I = \frac{Q}{\Delta t} = \frac{N \cdot e}{\Delta t}$. ◀
Wenn die elektrische Stromstärke 1 A beträgt, strömen $6{,}24 \cdot 10^{18}$ Elektronen pro Sekunde durch den Drahtquerschnitt!

Aus der Geschichte Millikan bestimmt die Elementarladung

ROBERT ANDREWS MILLIKAN (1868–1953) war einer der berühmtesten Physiker der USA. Er erhielt zwanzig Ehrendoktorhüte und war wissenschaftlicher Berater zweier Präsidenten.
Von ALBERT MICHELSON (Nobelpreis 1907) lernte er, dass eine der wichtigsten Aufgaben der Experimentalphysik in der möglichst präzisen Messung bekannter Größen besteht. So begann MILLIKAN 1909 ein Forschungsprogramm zur Bestimmung der elektrischen Ladung von Elektronen. Dazu lud er winzige Öltröpfchen schwach auf. Aus ihrer Bewegung zwischen zwei elektrisch geladenen Platten konnte er die Ladung der Tröpfchen bestimmen. Als MILLIKAN die Messwerte in ein Diagramm eintrug, bemerkte er, dass sie sich an bestimmten Stellen häuften und andere Stellen leer blieben. ↑2 Die parallelen „Häufungsgeraden" hatten alle den gleichen „Ladungsabstand" voneinander. Daraus schloss MILLIKAN, dass die Ladung der Tröpfchen immer ungefähr den gleichen Wert oder ein Vielfaches davon hatte und dass der unterste Wert die kleinste elektrische Ladung darstellte. Er hatte die Elementarladung bestimmt!

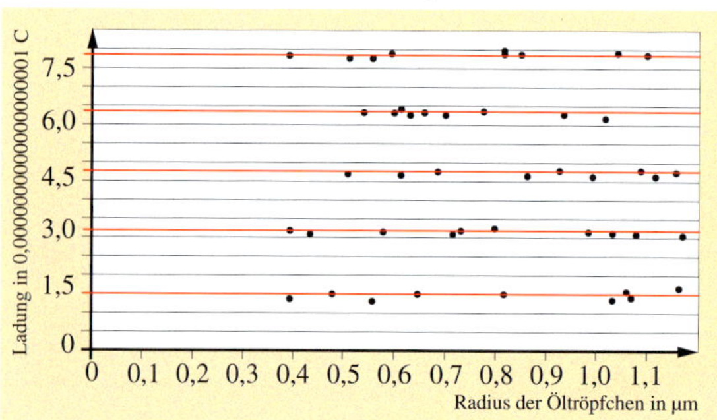

2 Millikans Messwerte

1910 veröffentlichte er seine erste Arbeit über 38 Ladungsmessungen an Einzeltröpfchen. Die Messwerte „streuten" allerdings so stark, dass er 7 zu weit abweichende Messwerte einfach ausschloss. Seine Ergebnisse stießen auf großes Interesse, aber auch auf Kritik: Die Daten seien wegen der großen Abweichungen zu ungenau, um daraus Elementarladungen zu berechnen.
1913 legte MILLIKAN 28 Messwerte nach. Er versicherte, dass er diesmal keine Messwerte ausgeschlossen habe. 1923 wurde er für seine Arbeiten über die elektrische Elementarladung (und den fotoelektrischen Effekt) als zweiter amerikanischer Physiker mit dem Nobelpreis ausgezeichnet.
Erst 1978 nahm ein Wissenschaftshistoriker die privaten Aufzeichnungen MILLIKANS genauer unter die Lupe. Dabei stellte er fest, dass der Physiker die Ergebnisse seiner Experimente zur Bestimmung der Elementarladung „geschönt" hatte. Er hatte 1913 nicht 28 aufeinanderfolgende Messungen publiziert, sondern nur die ausgewählt, die seinen Erwartungen am ehesten entsprachen. Mindestens 49 Tröpfchen ließ er dabei „unter den Tisch fallen"! MILLIKAN hat sich also wissenschaftlich falsch verhalten. Das ändert allerdings nichts daran, dass er eine wichtige Naturkonstante „entdeckt" hat, die ihre Bedeutung und Gültigkeit bis heute weitgehend bewahren konnte.

Aus der Forschung Kleiner als das Kleinste

Wir stellen uns vor, dass die Materie aus Atomen (und Molekülen) aufgebaut ist. Die Atome bestehen ihrerseits aus Protonen, Neutronen und Elektronen. ↑3 Elementarteilchenphysiker haben dieses Modell weiter verfeinert: Protonen und Neutronen sind danach aus noch kleineren Bestandteilen aufgebaut, den *Quarks*. Ob Quarks und Elektronen elementare Teilchen (also nicht aus noch kleineren zusammengesetzt) sind, weiß man heute noch nicht.

Von den Quarks sind sechs Arten bekannt: „Up", „Down", „Strange", „Charme", „Bottom" und „Top". Ihre Ladung ist noch kleiner als die Elementarladung: Sie beträgt entweder ein oder zwei Drittel davon! Quarks scheinen allerdings nicht einzeln existieren zu können, sondern verbinden sich immer mit anderen, sodass ein Teilchen entsteht, das mindestens eine Elementarladung (oder ein Vielfaches davon) trägt.

Beispiele: Ein Proton besteht aus zwei „Ups" (Ladung jeweils $+\frac{2}{3}e$) und einem „Down" ($-\frac{1}{3}e$). Zusammen ergibt sich die Ladung $1\,e$. Das ungeladene Neutron ist dagegen aus zwei „Downs" und einem „Up" aufgebaut.

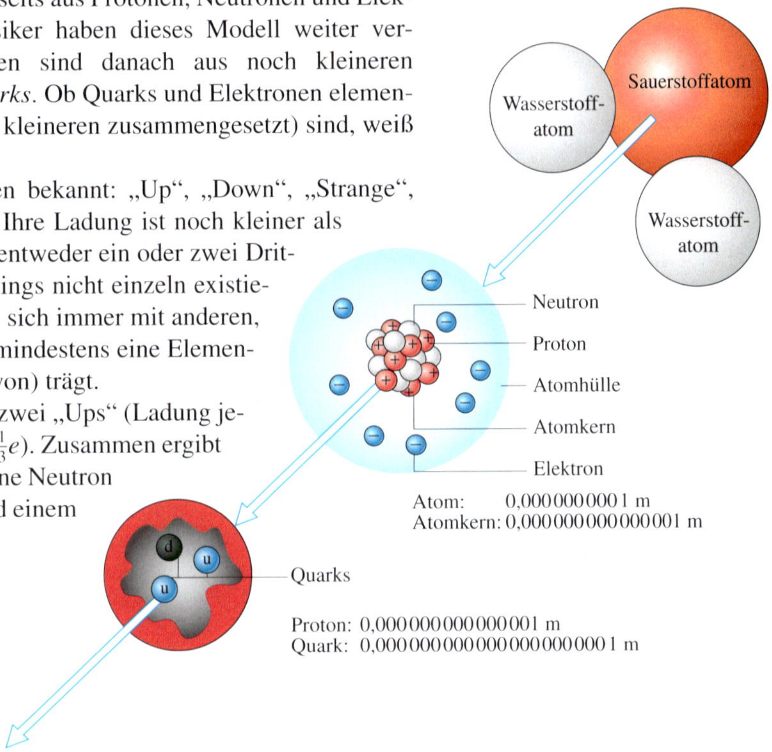

3 Vorstellungen vom Aufbau und Größenordnung der Teilchen

Aufgaben

1 *Wie lange hält sie noch?* Moritz hat zu Hause zwei frisch geladene Akkus (Aufschrift: „1,8 Ah") in seine neue Taschenlampe eingelegt. Dann ist er mit mehreren Freunden zu einer Nachtwanderung aufgebrochen. Nach einer Stunde kommen ihnen Bedenken, wie lange die Lampe wohl noch leuchten wird. Was meinst du: Sollten sie schleunigst umkehren?
Tipp: Die Stromstärke in der eingeschalteten Taschenlampe beträgt 0,2 A.

2 *Autobatterie und Elementarladung* Eine Autobatterie trägt die Aufschrift „71 Ah". ↑4 Aus wie vielen elementaren „Ladungsportionen" besteht diese Ladung?

3 *Delta-Plus-Plus* Bei Experimenten mit extrem beschleunigten Teilchen erzeugen Physiker außergewöhnliche Teilchen, die in der „normalen" Materie, die uns umgibt, nicht vorkommen. Eines davon ist das zweifach positiv geladene Δ^{++}-Teilchen, das aus drei Quarks besteht. Versuche es aus einer Kombination von Up- und Down-Quarks aufzubauen.

4 Autobatterie

Übrigens

Statt von elektrischen Energiequellen sprechen Physiker auch von Strom- oder Spannungsquellen. Insbesondere der zweite Begriff ist etwas irreführend, da die Spannung ja nicht fließen kann.

Batterien sind *elektrische Energiequellen*: Im geschlossenen Stromkreis werden in ihrem Innern bei chemischen Vorgängen fortwährend Ladungen getrennt, chemische Energie wird in elektrische Energie umgewandelt. Diese „fließt" dann zu den angeschlossenen Geräten. Wichtige Kenngrößen von Batterien sind Ladung („Ah") und Spannung („V"). Die Spannung gibt an, wie stark die Batterie die Ladung „antreiben" kann. Die Spannung wird also etwas mit der zur Verfügung gestellten elektrischen Energie zu tun haben.
Welcher Zusammenhang zwischen Spannung und elektrischer Energie besteht, werden wir jetzt genauer untersuchen.

Probier!'s mal!

1 ▶ Batterien: verschiedene Spannungen, verschiedene Wirkungen
Wenn du eine Glühlampe nacheinander an Batterien mit verschiedenen Spannungen anschließt, erkennst du an der Helligkeit der Lampe, ob mehr oder weniger elektrische Energie im gleichen Zeitraum umgewandelt wird. Welchen Einfluss haben die verschiedenen Spannungen der Batterien?

a Baue nacheinander einen geschlossenen Stromkreis aus einer Glühlampe und einer Mignonzelle (1,5 V), zwei Mignonzellen (3,0 V) bzw. einer Flachbatterie (4,5 V) auf.
Hinweis: Achte unbedingt darauf, dass die Glühlampe für alle auftretenden Spannungen ausgelegt ist (s. Sockelaufschrift!).
Notiere jeweils die Helligkeit der Lampe.
Beschreibe, wie Spannung und Helligkeit zusammenhängen.

b Ein Modell für den elektrischen Stromkreis ist der Wasserkreislauf. ↑3 Wie kannst du die drei verschiedenen Stromkreise und Wirkungen damit beschreiben?
Zeichne die Stromkreise jeweils im Modell und erkläre deine Zeichnungen. ◀

Aufgabe

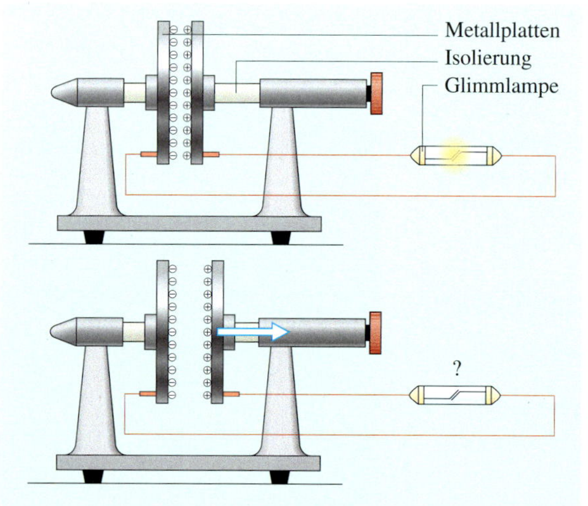

1

2 ▶ *Ladungstrennung und Energie (Lehrerversuch)*

a Getrennte Ladungen, Spannung und elektrische Energie spielen nicht nur bei Batterien die Hauptrolle. In unserem Versuch sind die beiden voneinander getrennten Metallplatten eines Plattenkondensators mithilfe eines Hochspannungsnetzgeräts unterschiedlich elektrisch geladen worden. ↑1
Was beobachtest du, wenn die geladenen Platten über eine Glimmlampe leitend miteinander verbunden werden? *Hinweis:* Eventuell muss der Raum zum Beobachten etwas abgedunkelt sein.

b Bis jetzt ist noch nichts Überraschendes geschehen. Aber was wird wohl passieren, wenn die geladenen Platten vor dem Ladungsausgleich weiter auseinandergezogen werden? Eigentlich müsste doch die Lampe genauso hell leuchten wie zuvor – es fließt ja die gleiche Ladung!
Überlege erst und lass den Versuch dann vorführen. Was beobachtest du?
Wie kannst du das Versuchsergebnis erklären? Was kannst du über die Spannung zwischen den geladenen Platten sagen? ◀

GRUNDLAGEN: Spannung und potenzielle Energie

Bei einem Pumpspeicherkraftwerk wird Wasser nachts in das obere Staubecken gepumpt, wenn elektrische Energie im Überfluss vorhanden ist. ↑2 Die elektrische Energie wird als potenzielle Energie des Wassers „auf die hohe Kante" gelegt. Herrscht später Bedarf an elektrischer Energie, lässt man das Wasser wieder durch Rohre hinabströmen und wandelt seine Energie mit Turbinen und Generatoren wieder in elektrische Energie um. Wie viel potenzielle Energie zur Verfügung steht, hängt von der Wassermasse und der Fallhöhe ab: $\Delta E_{pot} = F_G \cdot \Delta h = m\, g\, \Delta h$.
Die Vorgänge in einem geschlossenen Stromkreis aus Batterie und Glühlampe kann man sich in einem ähnlichen Modell vorstellen. ↑3

2 Pumpspeicherkraftwerk

Wasserkreis	Elektrischer Stromkreis
Pumpe hebt Wasser von einem unteren in ein oberes Becken.	Batterie trennt verschiedene Ladungen voneinander.
Höhenunterschied Δh	Spannung U
Masse m des Wassers im oberen Becken (bzw. Gewichtskraft F_G)	Ladung Q der freien Elektronen am Minuspol der Batterie
Potenzielle Energie ΔE_{pot} des angehobenen Wassers	Potenzielle Energie ΔE_{pot} freier Elektronen am Minuspol der Batterie
Wasserrad (Turbine und Generator)	Glühlampe

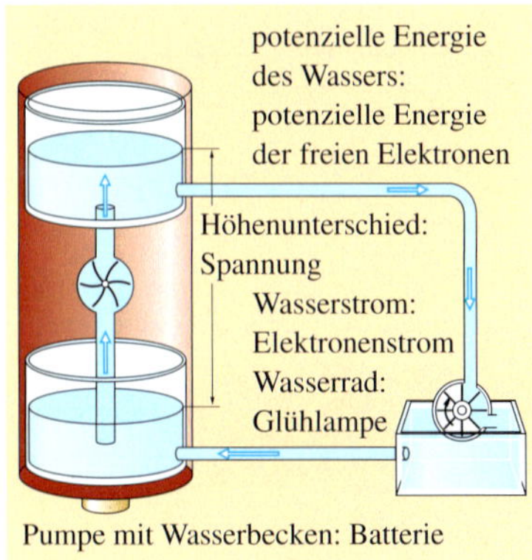

3 Wasserkreislauf als Modell für den Stromkreis

So wie der Höhenunterschied durch ein Hochheben des Wassers – eine „Trennung" der beiden Wasserbecken – zustande kommt, wird die elektrische Spannung durch eine Trennung von Ladungen hervorgerufen. In beiden Fällen muss dazu Energie umgewandelt werden: elektrische bei der Pumpe, chemische bei der Batterie. Das Ergebnis ist jeweils ein Zuwachs an potenzieller Energie.
Unser Vergleich zwischen Wasserkreis und Stromkreis legt nahe, dass im elektrischen Fall für die potenzielle Energie gilt: $\Delta E_{pot} = Q \cdot U$. Tatsächlich lässt sich die Spannung damit definieren:

► **Die Spannung U an elektrischen Energiequellen gibt an, wie viel potenzielle Energie ΔE_{pot} pro Ladung Q zur Verfügung steht: $U = \frac{\Delta E_{pot}}{Q}$.**

Damit gilt für die Einheit der elektrischen Spannung: $1\,V = \frac{1\,J}{1\,C}$.

Den Zusammenhang zwischen potenzieller Energie und Spannung kann man an zwei verschieden geladenen Metallplatten gut erkennen. ↑4 Zieht man die Platten auseinander, steigt die Spannung. Durch das Auseinanderziehen nimmt die potenzielle Energie zu: Um die gleiche Ladung weiter voneinander zu trennen, muss man eine Kraft gegen die elektrische Anziehung ausüben – und „Kraft in Bewegungsrichtung" bedeutet, dass man Energie mechanisch zuführt. Sie wird als potenzielle Energie gespeichert. Beim Ladungsausgleich leuchtet eine angeschlossene Glimmlampe deshalb umso heller, je weiter die Platten vorher getrennt wurden. ◄

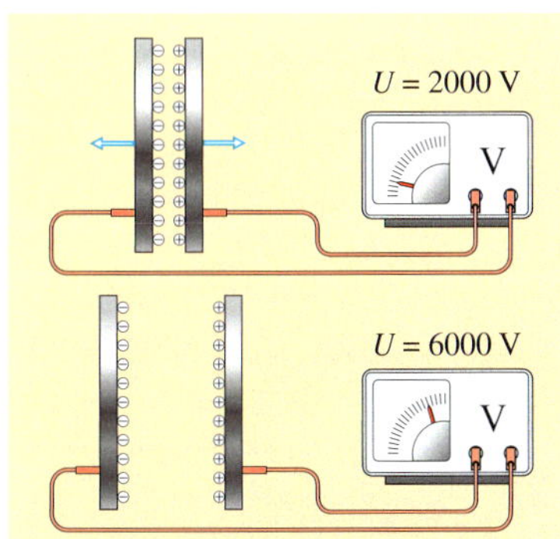

4 Trennung verschiedener Ladungen → Spannung steigt.

GRUNDLAGEN: Spannung wird gemessen

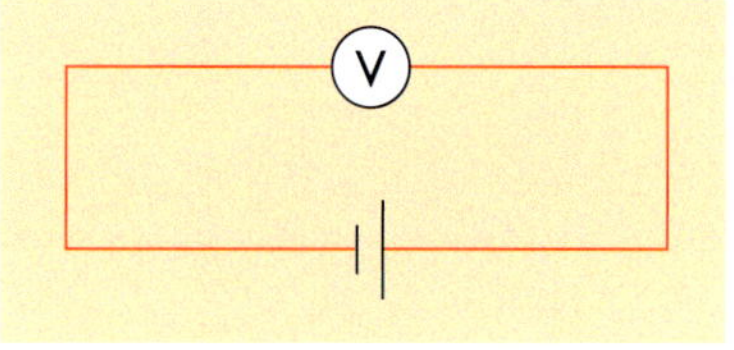

1 Spannungsmessung an der elektrischen Energiequelle

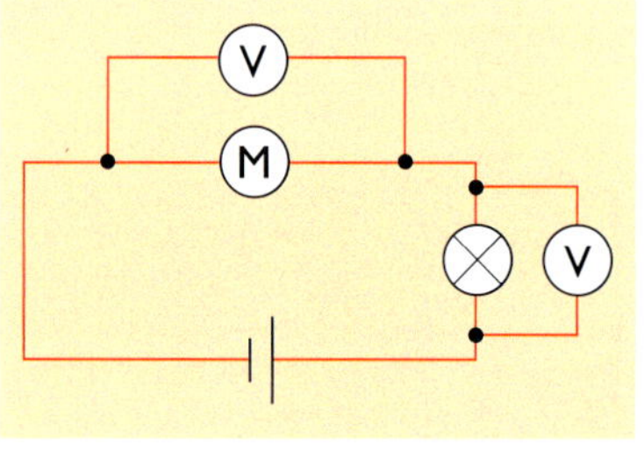

2 Spannungsmessung an elektrischen Bauteilen

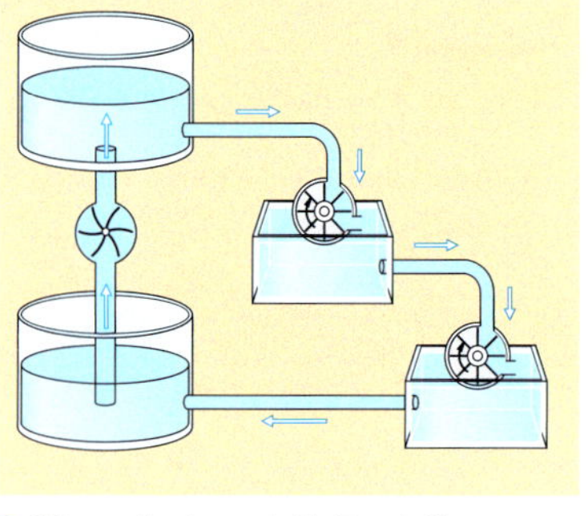

3 Wasserkreismodell: Zwei Geräte an einer elektrischen Energiequelle

▶ Die Spannung an einer elektrischen Energiequelle kann man unabhängig davon messen, ob diese in einen Stromkreis eingebaut ist oder nicht. So wie die Höhendifferenz zwischen zwei verschiedenen Punkten bestimmt wird, erfolgt auch eine Spannungsmessung immer zwischen zwei Punkten: Bei einer elektrischen Energiequelle sind es die beiden Pole. ↑1 Wenn man an einer Batterie eine Spannung von 1,5 Volt misst, bedeutet das: Die potenzielle Energie E_{pot} der Ladung am Minuspol der Batterie (hier verlassen die Elektronen die Batterie) beträgt 1,5 Joule pro Coulomb. Baut man die Batterie in einen Stromkreis ein, wird diese potenzielle Energie in den angeschlossenen Bauteilen (Drähte, Glühlampe, Motor …) umgesetzt. An den Bauteilen lässt sich jetzt ebenfalls eine Spannung messen – obwohl sie gar keine Energiequellen sind! ↑2 In unserem Wasserkreismodell entspricht die Spannung am Bauteil dem Höhenunterschied des Wassers, das auf das Wasserrad herabfällt und es antreibt. Misst man an einer Glühlampe eine Spannung von 1,2 Volt, so bedeutet das: In der Glühlampe wird eine potenzielle Energie von 1,2 Joule pro Coulomb hindurchfließender Ladung umgesetzt.

Die Spannung an einem elektrischen Bauteil gibt an, wie viel potenzielle Energie pro Coulomb hindurchfließender Ladung umgesetzt wird.

Wenn nur ein Bauteil an eine elektrische Energiequelle angeschlossen ist, wird in ihm die gesamte potenzielle Energie umgesetzt. Daher misst man zwischen den Enden des Bauteils dieselbe Spannung wie zwischen den Polen der elektrischen Energiequelle. *Wasserkreismodell:* Ist nur ein Wasserrad in den Kreislauf eingebaut, so ist der Höhenunterschied des herabstürzenden Wassers gleich dem der beiden Pumpwasserbecken.
Werden mehrere Bauteile angeschlossen, so „verteilt" sich die potenzielle Energie. *Wasserkreismodell:* Wenn man über dem unteren Wasserrad ein zweites einbaut, wird von jedem Wasserrad ein Teil der zur Verfügung stehenden Energie umgewandelt. ↑3 Wie sich die Energie aufteilt, hängt von den Bauteilen und der Schaltungsart ab. ◀

Aufgaben

1 *Immer wieder Modelle* Eine Glühlampe soll mit zwei Batterien zum Leuchten gebracht werden. Dafür gibt es im Prinzip zwei verschiedene Schaltungsarten. Zeichne jeweils den Schaltplan und das entsprechende Wasserkreismodell.

2 ▶ *Autostart mit Monozellen?* 8 in Reihe geschaltete Monozellen (1,5 V) ergeben die gleiche Spannung wie eine Autobatterie: 12 V. Warum ist es trotzdem nicht möglich, mit ihnen ein Auto zu starten?
Tipp: Beim Starten des Motors beträgt die Stromstärke im Anlasser ca. 200 A. ◀

3 ▶ *Messungen im Stromkreis* ↑4 Ist die Spannung an der Lampe genauso groß wie die an der Batterie? Was kannst du über die Stromstärken aussagen? Begründe deine Antworten jeweils und überprüfe sie mit einem Versuch. ◀

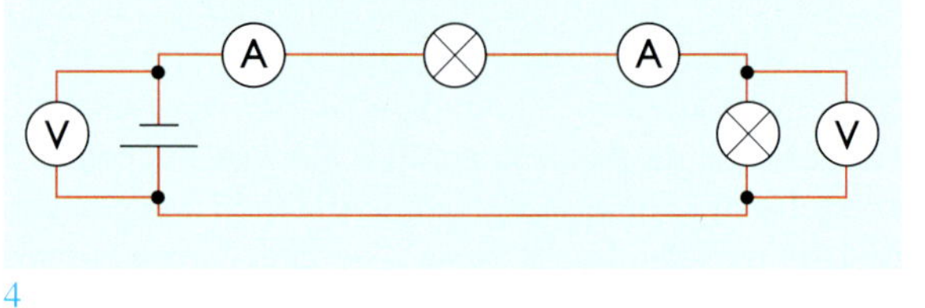

4

Aus der Technik Bandgeneratoren für große Spannungen

Mit Bandgeneratoren kann man Ladungen trennen und dabei Spannungen von vielen tausend Volt erzeugen. ↑5 Und so funktionieren sie:
Ein Gummiband sitzt straff auf einer Kunststoffwalze. Durch die enge Berührung von Band und Walze lädt sich das Band negativ auf und die Walze positiv. Beim Drehen der Walze werden die Ladungen getrennt. Die negativen Ladungsträger (Elektronen) gelangen auf dem Gummiband nach oben. Die positiv geladene Walze zieht die Elektronen im gegenüberliegenden Metallkamm an. Die Elektronen werden von der Spitze des Kamms auf das Band abgestreift und ebenfalls nach oben transportiert. In der Metallkugel nimmt ein weiterer Metallkamm die Elektronen ab. Sie verteilen sich dann wegen ihrer gegenseitigen Abstoßung auf der Außenfläche der Kugel.
Nähert man der aufgeladenen Metallkugel eine zweite, die ungeladen und geerdet ist, kann es zu Entladungen durch die Luft hindurch kommen: Ein Blitz zuckt auf!

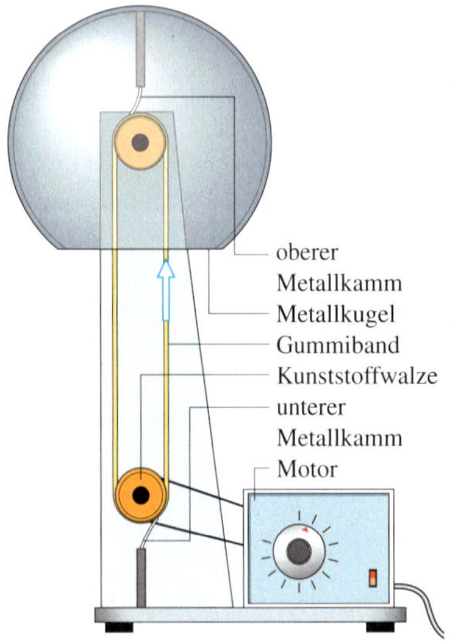

5 Bandgenerator

4 *Anfassen nicht verboten* Trotz hoher Spannungen ist der Bandgenerator für den Menschen nicht gefährlich. Hast du eine Erklärung dafür?

Aus der Forschung Teilchenbeschleuniger – „Volldampf" mit Höchstspannung

Noch vor einigen Jahrzehnten galt das Proton als elementarer Baustein der Natur. Gemeinsam mit dem Neutron lassen sich alle bekannten Atomkerne daraus aufbauen. Erst nach 1960 wurde es klar: Das Proton setzt sich aus noch kleineren Teilchen zusammen, den Quarks. Wie das „Innenleben" der Protonen im Detail beschaffen ist, versuchen Physiker noch heute zu enträtseln.
Teilchenphysiker, die sich mit Fragen wie „Woraus besteht die Welt?" und „Was hält die Welt zusammen?" beschäftigen, haben ihre eigenen Hilfsmittel, um ins Innere eines Protons zu „schauen": Teilchenbeschleuniger. Der Teilchenbeschleuniger HERA am Forschungsinstitut DESY in Hamburg ist ein weltweit einzigartiges „Protonenmikroskop". ↑6 Durch die untere ringförmige Röhre sausen Elektronen nahezu mit Lichtgeschwindigkeit, durch die obere ebenso schnelle Protonen in Gegenrichtung. Andere Teilchen befinden sich in beiden Röhren nicht (Vakuum). An zwei Stellen kann man Elektronen und Protonen so umlenken, dass sie frontal aufeinanderprallen. Nachweisgeräte registrieren, was bei diesen Zusammenstößen geschieht. Eine genaue Analyse der Messwerte lässt Rückschlüsse auf den Aufbau der Protonen zu.

6 Blick in den 6,3 km langen Tunnel von HERA

Die geladenen Teilchen werden (stark vereinfacht gesehen) durch die elektrischen Kräfte zwischen verschieden geladenen Metallplatten beschleunigt. Bei HERA erhält z. B. jedes Elektron dadurch eine Energie von $E = 0{,}000\,000\,004\,32\,\text{J}$. Das sieht zwar nur gering aus. Angesichts seiner Ladung von $e = 0{,}000\,000\,000\,000\,000\,000\,160\,22\,\text{C}$ benötigt man dazu aber zwischen den Platten eine Spannung von 27 Milliarden (!) Volt:

$$U = \frac{E}{e} = \frac{0{,}000\,000\,004\,32\,\text{J}}{0{,}000\,000\,000\,000\,000\,000\,160\,22\,\text{C}} = 27 \cdot 10^9\,\text{V}.$$

Teilchenphysiker würden sagen: „Die Elektronen haben eine Energie von 27 Milliarden Elektronvolt". Unter 1 Elektronvolt (1 eV) verstehen sie die Energie, die ein Elektron beim Beschleunigen mit einer Spannung von 1 Volt erhält. Um die Welt der elementaren Teilchen zu beschreiben, ist diese Energieeinheit gebräuchlicher als die große Einheit 1 Joule.

Widerstände in einfachen Stromkreisen

Verschiedene Widerstände

Fieber lässt sich mit einem elektronischen Thermometer schnell und zuverlässig messen. ↑1
Der eigentliche Temperaturfühler ist ein Bauteil, dessen elektrischer *Widerstand* sich mit der Temperatur ändert.

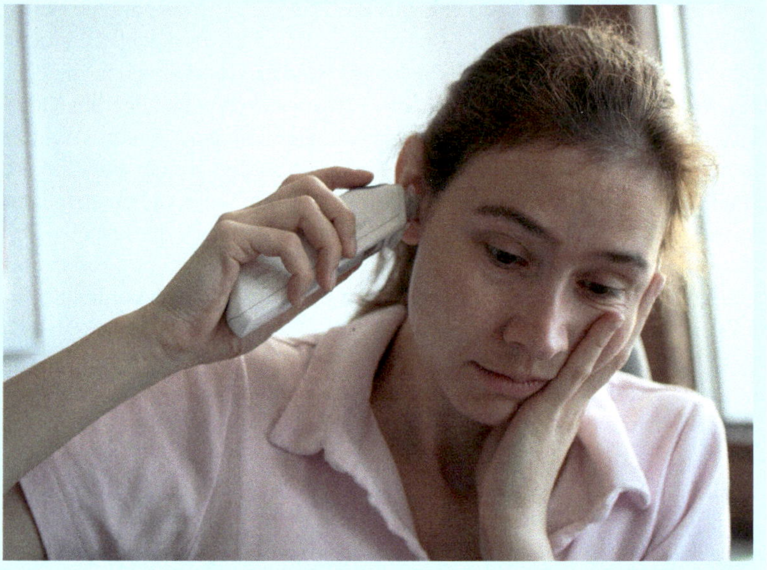

1 Elektronisches Fieberthermometer

2 Lichtschranke: Schaltung mit lichtabhängigem Widerstand

3 Parallele Festwiderstände

Die Stromstärke in einem Stromkreis hängt nicht nur von der Spannung zwischen den Polen der Energiequelle ab. Ganz entscheidend ist auch, welches elektrische Bauteil an die Energiequelle angeschlossen ist. Die Stromstärke wird nämlich durch den *elektrischen Widerstand* des Bauteils begrenzt (s. Grundwissen der Jahrgangsstufe 7).
Bei vielen Bauteilen ist der elektrische Widerstand nicht konstant, sondern hängt von äußeren Einflüssen ab. Bei gleicher Spannung lassen sie je nach Temperatur, Beleuchtung … unterschiedlich große Stromstärken zu. Man kann sie deshalb als Sensoren („Fühler") für die Temperatur, Helligkeit … verwenden. ↑1, 2 Im Folgenden wirst du mehr über diese veränderlichen Widerstände erfahren.
In vielen elektronischen Schaltungen braucht man allerdings Bauteile, deren Widerstände sich nicht verändern. Man bezeichnet sie als Festwiderstände. ↑3 Bei ihnen lässt sich der Zusammenhang zwischen Spannung und Stromstärke besonders leicht beschreiben. Die Entdeckung dieses Zusammenhangs vor knapp 200 Jahren war allerdings alles andere als einfach: GEORG SIMON OHM benötigte dafür 10 Jahre! Es gab weder regelbare Netzgeräte noch Strommessgeräte – beides musste er erst erfinden. Du wirst es in deinen Versuchen da viel leichter haben.

Experimente

1 ▶ Spannung und Stromstärke bei einer Glühlampe

Wenn eine Glühlampe schon einige Zeit leuchtet, hat ihre Glühwendel eine Temperatur von rund 2500 °C. Man könnte annehmen, dass Glühwendeln überwiegend bei diesen extremen Temperaturen „durchbrennen". Erstaunlicherweise ist es jedoch genau anders: Sie werden meist beim Einschalten zerstört, wenn sie noch relativ kalt sind.

Um diesem Phänomen auf die Spur zu kommen, werden im folgenden Versuch beide Situationen nachgestellt: ↑4

- Das im Wasserbad gekühlte Drahtstück stellt die Glühwendel kurz nach dem Einschalten dar.
- Das mit der Flamme erhitzte Drahtstück steht für die bereits erhitzte Glühwendel.

Hinweise: Der Draht sollte wie bei Glühlampen aus Wolfram bestehen. Nimm für beide Schaltungen einen Draht von 40 cm Gesamtlänge und 0,2 mm Durchmesser. Als „Wendel" dient jeweils ein ungefähr 15 cm langes Teilstück des Drahts: Entscheidend ist, dass du für beide Versuche die gleiche „Teillänge" verwendest.

a Miss in beiden Schaltungen die Stromstärke. Wo ist sie größer: im gekühlten oder im erhitzten Drahtstück? Formuliere dein Ergebnis.

b „Widerstände setzen Grenzen": Bei welcher Temperatur hat der Draht wohl den größeren Widerstand? Überprüfe deine Antwort, indem du jeweils den Widerstand R berechnest (s. Grundwissen 7).

c Was bedeuten deine Ergebnisse für die Glühlampe? Ergänze dazu die folgende Aussage: „Beim Einschalten der Glühlampe ist die Stromstärke besonders … und der Widerstand besonders …"

d *Ergänzung:* Auch den Strom von Elektronen durch einen Draht kannst du dir mit dem Teilchenmodell vorstellen. ↑5 Wie lässt sich erklären, dass sich die Stromstärke mit der Drahttemperatur verändert?
Tipp: Die „Restatome" bewegen sich ebenfalls. ◀

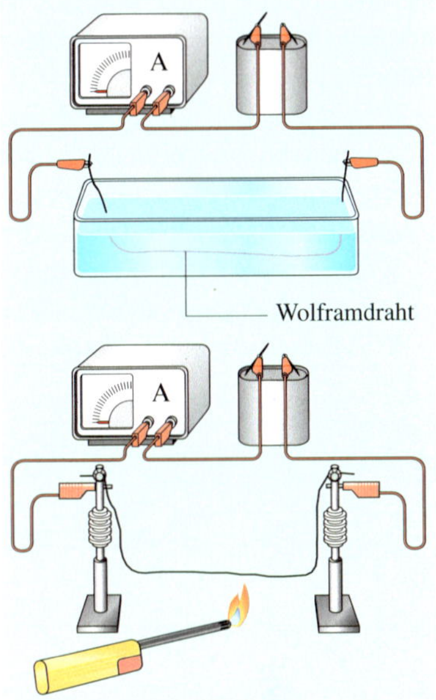

4 Temperatur – Stromstärke

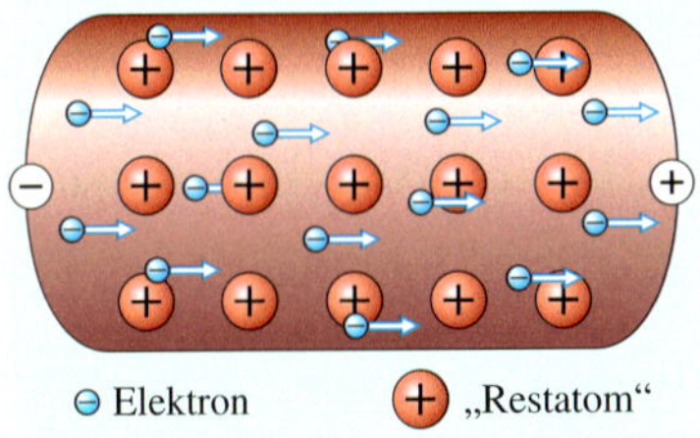

5 Elektronenstrom im Draht (Modell)

2 ▶ Widerstandskennlinien

Der elektrische Widerstand R eines Bauteils ist gleich dem Quotienten aus der Spannung U, die am Bauteil anliegt, und der Stromstärke I:

$R = \frac{U}{I}$ (s. Grundwissen 7).

Ist R für ein und dasselbe Bauteil immer gleich groß – egal, welche Spannung anliegt? Um diese Frage zu beantworten, sollt ihr in Gruppen die „Kennlinien" für verschiedene Bauteile erstellen. ↑6

a *Durchführung:* Geht von 0 V aus und erhöht an eurem Bauteil die Spannung in Schritten von 1,5 V bis auf 9,0 V und messt jeweils die Stromstärke, die sich ergibt. Tragt die Messwerte in eine Tabelle ein. Bauteile: Eisendraht, Chrom-Nickeldraht, Konstantandraht, Glühlampe. Die Drähte sollen jeweils ca. 40 cm lang und 0,2 mm dick sein, die Glühlampe soll eine Spannung von maximal 9,0 V „aushalten".

b *Auswertung:* Berechnet für jedes U-I-Wertepaar den Widerstand R. Tragt die Wertepaare außerdem in ein U-I-Diagramm ein und zeichnet die Messkurve – das ist die Kennlinie. Sie verrät auf einen Blick, ob der Widerstand konstant bleibt (s. Methode „Auswerten von Kennlinien"). Stellt eure Ergebnisse den anderen Gruppen vor. ◀

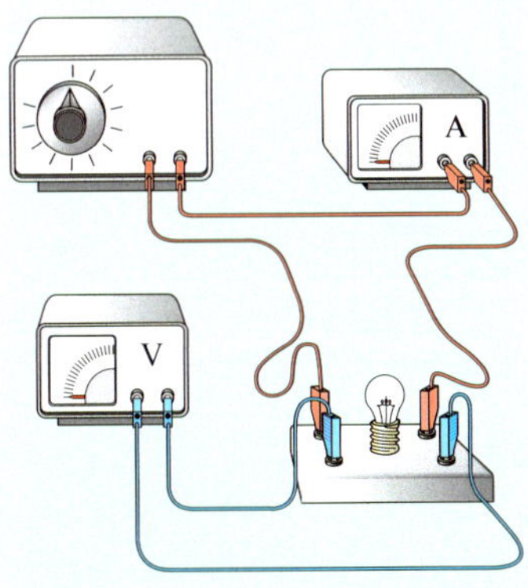

6 Messung von Spannung und Stromstärke für die Kennlinie eines Drahts

Methode *Auswerten von Kennlinien*

An drei verschiedenen Bauteilen ist die Stromstärke I in Abhängigkeit von der Spannung U gemessen worden. Die Kennlinien liefern verschiedene Informationen:

- *Zwischenwerte:* ↑1 Anhand einer Kennlinie kann man ablesen, welche Stromstärke sich bei einer beliebigen Spannung einstellen wird – auch wenn man die Spannung bei der tatsächlichen Messreihe gar nicht eingestellt hat.
- *Widerstand:* ↑2 Der Kennlinienverlauf zeigt, wie sich die Stromstärke mit der Spannung ändert. Daraus kann man sofort erkennen, ob der Widerstand zunimmt, abnimmt oder konstant bleibt.

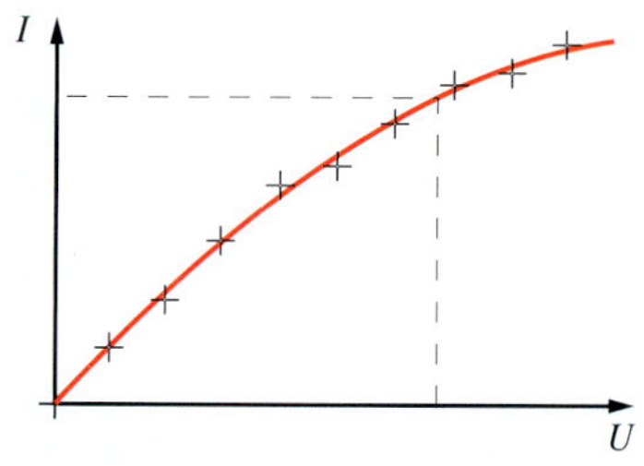

1 Ablesen von Zwischenwerten

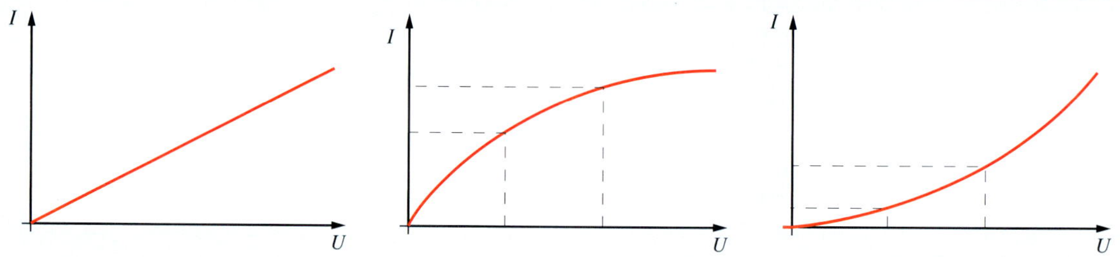

Die Kennlinie ist eine Halbgerade, die im Ursprung beginnt.	Die Kennlinie verläuft immer flacher.	Die Kennlinie verläuft immer steiler.
Die Stromstärke I ist proportional zur Spannung U. Der Quotient $\frac{U}{I}$ ist stets gleich groß.	*Beispiel:* Bei doppelter Spannung ist die Stromstärke weniger als doppelt so groß.	*Beispiel:* Bei doppelter Spannung ist die Stromstärke mehr als doppelt so groß.
Der Widerstand $R = \frac{U}{I}$ des Bauteils ist konstant.	Der Widerstand $R = \frac{U}{I}$ des Bauteils wird immer größer.	Der Widerstand $R = \frac{U}{I}$ des Bauteils wird immer kleiner.

2 Kennlinien – und was sie verraten

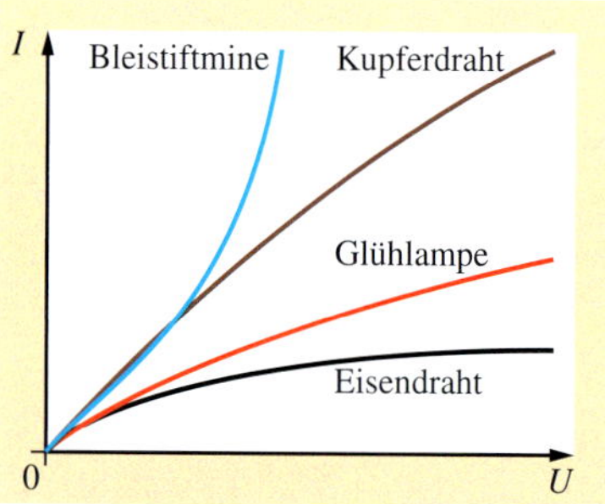

3 Kennlinien verschiedener Bauteile

GRUNDLAGEN: Widerstände verändern sich

▶ **Erhöht man die Spannung an Drähten oder Stäben aus verschiedenen, leitenden Materialien, nimmt die Stromstärke zu ↑3 und sie erwärmen sich. Meistens steigt dabei auch ihr Widerstand.**

Die Temperatur- und Widerstandszunahme bei Metalldrähten können wir im Modell erklären. Größere Spannung bedeutet, dass die freien Elektronen im Draht über mehr potenzielle Energie verfügen. Dies führt zum einen dazu, dass ihre mittlere kinetische Energie zunimmt: Sie strömen schneller durch den Draht, die Stromstärke steigt. Zum anderen können die Elektronen bei Stößen mehr Energie an die Restatome des Drahts abgeben, sodass diese heftiger hin und her schwingen: Die Temperatur des Drahts steigt. Die heftigere Bewegung der Restatome führt zu häufigeren Stößen mit den bewegten Elektronen, sodass diese stärker auf ihrem Weg zum Pluspol der Energiequelle behindert werden: Der Widerstand steigt.
Bei einer Bleistiftmine steigt die Stromstärke so stark an, weil bei der heftigeren Bewegung der Restatome Elektronen „freigeschüttelt" werden. ◀

GRUNDLAGEN: Das ohmsche Gesetz

In der Technik braucht man oft elektrische Bauteile, deren Widerstand konstant bleibt, wenn Spannung und Stromstärke geändert werden. Das kann man z. B. erreichen, indem die Temperaturzunahme durch Kühlen verhindert. ↑4 Die Kennlinie ist dann eine Halbgerade, die im Ursprung beginnt; die Stromstärke ist proportional zur Spannung: doppelte Spannung → doppelte Stromstärke, dreifache Spannung → dreifache Stromstärke … Der Widerstand $R = \frac{U}{I}$ ist für alle Wertepaare $(U|I)$ gleich groß. (Der Quotient $\frac{I}{U}$ ist auch konstant. Er wird als *Leitwert G* bezeichnet.)

▶ **Bei konstanter Temperatur ist der Widerstand eines metallischen Leiters konstant. Es gilt: $\frac{U}{I} = R$ mit R = konst. (ohmsches Gesetz).** ◀

Bei Konstantandraht sorgt eine ausgeklügelte „Mischung" von Metallen für einen konstanten Widerstand auch bei verschiedenen Temperaturen.

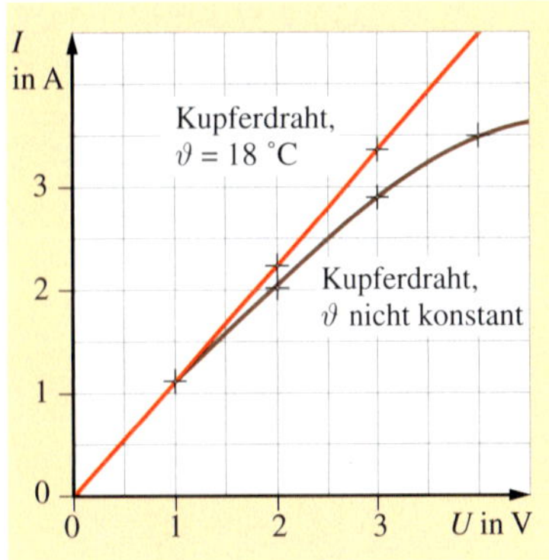

4 Kennlinien eines Kupferdrahts

Aufgaben

1 ▶ *Meistens brennen sie beim Einschalten durch* Die Stromstärke in einer Glühlampe ist kurz nach dem Einschalten besonders hoch. ↑5

a Was verrät die Messkurve über den Widerstand der Lampe?
Tipp: Die Spannung an der Lampe ist konstant (U = 230 V).

b Berechne den Widerstand R der Lampe für den Spitzenwert der Stromstärke sowie nach einiger Zeit. ◀

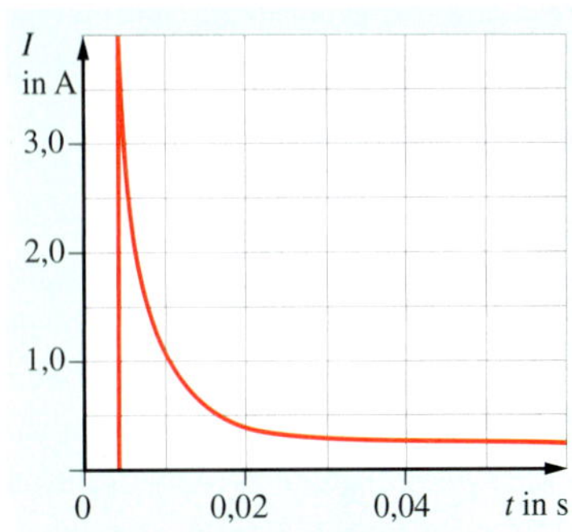

5 Einschalten einer Glühlampe

2 ▶ *Betriebswerte* Glühlampen für Taschenlampen oder Fahrradleuchten werden oft durch zwei Werte gekennzeichnet:

- die Betriebsspannung, die angibt, an welche Energiequelle die Lampe angeschlossen werden soll, damit sie normal hell leuchtet, und
- die Betriebsstromstärke (bei Betriebsspannung).

Welche der folgenden Lampen hat den größten Betriebs*widerstand*?
L_1: 6,0 V; 0,5 A L_2: 3,7 V; 0,2 A L_3: 12 V; 0,15 A ◀

3 ▶ *Konstanter Widerstand?* Für eine Schaltung soll aus drei Bauteilen eines mit konstantem Widerstand ausgewählt werden. Dazu ist jeweils die Stromstärke in Abhängigkeit von der Spannung gemessen worden. ↑6 Zeichne alle Kennlinien und gib an, welches Bauteil die Anforderung erfüllt. Begründe deine Entscheidung. ◀

U in V	0	1,50	3,00	4,50	5,90	7,40	9,10	10,7	12,0
I_1 in mA	0	50,0	75,0	90,0	90,8	92,5	95,8	97,3	100
I_2 in mA	0	15,0	31,0	44,0	60,0	73,0	90,0	110	120
I_3 in mA	0	10,0	20,7	32,4	45,4	61,7	83,5	109	138

6

4 ▶ *Widerstandsvergleich* Es liegen zwei Bauteile mit konstanten Widerständen vor. ↑7 Welches würdest du auswählen, um einen Strom stärker zu begrenzen (bei gleicher Spannung)? Begründe deine Wahl. ◀

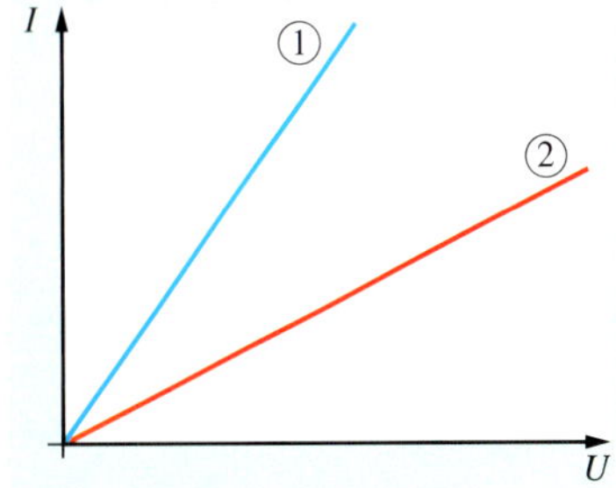

7 Kennlinien vergleichen

Aus der Technik Ein Kilo Ohm, bitte!

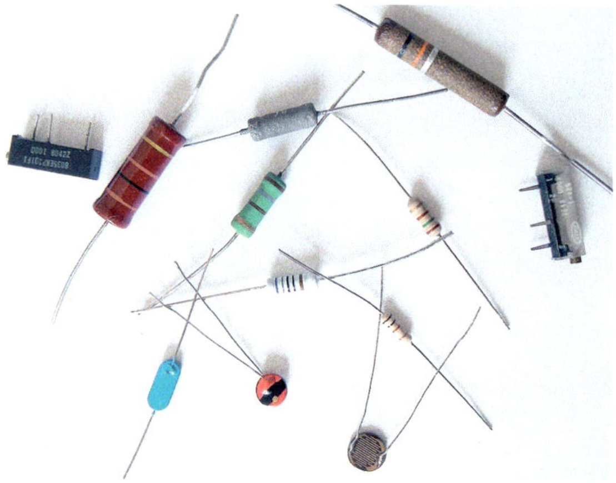

1 Widerstandsbauteile

1.–3. Ring		4. Ring	
schwarz	0	braun	± 1 %
braun	1	rot	± 2 %
rot	2	gold	± 5 %
orange	3	silber	± 10 %
gelb	4	ohne	± 20 %
grün	5		
blau	6		
violett	7		
grau	8		
weiß	9		

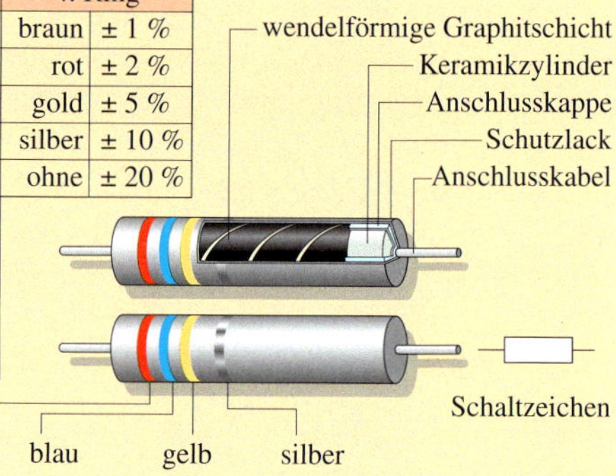

2	6	· 10^4	± 10 %	= 260 kΩ

2 Festwiderstand: Aufbau und Bezeichnung

▶ In Elektronikmärkten kannst du „Widerstände" kaufen. ↑1 Damit ist allerdings nicht gemeint, dass du z. B. 1000 Ohm mit nach Hause nimmst, sondern ein Bauteil, das diesen Widerstand hat.
Die Vielfalt der Widerstandsbauteile kann man in zwei Gruppen unterteilen: Festwiderstände und veränderliche Widerstände. ◀

Festwiderstände Diese Bauteile haben einen konstanten Widerstandswert. Sie bestehen aus einem kleinen Keramikzylinder, der mit einer dünnen Schicht aus Graphit oder Metall spiralförmig überzogen ist. ↑2 Wie groß der Widerstandswert ist, lässt sich anhand der farbigen Ringe auf der Oberfläche des Festwiderstands erkennen. Was ihre Farben und Farbfolgen bedeuten, ist weltweit gleich vereinbart. Die farbige Markierung hat gegenüber einer Aufschrift den Vorteil, dass man sie unabhängig von der Einbauposition erkennen kann. Außerdem könnte man die Aufschrift auf vielen sehr kleinen Festwiderständen höchstens mit der Lupe lesen.

Fotowiderständeᵛ ↑3 Je mehr Licht auf einen Fotowiderstand fällt, desto kleiner wird sein Widerstandswert und desto besser leitet er den elektrischen Strom. Experten sprechen von einem LDR (engl. *light dependent resistor:* lichtabhängiger Widerstand).
Anwendungen: Fotowiderstände werden als Sensoren in Lichtschranken verwendet und sind in den Belichtungsmessern von Fotoapparaten enthalten.

Kaltleiterwiderständeᵛ ↑4 Sie leiten den elektrischen Strom bei niedrigen Temperaturen besser als bei hohen. Ihr Widerstandswert nimmt mit steigender Temperatur zu. Sie werden daher auch als PTC-Widerstände bezeichnet (engl. *positive temperature coefficient*).
Anwendungen: Kaltleiterwiderstände kann man einsetzen, um Temperaturen zu messen oder Geräte bei Überhitzung auszuschalten.

Heißleiterwiderständeᵛ ↑5 Sie sind gewissermaßen das Gegenstück zu den Kaltleiterwiderständen: Bei hohen Temperaturen leiten sie den elektrischen Strom besser als bei niedrigen. Ihr Widerstandswert nimmt also mit steigender Temperatur ab. Sie werden daher als NTC-Widerstände bezeichnet (engl. *negative temperature coefficient*).
Anwendungen: Heißleiterwiderstände werden benutzt, um die Kühlwassertemperatur im Auto oder die Temperatur in der Waschmaschine zu messen.

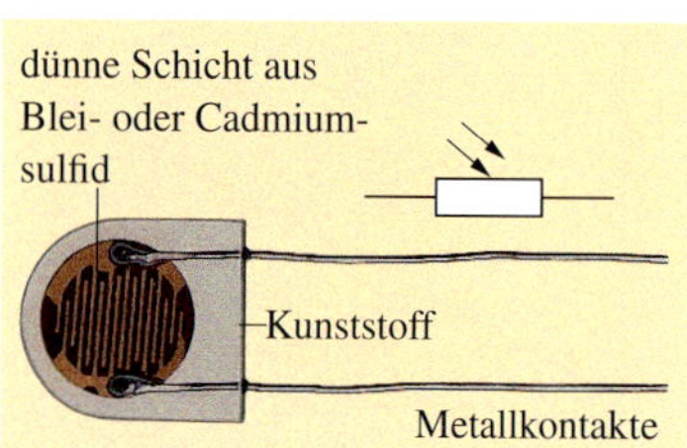

3 Fotowiderstand

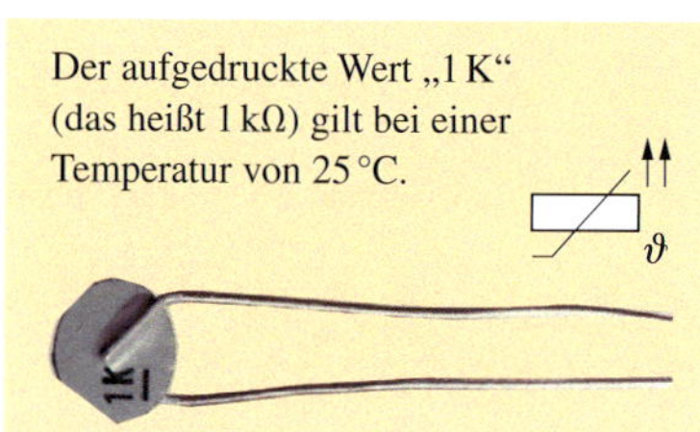

4 Kaltleiterwiderstand

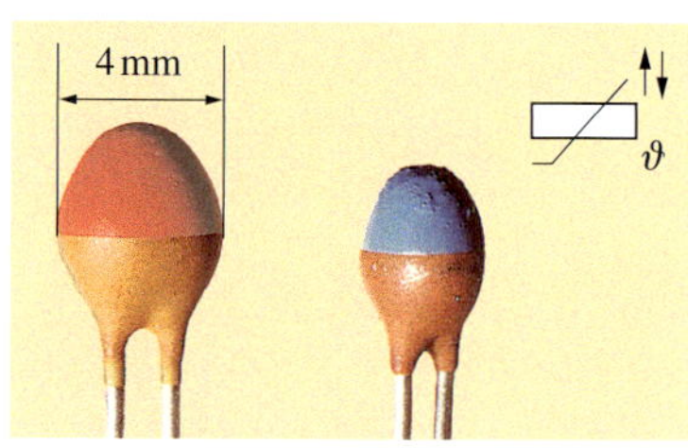

5 Heißleiterwiderstände

Aufgaben[V]

1 *Keine Chance für Einbrecher* Mit einem Fotowiderstand und einem Relais kann man sich eine Alarmanlage bauen. ↑6
Hinweis: Das Relais ist ein elektromagnetischer Schalter. Bei einem genügend großen Strom in der Spule wird der bewegliche Schalterkontakt angezogen, sodass die rechte Leitung unterbrochen und die linke geschlossen wird. ↑7

a Beschreibe, was geschieht, wenn sich jemand bei Tageslicht vor den Fotowiderstand der Alarmanlage stellt, sodass dieser abgedunkelt wird.

b Wie könnte man die Schaltung umbauen, sodass sie bei Dunkelheit arbeitet und auf Licht anspricht?

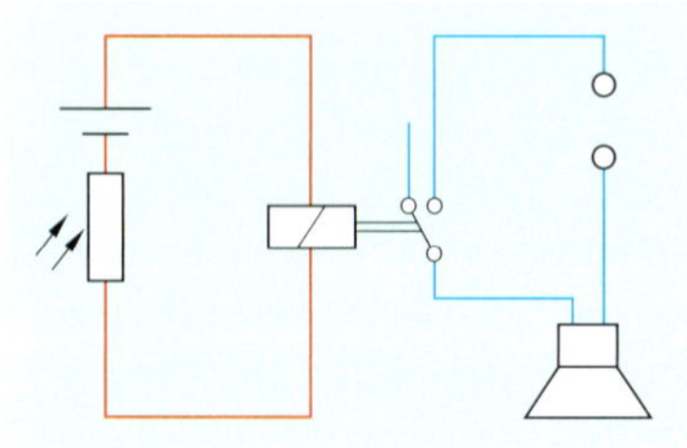

6 Alarmanlage (vereinfacht)

2 *Kältemelder* Ein Temperatursensor an der vorderen Stoßstange eines Autos soll über eine Lampe am Armaturenbrett den Fahrer vor bodennaher Kaltluft und damit vor Glatteis warnen.
Als Sensor könnte man einen Heißleiterwiderstand verwenden. ↑8
Beschreibe, wie die Schaltung funktioniert.
Hinweis: Zum Relais s. Aufgabe 1.

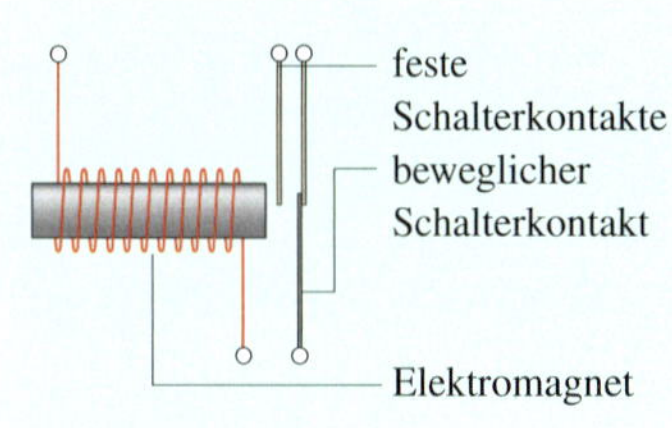

7 Relais (Prinzipskizze)

3 ▶ *Widerstandsthermometer* Metalldrähte sind die einfachsten Kaltleiterwiderstände. Ihre Temperaturabhängigkeit kann man nutzen, um Temperaturen zu messen.

a Überlege dir eine Schaltung, wie man mit einer Batterie, einem Kaltleiterwiderstand und einem Vielfachmessgerät Temperaturen messen kann.

b Zur Temperaturmessung zwischen –200 °C und 850 °C werden in der Technik oft Platindrähte als Kaltleiterwiderstände genutzt. Wie der Widerstandswert eines Platindrahts von 1 m Länge und 0,01 mm² Querschnittsfläche von der Temperatur abhängt, zeigt folgende Tabelle:

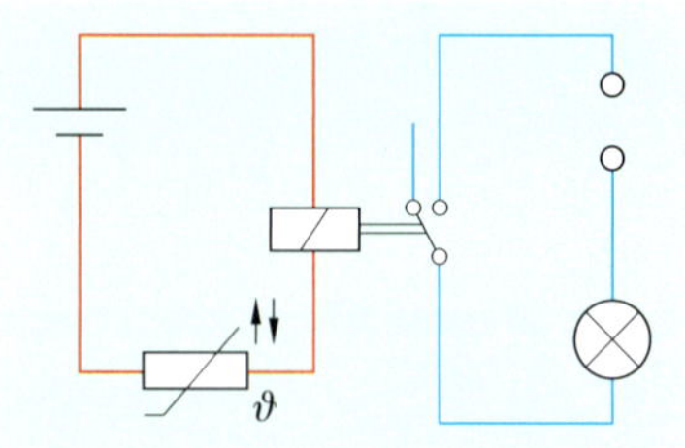

8 Kältemelder (vereinfacht)

ϑ in °C	–200	–175	–150	–125	–100	–75	–50	–25	0	25	50	75	100	125	150	175	200	225	250	275
R in Ω	74	117	159	200	241	281	321	361	400	439	478	516	554	592	629	666	703	740	776	812

Stelle den Widerstand in Abhängigkeit von der Temperatur in einem Diagramm dar. Beschreibe den Zusammenhang zwischen Temperaturänderung und Widerstandsänderung.

c Bei der Messung an einem Motor ergibt sich ein Widerstand von 562 Ω. Wie heiß ist der Motor? Darf man ihn noch anfassen?
Das Messgerät kann Widerstände bis 1000 Ω messen. Wie groß ist demnach die höchste messbare Temperatur?

d Nenne einige Vorteile, die Widerstandsthermometer gegenüber einem Flüssigkeitsthermometer aufweisen. ◀

4 *Ein Tropenhelm mit Klimaanlage* Ganz schön pfiffig, was sich der Erfinder da ausgedacht hat. ↑9 Versuche zu erklären, wie seine Schaltung funktionieren soll.
Hinweis: Wenn die Solarzellen beleuchtet werden, liefern sie die elektrische Energie für den Ventilator und das Relais.

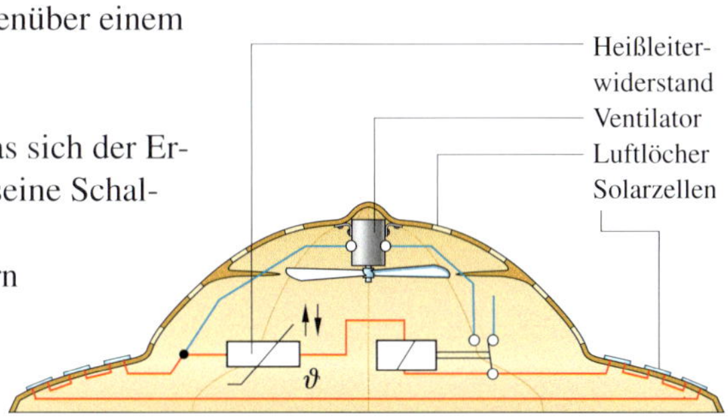

9 Gekühlter Tropenhelm

Verschiedene Schaltungen

Um ihre Party vorzubereiten, holt Angela die Lichterketten aus dem Keller. Bunt leuchten die jeweils 40 in Reihe geschalteten Lampen. „Sicher ist sicher“, denkt sie und möchte noch im Internet Ersatzlampen bestellen. Für die Lampenfassungen werden 6-V-, 14-V- und 23-V-Lampen angeboten. Welche soll sie bestellen?

1 Lichterketten (Reihenschaltung)

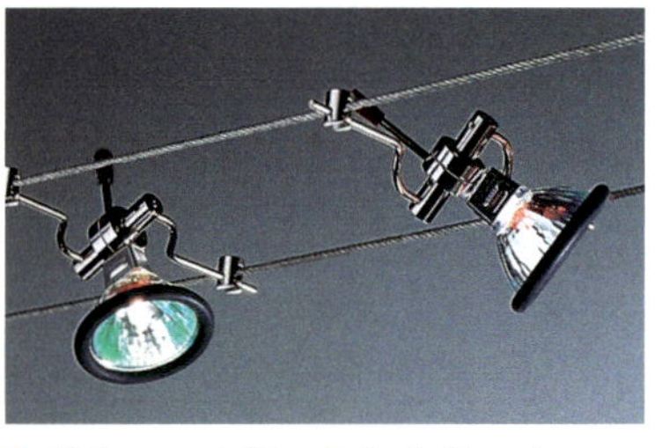

2 Halogenset (Parallelschaltung)

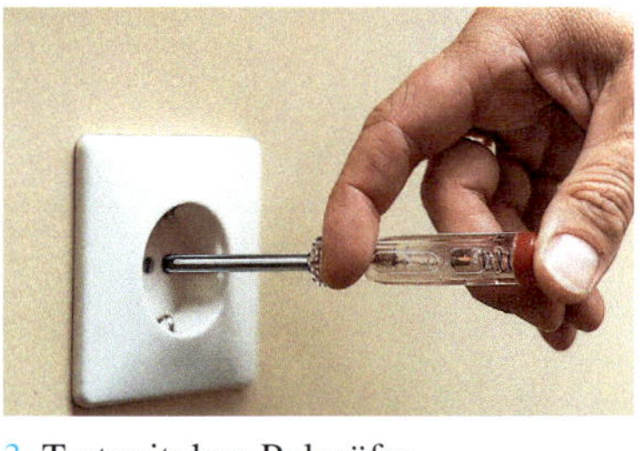

3 Test mit dem Polprüfer

4 7-Takt-Schalter für eine Kochplatte

Bei Beleuchtungskörpern im Haushalt findest du ganz unterschiedliche Schaltungsarten: Reihenschaltungen bei Lichterketten ↑1, Parallelschaltungen bei Halogenlampensets ↑2 … Die Halogenlampen sind für Spannungen von 12 V ausgelegt. Ein Trafo (er befindet sich im kleinen Anschlusskasten an der Decke) sorgt dafür, dass die Spannung von 230 V an der Steckdose auf 12 V an den Lampen reduziert wird. Viele Lichterketten haben keinen Trafo: Wieso brennen ihre Lampen, die z. B. für 14 V ausgelegt sind, nicht sofort durch?

Obwohl unser nächster „Fall“ ganz anders aussieht, ist die Ursache für den glimpflichen Ausgang ähnlich wie bei der Lichterkette: ↑3 Würde der Elektriker mit einem Draht direkt den Außenleiter der Steckdose berühren, wäre das lebensgefährlich. Mit dem Polprüfer dazwischen kann er sicher arbeiten. Der Schutz wird durch ein Widerstandsbauteil im Gerät bewirkt, der „Körperwiderstand“ des Menschen reicht dazu nicht aus. Welche Rolle die verschiedenen Widerstände bei Kontakt mit hohen Spannungen haben, werden wir noch genauer untersuchen.

Vielleicht hast du den Eindruck gewonnen, dass Elektrogeräte immer entweder parallel oder in Reihe geschaltet sind. Dieser Eindruck täuscht. Oft werden die beiden Schaltungsarten kombiniert. Beispielsweise sind bei vielen elektrischen Kochplatten drei Glühdrähte so miteinander verschaltet, dass man zwischen sieben „Heiztakten“ wählen kann. ↑4 Die potenzielle Energie der freien Elektronen wird jeweils nach ganz bestimmten physikalischen Gesetzen auf die Drähte verteilt.

Wie sich Spannungen, Stromstärken und Widerstände bei den verschiedenen Schaltungen verhalten, kannst du in den folgenden Experimenten untersuchen.

Experimente

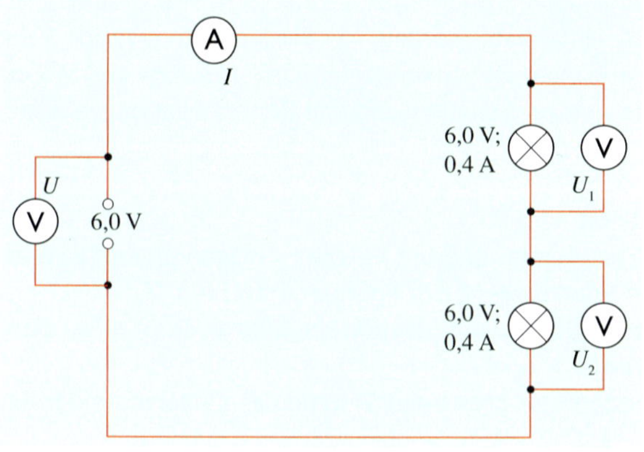

5 Reihenschaltung zweier Glühlampen

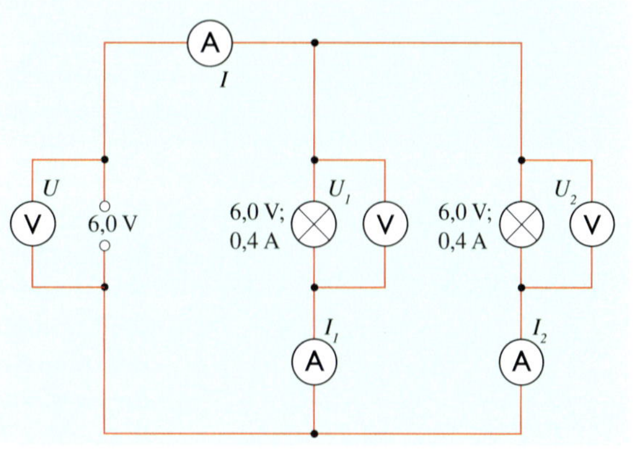

6 Parallelschaltung zweier Glühlampen

1 ▶ Gesetze der Reihenschaltung

Experimente mit der Steckdose als Energiequelle darfst du wegen der Lebensgefahr nicht durchführen. Baue stattdessen eine Reihenschaltung „im Kleinen" mit einem Netzgerät ($U = 6\,V$) und zwei gleichen Glühlampen (6V; 0,4A) auf. ↑5 Welche Spannungen und Stromstärken werden sich wohl an den leuchtenden Lampen einstellen?

a Miss die Spannung U an der Energiequelle sowie die Spannungen U_1 und U_2 an den beiden Lampen. Was fällt dir auf? Wie kannst du dein Ergebnis erklären?

b Miss die Stromstärke I. Hängt das Ergebnis davon ab, an welcher Stelle des Stromkreises die Stromstärke gemessen wird?

c Du hast jetzt die Spannungen und die Stromstärke bestimmt – nun fehlt nur noch der Widerstand. Der Gesamtwiderstand R_{ges} der beiden in Reihe geschalteten Lampen bestimmt die Stromstärke I, die sich bei der Spannung U einstellt. Du kannst also R_{ges} berechnen, indem du U durch I teilst.
Jede Lampe hat auch für sich alleine genommen einen Widerstand. Berechne ihn jeweils anhand deiner Messwerte.
Vergleiche den Gesamtwiderstand mit den Einzelwiderständen. Ergänze dann die folgende Aussage: „Der Gesamtwiderstand bei der Reihenschaltung ist … als jeder Einzelwiderstand."

d Kannst du auch einen mathematischen Zusammenhang zwischen den Widerständen entdecken? ◀

2 ▶ Gesetze der Parallelschaltung

Wie werden sich die Zusammenhänge zwischen den Spannungen, Stromstärken und Widerständen verändern, wenn du die gleichen Lampen wie zuvor diesmal parallel schaltest? ↑6

a Miss die Spannung U an der Energiequelle sowie die Spannungen U_1 und U_2 an den beiden Lampen. Was fällt dir auf?

b Miss die Stromstärke I im Draht direkt an der Energiequelle sowie die Stromstärken I_1 und I_2 direkt an den einzelnen Lampen. Ergeben sich jeweils die gleichen Werte? Oder kannst du einen anderen Zusammenhang erkennen?

c Berechne den Gesamtwiderstand $R_{ges} = \frac{U}{I}$ sowie die Widerstände der einzelnen Lampen. Vergleiche die Werte und ergänze dann die folgende Aussage: „Der Gesamtwiderstand bei der Parallelschaltung ist … als jeder Einzelwiderstand."

d Zum Abschluss noch eine sehr knifflige Aufgabe: Es gibt einen mathematischen Zusammenhang zwischen den Widerständen, aber er ist nicht leicht zu entdecken. Probiere es!
Tipp: Ersetze die Stromstärken in der Gleichung $I_{ges} = I_1 + I_2$ durch den jeweiligen Quotienten aus Spannung und Widerstand. ◀

GRUNDLAGEN: Gesetze der Reihenschaltung

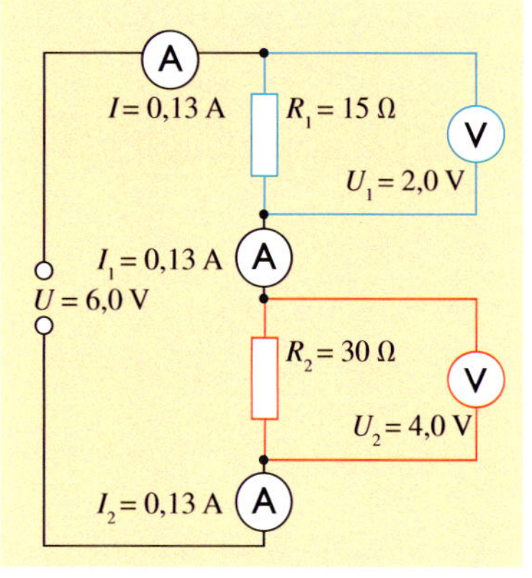

1 Reihenschaltung

Aus zwei Widerstandsbauteilen und einer elektrischen Energiequelle ist eine Reihenschaltung aufgebaut worden. ↑1 Aus den Messwerten kann man verschiedene Aussagen über Spannungen, Stromstärken und Widerstände gewinnen, die sich auch an allen anderen Reihenschaltungen bestätigen lassen.

▶ Bei Reihenschaltungen gilt:

- **Die Summe der Einzelspannungen (Teilspannungen) an den Bauteilen ist gleich der Spannung an der Energiequelle: $U = U_1 + U_2$.**
- **Die Stromstärke ist überall im Stromkreis, also auch in allen Bauteilen, gleich groß: $I = I_1 = I_2$.**
- **Der Gesamtwiderstand ist gleich der Summe der Einzelwiderstände: $R_{ges} = R_1 + R_2$.**

In einer Reihenschaltung steht der fließenden Ladung nur ein „Weg" offen: Sie muss zunächst durch das erste Bauteil, dann durch das zweite … Durch jeden beliebigen Querschnitt des Stromkreises fließt dabei in der gleichen Zeit Δt die gleiche Ladung Q. Die Stromstärke I ist daher überall gleich groß.

Die potenzielle Energie der Ladung wird „nacheinander" in den Bauteilen umgesetzt. Die Summe der umgesetzten Energien ist gleich der potenziellen Energie, die der Ladung von der elektrischen Energiequelle zur Verfügung gestellt wird. Bezieht man die umgesetzten Energien auf die Ladung, erhält man die Spannung an den Bauteilen: Die Summe der Teilspannungen ist gleich der Spannung an der Energiequelle.

Da die Stromstärke überall gleich groß ist, gilt für die Teilspannungen: $U_1 = R_1 \cdot I$; $U_2 = R_2 \cdot I$. Daraus folgt sofort:

Je größer der Widerstand eines Bauteils in einer Reihenschaltung ist, desto größer ist die Teilspannung an ihm. ◀

Auch die Gleichung für den Gesamtwiderstand können wir aus den Ergebnissen für die Spannungen und Stromstärken berechnen:

$$R_{ges} = \frac{U}{I} = \frac{U_1 + U_2}{I} = \frac{U_1}{I} + \frac{U_2}{I} = \frac{U_1}{I_1} + \frac{U_2}{I_2} = R_1 + R_2.$$

Aufgaben

1 ▶ *Jede Menge Glühlampen und eine Sicherung*

Herr Jürgens schaltet den neuen Leuchter im großen Saal an, aber die fünf parallel geschalteten Lampen (230 V; 520 Ω) sind nicht hell genug. Er überlegt, wie viele Leuchter er noch aufstellen könnte, ohne dass die Sicherung „herausfliegt".

a Berechne die Gesamtstromstärke im Leuchter. Wie groß ist der Gesamtwiderstand?

b Wie viele der Glühlampen kann man gleichzeitig in einem Stromkreis betreiben, ohne eine 10-A-Sicherung zu überlasten? Wie viele Leuchter kann Herr Jürgens noch aufstellen? ◀

2 ▶ *Jonglieren mit U, I und R*

a Zwei Widerstandsbauteile ($R_1 = 8{,}0\ \Omega$; $R_2 = 12\ \Omega$) sind parallel geschaltet, die Gesamtstromstärke beträgt $I = 2{,}6$ A.
Zeichne zunächst die Schaltskizze. Berechne dann die Spannung U an den Bauteilen sowie die Teilströme I_1 und I_2.

GRUNDLAGEN: Gesetze der Parallelschaltung

Aus zwei Widerstandsbauteilen und einer elektrischen Energiequelle ist diesmal eine Parallelschaltung aufgebaut worden. ↑2 Wieder kann man aus den Messwerten Aussagen über Spannungen, Stromstärken und Widerstände gewinnen, die sich auch an allen anderen Parallelschaltungen bestätigen lassen.

▶ **Bei Parallelschaltungen gilt:**
- **Die Summe der Einzelstromstärken (Teilstromstärken) in den Bauteilen ist gleich der Gesamtstromstärke: $I_{ges} = I_1 + I_2$.**
- **Die Spannung ist an allen Bauteilen so groß wie an der Energiequelle: $U = U_1 = U_2$.**
- **Der Kehrwert des Gesamtwiderstands ist gleich der Summe der Kehrwerte der Einzelwiderstände: $\frac{1}{R_{ges}} = \frac{1}{R_1} + \frac{1}{R_2}$.**

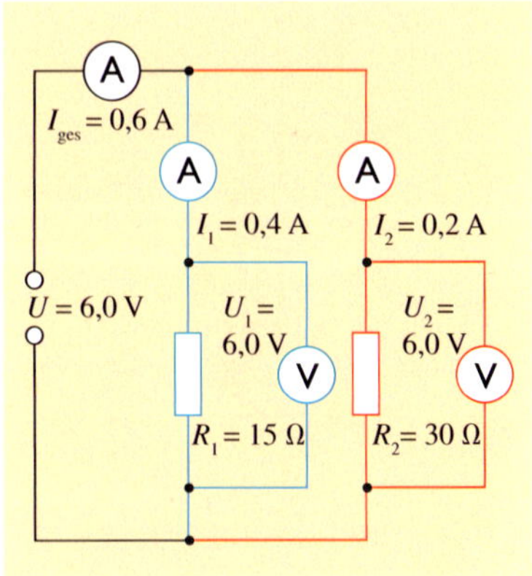

2 Parallelschaltung

Bei der Parallelschaltung stehen der Ladung mehrere parallele „Wege" offen. Sie fließt entweder durch das eine Bauteil oder durch das andere. Die Ladung Q, die in der Zeit Δt in die Verzweigungsstelle hineinströmt, fließt in dieser Zeit auch wieder heraus – verteilt auf die „Zweige". Die Summe der Teilstromstärken ist gleich der Gesamtstromstärke.
Die Spannung zwischen Anfangs- und Endpunkt der Parallelschaltung ist genauso groß wie die Spannung an der Energiequelle. Also ist die potenzielle Energie pro Ladung bei beiden „Zweigen" gleich groß. Wenn die Bauteile unterschiedlich große Widerstände haben, fließen in gleicher Zeit verschieden große Ladungen in die beiden „Zweige" hinein. Ein kleinerer Widerstand begrenzt die Stromstärke nämlich weniger als ein größerer: In den „Zweig" mit dem geringeren Widerstand fließt in der gleichen Zeit mehr Ladung. Deshalb wird hier auch mehr Energie umgesetzt.

Je kleiner der Widerstand eines Bauteils in einer Parallelschaltung ist, desto größer ist die Teilstromstärke in ihm. ◀

Die Gleichung für den Gesamtwiderstand kann man so berechnen:

$$I_{ges} = I_1 + I_2 \xrightarrow[\text{von } I]{\text{Ersetzen}} \frac{U}{R_{ges}} = \frac{U_1}{R_1} + \frac{U_2}{R_2} = \frac{U}{R_1} + \frac{U}{R_2} \xrightarrow[\text{durch } U]{\text{Division}} \frac{1}{R_{ges}} = \frac{1}{R_1} + \frac{1}{R_2}.$$

Übrigens

Anstelle von *Gesamtwiderstand* wird oft der Begriff *Ersatzwiderstand* verwendet. Denn man könnte die miteinander verschalteten Bauteile für die gleiche Strombegrenzung durch ein einziges Bauteil ersetzen, das gerade den Widerstand R_{ges} hat. ↑3

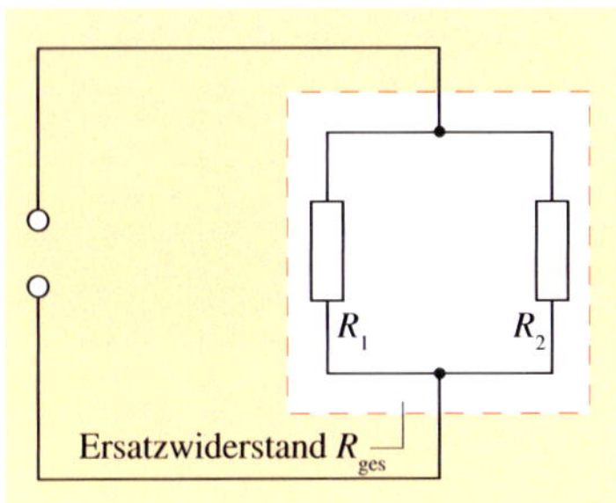

3 Ersatzwiderstand

Aufgaben

b An zwei in Reihe geschaltete Widerstandsbauteile ($R_1 = 10\,\Omega$; $R_2 = 30\,\Omega$) wird eine Spannung 12 V gelegt. Berechne die Stromstärke und die Teilspannungen.

c Eine Glühlampe ($R_1 = 1000\,\Omega$) und ein Warmwasserboiler ($R_2 = 20\,\Omega$) sind versehentlich in Reihe geschaltet worden. Welches der beiden Geräte wird wohl nicht funktionieren? Berechne dazu, wie sich die Spannung von 230 V auf die Geräte aufteilt.

d Bei einer Reihenschaltung von zwei Widerstandsbauteilen ($R_1 = 150\,\Omega$; $R_2 = 500\,\Omega$) beträgt die Stromstärke $I = 0{,}060$ A. Berechne die Gesamtspannung U sowie die Teilspannungen.

e Eine 9-V-Lampe soll an eine 12-V-Batterie angeschlossen werden. Die normale Betriebsstromstärke der Lampe beträgt $I = 0{,}5$ A. Damit sie bei 12 V nicht überlastet wird, soll ein Widerstandsbauteil in Reihe mit der Lampe geschaltet werden. Welchen Widerstand muss es haben? ◀

Aus der Technik Damit die Lichterketten nicht ausgehen

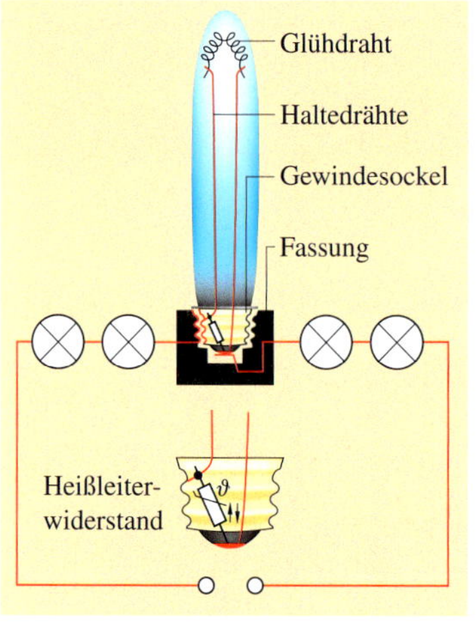

1 Lichterkette mit „Trick"

▶ Die Reihenschaltung von Lampen hat einen großen Nachteil: Brennt in einer Lampe der Glühdraht durch, so ist der Stromkreis unterbrochen und auch die übrigen Lampen gehen aus.

Bei der Weihnachtsbaumbeleuchtung wird dieser Mangel mit einem „Trick" behoben: ↑1 Im Sockel jeder Lampe ist ein kleiner Heißleiterwiderstand (NTC-Widerstand) eingebaut. Durch ihn fließt nur ein kleiner Strom, solange der Glühdraht unversehrt ist; der kalte Heißleiter hat nämlich einen sehr großen Widerstand.

Brennt der Glühdraht einer Lampe durch, so erlöschen zunächst auch die anderen Lampen, leuchten aber einen Augenblick später wieder auf.

Der Stromkreis ist ja nicht unterbrochen, denn die beiden Anschlüsse der schadhaften Lampe sind durch den Heißleiter verbunden. Infolge seines hohen Widerstands wird aber die Stromstärke erst einmal so gering, dass alle Lampen ausgehen. Da der Widerstand des kalten Heißleiters viel größer ist als die Widerstände der Glühdrähte, liegt praktisch die ganze Netzspannung am Heißleiter. Der Strom durch den Heißleiter ist jetzt größer als bei intaktem Glühdraht. Daher erwärmt sich der Heißleiter und sein Widerstand wird kleiner. Die Folge ist, dass die Stromstärke wieder ansteigt und die übrigen Lampen aufleuchten. ◀

Aus der Technik Kochplatten mit 7-Takt-Schaltung

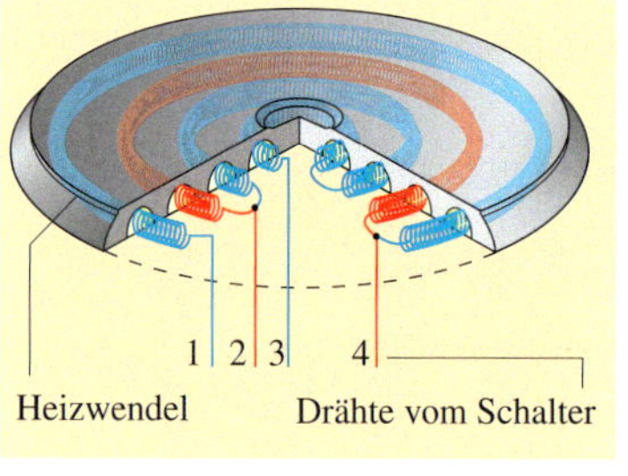

2 Aufbau der Kochplatte

Gemüse wird „bei geringer Hitze" gegart, die Energiezufuhr ist dabei gering. Um Teewasser schnell zum Kochen zu bringen, muss man pro Sekunde viel mehr Energie zuführen.

Bei vielen Elektroherden lässt sich die Energieabgabe der Kochplatte in sieben Stufen verändern. ↑2 Dafür genügen drei Heizdrähte! Je nach Schalterstellung sind sie unterschiedlich geschaltet. ↑3 Die Heizdrähte sind als Widerstände R_1, R_2 und R_3 dargestellt. Mit dem Wählschalter werden die Anschlüsse 1 bis 4 unterschiedlich mit dem Netz verbunden.

Es ist leicht einzusehen, warum die Platte bei Stufe 2,5 mehr Energie pro Sekunde abgibt als bei Stufe 2. Bei Stufe 2 liegt die Netzspannung am Heizdraht R_3. Bei Stufe 2,5 schaltet man R_2 parallel zu R_3. Dadurch ändert sich die von R_3 pro Sekunde umgesetzte Energie nicht, es kommt aber die von R_2 hinzu.

Kaum schwieriger ist der Vergleich der Stufen 1 und 1,5. Bei Stufe 1 sind R_2 und R_3 in Reihe geschaltet: $R_{ges} = R_2 + R_3$. Bei Stufe 1,5 ist der Widerstand kleiner, es ist ja nur R_2 angeschlossen. Da die Spannung jeweils gleich groß ist, sind bei Stufe 1,5 Strom und umgesetzte Energie größer.

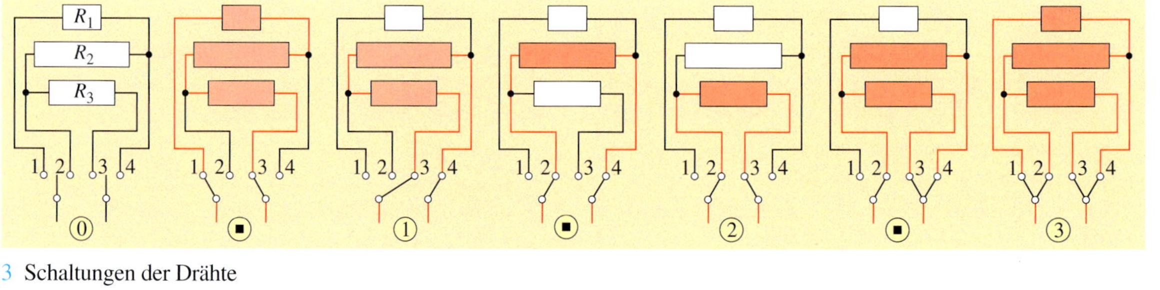

3 Schaltungen der Drähte

Experimente

1 ▶ Verschiedene Widerstände beim Menschen

Wie schwer ein Elektrounfall verläuft, hängt nicht nur von der Spannung ab, sondern auch vom elektrischen Widerstand des Menschen. Man unterscheidet dabei zwischen Übergangs- und Körperwiderständen. ↑4 Wie groß sind sie?

a Ermittle mit einem Widerstandsmessgerät (oder mit einer 1,5-V-Batterie und einem Stromstärkemessgerät) deinen Körperwiderstand für die Stromwege „Hand–Hand" (von einer Hand über die Schultern zur anderen Hand; Hände trocken), „Hand–Fuß" sowie „Kopf–Fuß".

b Miss den Übergangswiderstand „Schuhsohle–Boden" für verschiedene Sohlen und Böden (Steinfliesen, Teppich, Rasen …; trocken, feucht …).

c Körper- und Übergangswiderstand des Menschen sind in Reihe „geschaltet". Bei Elektrounfällen mit der Steckdose kommt der Stromweg „Hand–Fuß" am häufigsten vor: Berechne für verschiedene Übergangswiderstände, wie groß der Gesamtwiderstand des Menschen ist und welche Stromstärken auftreten.
Welche Stromstärken sind bei einem „Blitzschlag" (U = 1 000 000 V) zu erwarten? ◀

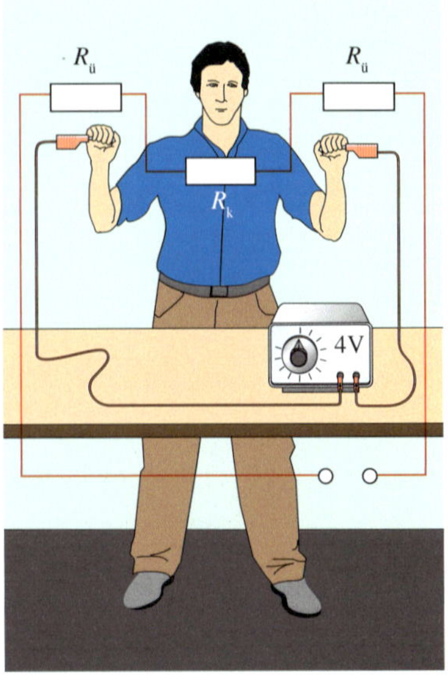

4 Mensch als elektrischer Leiter

GRUNDLAGEN: Elektrounfall – Stromstärke begrenzen

▶ Wie gefährlich ein elektrischer Strom durch den menschlichen Körper ist, hängt ab:
- vom Weg, den die Ladung durch den Körper nimmt,
- von der Stromstärke und von der Einwirkungsdauer. ↑5

Die elektrische Stromstärke wird durch die Spannung und den elektrischen Widerstand des Menschen bestimmt. Er setzt sich aus Körper- und Übergangswiderständen zusammen, die in Reihe „geschaltet" sind. Ihr Gesamtwiderstand ist immer größer als der Körperwiderstand. Ein hoher Übergangswiderstand kann beim Elektrounfall wesentlich dazu beitragen, die Stromstärke im menschlichen Körper zu begrenzen! ◀

Übrigens

Körperwiderstände

Hand–Hand	ca. 650 Ω
Hand–Fuß	ca. 1300 Ω
Hand–Füße	ca. 975 Ω
Hände–Füße	ca. 650 Ω

Bereich	Stromstärke	Auswirkung auf den Menschen (bei einer Einwirkungsdauer von 1 s)
1	bis 0,5 mA	Ströme in diesem Bereich werden meistens nicht wahrgenommen (keine Schädigungen).
2	0,5 – 20 mA	Bei Stromstärken bis ca. 3 mA empfindet man ein „Kribbeln" in den Händen und Handgelenken. Sind die elektrischen Ströme größer, kommt es zu Verkrampfungen der Muskeln; das kann recht schmerzhaft sein. Es kann durch schreckhafte Bewegungen zu Stürzen und Verletzungen kommen. Möglicherweise kann man den Leiter schon nicht mehr loslassen.
3	20 – 50 mA	Die Verkrampfung der Muskeln wird unerträglich stark. Ein defektes Gerät, das mit der Hand umfasst wird, kann nicht mehr losgelassen werden. Bei größeren Stromstärken treten Herzunregelmäßigkeiten und Bewusstlosigkeit auf.
4	über 50 mA	Elektrounfälle in diesem Bereich führen häufig zum Tod, weil es zu Herzflimmern kommt: Die einzelnen Fasern des Herzmuskels ziehen sich unregelmäßig und ungleichmäßig zusammen. Die Pumpleistung des Herzens wird dadurch so gering, dass das Gehirn nicht mehr ausreichend mit Sauerstoff versorgt wird. Bewusstlosigkeit und Atemstillstand sind die Folgen. Der Sauerstoffmangel im Gehirn führt nach einigen Minuten zum Tod.

5 Gefährdungsbereiche bei Elektrounfällen

Sicher bei Gewitter

Verhaltensregeln bei Gewitter ↑1

- Vermeide es, die höchste Erhebung im Gelände zu sein.
- Bade nie bei Gewitter! Das Wasser zieht den Blitz nicht an, aber das Baden ist trotzdem lebensgefährlich (s. erste Regel).
- Suche Bodenmulden, Hohlwege oder Felsvorsprünge. Einigermaßen sicher bist du im Innern eines Walds, wenn du nicht zu nahe an einzelne Bäume herangehst. Auch unter Hochspannungsleitungen bist du in der Mitte zwischen zwei Masten gegen Blitze geschützt.
- Wenn in flachem Gelände einzelne Bäume stehen, hockst du dich mit einem Abstand von wenigstens 2 m zu Stamm und Astwerk unter einen Baum. Durch den nahen Baum bist du vor direktem Blitzschlag sicher. Durch den Abstand vermeidest du, dass ein Blitz aus dem Baum „abspringt". Die Hockstellung ist wichtig, damit bei einem nahen Blitzeinschlag keine Ladung vom Erdboden durch den einen Fuß und die Beine zum anderen Fuß fließt.
- Schutz vor Blitzen bieten Räume, die von Metall umschlossen sind: Autos, Waggons, Metallgondeln von Seilbahnen … In ungeschützten Holz- oder Steinhütten hockt man sich in die Raummitte.

1

2 Das Loch im Schuh entstand beim Blitzaustritt.

Widerstände beim Blitzschlag in einen Menschen

▶ Wie groß bei einem Elektrounfall die Stromstärke im menschlichen Körper ist, hängt nicht nur von der Spannung ab. Körperwiderstand und Übergangswiderstände können die Stromstärke im Unfallstromkreis entscheidend begrenzen.

Wann immer möglich, „wählt" der elektrische Strom den Weg des geringsten Widerstands: Wird beispielsweise ein Wanderer während eines Gewitters vom Blitz getroffen, so ist es für diesen kurzzeitigen Strom gelegentlich „günstiger", den Schuh der Person „zu verlassen", als den Übergangswiderstand Schuhsohle–Boden in den Stromkreis „einzubauen". ↑2 ◀

Blitzschlag ins Zelt

Der Mensch hat das natürliche Bedürfnis, sich vor Regen zu schützen. Steht ihm ein Zelt zur Verfügung, so wird er in der Regel darin Schutz suchen. Doch das kann zur Falle werden. Ein Test an der Technischen Universität München zeigte, dass Zelte bei Gewitter ziemlich gefährlich sind. Die im elektrischen Labor künstlich erzeugten Blitze schlugen immer in die oberste Zeltstange ein und sprangen dann auf die Versuchspuppe im Zeltinnern über. Schuld daran seien – so äußerten sich die Tester – die heute üblichen Plastikfüße der Zeltstangen, die verhindern, dass der Blitz in die Erde abgeleitet werden kann: Es fehlt der Blitzableiter. Nur wenn die Zeltstangen ohne Isolation tief im Boden stecken, besteht eine Chance, dass der Blitz ohne Gefahr für die Zeltinsassen abgeleitet wird.

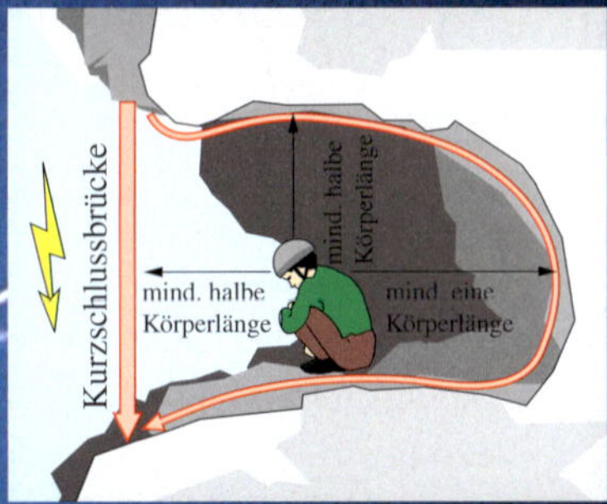

3

4

Die „Kurzschlussbrücke"

Wenn ein Bergsteiger in einer Felsnische Schutz vor einem Gewitter sucht, ist dies für ihn ähnlich gefährlich wie unter einem einzeln stehenden Baum. Ein Blitz, der in der Nähe einschlägt, folgt auf seinem Weg im Allgemeinen der nassen Felsoberfläche. An der Nische muss er einen „Umweg" nehmen. Befindet sich ein Mensch am Nischeneingang, so dient er dem Blitz als „Kurzschlussbrücke". ↑3

Aus diesem Grund sollte man sich bei Gewittern nach Möglichkeit nicht an Nischen- oder Höhleneingängen aufhalten und in einer Höhle wenigstens eine halbe Körperlänge nach oben Abstand haben (notfalls hinkauern).
Auch in Eingängen von Unterstandshütten und „Biwakschachteln" ↑4 oder am offenen Fenster kann der Mensch dem Blitz als Kurzschlussbrücke dienen.

1 *Schrittspannung* Informiere dich über die „Schrittspannung" im Zusammenhang mit Gewittern. Was versteht man darunter? Was ist das Gefährliche daran?

2 *Sicher bei Blitzgefahr* Beim Gewitter kann es zwischen Wolke und Erde zu Spannungen von mehreren Millionen Volt kommen. Gewaltige Ströme führen zu einem Ladungsausgleich. Den Blitz kannst du nicht verhindern – aber du kannst dich so verhalten, dass er seinen Weg nicht durch deinen Körper „wählt".
Erstelle mit anderen zusammen eine Internetseite über Verhaltensregeln bei Blitzgefahr. Bei Bedarf soll jeweils die Frage nach dem physikalischen Hintergrund erklärt werden. Es bietet sich also ein Arbeiten mit „Links" an.

Elektrische Energie und Leistung

Leistung, Spannung und Stromstärke

Wie im Gänsemarsch fahren die Kabinen der Kohlmaisgipfelbahn (bei Saalbach) zur Bergstation in 1793 m Höhe. ↑1
Wie viel Energie ist wohl für eine Bergfahrt erforderlich? Was müssen die Motoren leisten?

1 Potenzielle Energie aus elektrischer Energie

Elektrische Energie wird in mechanische Energie umgewandelt: Die Motoren der Seilbahn erhöhen bei der Bergfahrt die potenzielle Energie der Gondel. ↑1 Die Elektromotoren eines ICE vergrößern beim Beschleunigen die kinetische Energie des Zugs. ↑2
Elektrische Geräte sorgen aber nicht nur für mechanische Energie: Die zugeführte elektrische Energie wird beim Elektroherd ↑3 in innere Energie der Speisen umgewandelt, beim Flutlicht ↑4 für das Fußballfeld in Strahlungsenergie …
In allen Fällen bringt der elektrische Strom die elektrische Energie zu den Geräten, die sie dann in andere Energiearten umwandeln. Nötig ist dafür ein geschlossener elektrischer Stromkreis. Wie viel *Energie* in einer bestimmten *Zeit* übertragen und umgewandelt wird, hängt davon ab, wie groß *Spannung* und *Stromstärke* im Stromkreis sind. Welcher Zusammenhang besteht zwischen diesen Größen?

2 Kinetische Energie

3 Innere Energie

4 Strahlungsenergie

Aufgabe

1 ▶ *Elektrische Energie wird umgewandelt* Elektrische Geräte sind (fast) überall. Ihre Funktionsweise unterscheidet sich oft stark und kann ziemlich kompliziert sein. Betrachtet man sie aus Sicht der Energieumwandlungen, stellt sich die Lage viel einfacher dar.

a Stelle die Energieumwandlungen bei der Seilbahn, dem ICE, dem Herd und dem Flutlicht jeweils in einem Energieflussdiagramm dar.

b Gib zu jedem Energieflussdiagramm zwei weitere Elektrogeräte aus deinem Alltag an, bei dem die gleichen Energieumwandlungen ablaufen. ◀

Experimente

2 ▶ **Energie für eine Tasse Tee**
Claudia, Tim und Max treffen sich, um ein Referat zum Thema „Energiesparen" vorzubereiten. Tim hat für jeden eine Tasse grünen Tee zubereitet. Beim Teetrinken überlegen sie, wie teuer wohl die elektrische Energie für ihren Genuss war. Claudia meint, dass bestimmt eine Menge Energie beim Aufbrühen des Wassers verschwendet wurde. Ob sie wohl recht hat?

a In einem Versuch kannst du die elektrische Energie zum Wasserkochen bestimmen. ↑5 Dazu brauchst du eine Heizplatte und einen Kochtopf (oder Wasserkocher), ein Messgerät für elektrische Energie, ein Thermometer und 0,50 ℓ Wasser.
Baue den Versuch auf.
Miss die Wassertemperatur, bevor du die Heizplatte einschaltest. Erhitze dann das Wasser auf 85 °C (für grünen Tee muss es nicht kochen). Miss die elektrische Energie E_{el}, die dafür erforderlich ist.

b Wie teuer ist die zugeführte elektrische Energie ΔE_{el}?
Tipp: 1 kWh elektrische Energie kostet ungefähr 18 Eurocent.

c Und nun zu Claudias Meinung. Wenn die Temperatur von 0,50 ℓ Wasser um 1,0 °C steigt, nimmt seine innere Energie um 2,1 kJ zu. Um welchen Wert ΔE_i hat die innere Energie des Wassers beim Erhitzen zugenommen? Vergleiche sie mit der zugeführten Energie ΔE_{el}. Versuche dein Ergebnis zu erklären. ◀

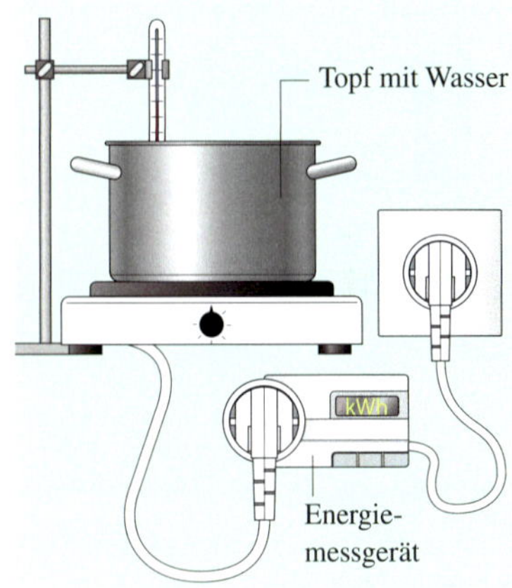

5

3 ▶ **Energie und Leistung bei der Spielzeugeisenbahn**
Die Motoren eines ICE leisten nicht immer gleich viel – bestimmt kannst du dir denken, bei welchen Anforderungen die Leistung „hochgefahren" wird. Wie sich dabei Spannung und Stromstärke verändern, darfst du natürlich nicht messen. Aber bei einer Spielzeugeisenbahn ist es erlaubt.

a Überlege, wie du die Umwandlung von elektrischer Energie in die mechanischen Energieformen bei der Spielzeugeisenbahn zeigen kannst. Baue dazu eine geeignete Fahrstrecke auf. Miss die zum Betrieb der Lok benötigte Spannung und Stromstärke sowie die elektrische Leistung des Transformators. ↑6 Kannst du einen Zusammenhang zwischen den drei Größen erkennen?

b Führe deine Versuche vor. Erläutere die Energieumwandlungen mithilfe von Energieflussdiagrammen. Formuliere deine Vermutung zum Zusammenhang zwischen Leistung, Spannung und Stromstärke. ◀

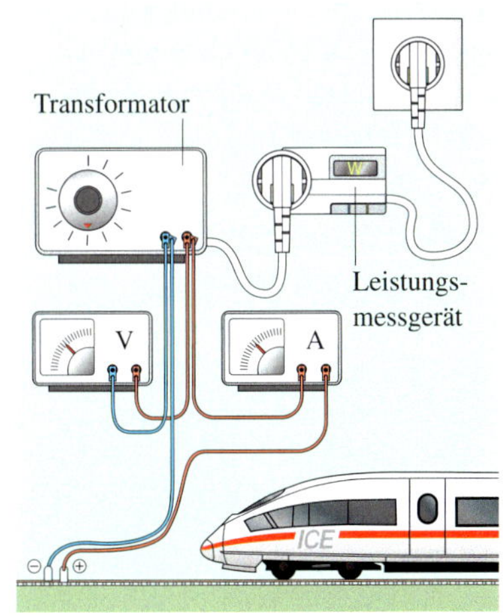

6

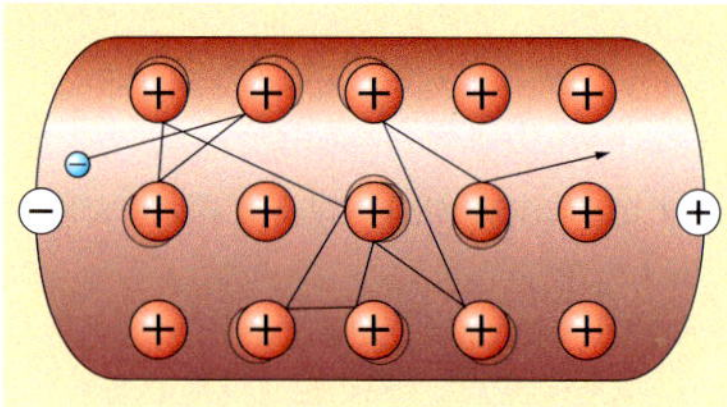

1 Bewegung eines freien Elektrons durch den Draht hindurch

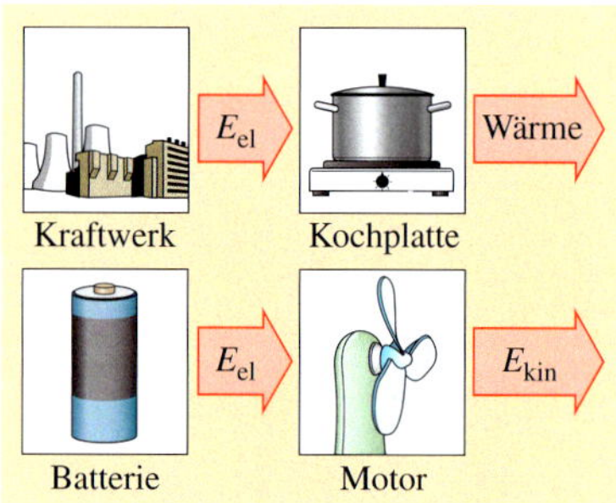

2 Umwandlung elektrischer Energie

GRUNDLAGEN: Bewegen und Erwärmen durch elektrische Energie

▶ Toaster, Wasserkocher, Backofen … Viele Heizgeräte wandeln elektrische Energie in innere Energie um. Wie kommt es dazu? Unser Modell des Elektronenstroms in einem Draht hilft bei der Erklärung. ↑1
Im geschlossenen Stromkreis bewegen sich die freien Elektronen im Draht zum Pluspol der elektrischen Energiequelle hin. Ihre potenzielle Energie wird dabei in kinetische Energie umgewandelt. Wenn sie gegen „Restatome" stoßen, geben die Elektronen kinetische Energie ab. Die „Restatome" schwingen dadurch heftiger an ihren Plätzen hin und her: Die Temperatur des Drahts steigt. Die Elektronen haben auch nach einem Stoß noch potenzielle Energie und setzen ihre Bewegung zum Pluspol hin fort. Dabei stoßen sie bald wieder gegen „Restatome". Infolge des Wechselspiels „Umwandlung potenzieller in kinetische Energie – Abgabe kinetischer Energie" wird fortlaufend Energie in innere Energie umgewandelt. Sie stammt letztlich aus der elektrischen Energiequelle.
Bei Elektromotoren, wie z. B. in Bohrmaschinen, Handmixern oder Spielzeuglokomotiven, soll die elektrische Energie in kinetische Energie der Körper umgewandelt werden. ↑2 Dass sich die Motoren dabei auch erwärmen, ist ein unerwünschter Nebeneffekt. ◀

GRUNDLAGEN: Elektrische Energie und Leistung

▶ Die Leistung gibt in der Physik an, wie viel Energie pro Sekunde umgesetzt wird. In Kurzform: $P = \frac{\Delta E}{\Delta t}$.
Wird elektrische Energie in einem Motor, Heizdraht … umgewandelt, so sprechen wir von elektrischer Leistung. ◀ Wie sie von der Spannung und der Stromstärke abhängt, können wir aus zwei früheren Ergebnissen ableiten – ganz ohne Versuch:

- Die von einem elektrischen Bauteil in der Zeit t umgesetzte elektrische Energie ΔE_{el} hängt von der (konstanten) Spannung U am Bauteil und der in dieser Zeit hindurchgeflossenen Ladung Q ab: $\Delta E_{el} = U \cdot Q$.
- Die Ladung Q ist gleich dem Produkt aus der (konstanten) Stromstärke I und der Zeitdauer Δt: $Q = I \cdot \Delta t$.

Wir setzen das Produkt $I \cdot \Delta t$ für die Ladung in die erste Gleichung ein und erhalten dann für die elektrische Energie: $\Delta E_{el} = U \cdot I \cdot \Delta t$.

Daraus folgt sofort für die elektrische Leistung: $P_{el} = \frac{\Delta E_{el}}{\Delta t} = U \cdot I$.

▶ **Die elektrische Leistung eines Bauteils ist gleich dem Produkt aus der Spannung am Bauteil und der Stromstärke:**
$P_{el} = U \cdot I$ (U, I konstant).
Die in der Zeitspanne Δt umgewandelte elektrische Energie beträgt:
$\Delta E_{el} = U \cdot I \cdot \Delta t$.

Die Einheit der Leistung ist 1 Watt (1 W). Für die elektrische Leistung gilt ganz speziell: $1\,\text{W} = 1\,\text{V} \cdot 1\,\text{A} = 1\,\text{VA}$.
Die elektrische Energie wird oft in Kilowattstunden (kWh) angegeben:
$1\,\text{kWh} = 1\,\text{kW} \cdot 3600\,\text{s} = 3600\,\text{kW} \cdot \text{s} = 3600\,\frac{\text{kJ}}{\text{s}} \cdot \text{s} = 3600\,\text{kJ}$
$1\,\text{kWh} = 3{,}6\,\text{MJ}$ ◀

Interessantes

Physiker arbeiten oft so ähnlich wie Detektive: Aus zwei verschiedenen Aussagen wird eine neue Vermutung abgeleitet. Und diese muss dann durch Beweise bestätigt werden.
Allerdings geht es in der Physik eher selten um Verbrechen. Die Aussagen und Vermutungen liegen oft als Gleichungen vor. Versuche liefern zum Schluss die Bestätigung. Das Vorgehen wird als *Deduktion* (lat. *deducere*: herleiten) bezeichnet.

Aus der Technik Elektrische Leistungen im Überblick

Elektrogerät	Leistung	Elektrogerät	Leistung
Armbanduhr (Quarz)	1 µW	Computermonitor (LCD)	60 W
Taschenrechner	300 µW	Farbfernsehgerät	100 W
MP3-Player	150 mW	Computer	170 W
Taschenlampe mit		Stereoanlage	200 W
LED	0,5 W	Handmixer	250 W
Glühlampe	1 W	Bügeleisen	1 kW
Zimmerleuchte mit …		Kochplatte	2 kW
Energiesparlampe	9 W	Waschmaschine	3 kW
Glühlampe	60 W	ICE	5 MW

Experimente

1 Lampen: gleiche Spannung – verschiedene Leistung
In der Physiksammlung gibt es viele verschiedene Lampen, die mit einer Spannung von 4,0 V betrieben werden sollen. Sie unterscheiden sich oft nicht nur in Form und Größe …

a Suche dir drei verschiedene Lampen für 4,0 V heraus. Um ihre elektrische Leistung zu bestimmen, schließt du sie nacheinander einzeln an ein Netzgerät an. ↑3 Stelle die Spannung jeweils so ein, dass das Messgerät 4,0 V anzeigt, und miss dann die Stromstärke. Berechne schließlich die elektrische Leistung der Lampe.

b Welche der Lampen leuchtet am hellsten?

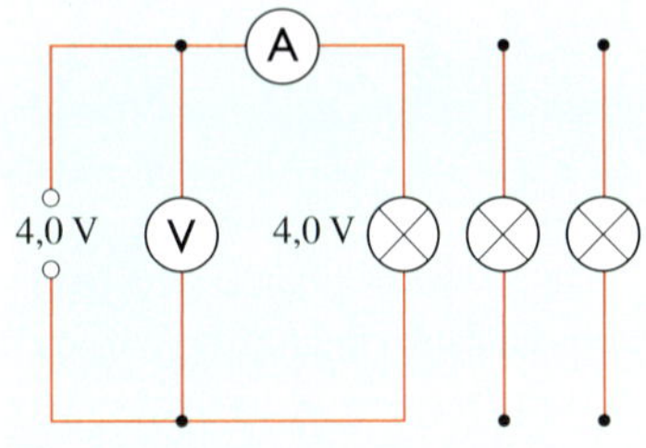

3 Leistungsbestimmung

2 ▶ Bestätigung: $P_{el} = U \cdot I$?
Um unsere Gleichung für die elektrische Leistung zu überprüfen, untersuchen wir, ob die folgenden Zusammenhänge gelten:
Gleiche Spannung, doppelte Stromstärke – doppelte Leistung.
Gleiche Stromstärke, doppelte Spannung – doppelte Leistung.
Als Leistungsanzeiger verwenden wir mehrere gleiche Glühlampen (4,0 V; 0,16 W). Je heller eine davon leuchtet, desto größer ist ihre Leistung. Leuchten zwei dieser Glühlampen genauso hell wie eine dritte, ist ihre Leistung zusammen auch doppelt so groß.

a Schließe eine Lampe an ein Netzgerät mit $U = 4{,}0$ V an. ↑4 Sie soll uns helfen, die Leistungen zu vergleichen. Wie groß ist die Stromstärke I?

b *Gleiche Spannung:* Schließe zwei Lampen parallel an ein zweites Netzgerät mit $U = 4{,}0$ V an. Ist ihre Leistung zusammen doppelt so groß wie die der einzelnen Lampe? Ist die Gesamtstromstärke I_p tatsächlich doppelt so groß wie I? (*Ergänzung:* Versuche mithilfe des Wassermodells zu erklären, weshalb I_p größer sein muss als I.)

c *Gleiche Stromstärke:* Schließe die beiden Lampen nun in Reihe an das Netzgerät an. Regle die Spannung U_r am Netzgerät so, dass in beiden Lampen die Betriebsstromstärke I vorliegt. Ist ihre Leistung zusammen doppelt so groß wie die der einzelnen Lampe? Miss die Spannung U_r: Ist sie doppelt so groß wie U? (*Ergänzung:* Versuche mithilfe des Wassermodells zu erklären, weshalb U_r größer sein muss als U.) ◀

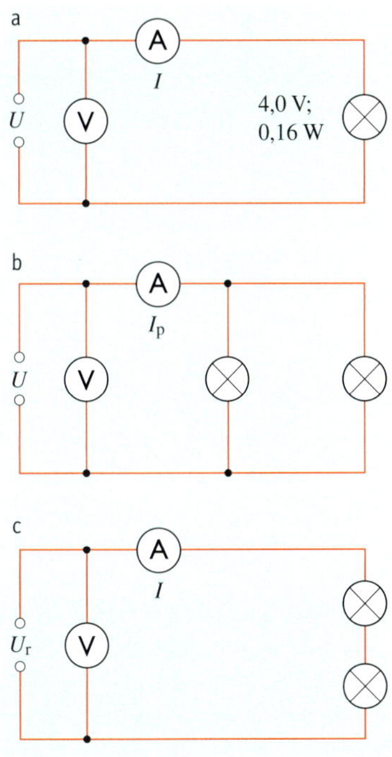

4 Stromstärke, Spannung, Leistung

Aufgaben

1 ▶ *Leistung, Spannung, Stromstärke* Wähle dir aus den Elektrogeräten im Überblick auf der vorigen Seite drei aus: je eines mit geringer, mittlerer und großer Leistung. Ermittle zu ihnen jeweils die elektrische Spannung und die Stromstärke. ◀
Tipp: Finde zunächst heraus, bei welchen Spannungen die Geräte betrieben werden.

2 ▶ *Lampenvergleich* Die Scheinwerferlampe eines Autos (12 V; 55 W) hat eine größere Leistung als eine Sparlampe (230 V; 18 W) im Haushalt. Ist bei größerer Leistung die Stromstärke größer? Begründe deine Antwort mithilfe einer Rechnung. ◀

▶ **Musteraufgabe:** Eine neue Schule wird gebaut, die Mauern sind schon bis in den 2. Stock „hochgewachsen". Mit einem Kran wird eine Palette mit 10 Zementsäcken nach oben gehievt. Ob die elektrische Energie dafür sehr teuer ist?

a Berechne, wie viel Energie der beladenen Palette mechanisch zugeführt wird.
Hinweise: Die Hubhöhe beträgt 4,0 m. Jeder Zementsack wiegt 50 kg und die Holzpalette 20 kg.

b Bei einem Wirkungsgrad von 100 % müsste dem Kranmotor genauso viel elektrische Energie zugeführt werden, wie er mechanisch abgibt. Tatsächlich beträgt der Wirkungsgrad $\eta = 92\,\%$. Berechne, wie viel elektrische Energie dem Kran beim Anheben zugeführt wird.

c Berechne den Preis für die zugeführte elektrische Energie (1 kWh kostet 18 Eurocent).

Lösung:

a Die mechanisch zugeführte Energie wird als Höhenenergie gespeichert.

$$\Delta E_{\text{h}} = m \cdot g \cdot \Delta h$$

$$\Delta E_{\text{h}} = 520\,\text{kg} \cdot 9{,}81\,\frac{\text{m}}{\text{s}^2} \cdot 4{,}0\,\text{m} = 20 \cdot 10^3\,\text{J} = 20\,\text{kJ}$$

Mechanisch zugeführte Energie: $\Delta E = 20\,\text{kJ}$

b $\eta = \dfrac{\Delta E_{\text{h}}}{\Delta E_{\text{el}}}$; $\Delta E_{\text{el}} = \dfrac{\Delta E_{\text{h}}}{\eta}$

$$\Delta E_{\text{el}} = \frac{20\,\text{kJ}}{0{,}92} = 22\,\text{kJ}$$

Zugeführte elektrische Energie: $\Delta E_{\text{el}} = 22\,\text{kJ}$

c Umrechnung der elektrischen Energie in kWh:
1 kWh = 3600 kJ; 0,006 kWh = 22 kJ
Kosten: 0,006 · 18 Eurocent = 0,1 Eurocent ◀

3 ▶ *Fliegt die Sicherung raus?* Eine Waschmaschine mit einer elektrischen Leistung von 3,3 kW soll an eine Steckdose angeschlossen werden, die mit einer 10-A-Sicherung abgesichert ist. Was meinst du: „Fliegt" die Sicherung heraus? Begründe deine Antwort mithilfe einer Rechnung. ◀

4 ▶ *Geschützte LED* Uli möchte für seine Spielzeugeisenbahn eine LED an eine 9-V-Batterie anschließen. Dem Datenblatt zur LED entnimmt er, dass der Betrieb bei einer Stromstärke von 30 mA eine Spannung von 3,6 V erfordert. Er will daher einen zusätzlichen Widerstand in seine Schaltung einbauen, um die LED zu schützen.

a Zeichne die Schaltung auf (Schaltskizze).

b Berechne den Wert R_s des Schutzwiderstands.

c Auch im Schutzwiderstand wird elektrische Energie umgewandelt. Was meinst du: Ist die elektrische Leistung der LED größer als die des Schutzwiderstands? Begründe deine Antwort mithilfe einer Rechnung. ◀

5 *Welche Lampe leuchtet heller?* Zwei Glühlampen mit den Leistungsangaben „15 W" und „100 W" werden in Reihe geschaltet und an die Netzspannung angeschlossen.

a Zeichne eine Schaltskizze der Schaltung.
Bitte deinen Physiklehrer die Schaltung aufzubauen. Leuchtet die Lampe mit der größeren Leistung heller?

b Erkläre das Versuchsergebnis mithilfe einer Rechnung.

6 *Kranleistung* Auf der Baustelle hebt ein Kran eine Palette mit Zementsäcken in den 2. Stock (s. Musteraufgabe). Dafür benötigt er nur 8,0 s! (Zum Vergleich: Stell dir vor, du müsstest 30 Limonadenkästen in den 2. Stock schleppen.)
Wie groß ist die elektrische Leistung des Krans?

7 ▶ *Heißwasser* Mit einem Wasserkocher (230 V) wird 1,0 ℓ Wasser in 6,0 min von 20 auf 95 °C erhitzt. Der Wirkungsgrad des Geräts beträgt 90 %.

a Berechne die elektrische Energie, die dem Wasserkocher zugeführt wird.
Hinweis: Um 1,0 ℓ Wasser um 1 °C zu erwärmen, braucht man eine Energie von 4,2 kJ.

b Wie groß ist die Stromstärke im Wasserkocher?

c Berechne die Leistung des Wasserkochers. ◀

Aufgaben

8 ▶ *Energiekosten* Bernhard hat sich einen neuen Staubsauger gekauft, der eine elektrische Leistung von 1200 W hat. Für einmal Staubsaugen in seiner Wohnung braucht er jetzt nur noch 5 Minuten. Wie teuer ist wohl die elektrische Energie dafür (1 kWh kostet 0,18 €)? ◀

9 ▶ *Elektrische Energie für die Schule* Eine Schule mit 980 Schülern und Lehrern an einem Märztag: Der zeitliche Verlauf der elektrischen Leistung gleicht einem Gebirge aus Bergen und Tälern. ↑1 Wie kommt es zu dem Auf und Ab? Wie viel elektrische Energie wird an diesem Tag umgesetzt?

a Erkläre den Verlauf der Leistungskurve zwischen 7 und 13 Uhr.

b Schätze ab, wie viel elektrische Energie der Schule zwischen 7 und 13 Uhr zugeführt wird.
Tipp: Die Fläche „unter" der Leistungskurve ist ein Maß für die zugeführte elektrische Energie. (Etwas Ähnliches hast du schon bei der Spannenergie auf S. 28 kennen gelernt.)

c In der Zeit von 13.15 bis 15.00 Uhr fand auch Schwimmunterricht statt. Wodurch wird wohl die Leistungsspitze verursacht?

d Unabhängig von den Aktivitäten in der Schule findet ständig eine Grundversorgung mit elektrischer Energie statt. Die zugehörige Leistung bezeichnet man als „Grundlast".
Entnimm dem Diagramm die „Grundlast" und berechne die elektrische Energie für die Grundversorgung der Schule an diesem Märztag.

e Am Abend wird eine Theateraufführung in der Aula gegeben. Wie viel elektrische Energie wird zusätzlich zur Grundversorgung umgesetzt?

f Informiere dich, wie das Elektrizitätsunternehmen die Kosten für die elektrische Energie berechnet, mit der deine Schule versorgt wird. Wie viel zahlt die Schule monatlich für elektrische Energie? Schlage Maßnahmen für den Betrieb von elektrischen Geräten in der Schule vor, um die Kosten möglichst deutlich zu senken. ◀

10 ▶ *Ganz vergessen …* Max schaltet beim Abstellen des Autos das Licht nicht aus! Ob die Autobatterie am nächsten Morgen „platt" sein wird?
Hinweise: Die Autobatterie mit den Betriebsdaten „12 V; 44 Ah" ist voll aufgeladen. Die Scheinwerferlampen haben eine Leistung von je 55 W, die Rückleuchten von je 6 W. Zwischen Abstellen des Autos und dem Neustart vergehen 10 Stunden. ◀

11 ▶ *Energiegewinner* Ein ICE bremst von $120\,\frac{\text{km}}{\text{h}}$ auf $80\,\frac{\text{km}}{\text{h}}$ ab, um durch den Bahnhof von Blankenfelde zu fahren. 70 % der kinetischen Energie, die der Zug dabei abgibt, werden in elektrische Energie zurückverwandelt und ins Stromnetz der Bahn „eingespeist".

a Stelle die Energieumwandlungen beim Abbremsen in einem Energieflussdiagramm dar.

b Berechne die mechanische Energie, die während des Bremsens umgesetzt wird.
Hinweis: Die Masse des Zugs beträgt 840 t.

c Wie viel elektrische Energie wird gewonnen?

d Wie groß ist die mittlere elektrische Leistung beim Abbremsen? Mit welcher Stromstärke wird die elektrische Energie ins Netz übertragen?
Hinweise: Der Bremsvorgang dauert 15 s. Die Spannung im Netz der Bahn beträgt 15 kV. ◀

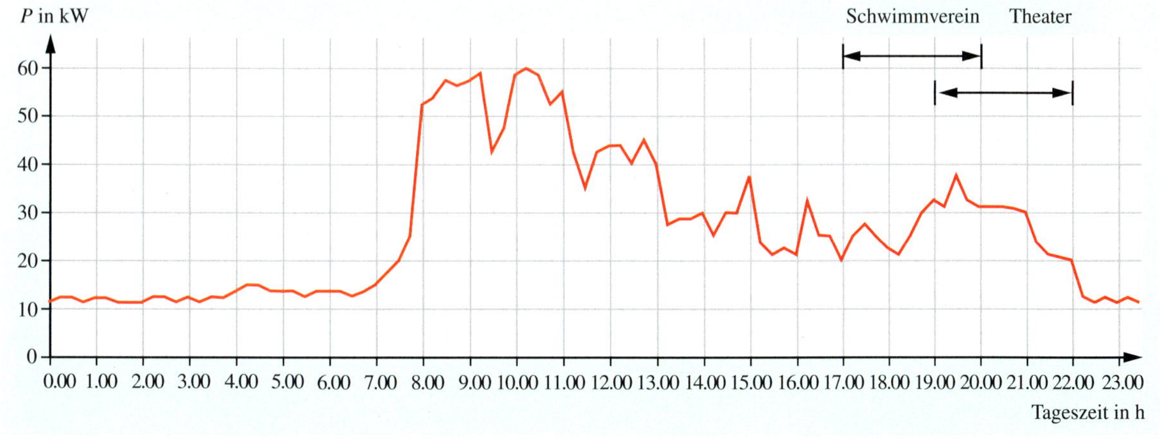

1 Elektrische Leistung bei einer Schule

Physik erlebt

Elektrische Energie bei uns zu Hause[V]

Elektrogeräte fehlen in keiner modernen Wohnung. ↑1 Sie sind unentbehrliche Hilfen geworden, weil sie Zeit und Kräfte sparen. Über die elektrische Energie können wir praktisch zu jeder Zeit verfügen. In den letzten Jahren sind die Energiepreise allerdings deutlich gestiegen. Deshalb schaut man inzwischen genauer auf die Energiekosten der Geräte im Haushalt.

1 Viele fleißige Küchenhelfer

2 Vielfältige Produktinformationen

Augen auf beim Gerätekauf!
Bevor man sich z. B. einen Kühlschrank kauft, sollten nicht nur die Preise verglichen werden. ↑2
Je größer die elektrische Leistung des Geräts ist, desto höher wird die jährliche Energierechnung sein. Hinweise zur Leistung findest du auf jedem Typenschild. ↑3
Oft werden „Energieeffizienzklassen“ angegeben. ↑4 Dann sieht man auf einen Blick, wie gut ein Elektrogerät die elektrische Energie nutzt. Besonders gute Energienutzer bekommen ein „A“ (oder sogar ein „A^{++}“). Wenn ein Gerät dagegen fast doppelt so viel Energie für den gleichen Zweck benötigt, erhält es ein „G“.

3 Typenschild einer Waschmaschine

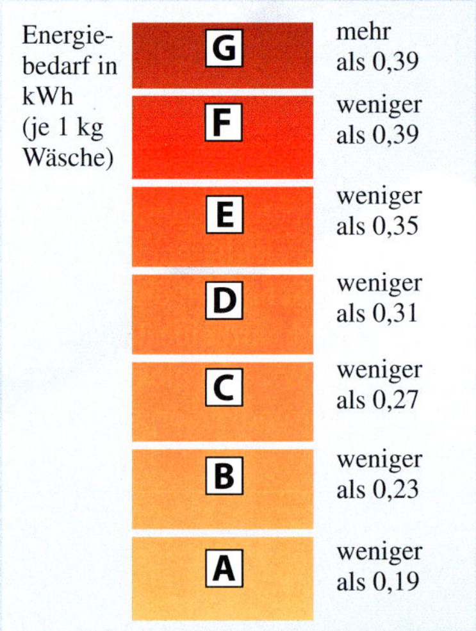

4 Energieeffizienzklassen bei Waschmaschinen

5 Zählerablesung

Anlage zur Rechnung vom 20.01.2005 für Kundennummer 108 — Seite 1

Strom	von	bis	Differenz	Menge	Preis	Betrag
Zeitraum	01.01.2004	31.12.2004	366 Tage			
Zählerstand	37.803	39.946	2.143			
Verbrauchspreis	01.01.2004	31.03.2004		604 kWh	10,32 Ct/kWh	62,33 EUR
Stromsteuer	01.01.2004	31.03.2004		604 kWh	2,05 Ct/kWh	12,38 EUR
Grundpreis	01.01.2004	31.03.2004		91 Tage	73,24 €/Jahr	18,21 EUR
Verbrauchspreis	01.04.2004	31.12.2004		1.539 kWh	10,52 Ct/kWh	161,90 EUR
Stromsteuer	01.04.2004	31.12.2004		1.539 kWh	2,05 Ct/kWh	31,55 EUR
Grundpreis	01.04.2004	31.12.2004		275 Tage	73,20 €/Jahr	341,37 EUR
Zähler Nr. 565	**Tarif: 10**	**Privat**	**Summe vom 01.01.2004 bis 31.12.2004**			
Gesamtverbrauch	2.143 kWh					
Vorjahresverbrauch	2.060 kWh		**Summe vom 01.01.2004 bis 31.12.2004**			**341,37 EUR**

6 Stromrechnung

Kilowattstundenzähler

▶ In jedem Haus befindet sich in der Hauptleitung, die vom Elektrizitätswerk kommt, (mindestens) ein elektrischer „Zähler". ↑5 Wenn ein Haushaltsgerät eingeschaltet wird, fließt Strom durch die Leitung und den Zähler. Die sichtbare waagerechte Scheibe wird dann infolge magnetischer Kräfte gedreht. Je höher die elektrische Leistung des eingeschalteten Geräts ist, desto schneller dreht sie sich: Beim Betrieb eines Elektroherds rotiert sie viel schneller als bei einer Energiesparlampe. Die Anzahl der Umdrehungen ist ein Maß für die umgesetzte elektrische Energie. Auf dem Typenschild des Zählers steht, wie viele Kilowattstunden während einer Umdrehung der Scheibe umgewandelt werden. Das Zählwerk rechnet die Anzahl der Umdrehungen in die genutzte elektrische Energie um und zeigt sie an. ◀

Stromrechnung

▶ Einmal jährlich erhält jeder Haushalt eine Stromrechnung vom Elektrizitätswerk. Mit „Strom" ist hier allerdings nicht der elektrische Strom gemeint, sondern die gelieferte elektrische Energie. Um die Rechnung zu erstellen, wird der Kilowattstundenzähler jährlich – möglichst immer am gleichen Datum – abgelesen. Anhand der Werte aus zwei aufeinanderfolgenden Jahren erstellt das Energieversorgungsunternehmen dann die Jahresabrechnung. ↑6

- Verbrauchspreis: Anzahl der umgesetzten Kilowattstunden multipliziert mit dem Preis für 1 kWh
- Grundpreis: Kosten für die Miete der elektrischen Leitung zum Haus und den Zähler
- Stromsteuer: Abgabe zur Finanzierung der erneuerbaren Energien (Wind- und Wasserkraftwerke, Solarzellen)

Zusammen mit der Mehrwertsteuer kostet 1 kWh elektrische Energie ungefähr 18 Eurocent. ◀

Energieumsätze im Haushalt

▶ In Deutschland benötigt ein 4-Personen-Haushalt jährlich eine elektrische Energie von drei- bis viertausend Kilowattstunden. Der Elektroherd und die Multimediageräte (Computer, Fernseher …) nehmen mit jeweils rund 20 % der zugeführten Energie die Spitzenpositionen ein. ↑7 Früher schaltete man Fernsehgeräte und Hi-Fi-Anlagen nur ein, wenn man etwas sehen oder hören wollte. Heute laufen sie im Stand-by-Betrieb, auch wenn man sie nicht braucht. ↑8 Dafür wird beim Videorekorder mehr Energie umgesetzt als für das Filmeschauen! ◀

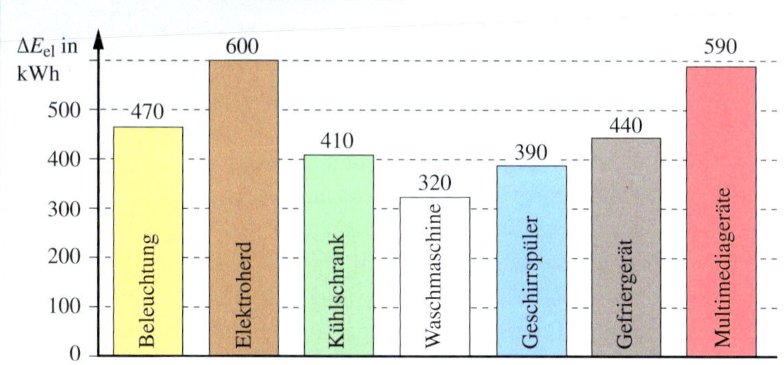

7 Jährliche Umsätze elektrischer Energie in einem 4-Personen-Haushalt

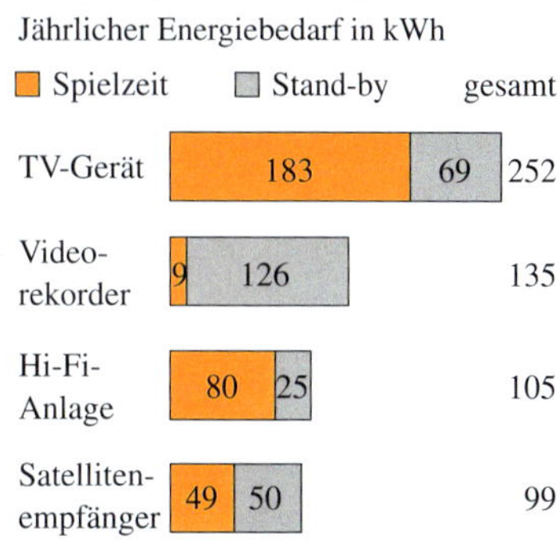

8 „Verborgene" Energieumsätze

Energieversorgung

Energiequellen und Energieversorgung

Die Sonne: Unaufhörlich schickt sie mit ihrer Strahlung gewaltige Energiemengen zur Erde. Ein Teil davon wird gespeichert: in Erdöl und Erdgas, Wind und fließendem Wasser. ↑2–5

Wie können wir die Sonnenenergie nutzen?

1

2

3

4

5

Die Sonne ist unsere wichtigste Energiequelle. ↑1 Sie erwärmt uns und unsere Häuser (besonders im Sommer). Aber damit noch nicht genug. Die Menschheit nutzt ihre Energie tagtäglich, indem sie

- Erdgas, Erdöl und Kohlen verbrennt. Die *fossilen Brennstoffe* entstanden schon vor vielen 100 Millionen Jahren aus Pflanzen, die mithilfe der Sonnenenergie gewachsen waren.
- Sonnenstrahlung, fließendes Wasser, Wind und Biomasse einsetzt. Diese *regenerativen Energiequellen* „sammeln" die Energie ein, die die Sonne unaufhörlich zur Erde schickt.

Besonders wichtig ist für uns die Versorgung mit elektrischer Energie. Sie wird überwiegend in Wärmekraftwerken gewonnen. Dazu werden entweder fossile Brennstoffe verbrannt oder „Kernbrennstoffe" (Uran, Plutonium …) umgewandelt.

Wie viel Energie wird weltweit und in Deutschland im Jahr umgesetzt? Werden Kohle, Erdöl und Erdgas bald zur Neige gehen? Welchen Anteil haben die regenerativen Energiequellen an unserer Energieversorgung? Wie funktionieren die verschiedenen Kraftwerke? … Fragen über Fragen, mit denen sich nicht nur Wissenschaftler und Politiker beschäftigen müssen, sondern die uns alle angehen. Einige Antworten und Informationen dazu wirst du auf den folgenden Seiten finden.

GRUNDLAGEN: Unsere Energieversorgung

▶ **Weltweit** Die Menschheit wandelt jährlich ungefähr 440 EJ Energie zum Heizen, Antreiben von Motoren, Beleuchten … um. Hinter „EJ" (Exajoule) verbergen sich 10^{18} J – eine gewaltige Energie!
Für die Energieversorgung werden verschiedene natürliche Primärenergieträger (lat. *prima:* die Erste) eingesetzt: ↑6 Kohle, Erdöl und Erdgas tragen den weitaus größten Teil bei.

Deutschland Hierzulande wurde im Jahr 2004 eine Energie von 14,4 EJ für die oben genannten Zwecke umgesetzt. Dazu wurden z. B.
- in Wärmekraftwerken fossile Brennstoffe oder Uran eingesetzt, um elektrische und innere Energie (zum Heizen) bereitzustellen;
- in Wind- und Wasserkraftwerken die mechanischen Energien von Wind und Wasser in elektrische Energie umgewandelt.

Den Hauptanteil an der Energieversorgung trugen fossile Brennstoffe. ↑7
Viel anschaulicher als der jährliche Primärenergieumsatz ist der „Pro-Kopf-Umsatz" pro Sekunde – also die Leistung. Dazu verteilt man den Primärenergieumsatz in jeder Sekunde statistisch gleichmäßig auf alle 82,5 Millionen Einwohner Deutschlands. Das Ergebnis lautet:

Für jeden von uns wird in jeder Sekunde eine Primärenergie von 5,4 kJ umgewandelt (Leistung: 5,4 kW).

Zum Vergleich: Deine körperliche Dauerleistung beträgt rund 0,1 kW.
Selten nutzen wir Energie direkt, meist geht eine Umwandlungskette voraus. Dabei wird stets Energie ungenutzt entwertet. So gehen in Kohlekraftwerken rund 60 % der zugeführten Energie als „Abwärme" verloren. Bei anderen Energieumwandlungen sind die „Verluste" geringer, sodass insgesamt rund zwei Drittel der umgesetzten Primärenergie – genauer: 9,2 EJ – genutzt werden. ↑8

Jeder von uns setzt in jeder Sekunde 3,5 kJ Nutzenergie um (Leistung: 3,5 kW). Daran hat die elektrische Energie einen Anteil von 0,7 kJ (0,7 kW).

In den Elektrizitätswerken muss pro Kopf eine „Generatorleistung" von fast 1 kW bereitstehen. Eine Großstadt mit 250 000 Einwohnern braucht ein Kraftwerk mit einer Leistung von mindestens 250 MW. ◀

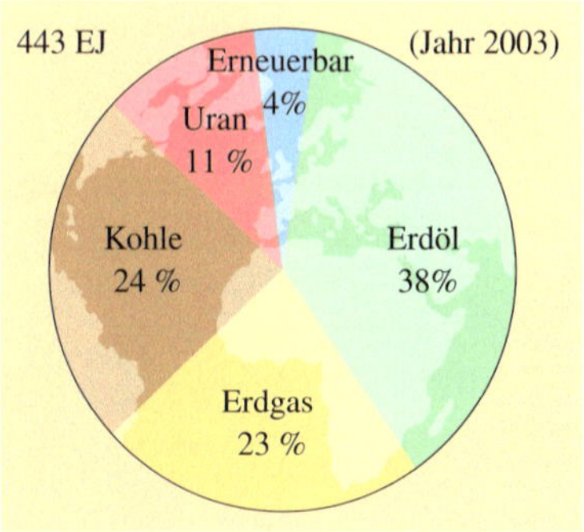

6 Primärenergieträger (weltweit)

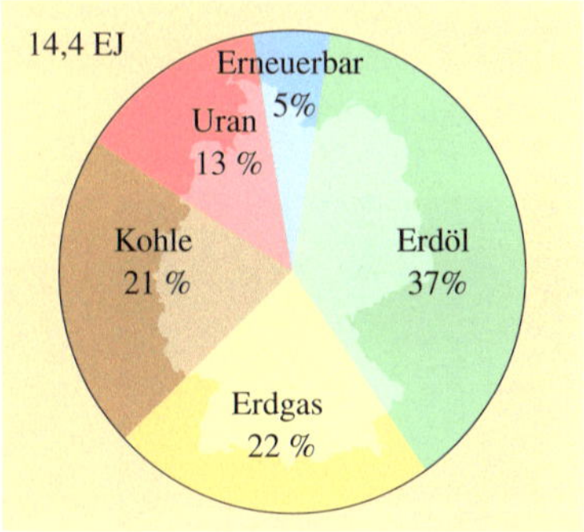

7 Primärenergieträger (Deutschland)

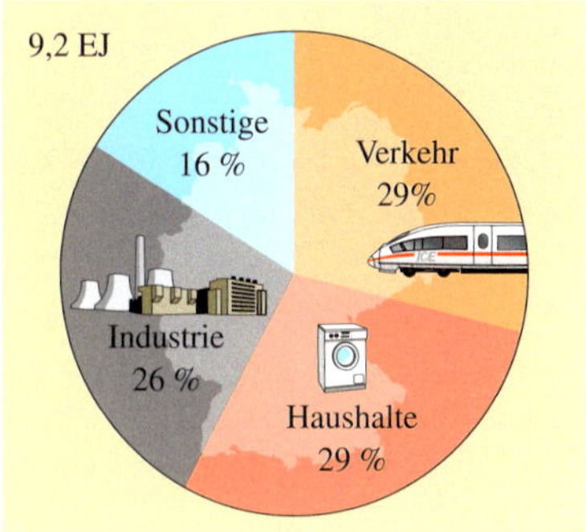

8 Energienutzer (Deutschland)

Aufgaben

1 ▶ *Energieversorgung Bayern* Besorge dir zu folgenden Punkten aktuelle Daten und präsentiere sie:
a Umsatz von Primär- und elektrischer Energie
b Standorte, Leistungen von Wärmekraftwerken (fossile Brennstoffe oder Uran)
c Standorte und Leistungen größerer Wind-, Wasser- oder Solarkraftwerke
d Export und Import von Primärenergieträgern ◀

2 ▶ *Energieproblematik* Die Primärenergieträger Kohle, Erdgas, Erdöl und Uran sind auf der Erde nicht unbegrenzt vorhanden. Informiere dich, wie lange wir voraussichtlich noch über sie verfügen können, wenn wir unseren gegenwärtigen Verbrauch beibehalten (Internetrecherche: „statische Reichweite der Energieträger").
Präsentiere deine Ergebnisse. ◀

GRUNDLAGEN: Aufbau eines Kohlekraftwerks

▶ Kohlekraftwerke ↑1, 2 erzeugen einen großen Teil unserer elektrischen Energie. Wie sie aufgebaut sind und welche Aufgaben die einzelnen Teile haben, wird im Folgenden beschrieben. ↑3–6

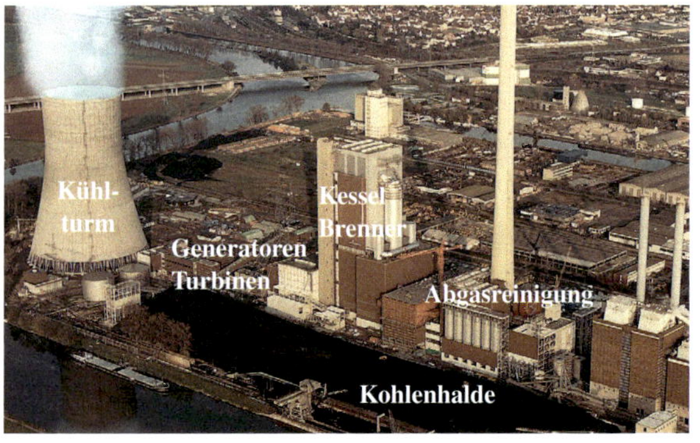

1 Kohlekraftwerk

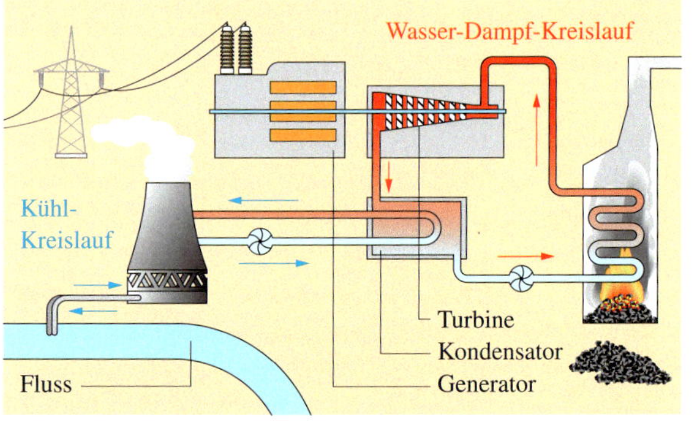

2 Kraftwerksschema

3 Im Kessel (bei der Wartung)

4 Turbine mit Welle

5 Generator

6 Kondensator

Im *Brenner* wird pulverisierte Kohle verbrannt, die Temperatur erreicht 1300 °C. Im 100 m hohen *Kessel* sind Rohrleitungen von 500 km Länge verlegt. ↑3 Das sie durchströmende Wasser wird verdampft und der Dampf auf 540 °C erhitzt.

Der heiße Dampf steht unter einem Druck von etwa 200 bar. Er prallt auf die schräg gestellten Schaufeln der *Turbine* und dreht das Turbinenrad. ↑4 Je nach Anlage dreht sich das Turbinenrad 12,5- oder 25-mal pro Sekunde, die Schaufelspitzen können dabei Überschallgeschwindigkeit erreichen! Der Dampf gibt so viel Energie an die Turbine ab, dass er hinterher nur noch 35 °C warm ist und einen Druck von 0,05 bar aufweist.

Die Turbine ist durch eine gemeinsame Welle mit dem *Generator* verbunden. ↑5 Bei einem 600-MW-Kraftwerk erzeugt er eine Wechselspannung von 21 kV. Die elektrische Energie wird durch dicke Metallschienen zum *Transformator* geleitet, der die Spannung z. B. auf 380 kV erhöht. Von dort beginnt die Reise der Energie zum „Verbraucher“.

Der Dampf gelangt in den *Kondensator*. ↑6 Durch Tausende von Rohren fließt Kühlwasser. An ihnen kühlt der Dampf weiter ab und kondensiert. Die Kondensationswärme gibt er an das Kühlwasser ab. Da der Dampf beim Kondensieren in sich „zusammensackt“, nimmt der Druck im Kondensator noch weiter ab. Das entstandene flüssige Wasser wird zum Kessel zurückgepumpt und nimmt dort wieder Energie auf. Der Wasser-Dampf-Kreislauf ist geschlossen. ◀

Aufgaben

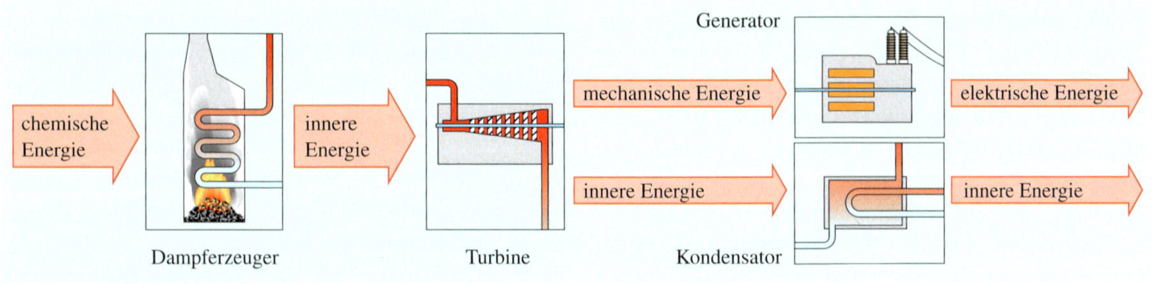

7 Energieumwandlungen im Kohlekraftwerk: Wie groß ist der Wirkungsgrad?

1 ▶ *Wirkungsgrad eines Kohlekraftwerks* Im Dampferzeuger wird chemische Energie in innere Energie des heißen Dampfs umgewandelt. ↑7 Der Dampf treibt die Turbine und diese den Generator an. Dabei wird nur ein Teil der zugeführten Energie in elektrische Energie umgewandelt. Der andere Teil heizt z. B. das Kühlwasser im Kondensator auf.

a Schätze anhand der folgenden Daten ab, wie nahe der Wirkungsgrad eines modernen Kohlekraftwerks an 100 % herankommt:
Das Kohlekraftwerk verbrennt bei einer Leistung von 600 MW in jeder Stunde 180 t Steinkohle. Beim Verbrennen von 1 t Steinkohle wird eine Wärme von 29,3 GJ abgegeben. Für den Betrieb der Kraftwerksanlagen müssen 50 MW „abgezweigt" werden.

b Je größer der Temperaturunterschied des Dampfs vor und nach Durchlaufen der Turbine ist, desto besser wird die innere Energie in elektrische Energie umgewandelt. Schlage zwei prinzipielle Möglichkeiten vor, wie man den Wirkungsgrad erhöhen könnte. ◀

2 ▶ *Kühltürme* Kohlekraftwerke sind an ihren oft mehr als 100 m hohen Kühltürmen zu erkennen. ↑8 Das im Kondensator erwärmte Kühlwasser wird durch sie hindurchgeleitet und dabei abgekühlt.

a Informiere dich, wie das Wasser im Kühlturm abgekühlt wird (es gibt verschiedene Möglichkeiten). Stelle den Aufbau und die Funktion eines Kühlturms anhand einer Zeichnung dar.

b Durch den Kondensator strömen in jeder Minute ca. 1000 m^3 Kühlwasser, das dabei um ungefähr 10 °C erwärmt wird. Die vom erwärmten Kühlwasser gespeicherte Energie gelangt über den Kühlturm in die Umgebung. Schätze ab, wie viel Energie (Wärme) in einer Stunde auf diese Weise abgegeben wird.
Vergleiche dein Ergebnis mit der elektrischen Energie, die das Kraftwerk bei einer Leistung von 600 MW in einer Stunde erzeugt. Was fällt dir auf? ◀

3 ▶ *Kernkraftwerke* Auch bei Kernkraftwerken wird innere Energie von Wasser(dampf) in elektrische Energie umgewandelt. Dazu wird allerdings nichts verbrannt.
Informiere dich über den Aufbau eines Kernkraftwerks. Stelle ihn anhand einer Zeichnung dar, die die wichtigsten Bauteile eines Kernkraftwerks enthält. Welche Aufgaben haben die einzelnen Bauteile? ◀

4 *Joule und Watt sind oft zu klein* In Zeitungen, Broschüren oder auf Internetseiten zur Energieversorgung findet man oft sehr große Maßeinheiten, die im Physikunterricht selten eine Rolle spielen: MW, GW, EJ, TWh, tSKE …

a Gib an, welche dieser Einheiten für Energien, welche für Leistungen benutzt werden. Was bedeutet „tSKE"?

b Rechne in MJ um: 1 TWh und 1 tSKE.

c Rechne um: 5,4 GJ in kWh; 16 Mio. tSKE in EJ; 150 EJ in tSKE; 26 Mrd. kWh in EJ.

8 Kühltürme – weithin sichtbar

Aus der Technik Wind- und Wasserkraftwerke

▶ **Wasserkraftwerke** Die Sonnenenergie hält den Wasserkreislauf mit Verdunstung, Kondensation in Wolken und Niederschlägen in Gang, durch den Wasser auch in hoch gelegene Gebiete transportiert wird. Die Höhenenergie dieses Wassers kann mithilfe von Kraftwerken genutzt werden.
Beispiel: Aus dem Walchensee stürzt Wasser mit hoher Geschwindigkeit durch große Rohre in den 183 m tiefer liegenden Kochelsee und treibt dabei Turbinen und Generatoren an. ↑1, 2 Der Walchensee dient als Energiespeicher. Wenn alle Turbinen laufen, können sie eine Stadt mit 150 000 Einwohnern mit elektrischer Energie versorgen.

Flüsse im Flachland strömen recht langsam. Da sie große Wassermengen transportieren, kann man trotzdem viel Bewegungsenergie „ernten". Laufwasserkraftwerke wandeln sie in elektrische Energie um.

Windkraftwerke Auch sie nutzen die Sonnenenergie indirekt, da Winde auf der unterschiedlichen Erwärmung von Luftmassen beruhen. Der vom Wind gedrehte Rotor treibt über eine gemeinsame Welle den Generator an. ↑3 Moderne „Windräder" haben eine Leistung von ca. 1,5 MW. Der Rotor kann einen Durchmesser von mehr als 60 m haben – das entspricht einem 20-stöckigen Hochhaus! ◀

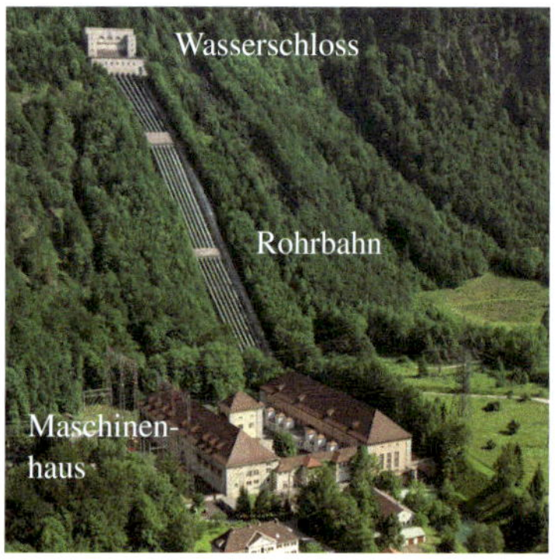

1 Walchenseekraftwerk

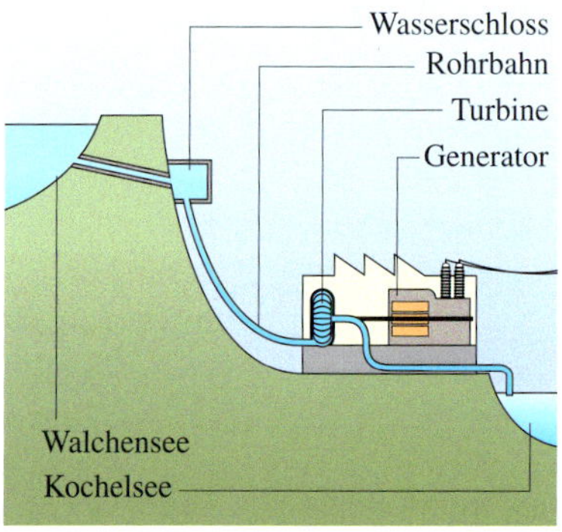

2 Aufbau des Kraftwerks

3 Windkraftwerke

Aufgaben

1 ▶ *Walchenseekraftwerk* Der Walchensee hat eine Fläche von 16,2 km^2. Er erhält sein Wasser aus dem Rissbach und der Isar. Ohne Ablaufmöglichkeit würde sein Wasserspiegel um 10 cm pro Tag ansteigen. Der Pegel wird aber konstant gehalten, indem man Wasser täglich rund 7 Stunden lang durch sechs Röhren 183 m tief zu den Turbinen des Kraftwerks und danach weiter in den Kochelsee strömen lässt.

a Zeichne ein Energieflussdiagramm für das Walchenseekraftwerk.

b Wie viel Wasser fließt während der Betriebszeit in jeder Sekunde durch die Turbinen?

c Beim Durchfließen der Rohre und Turbinen gehen von der Höhenenergie des Wassers 5 % in innere Energie über. Bestimme die kinetische Energie, die den Turbinen in einer Sekunde zugeführt wird.

d Der Wirkungsgrad der Generatoren beträgt 97 %. Berechne die elektrische Leistung während der Betriebszeit. ◀

2 ▶ *Windkraftwerke*

a Was verbirgt sich eigentlich in der „Gondel" einer Windanlage? Stelle ihren Aufbau und die Funktion mithilfe einer Zeichnung dar.

b Es gibt viele Typen von Windanlagen. Informiere dich über ihre „Kenndaten": Wie groß ist die maximale Leistung? Bei welchen Windgeschwindigkeiten werden sie eingesetzt? Wie teuer sind sie?

c Wo befinden sich in Bayern und in Deutschland größere „Windparks"? Was versteht man unter „Offshore-Windanlagen"? ◀

3 ▶ *Weitere regenerative Energiequellen* Sonnenenergie wird auch in Pflanzen gespeichert und lässt sich in Biogasanlagen nutzen. Auch die Energie im heißen Erdinnern sowie in den Gezeiten der Meere kann genutzt werden.
Informiere dich über eines der Themen: Biogasanlagen, Erdwärme- und Gezeitenkraftwerke. Bereite ein Referat dazu vor. ◀

Aus der Zukunft Die Wasserstoffwelt

▶ Erdöl, Erdgas, Kohle, Uran – sie bestimmen unsere Energieversorgung. Doch schon heute ist absehbar, dass das nicht mehr lange so weitergehen kann: Die Vorkommen an Erdöl, Erdgas und Uran werden voraussichtlich in weniger als 100 Jahren erschöpft sein. Nur die Kohle reicht vermutlich noch etwas länger.

Die Verbrennung fossiler Brennstoffe bringt noch ein zweites Problem mit sich: die Erzeugung riesiger Mengen an Kohlenstoffdioxid. Als „Treibhausgas" trägt es zur Erwärmung der Atmosphäre bei.

In letzter Zeit wird daher überlegt, wie sich die Energieversorgung auf Sonnenenergie umstellen ließe. Ein Hauptproblem dabei ist, wie man die Sonnenenergie speichern kann, sodass sie jederzeit und überall verfügbar ist. Ein Kandidat für die Energiespeicherung ist Wasserstoff: Wenn man Wasser in seine Bestandteile zerlegt, steckt in dem System aus Wasserstoff und Sauerstoff chemische Energie. Lässt man beide Gase wieder zu Wasser reagieren, kann man diese Energie nutzen.

Eine solare Wasserstoffwirtschaft könnte folgendermaßen aussehen: ↑4

- Man nutzt Sonnenenergie mithilfe von Solarzellen oder Windanlagen zur Erzeugung elektrischer Energie. (Mehr über Solarzellen erfährst du im Abschnitt „Batterien, Solarzellen, Brennstoffzellen".)
- Die elektrische Energie nutzt man, um Wasser in Wasserstoff und Sauerstoff zu spalten.
- Die Gase werden zum „Verbraucher" transportiert und in geeigneten Tanks gespeichert.
- Bei Bedarf stellt man daraus die gewünschte Energie bereit, etwa Wärme in Heizbrennern, kinetische Energie in Automotoren oder elektrische Energie in Brennstoffzellen (s. Abschnitt „Batterien, Solarzellen, Brennstoffzellen").
- Als Endprodukt entsteht jeweils Wasser oder Wasserdampf. ◀

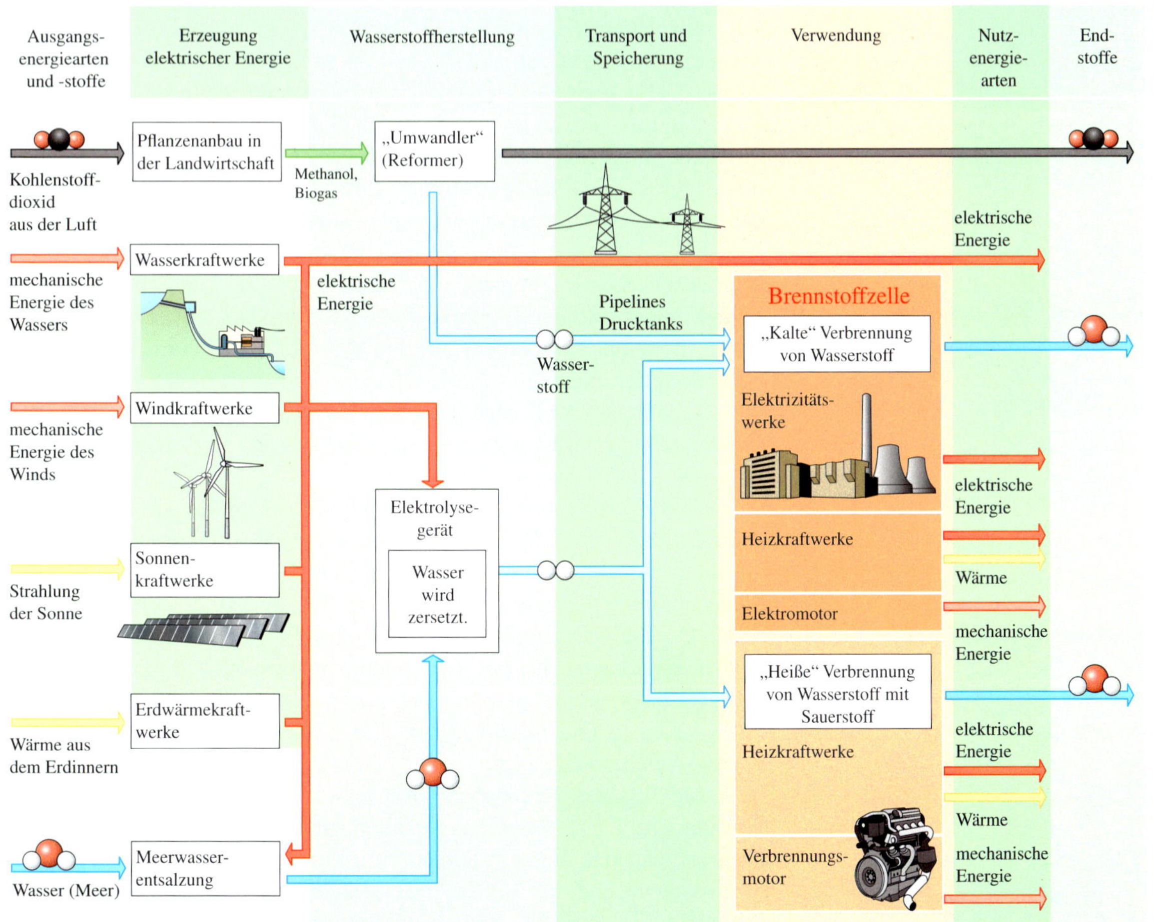

4 Energieversorgung der Zukunft?

Aus der Technik[V] Batterien, Solarzellen, Brennstoffzellen

▶ Batterien und wieder aufladbare Akkus haben eine lange Tradition. ↑1 Während Solarzellen inzwischen zum Alltag gehören, müssen sich Brennstoffzellen erst noch im Einsatz bewähren. ↑2, 3
Wie funktionieren eigentlich diese elektrischen Energiequellen?

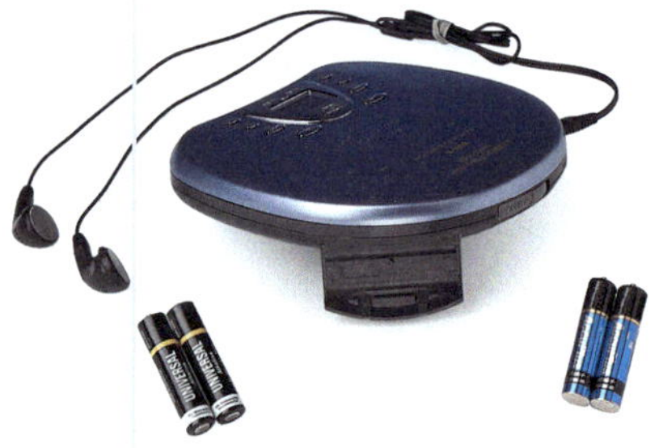

1 Elektrische Energie aus Batterien,

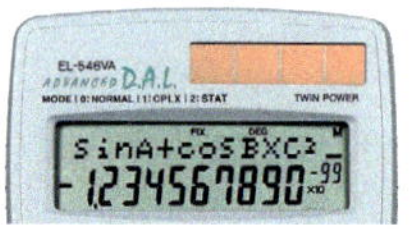

2 … Solarzellen und

3 … einer Brennstoffzelle

Batterien Eine typischer Vertreter ist die Zink-Braunstein-Zelle, auch „Zink-Kohle-Batterie" genannt. ↑4
Der Kohlestift in der Mitte ist von Braunsteinpulver umgeben, das das Metall Mangan enthält. Das Pulver ist mit einer leitenden Flüssigkeit, dem Elektrolyten, angefeuchtet. Ein Zinkbecher umschließt das Pulver. Der äußere Stahlmantel sorgt für Stabilität.
In dem System aus Zink, Elektrolyt und Braunstein steckt chemische Energie. Sie sorgt dafür, dass in der Zelle bei einer chemischen Reaktion Ladungen getrennt werden: Der Zinkbecher wird negativ geladen (Minuspol), das Braunsteinpulver und der Kohlestift positiv (Pluspol). Die Spannung zwischen den elektrischen Polen beträgt 1,5 V. Wenn ein elektrisches Gerät angeschlossen wird, werden in der Zelle fortlaufend weitere Ladungen getrennt, sodass der Strom in Gang gehalten wird.
Durch die chemische Reaktion löst sich der Zinkbecher auf und es entsteht eine „aggressive" Flüssigkeit (eine Säure). Damit sie den Stahlmantel der Zelle nicht zerstört, wird er durch eine Isolierung geschützt.

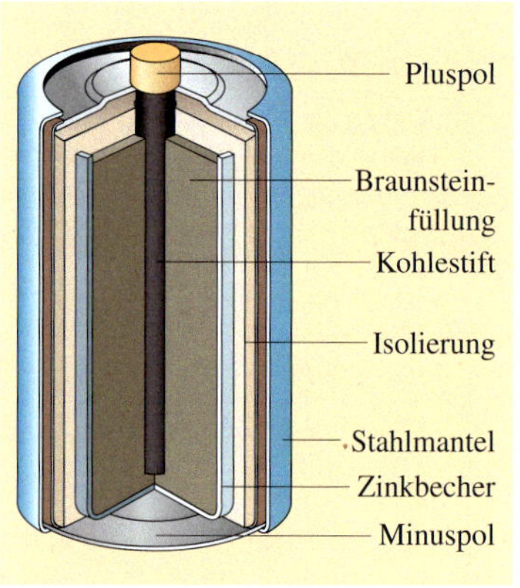

4 Zink-Braunstein-Zelle

Solarzellen Sie bestehen aus einer rund 0,3 mm dicken Siliciumschicht, die auf einem stabilen Trägerblech aufgetragen ist. ↑5 Auf der Siliciumschicht befinden sich Kontaktstreifen aus Metall. Silicium ist ein Halbleiter: Es leitet schlechter als Metalle, aber besser als Isolatoren.
Das „Geheimnis" der Solarzelle liegt im Aufbau ihrer Siliciumschicht. Bei der Herstellung wird sie gezielt mit verschiedenen Beimengungen versehen, sodass drei Teilschichten entstehen:

- Die Deckschicht ist hauchdünn (0,0002 mm), sodass sie Licht durchlässt. Die Beimengung bewirkt, dass in ihr freie Elektronen vorhanden sind. Man nennt sie deshalb auch n-Schicht (negative Ladungsträger).
- Die untere Teilschicht ist 0,3 mm dick. Eine andere Beimengung als bei der Deckschicht bewirkt, dass Elektronenlücken vorhanden sind, die sich ähnlich wie freie positive Ladungsträger verhalten. (Dieses Phänomen gibt es nur bei Halbleitern.) Man spricht von einer p-Schicht.
- Zwischen n- und p-Schicht bildet sich eine isolierende Grenzschicht ohne freie Ladungsträger.

Wenn die Solarzelle beleuchtet wird, setzt in ihrem Innern eine Ladungstrennung ein. Die Energie des einfallenden Lichts löst Elektronen in der Grenzschicht und in der p-Schicht von ihren Atomen. Die freigesetzten Elektronen „wandern" infolge der Schichtstruktur bevorzugt in die n-Schicht hinein. Dadurch wird diese negativ geladen, die p-Schicht positiv.

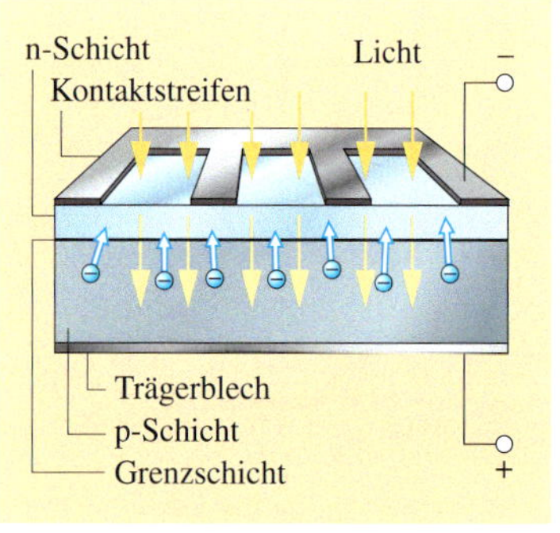

5 Solarzelle (vereinfacht)

Zwischen den Kontaktstreifen (Minuspol) und dem Trägerblech (Pluspol) misst man jetzt eine Spannung.
Der Wirkungsgrad von Solarzellen liegt bei 15 %.

Brennstoffzellen Wasser lässt sich unter Energiezufuhr in seine Bestandteile trennen: Wasserstoff und Sauerstoff. Diesen Vorgang bezeichnet man als *Elektrolyse*. In dem System aus voneinander getrenntem Wasserstoff und Sauerstoff steckt chemische Energie. Mithilfe einer Brennstoffzelle sorgt man dafür, dass sich Wasserstoff und Sauerstoff wieder zu Wasser verbinden und dabei ein Teil der chemischen Energie in elektrische Energie umgewandelt wird.
Der Laptop ↑3 wird durch eine PEM-Brennstoffzelle mit elektrischer Energie versorgt. Ihr Herzstück ist eine hauchdünne, elektrisch leitende Kunststoffmembran: die Polymer-Elektrolyt-Membran. ↑6 Sie trennt zwei Platinelektroden, die engmaschigen Netzen ähneln. Durch die eine Elektrode strömt Wasserstoffgas zur Membran hin, durch die andere Sauerstoffgas. Die Wasserstoffatome geben ihre Elektronen an die Elektrode ab, werden zu positiv geladenen Wasserstoff-Ionen und durchdringen die Polymer-Elektrolyt-Membran. Wenn sie mit Sauerstoffatomen zusammentreffen, reagieren sie zu Wasser. Dazu benötigen sie Elektronen: Diese werden der Elektrode auf der Sauerstoffseite entnommen. Zwischen der Elektrode auf der Wasserstoffseite (Minuspol) und der auf der Sauerstoffseite (Pluspol) misst man folglich eine Spannung.
Der maximale Wirkungsgrad von PEM-Brennstoffzellen liegt bei 80 %! ◄

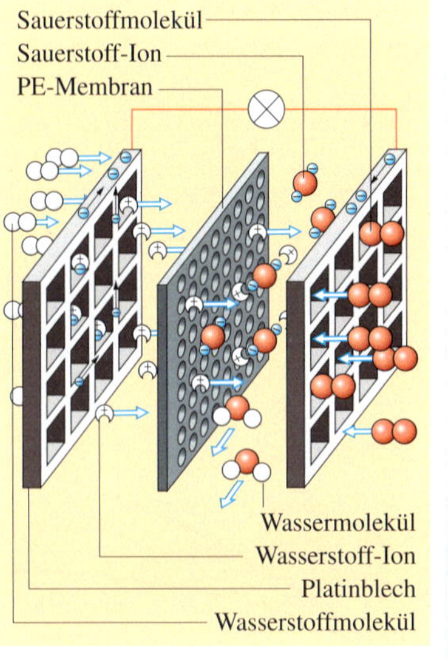

6 PEM-Brennstoffzelle in Betrieb (vereinfacht)

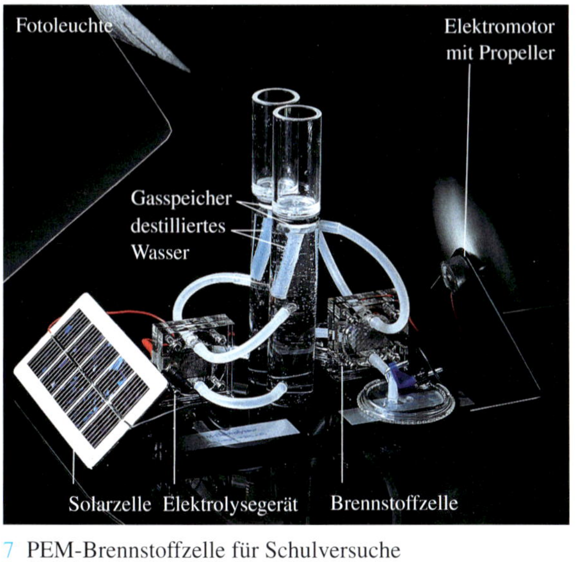

7 PEM-Brennstoffzelle für Schulversuche

Experiment

1 PEM-Brennstoffzelle[V]
Für Schulversuche gibt es kleine Brennstoffzellen. ↑7 Wasserstoff und Sauerstoff für ihren Betrieb werden durch Elektrolyse aus Wasser gewonnen. Elektrische Energiequelle ist eine Solarzelle.

a Beleuchte die Solarzelle. In dem einen Gasspeicher wird dann Sauerstoff aufgefangen, in dem anderen Wasserstoff. Was fällt dir auf?
Löse die Leitungen zur Solarzelle, wenn jeweils ca. 10 cm^3 Gas gespeichert sind.

b Verbinde nun die beiden Gasspeicher über die Schläuche mit den zugehörigen Seiten der Brennstoffzelle und schließe dann den Motor an. Kommt dein „Ventilator" richtig auf Touren?

c Überlege dir, wie du den Wirkungsgrad der ganzen Anlage bestimmen könntest: Wie lässt sich die zugeführte Energie bestimmen, wie die genutzte? Probiere deine Idee aus!

d Wenn du die Solarzelle direkt an den Motor anschließen würdest, wäre der Wirkungsgrad größer. Welchen Vorteil hat die Brennstoffzelle?

Auf einen Blick

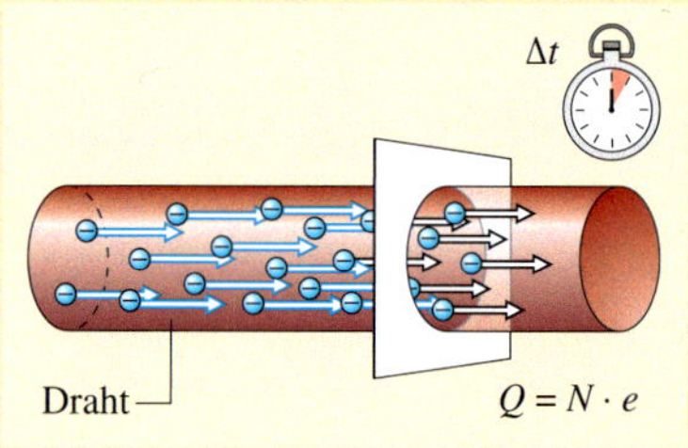

1 Stromstärke im Modell

Ladung, Stromstärke, Spannung Elektrische Ladungen sind (ganzzahlige) Vielfache der Elementarladung $e = 0{,}000\,000\,000\,000\,000\,000\,160\,22$ C. Die Ladung eines Elektrons ist so groß wie die Elementarladung.

▶ Die Stromstärke I an einer beliebigen Stelle eines Drahts ist gleich dem Quotienten aus der Ladung Q der Elektronen, die in der Zeitspanne Δt durch den Drahtquerschnitt an der Stelle hindurchströmen, und dieser Zeitspanne: $I = \frac{Q}{\Delta t} = \frac{N \cdot e}{\Delta t}$. ↑1

Die Spannung U an einer elektrischen Energiequelle gibt an, wie viel potenzielle Energie ΔE_{pot} pro Ladung Q zur Verfügung steht: $U = \frac{\Delta E_{pot}}{Q}$.

Die Spannung U an einem elektrischen Bauteil gibt an, wie viel potenzielle Energie ΔE_{pot} pro hindurchfließender Ladung Q umgesetzt wird. ◀

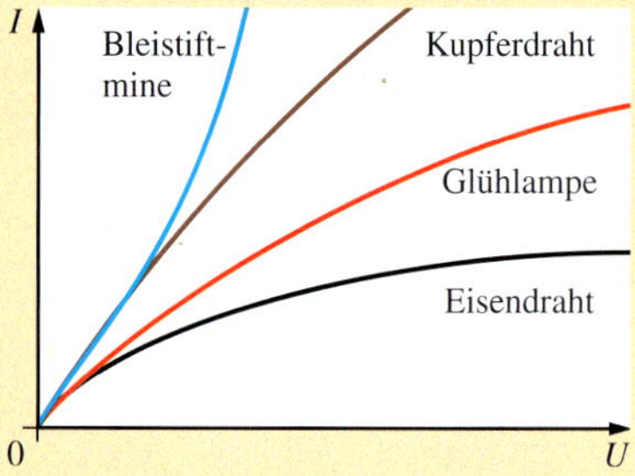

2 Kennlinien

Widerstände und Schaltungen ▶ Erhöht man die Spannung an Drähten oder Stäben aus verschiedenen Materialien, nimmt die Stromstärke zu – und meistens auch der Widerstand. ↑2 Die Widerstandszunahme lässt sich durch die Erwärmung der Leiter erklären: Bei höherer Temperatur schwingen die „Restatome“ in den Leitern heftiger hin und her, sodass sie die freien Elektronen auf ihrem Weg stärker behindern.

Bei konstanter Temperatur ist der Widerstand eines (metallischen) Leiters konstant. Es gilt: $\frac{U}{I} = R$ mit R = konstant (ohmsches Gesetz).

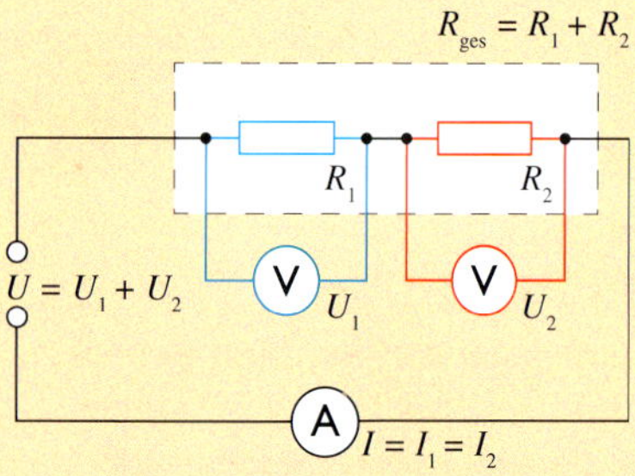

3 Gesetze der Reihenschaltung

Bei Reihenschaltungen von (Widerstands-)Bauteilen gilt: ↑3

- Die Summe der Einzelspannungen (Teilspannungen) an den Bauteilen ist gleich der Spannung an der Energiequelle: $U = U_1 + U_2 + \ldots$
- Die Stromstärke ist überall im Stromkreis, also auch in allen Bauteilen, gleich groß: $I = I_1 = I_2 = \ldots$
- Der Gesamtwiderstand ist gleich der Summe der Einzelwiderstände: $R_{ges} = R_1 + R_2 + \ldots$

Je größer der Widerstand eines Bauteils in einer Reihenschaltung ist, desto größer ist die Teilspannung an ihm.

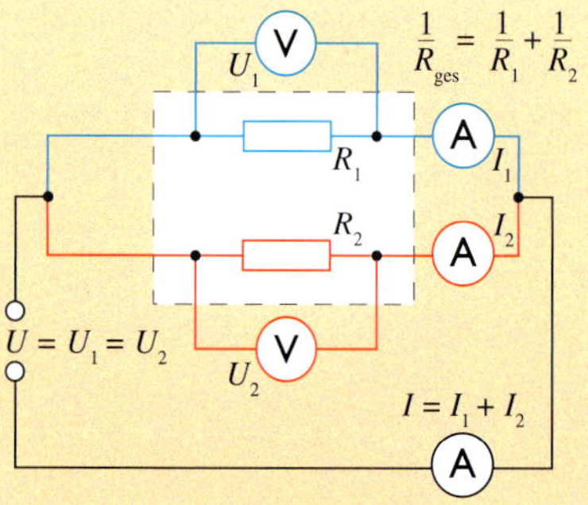

4 Gesetze der Parallelschaltung

Bei Parallelschaltungen von (Widerstands-)Bauteilen gilt: ↑4

- Die Summe der Einzelstromstärken (Teilstromstärken) in den Bauteilen ist gleich der Gesamtstromstärke: $I_{ges} = I_1 + I_2 + \ldots$
- Die Spannung ist an allen Bauteilen so groß wie an der Energiequelle: $U = U_1 = U_2 = \ldots$
- Der Kehrwert des Gesamtwiderstands ist gleich der Summe der Kehrwerte der Einzelwiderstände: $\frac{1}{R_{ges}} = \frac{1}{R_1} + \frac{1}{R_2} + \ldots$

Je kleiner der Widerstand eines Bauteils in einer Parallelschaltung ist, desto größer ist die Teilstromstärke in ihm.

Ist der Mensch Teil eines Stromkreises, wird die Stromstärke in ihm durch Spannung und Widerstand bestimmt. Körper- und Übergangswiderstände sind in Reihe „geschaltet“. Ein hoher Übergangswiderstand kann die Stromstärke im Körper wesentlich begrenzen! ◀

Elektrische Energie und Leistung ▶ Die elektrische Leistung P_{el} eines Bauteils gibt an, wie viel elektrische Energie ΔE_{el} es pro Zeitspanne Δt umwandelt. Die Leistung ist gleich dem Produkt aus der Spannung am Bauteil und der Stromstärke: $P_{el} = \frac{\Delta E_{el}}{\Delta t} = U \cdot I$ (U, I konstant).

Die in der Zeitspanne Δt umgewandelte elektrische Energie ΔE_{el} beträgt: $\Delta E_{el} = U \cdot I \cdot \Delta t$. Man gibt sie oft in Kilowattstunden an: 1 kWh = 3,6 MJ. ◀

Energieversorgung ▶ Die Menschheit wandelt jährlich rund $440 \cdot 10^{18}$ J Energie zum Heizen, Antreiben von Motoren, Beleuchten … um. Kohle, Erdöl und Erdgas sind die wichtigsten Primärenergieträger.

In Deutschland wird für jeden Einwohner eine Primärenergie von 5,4 kJ in jeder Sekunde umgewandelt (Leistung: 5,4 kW). Die in der gleichen Zeit umgesetzte Nutzenergie ist geringer: Sie beträgt für jeden Einwohner 3,5 kJ (Leistung: 3,5 kW). Der Anteil der elektrischen Energie daran liegt bei 0,7 kJ (0,7 kW), sie wird uns hauptsächlich von Wärmekraftwerken (Kohlekraftwerke, Kernkraftwerke …) zur Verfügung gestellt. ◀

Alles klar?

1 *Teilchenbeschleuniger im Wohnzimmer* In Fernsehgeräten mit Bildröhren werden Elektronen durch eine Spannung von 24 kV beschleunigt. Berechne die kinetische Energie eines Elektrons (in J, in eV).

2 *Erhitzen durch Kühlen?* Ein langer, dünner Eisendraht ist an eine Batterie angeschlossen und glüht. Kühlt man ihn in der Mitte mit einem Föhn ab, glühen die anderen Drahtstücke noch stärker. Erkläre das sonderbare Versuchsergebnis.

3 ▶ *Kennlinien* Skizziere die Kennlinien für einen Festwiderstand, einen Kalt- und einen Heißleiterwiderstand. Wie hängen Spannung, Stromstärke und Widerstand jeweils voneinander ab? ◀

4 ▶ *Kombinierte Schaltung* ↑5 Berechne die Stromstärken und Spannungen an den Widerständen. ◀

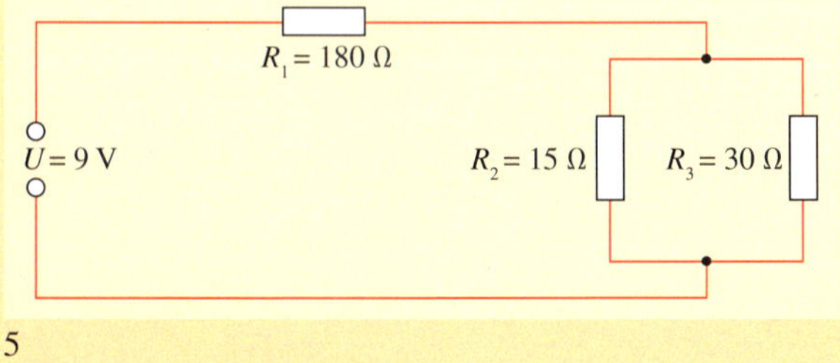

5

5 ▶ *Leistungsabsicherung* Die Sicherung im Haushalt unterbricht einen Stromkreis, wenn die Stromstärke 16 A überschreitet. Bis zu welcher Gesamtleistung dürfen Geräte in diesem Stromkreis angeschlossen werden? ◀

6 ▶ *Glühlampenwiderstand* Welche Haushaltsglühlampe hat eigentlich den größeren Widerstand – eine 40-W- oder eine 60-W-Lampe?

a Berechne beide Widerstände und vergleiche sie. In welcher Lampe ist die Stromstärke größer?

b Warum ist es nicht sinnvoll, von dem Widerstand einer Glühlampe zu sprechen? ◀

7 ▶ *Ausschalten!* Im Lehrerzimmer hält die Kaffeemaschine jeden Wochentag den Kaffee zwei Stunden lang warm. Wie viel Ersparnis würde eine Thermoskanne im Jahr bringen? *Hinweis:* Beim Warmhalten beträgt die Stromstärke 3,5 A. ◀

8 ▶ *Windenergie* Ein Windrad läuft mit einer mittleren Leistung von 880 kW. Kann es den elektrischen Energiebedarf eines Dorfs mit 948 Einwohnern decken? ◀

Check up

1 ▶ *Schaltung mit Widerstand* Versuchsweise soll ein elektrisches Bauteil (24 V; 60 W) mithilfe einer einfachen Schaltung mit 230 V betrieben werden. Der Elektriker hat dazu schon eine Idee: „Eigentlich müsste man doch nur einen geeigneten Festwiderstand …“

a Wie müssen Bauteil und Festwiderstand geschaltet werden? Zeichne die Schaltskizze.

b Berechne, welchen Widerstandswert der Festwiderstand haben muss.

c Im Betrieb wird elektrische Energie nicht nur im eigentlichen Bauteil, sondern auch im Festwiderstand umgesetzt (er erwärmt sich). Berechne die Leistung des Festwiderstands. Wie groß ist der Wirkungsgrad der Schaltung? ◀

2 ▶ *Nicht berühren!* Eine Kuh berührt mit ihrer Nase einen Weidezaundraht, die Spannung zwischen Draht und Wiese beträgt 50 V. Die Stromstärke in der Nase der Kuh hängt von verschiedenen Widerständen ab. ↑1 ◀

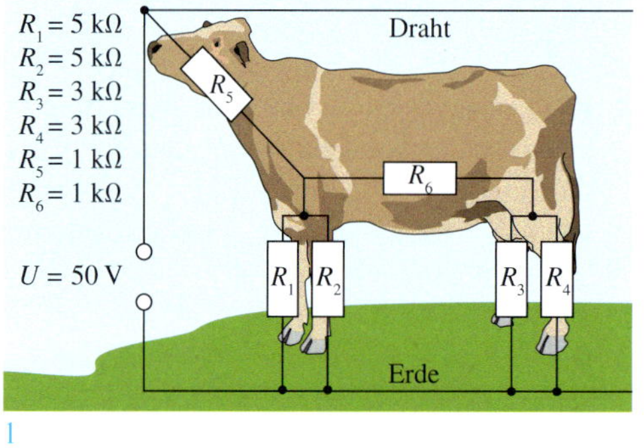

1

a Berechne den Gesamtwiderstand der Kuh und die Stromstärke in der Nase.

b Um die Kuh nicht zu verletzen, darf die Stromstärke in den Körperteilen kurzzeitig 25 mA nicht übersteigen. Wird dieser Grenzwert hier eingehalten? Begründe die Antwort. ◀

3 ▶ *Wasserenergie* An einem Wasserfall stürzen in jeder Sekunde 100 Liter Wasser in die Tiefe. Der Höhenunterschied beträgt 12 m. Wie viele 100-W-Lampen ließen sich mit der Höhenenergie maximal betreiben? ◀

4 ▶ *Warmwasser* 10 ℓ Wasser von 8,0 °C werden mit einem Tauchsieder (600 W) erhitzt.

a Nach 4 min ist das Wasser warm genug. Welche Temperatur erreicht das Wasser?

b Was kostet das Erwärmen (1 kWh: 0,18 €)? ◀

5 ▶ *Glühlampe kontra LED*

a Welche Taschenlampe leuchtet länger?
Eine Glühlampe (6,0 V; 0,6 A) wird mit 4 Akkus (1,5 V; 1,8 Ah) betrieben.
5 parallel geschaltete Leuchtdioden (0,1 W) werden mit einem Akku (1,8 Ah) betrieben.

b Wie viele Elektronen müsste man für eine Ladung von 1,8 Ah „zusammenlegen“? ◀

6 ▶ *Gleiche Stromstärke – gleiche Leistung?*
In einem Stromkreis mit einer Fahrradlampe und einer 6-V-Batterie werden 300 mA gemessen – genau wie bei einer 75-W-Lampe, die an die Steckdose angeschlossen ist.

a Berechne, ob auch die Leistungen gleich groß sind. Erkläre dein Ergebnis.

b Zeichne die beiden Stromkreise mit den Messinstrumenten als Schaltskizze. ◀

❯ Die Lösungen findest du im Anhang.

Schätze deine Kenntnisse und Fähigkeiten ein!

Ordne dazu deiner Lösung im Heft ein Smiley zu:
☺ Ich konnte die Aufgabe richtig lösen.
😐 Ich konnte die Aufgabe nicht komplett lösen.
☹ Ich konnte die Aufgabe nicht lösen.

Aufgabe	Fähigkeit	Hilfe findest du auf Seite …
1, 6	Elektrische Schaltungen nach Bedarf entwerfen und zeichnen.	184
1, 2, 5	Spannungen, Stromstärken und Widerstände bei Reihen- und Parallelschaltungen berechnen.	116, 117
3, 5, 6	Elektrische Energien und Leistungen berechnen.	124
3, 4	Energieprinzip anwenden.	126
6	Unterschiedliche Leistungen auf Spannungen und Stromstärken zurückführen.	124
5	Ladungen auf die Elementarladung zurückführen.	101

Aus dem Profilbereich

Druck

Druck in Gasen

Menschen, die bei Erdbeben den Einsturz ihrer Häuser überlebt haben, sind häufig unter Beton- oder Steinplatten in Hohlräumen eingeschlossen. Zum Anheben der Platten kommen Hebekissen zum Einsatz. ↑1 Sie werden mit der Pressluft aus einer Gasflasche aufgepumpt. Mit größeren Hebekissen kann man sogar Platten mit einem Gewicht von über 30 t so weit anheben, dass ein Mensch darunter hervorkriechen kann.

1 Kleines Hebekissen – große Wirkung

In einer Flasche mit Fertigsahne steckt viel Energie – und das nicht nur wegen der Kalorien! ↑2 In der Flasche ist nämlich auch ein Gas unter hohem Druck eingeschlossen. Öffnet man die Düse durch einen Fingerdruck, treibt das Gas die Sahne heraus und schäumt sie auf.
Manche Ingenieure träumen davon, Menschen in großen Kapseln, die Gewehrpatronen ähneln, durch riesige Rohrsysteme zu transportieren. ↑3 Die Kapseln sollen durch Druckluft beschleunigt werden. Wie stark müsste man dafür wohl die Luft zusammenpressen?
Bei Lawinensprengungen wird Luft durch den explodierenden Sprengsatz unter Druck gesetzt. Sie übt daraufhin so große Kräfte aus, dass sie sogar Schnee beiseiteschieben und so eine Lawine auslösen kann.
Wie hängen Druck, Kräfte und Energie bei Gasen zusammen?

2 Fertigsahne aus der „Druckflasche“

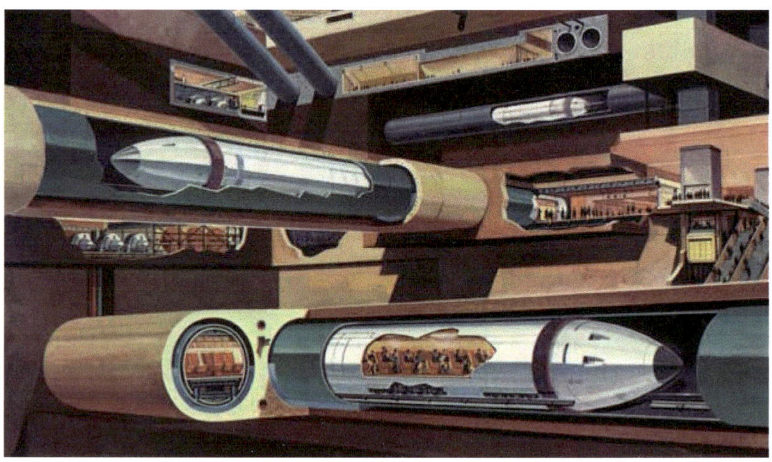

3 Röhrensystem zum Personentransport mit Druckluft (Vision)

Probier's mal!

1 Spritzenwettkampf

Bestimmt hast du schon einmal die Luft in einer Luftpumpe unter Druck gesetzt. Erstaunlicherweise kannst du mit dem linken Daumen auf dem Ventil der Kraft deines rechten Oberarms am Kolben das Gleichgewicht halten. Wie ist das möglich? Ein Versuch hilft dir bei der Erklärung und führt uns zur physikalischen Größe *Druck*.
Vorbereitung: Besorge dir z. B. in der Apotheke zwei leichtgängige Plastikspritzen mit verschiedenen Durchmessern. Entferne die Nadeln. „Schweiße" die Röhrchen mithilfe einer Flamme zusammen. ↑4
Tipp: Eine eingeschobene Stricknadel hält die Röhrchen offen.
Durchführung: Drücke mit den Daumen auf je einen der Kolben, sodass Gleichgewicht herrscht. Was beobachtest du?
Auswertung: Versuche deine Beobachtung zu erklären. Wie kommen die Kräfte zustande, die die Kolben nach außen treiben „wollen"?

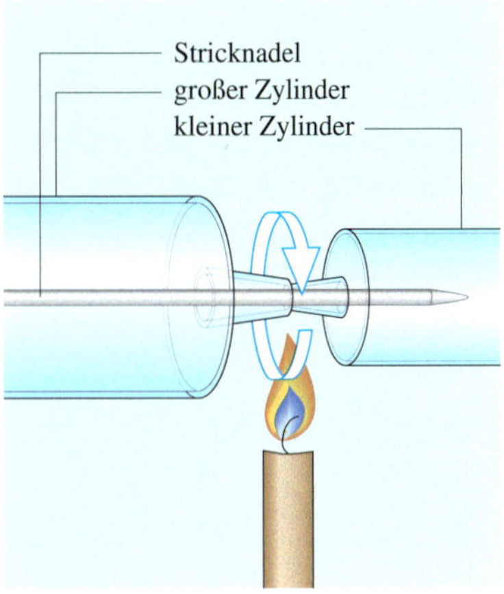

4 Versuchsvorbereitung

GRUNDLAGEN: Der Zusammenhang von Druck und Kraft

Wenn du den Kolben in eine Luftpumpe hineinpresst und gleichzeitig das Ventil verschließt, setzt du die eingeschlossene Luft unter Druck. Um den Kolben in dieser angespannten Lage und das Ventil geschlossen zu halten, musst du weiterhin Kräfte ausüben: Die zusammengepresste Luft übt nämlich ihrerseits Kräfte nach außen aus. Warum musst du am Ventil eine größere Kraft ausüben als am Kolben?
Im Teilchenmodell können wir das Geschehen so erklären: ↑5 Wenn du den Kolben hineinschiebst, haben die Luftteilchen, die gegen ihn stoßen, nach dem Aufprall eine größere Geschwindigkeit als zuvor (auf ähnliche Weise beschleunigst du einen Tischtennisball mit dem Schläger). Da außerdem der zur Verfügung stehende Raum kleiner wird, stoßen die Luftteilchen insgesamt stärker und häufiger gegen die Wände als vorher. Sie üben folglich größere Kräfte auf die Wände aus. In jedem Moment prallen unzählige Luftteilchen gegen die Wände. Da die Kolbenfläche größer ist als die Ventilöffnung, prallen auch mehr Teilchen gegen den Kolben als gegen deinen Finger: Deshalb ist die gesamte Kraft durch die Luftteilchen auf den Kolben größer als auf den Finger. Bei gleich großen Flächen wären auch die Kräfte gleich groß.
Unsere Überlegungen legen eine Vermutung nahe: Ein Gas, das in einem Gefäß zusammengepresst ist, übt auf verschieden große Wandflächen verschieden große Kräfte aus – je größer die Fläche A, desto größer die Kraft F. Messungen ergeben einen proportionalen Zusammenhang: $F \sim A$. Der Quotient $\frac{F}{A}$ ist also für jede Wandfläche gleich groß: $\frac{F}{A}$ = konstant. Und je stärker das Gas unter Druck gesetzt ist, desto mehr Kraft übt es auf jede Wandfläche aus – desto größer ist somit jeweils der Quotient $\frac{F}{A}$. Wir verwenden diesen Quotienten daher als Maß für den Druck.

Der Druck p in einem Gas gibt an, wie groß die Kraft F ist, die das Gas auf jede Begrenzungswand der Fläche A ausübt: $p = \frac{F}{A}$ bzw. $F = p \cdot A$.

Die Einheit des Drucks ist $1\,\frac{\text{N}}{\text{m}^2}$. Sie wird als 1 Pascal (1 Pa) bezeichnet.

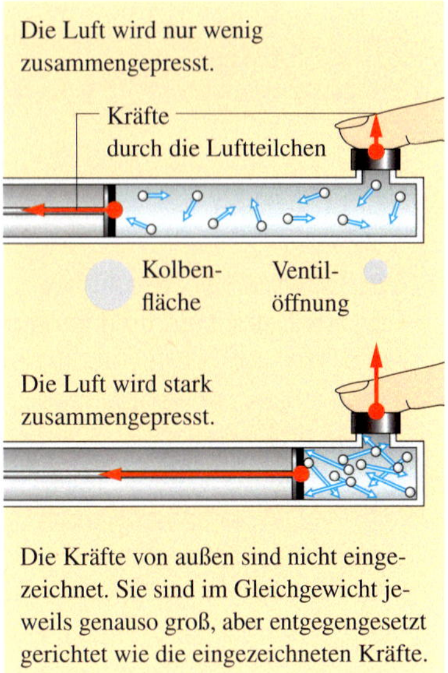

5 Eingeschlossenes Gas unter Druck: Kräfte und Flächen

Interessantes

BLAISE PASCAL (1623–1662), ein französischer Mathematiker und Physiker, trug wesentlich zum Verständnis des Luftdrucks bei. Statt in Pascal werden Drücke oft in der Einheit 1 bar angegeben:

$$1\,\text{bar} = 10\,\frac{\text{N}}{\text{cm}^2} = 1 \cdot 10^5\,\text{Pa}.$$

Aus der Technik Einfache Druckmessgeräte für Fahrradluftpumpen

Druckmessgeräte (Manometer) für Gase messen die Kraft, die das Gas auf eine Fläche ausübt.

Beim Membranmanometer wird eine gewellte dünne Metallplatte (Membran) je nach Druck im Gas mehr oder weniger durchgebogen. ↑1 Mit einer Hebelübersetzung wird die Verformung vergrößert auf einen Zeiger übertragen.

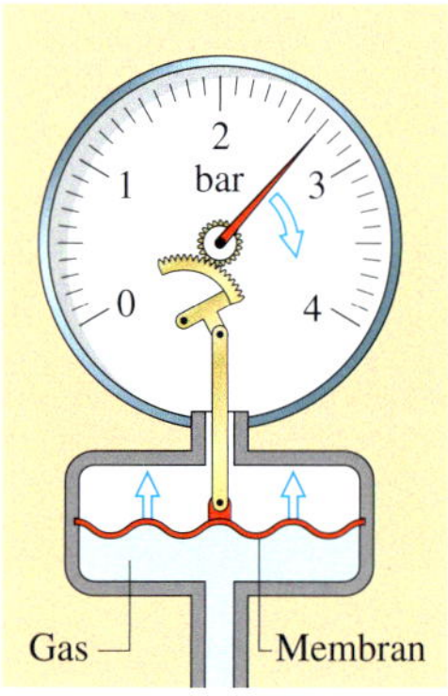

1 Membranmanometer

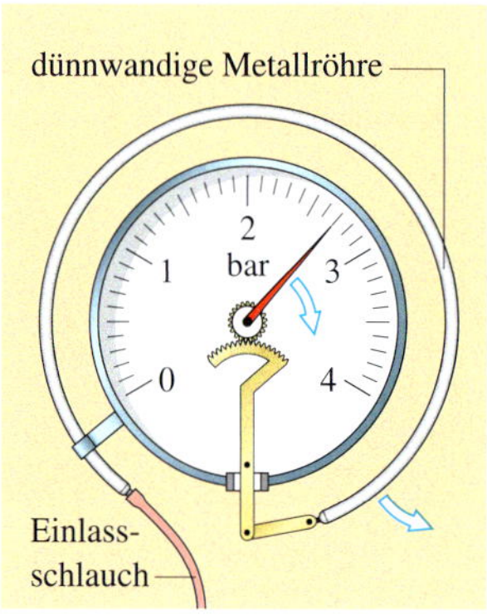

2 Röhrenmanometer

Beim Röhrenmanometer verformt das unter Druck stehende Gas eine kreisförmig gebogene Röhre. ↑2 Solche Manometer hast du vielleicht schon einmal bei Fußpumpen für Fahrräder gesehen. ↑3

3 Fußpumpe mit Röhrenmanometer

Probier's mal!

1 Das Fahrrad als Hebebühne

Eigentlich dient ein prall aufgepumpter Fahrradreifen zum Abfedern von Stößen – wir können ihn aber auch als ungewöhnliches „Hebekissen" betrachten.

Lass ein wenig Luft aus dem Hinterreifen deines Fahrrads ab, sodass er sich leicht eindrücken lässt. Nun soll sich jemand auf den Gepäckträger setzen. Aber seid vorsichtig: Im Schlauch muss noch so viel Luft sein, dass Mantel und Schlauch nicht gequetscht und beschädigt werden.

Schaffst du es, die Person einen Zentimeter „hochzupumpen"?

Beschreibe die Energieumwandlungen.

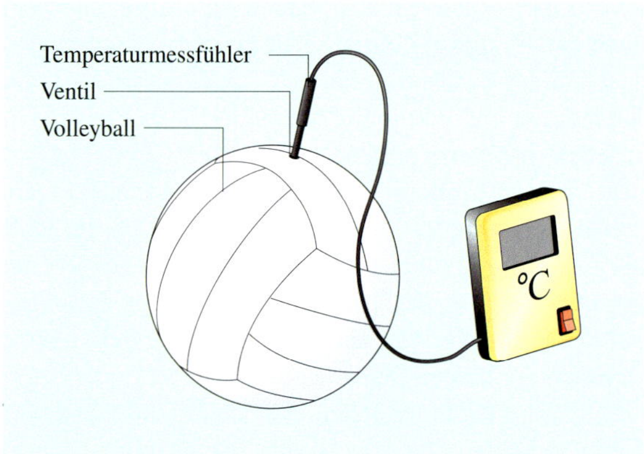

4

2 Volleyball als Energiespeicher

a Pumpe den Ball rasch hart auf und miss sofort die Lufttemperatur in seinem Innern. ↑4 Was fällt dir auf? Versuche deine Beobachtung zu erklären.

b Warte einige Minuten, bis sich die Temperatur der zusammengepressten Luft an die Umgebungstemperatur angeglichen hat. Öffne dann das Ventil und lass die Luft ausströmen. Miss ihre Temperatur direkt am Ventil. Was stellst du jetzt fest?

3 Luftfederung

Ziehe den Kolben einer Plastikspritze (Nadel vorher entfernen) zur Hälfte heraus und halte dann die Öffnung mit dem Daumen zu. Schlage kurz und kräftig auf den Kolben. Was beobachtest du? Erkläre deine Beobachtung.

GRUNDLAGEN: Energieübertragung beim Zusammenpressen

Beim Aufpumpen eines Fahrradreifens mit der Luftpumpe spürst du, dass du Energie überträgst. Die Voraussetzungen für mechanische Energieübertragung sind erfüllt: Es wird etwas (der Kolben und die Luft) bewegt und die Kraft wirkt in Bewegungsrichtung. Die zugeführte Energie erhöht die innere Energie der Luft. Im Teilchenmodell können wir das so erklären: Beim Hineinschieben gibt der Kolben Energie an die Luftteilchen ab, die gegen ihn prallen. Dadurch erhöht sich ihre mittlere kinetische Energie. Diese Zunahme der mittleren kinetischen Energie der Luftteilchen spürst du nicht nur an der steigenden Temperatur. Je weiter du den Kolben bei verschlossenem Ventil in den Zylinder schiebst, desto schwerer geht es. Die Teilchen prallen nämlich stärker und häufiger gegen die Wände des kleiner gewordenen Innenraums der Pumpe. Daher musst du für eine gleich große Volumenänderung immer mehr Energie zuführen. Dieser Zusammenhang ließe sich theoretisch nutzen, um den Druck eines Gases zu messen: Der Druck ist umso größer, je mehr Energie für die gleiche Volumenänderung zugeführt werden muss. In der Praxis bestimmt man den Druck allerdings, indem man Kräfte und Flächen misst.

Aufgaben

4 *Hebekissen* Mit einem Hebekissen zur Bergung von Erdbebenopfern wird eine 37 t schwere Platte „in der Schwebe" gehalten (s. vorige Doppelseite). Die Auflagefläche der Platte beträgt dabei $A = 0{,}37\ \text{m}^2$.

a Wie groß ist der Druck der Luft im Hebekissen?

b Das Einlassventil des Hebekissens hat eine Öffnung von $1{,}0\ \text{cm}^2$. Übt die eingeschlossene Luft auf den Verschluss eine genauso große Kraft aus, wie auf die Auflagefläche der Platte? Begründe deine Antwort.

5 *Druckluftspeicher* Der zunehmende Einsatz von Windenergie zur Erzeugung elektrischer Energie führt zu Fehlanpassungen des Stromnetzes: Bereitstellung und Bedarf an elektrischer Energie passen zeitlich oft nicht zusammen. Ein Windpark bei Huntorf löst das Problem mithilfe von Druckluft. ↑5 Wenn z. B. nachts wenig elektrische Energie benötigt wird, aber gerade ein starker Wind bläst, treibt die erzeugte elektrische Energie Kompressoren an, die Luft in große Höhlen (Kavernen) in einem „Salzstock" pressen. Die Druckluft dient dann als Energiespeicher. Wird die gespeicherte Energie später z. B. in einer Windflaute benötigt, treibt die Druckluft ...

a Überlege dir, wie man die Druckluft nutzen könnte.

b Informiere dich, wie das Kraftwerk in Huntorf funktioniert.

5 Windpark bei Huntorf

6 *Einheitenübung* Übertrage die Tabelle in dein Heft und ergänze sie.

F	1,0 N	25 N		
A	$1{,}0\ \text{cm}^2$		$1{,}0\ \text{cm}^2$	$1{,}2\ \text{dm}^2$
p		750 hPa	1,0 bar	3000 Pa

Der Luftdruck

Die Erde ist von einer viele Kilometer hohen Lufthülle, der Atmosphäre, umgeben. Wir leben am Grunde dieses „Ozeans" aus Luft. ↑1
75 % der Luftmasse befinden sich zwischen dem Erdboden und einer Höhe von ungefähr 12 km. In dieser Luftschicht spielt sich das Wetter ab.

1 Erde – Atmosphäre – Weltraum

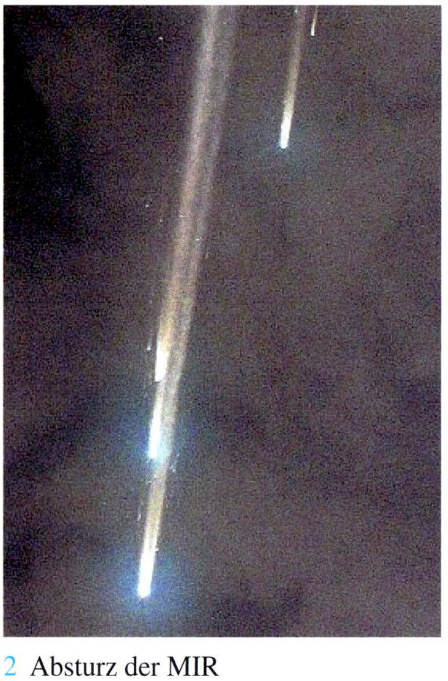

2 Absturz der MIR

Die Atmosphäre der Erde hat keine feste Grenze, sondern „zerfließt" in den Weltraum hinein. Obwohl das russische Raumschiff MIR die Erde in mehr als 200 km Höhe umrundete, wurde es immer langsamer, weil es durch die Atmosphäre abgebremst wurde. Schließlich brachte man es im März 2001 zum kontrollierten Absturz. Dazu wurde es auf eine niedrigere Bahn gesteuert. In 80 km Höhe war dann die Luftreibung so groß, dass ein Großteil der 145 t schweren Raumstation verglühte. ↑2
Genügend Luft zum Atmen gibt es in einer Höhe von 80 km allerdings nicht. 1978 gelang es Reinhold Messner und Peter Habeler als Ersten, den Mount Everest ohne Sauerstoffflaschen zu bezwingen. ↑3 In Gipfelnähe war das Atmen wegen der dünnen Luft so anstrengend, dass sie alle 10 Schritte eine längere Pause einlegen mussten. Schließlich kamen sie nur noch kriechend voran.
Viele Bergsteiger verwenden elektronische Armbanduhren mit integriertem Höhenmesser. ↑4 Diese Messgeräte bestimmen aber gar nicht die Höhe, sondern den Luftdruck. Was versteht man eigentlich unter dem Luftdruck? Wie kommt er zustande und wie macht er sich bemerkbar?

3 Reinhold Messner am Mount Everest

4 Uhr mit eingebautem Messgerät für die Höhe (engl. *altitude*)

Probier's mal!

1 Die Macht der Zeitung
Eine Zeitungsseite kann erstaunlich kräftig sein. Lege sie auf einem Tisch aus und streiche sie glatt. Schiebe eine dünne Holzleiste darunter. ↑5 Schlage mit der Handkante auf das freie Ende der Leiste. Ob die Seite davon reißt? Wie kannst du das Versuchsergebnis erklären?

2 Die verflixte Plastiktüte
Eine Plastiktüte wird z. B. in ein Weckglas gestülpt und innen glatt gestrichen; oben wird sie mit einer Schnur befestigt. ↑6 Wenn du versuchst sie herauszuziehen, wirst du eine Überraschung erleben!

3 Drückt die Luft oder saugt das Nichts?
Presse die Luft aus einer Plastikspritze (ohne Nadel) heraus und verschließe dann die Öffnung mit einem Daumen. Ziehe jetzt mit der anderen Hand den Kolben ein Stück aus dem Zylinder und lasse ihn wieder los. Was beobachtest du?
Ob sich das Ergebnis ändert, wenn du die Spritze beim Versuch in eine andere Richtung hältst (Kolben nach oben, nach unten …)? Versuche deine Beobachtungen zu erklären.

5

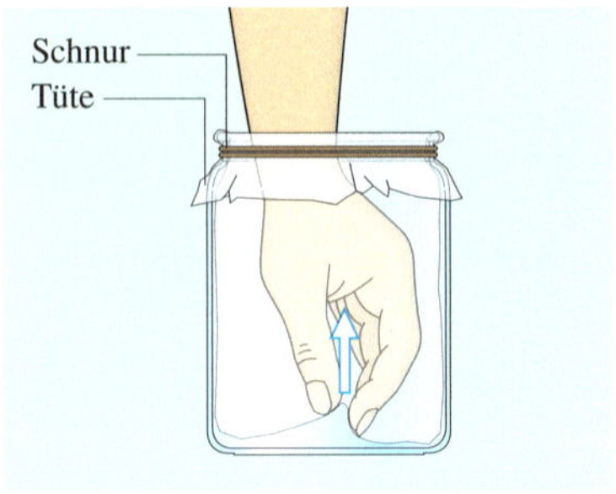

6

Experimente

4 Gedrückt oder gezogen? ↑7
Was wird jeweils mit der Luftballonhülle geschehen, wenn die Luft aus dem Kolben herausgepumpt wird? Begründe deine Vermutungen.

5 Was macht ein Schokokuss im Vakuum?
Ein Schokokuss wird unter eine Glasglocke gestellt. Dann wird die Luft abgepumpt – und es gibt eine Riesenüberraschung!

6 Wettkampf mit dem Nichts
Zwei Magdeburger Halbkugeln ↑8 werden zusammengelegt und luftleer gepumpt. Und schon kann der Wettkampf beginnen: Zwei Schüler ziehen an den Griffen, so fest sie können. ↑9
Wodurch werden die Halbkugeln zusammengehalten?

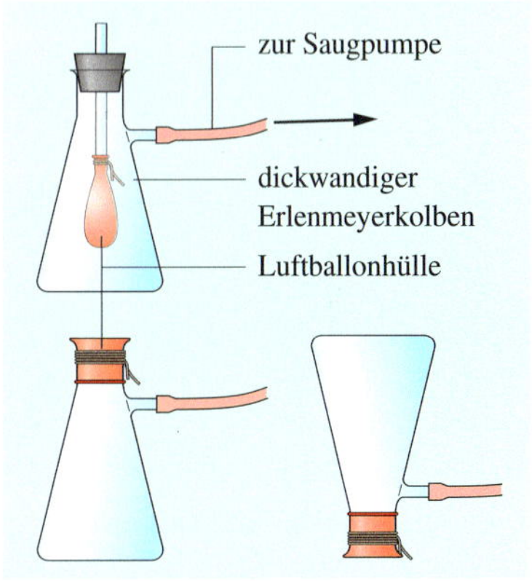

7

8

! Achtet auf festen Stand! Die Halbkugeln können sich plötzlich lösen.

9

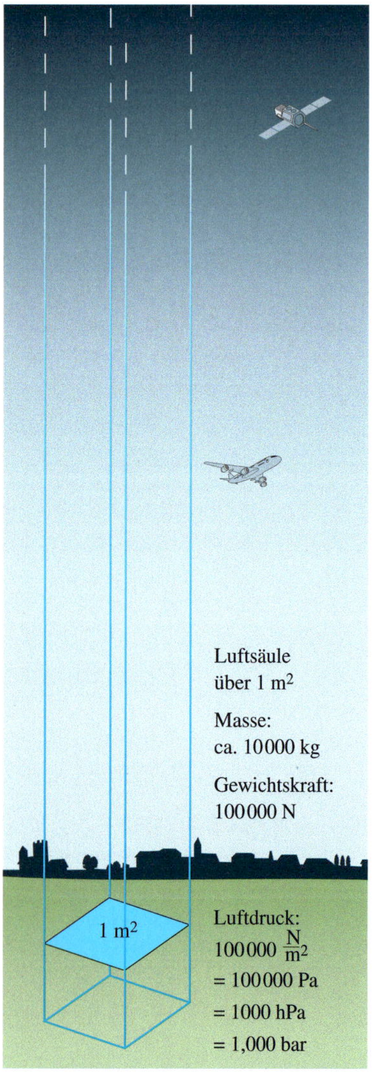

1 Luftdruck an der Erdoberfläche

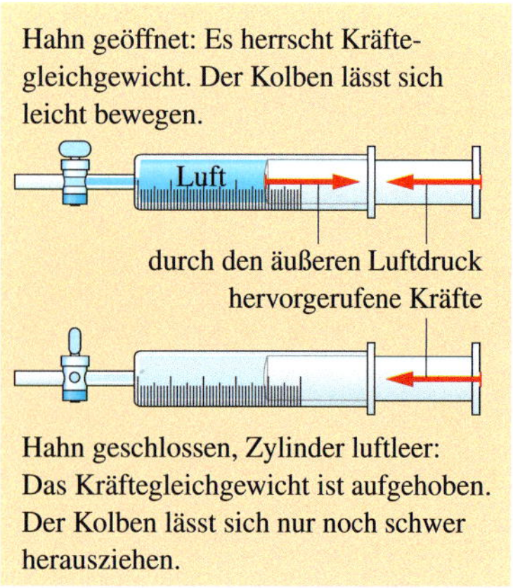

2

GRUNDLAGEN: Luftdruck – der Schweredruck der Atmosphäre

Die Luft, durch die wir uns an der Erdoberfläche bewegen, wird von der Luft zusammengepresst, die viele Kilometer dick über ihr lagert. Den Druck in der zusammengepressten Luft bezeichnet man als *Luftdruck* oder *Schweredruck der Atmosphäre*. Infolge des Luftdrucks übt die Luft Kräfte auf alle „Begrenzungsflächen" aus: auf ein Hausdach genauso wie auf ein Fenster oder auf deine Körperoberfläche. Der Luftdruck ruft Kräfte nicht nur nach unten, sondern in alle Richtungen hervor.

Obwohl Luft sehr leicht ist (1 ℓ Luft in deiner Umgebung wiegt 1,3 g), ist die zusammenpressende Kraft wegen der Tiefe unseres „Luftmeers" sehr groß: Auf Meereshöhe übt die Luft auf eine waagerechte Fläche von 1 m² eine Kraft von 100 kN aus. ↑1 Das entspricht der Kraft, mit dem ein Turm aus 10 bis 15 Autos den Boden belasten würde! Wie groß ist also der Luftdruck am Erdboden? Stell dir einen Luftwürfel von 1 m³ an der Erdoberfläche vor. Der Luftdruck in ihm bewirkt eine Kraft F auf die obere (gedachte) Begrenzungsfläche, die der Gewichtskraft F_G das Gleichgewicht hält, mit der die Luftsäule darüber auf ihm lastet. Daraus folgt für den Luftdruck p:

$$p = \frac{F}{A} = \frac{F_G}{A} = 100\,\frac{\text{kN}}{1\,\text{m}^2} = 100\,\text{kPa} = 1{,}00\,\text{bar}.$$

Der Luftdruck schwankt bei uns je nach Wetterlage etwa zwischen 0,990 bar („Tiefdruck") und 1,030 bar („Hochdruck"). In den Wetternachrichten wird er oft in Hektopascal angegeben (1000 hPa = 1,000 bar).

Je weiter man im „Luftmeer" aufsteigt, desto weniger Luft befindet sich über einem und desto geringer wird deshalb der Luftdruck. Bildet man aus vielen Messungen auf der gesamten Erdoberfläche einen Mittelwert, zeigt sich:

Der durchschnittliche Luftdruck in Meereshöhe beträgt 1,013 bar. Der Luftdruck nimmt (in der Regel) mit zunehmender Höhe ab.

Wirkungen des Luftdrucks Wenn du eine PET-Trinkflasche auf einem hohen Berg geleert und wieder fest verschraubt hast, stellst du im Tal fest, dass sie eingebeult worden ist. Wenn man abwärts geht, nimmt nämlich der Luftdruck zu und wird größer als der in der Flasche „mitgebrachte" Luftdruck bei größerer Höhe. Damit werden auch die Kräfte von außen auf die Flaschenwände größer als die Kräfte, die die eingeschlossene Luft nach außen ausübt: Die Flaschenwände werden nach innen eingedellt. Wie kann man die Flasche wohl in ihre ursprüngliche Form zurückbekommen? Bestimmt hast du jetzt eine Idee dafür …

Ähnliche Effekte lassen sich immer dann beobachten, wenn der Druck in einem geschlossenen Gefäß geringer ist als der (äußere) Luftdruck. *Beispiel:* ↑2 Bei geöffnetem Hahn bewirkt der Luftdruck gleich große, entgegengesetzt gerichtete Kräfte auf den Kolben (Kräftegleichgewicht): Der Kolben lässt sich leicht bewegen. Dann schiebt man ihn ganz in den Zylinder hinein und schließt den Hahn. Um den Kolben jetzt wieder herauszuziehen, benötigt man eine beachtliche Kraft. Da praktisch keine Luft mehr im Innern enthalten ist (Vakuum), kann sie auch keine Kraft mehr auf den Kolben nach außen ausüben. Der äußere Luftdruck übt aber unverändert eine Kraft aus. Gegen sie muss man „ankämpfen".

Das Vakuum saugt also nicht, sondern die Luft presst.

Experimente

1 Bestimmung des Luftdrucks
Mit einer einfachen Anordnung kannst du den Luftdruck bestimmen. ↑3 Dazu musst du die Kraft messen, die er verursacht.
Vorbereitung: Besorge dir eine große Plastikspritze und entferne die Nadel. Befestige einen Plastikeimer mithilfe einer Schnur am Kolben der Spritze. Schiebe dann den Kolben vollständig in die Spritze hinein. Verschließe die Spitze mit einem Daumen und halte die Spritze und den Eimer hoch.
a Fülle so lange Wasser in den Eimer, bis der Kolben beginnt herauszugleiten. Was kannst du über die Kräfte sagen, die in diesem Moment auf den Kolben wirken?
b Berechne, wie groß die Kraft ist, die infolge des Luftdrucks auf $1\,cm^2$ des Kolbenquerschnitts wirkt.
c Bestimme den Luftdruck.

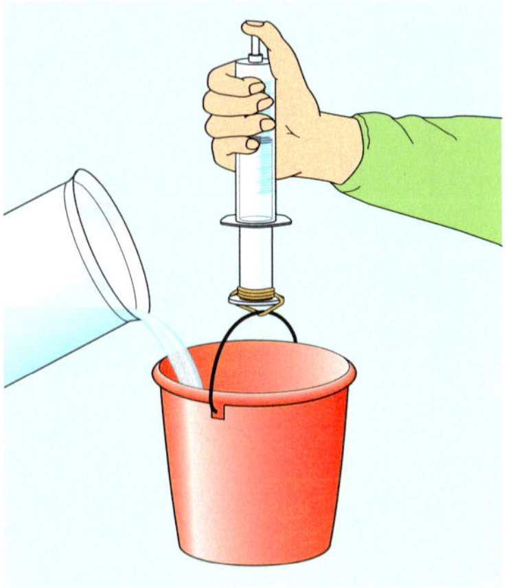
3 Luftdruckbestimmung

2 Luftdruck und Höhe
Vorbereitung: Um zu untersuchen, wie der Luftdruck von der Höhe abhängt, musst du zunächst einmal ein recht „empfindliches" Messgerät bauen. ↑4
a Gehe mit deinem Messgerät in den Keller der Schule und markiere bei offenem Glashahn den Wasserstand in den Schenkeln des U-Rohrs. Schließe dann den Glashahn.
Gehe nun mit dem Gerät ins oberste Stockwerk. Wie verändert sich der Wasserstand? Erkläre deine Beobachtung.
b Miss den Unterschied des Wasserstands in den beiden Schenkeln des U-Rohrs. Jeder Zentimeter Unterschied bedeutet eine Luftdruckänderung von 1 hPa. (Kannst du diesen Zusammenhang erklären?) Bestimme anhand dieser Daten die Luftdruckabnahme bei deinem Aufstieg.
c Miss die Höhenmeter, die du überwunden hast. Berechne, bei wie vielen Höhenmetern der Luftdruck um 1 hPa sinkt.

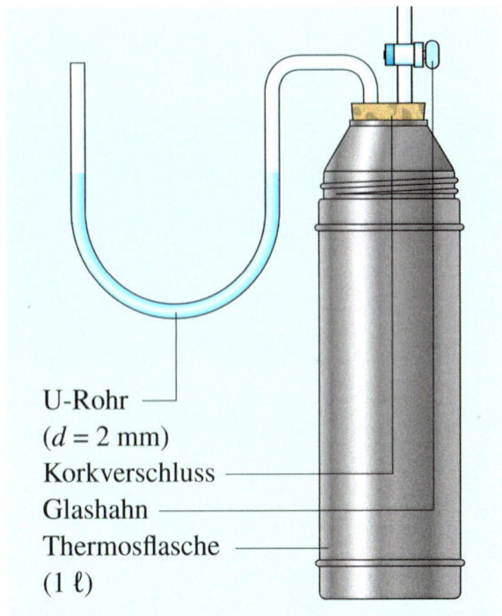

4 Messgerät für Luftdruckänderungen

Probier's mal!

3 Die Limo-Pipeline
Stecke mehrere Trinkhalme (z. B. 10) ineinander. Dichte die Übergangsstellen jeweils mit mehreren Wicklungen Klebestreifen ab. Kannst du mit deiner „Pipeline" im Stehen Saft aus einem Glas am Boden saugen? Wodurch wird der Saft hochgetrieben?

4 Der Trick mit dem Wasserglas
Diesen Trick kannst du als Zauberkunststück vorführen. (Übe ihn dazu aber vorher über einem Waschbecken oder im Freien.)
Fülle ein Trinkglas mit Wasser. Drücke eine Postkarte mit der glatten Seite auf das Glas. Drehe nun das Glas um und drücke dabei die Postkarte weiterhin fest auf das Glas. Und jetzt kommt's: Nimm die Hand vorsichtig von der Karte! ↑5
Erkläre, warum das Wasser nicht herausläuft.

5 Wer hält die Karte fest?

Aufgaben

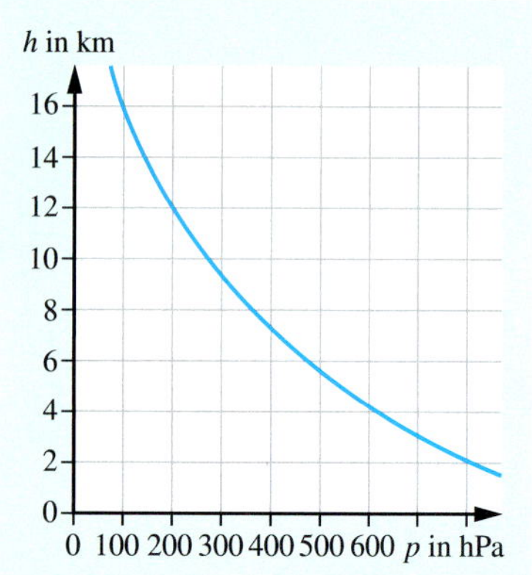

1 Luftdruck in verschiedenen Höhen

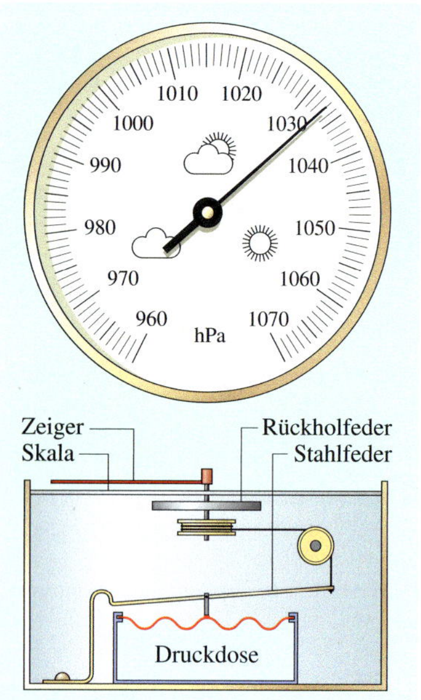

2 Dosenbarometer (mit Prinzipskizze)

4 Tunguska-Katastrophe

1 *Wer gähnt denn beim Skifahren?* Überwindet man in kurzer Zeit große Höhenunterschiede, so kann es in den Ohren schmerzen. Beim Gähnen oder Schlucken verschwinden die Beschwerden.
Was ist der Grund für die Empfindungen?

2 *Defekter Füller?* Frau Dr. Klein fliegt zu einer Tagung nach Mailand. Als sie ihr Jackett bei der Ankunft aus der Gepäckablage nimmt, ist sie entsetzt: Der nagelneue Füller ist in der Innentasche ausgelaufen. Wie konnte das passieren?

3 *Augendruck* Schätze die Kraft ab, die der Luftdruck auf jedes deiner Augen hervorruft.
Vergleiche sie mit der Gewichtskraft auf ein Paket Zucker (1 kg).
Warum halten deine Augen diese Kraft unbeschadet aus?

4 *Luftdruck und Höhe* Der Luftdruck nimmt mit der Höhe ab. ↑1
a Überprüfe die folgende Aussage mithilfe des Diagramms: „Für eine Halbierung des Luftdrucks ist stets die gleiche Höhenzunahme erforderlich (unabhängig vom Ausgangspunkt).“ Wie groß ist diese Höhenzunahme? Wie groß ist der Luftdruck in 55 km Höhe?
b Warum nimmt auch die Dichte der Luft mit zunehmender Höhe ab?
c Weshalb nimmt der Luftdruck in der Höhe immer langsamer ab?

5 *Barometer* In vielen Wetterstationen messen Dosenbarometer den Luftdruck. ↑2 Beschreibe, wie sie funktionieren.

6 *Saugen Saughaken?* Die praktischen Haushaltshelfer haften mit großer Kraft an glatten Wänden – ohne Klebstoff! ↑3
a Lina meint, „Saughaken“ sei ein unpassender Begriff. Wie ist deine Meinung? Begründe sie.
b Der Saughaken hat eine Grundfläche von 12,5 cm^2. Mit welcher Kraft wird er gegen die Wand gepresst?
c Wie groß müsste ein Saughaken sein, der ein Auto mit einer Masse von 1,0 t an einer glatten Decke halten könnte?

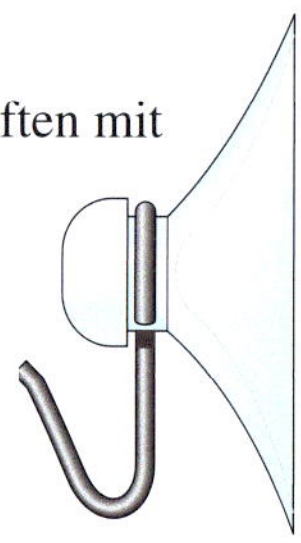

3

7 *Das Geheimnis von Tunguska* Sibirien, Sommer 1908: Augenzeugen berichten von einer hell leuchtenden Explosion am Himmel. In einem Umkreis von 2000 km^2 werden Wälder „niedergemäht“. ↑4
Vielleicht löste ein Meteorit, der in der Atmosphäre explodierte, die Zerstörungen aus. Wie könnte das geschehen sein? ↑5

5 Eine Hypothese zum Unglückshergang

Experimente

Der Luftdruck kann erstaunliche Wirkungen haben – die folgenden Versuche zeigen es.
Wähle einen der Versuche aus, führe ihn durch und werte ihn aus.
Führe deinen Versuch vor der Klasse durch und erkläre ihn deinen Mitschülern.

1 Luftdruck bestimmen

Aufgabe: Bestimme den Luftdruck mithilfe einer Spritze.

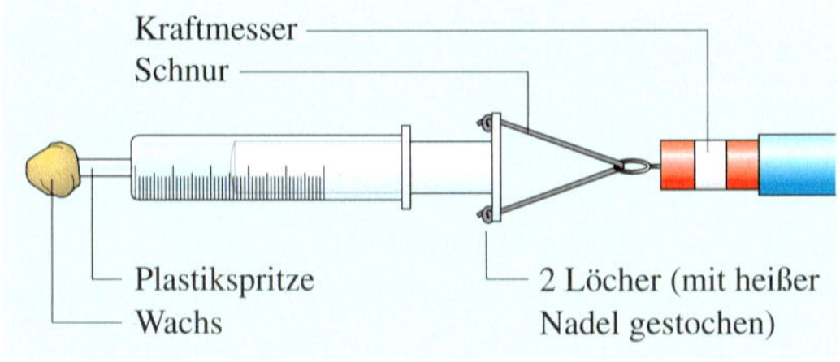

Durchführung: Schiebe den Kolben der Plastikspritze (ohne Nadel) ganz hinein und verschließe dann die Öffnung z. B. mit Wachs. Ziehe mit dem Kraftmesser am Kolben, bis dieser beginnt herauszugleiten. Miss jetzt die Zugkraft.
Auswertung: Berechne den Luftdruck. Erkläre, wie du zu deiner Lösung gekommen bist.

2 Zauber-Ei

Aufgabe: „Zaubere" ein hart gekochtes (und gepelltes) Ei in eine Milchflasche. Ei und Flasche dürfen dabei nicht beschädigt werden.
Durchführung: Der Flaschenhals muss so eng sein, dass das Ei gerade nicht von alleine durchrutscht.
Lass ein brennendes Streichholz in die Flasche fallen. Wenn es erloschen ist, legst du sofort das Ei auf die Öffnung. Was geschieht dann?

Auswertung: Erkläre physikalisch, wieso das Ei in die Flasche gerutscht ist. Wie kannst du es „zerstörungsfrei" wieder herausbekommen?

3 Kerzenflammenwasserlift

Aufgabe: Mithilfe einer Kerzenflamme kannst du Wasser hochheben. Probiere es aus!

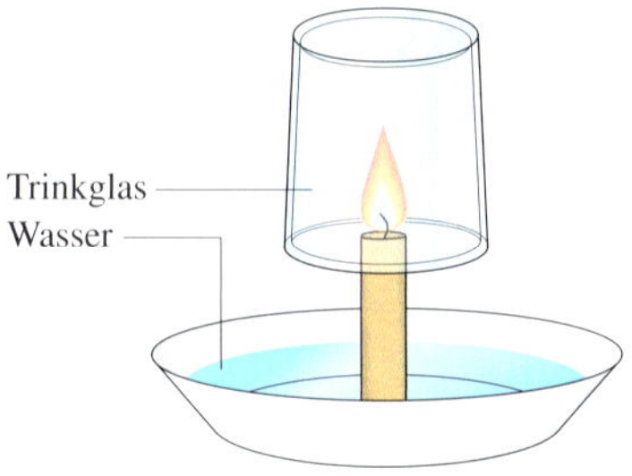

Durchführung: Befestige eine Kerze mit etwas Wachs am Boden einer Schale. Gieße Wasser in die Schale. Zünde die Kerze an und stülpe dann ein umgedrehtes Trinkglas über die Kerze. Was beobachtest du?
Auswertung: Beschreibe deine Beobachtung. Versuche sie zu erklären.

4 Die Macht des Luftdrucks

Aufgabe: Zerbeule eine Getränkedose – mithilfe von Luft!

Durchführung: Gib etwas Wasser in eine leere Getränkedose und bringe es über einer Gasflamme (Bunsenbrenner oder Campinggasbrenner) zum Kochen. Tauche dann die Dose mit der Öffnung nach unten mindestens 1 cm tief in das kalte Wasser ein. Was beobachtest du?
Auswertung: Beschreibe und erkläre deine Beobachtung.

Aus der Geschichte Vom „Horror Vacui" zum Luftdruck

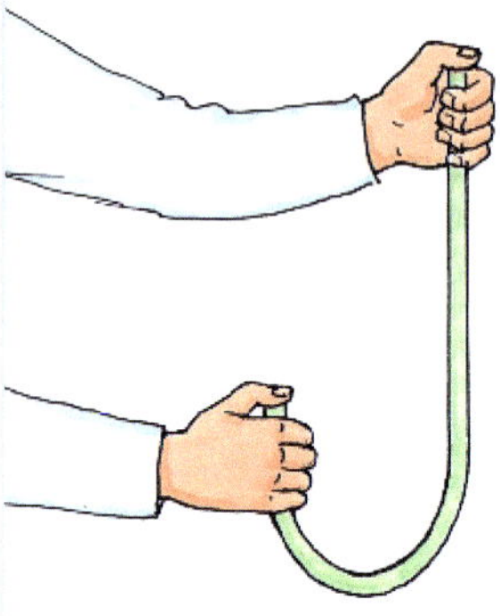

1 Auch wenn man das untere Ende loslässt, läuft das Wasser nicht aus.

Wenn du einen mit Wasser gefüllten Schlauch hältst ↑1 und dann die untere Öffnung freigibst, läuft das Wasser nicht aus. Wichtig ist nur, dass du die obere Öffnung weiterhin fest verschließt.

Solche und ähnliche Versuche waren schon im Altertum bekannt. Man erklärte diese Versuche durch den „Horror Vacui" (lat.: Furcht, Grausen vor der Leere):

Wenn das Wasser ausfließen würde, müsste im oberen Teil des Schlauchs ein völlig leerer Raum entstehen, ein Vakuum. Luft kann ja nicht eindringen, solange das obere Schlauchende verschlossen ist. Vor der Leere aber fürchtet sich die Natur (so meinte man) – und deshalb strömt das Wasser nicht aus.

Erst im 17. Jahrhundert begann man systematisch Versuche durchzuführen. Einer der bekanntesten Naturforscher auf diesem Gebiet war der Magdeburger Bürgermeister Otto von Guericke (1602–1686).

Für einen seiner berühmten Versuche ließ er zwei Halbkugeln (Schalen) aus Kupfer herstellen. ↑2 Eine davon war mit einem Absperrhahn versehen. Als Dichtungsring verwendete er einen mit Wachs und Öl getränkten Lederring. Guericke berichtete Folgendes:

„Diese Schalen habe ich, nachdem jener Ring dazwischengebracht war, aufeinandergelegt und dann die Luft rasch ausgepumpt. Da sah ich, mit wie viel Gewalt sich die beiden Schalen gegen den Ring pressten! Sie hafteten unter der Einwirkung des Luftdrucks so fest aneinander, dass 16 Pferde sie nicht oder nur sehr mühsam auseinanderzureißen vermochten. Gelingt aber bei äußerster Kraftanstrengung die Trennung bisweilen doch noch, so gibt es einen Knall wie von einem Büchsenschuss. Sobald aber durch Öffnen des Hahnes der Luft Zutritt gewährt wird, können die Schalen von jedermann sogar bloß mit der Hand voneinander getrennt werden."

Die Kunde von Guerickes Versuchen lief durch das ganze Land und die Versuchsergebnisse erregten großes Aufsehen.

Wie aus dem Bericht hervorgeht, verwendete Guericke schon nicht mehr die Theorie vom „Horror Vacui". Vielmehr war er davon überzeugt, dass die Halbkugeln von der äußeren Luft zusammengepresst wurden.

1 *Magdeburger Halbkugeln*
Otto von Guericke hatte zwei Halbkugeln aus Kupfer (Schnittfläche ca. $0{,}3\,m^2$) mit einer Lederdichtung zusammengefügt. Dann wurde die Luft aus der Kugel herausgepumpt. Um sie wieder auseinanderzureißen, wurden auf jeder Seite acht Pferde angespannt.
Wie groß waren die Kräfte, die die Kugel zusammenhielten? Berechne sie.

2 Die Magdeburger Halbkugeln: Guerickes Versuch

Aus der Umwelt Das Druckgefühl im Ohr

Ein unangenehmes Druckgefühl im Ohr spürst du im Flugzeug bei Start und Landung, in einer Seilbahn, beim Autofahren im Gebirge … Was geschieht dabei in deinem Ohr? ↑3

Das Trommelfell, ein rundes Häutchen von knapp 1 cm Durchmesser, trennt das äußere Ohr vom Mittelohr. Dieses ist durch eine etwa 4 cm lange, 2 mm schmale Röhre mit dem Rachenraum verbunden. Sie heißt Ohrtrompete (eustachische Röhre). Ihre Aufgabe ist es, den Druck im Mittelohr an den äußeren Luftdruck anzupassen, damit auf beiden Seiten des Trommelfells der gleiche Druck herrscht.

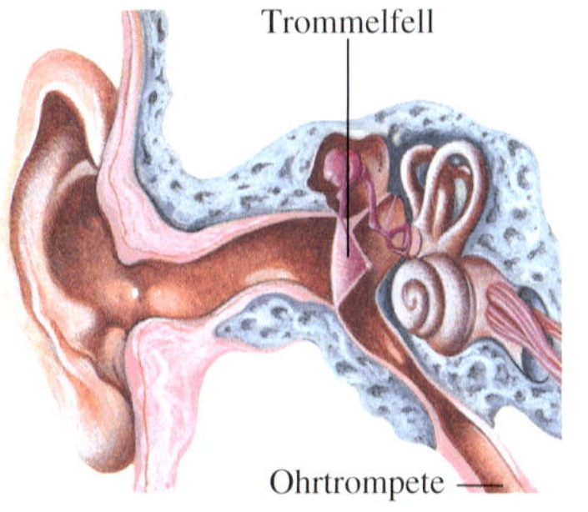

3 „Schnitt" durch das menschliche Ohr

Ändert sich der äußere Luftdruck sehr schnell, kann es einige Zeit dauern, bis der Druckausgleich erfolgt. In der Zwischenzeit ist das Trommelfell etwas nach innen oder außen gewölbt – und wir empfinden jenes unangenehme Druckgefühl im Ohr. Jetzt hilft Schlucken oder herzhaftes Gähnen. Die Mündung der Ohrtrompete im Rachenraum ist nämlich normalerweise verschlossen und öffnet sich nur beim Schlucken.

Aus der Geschichte Ohne Sauerstoffflaschen auf den Mount Everest

Der Luftdruck sinkt mit zunehmender Höhe immer weiter ab. In Meereshöhe beträgt er im Durchschnitt 1013 hPa. Auf dem höchsten Berg Deutschlands, der Zugspitze (2963 m), ist er schon auf 691 hPa zurückgegangen. In etwa 5500 m Höhe ist er nur halb so groß wie in Meereshöhe und auf dem höchsten Berg der Erde, dem Mount Everest (8848 m), beträgt er nur noch 314 hPa. Die Ursache für die Druckabnahme ist, dass man im „Luftmeer" höher steigt und damit die Belastung durch die noch verbleibende Luftschicht immer geringer wird.

Infolge der geringeren Belastung wird die Luft in größerer Höhe weniger stark zusammengepresst, sodass ihre Dichte immer geringer wird. Die Luft auf dem Mount Everest hat nur knapp ein Drittel der Dichte von Luft in Meereshöhe. So „dünne" Luft reicht kaum zum Atmen, insbesondere bei schwerer Arbeit – und Bergsteigen ist Schwerstarbeit.

Die Erstbesteigung des Mount Everest gelang dem Neuseeländer EDMUND HILLARY 1953, und zwar mit einem Atemgerät. Seit damals haben viele Expeditionen den Gipfel mithilfe von Sauerstoffflaschen erreicht. Der aus Südtirol (Italien) stammende REINHOLD MESSNER setzte sich das Ziel, den Berg ohne Atemgerät zu bezwingen. 1978 stieg eine Gruppe von Bergsteigern mit MESSNER und dem Österreicher PETER HABELER in das Himalaya-Gebirge ein und schlug dort ein Basislager auf. MESSNER berichtete:

Auch nachdem die ersten unserer Kameraden mit Sauerstoff am Gipfel gewesen waren und im Basislager gefeiert wurden, zweifelten Peter Habeler und ich immer noch an unseren Aufstiegschancen. Wir wussten, dass der Engländer Norton bereits 1924 bis auf 8600 m ohne Sauerstoffgeräte vorgedrungen war. Aber wir wussten nicht, ob der Mensch höher überhaupt noch lebensfähig ist. Auf jeden Fall mussten wir schnell sein, wenn wir ohne Gehirnschaden davonkommen wollten. Wir vertrauten auf unsere leichte Ausrüstung, die in Jahren aufgebaute Kondition und das instinktive Kletterkönnen …

Jetzt, kurz nach Mittag und auf einer Höhe von 8800 m, können wir uns selbst in den Rastpausen nicht mehr auf den Beinen halten. Wir kauern uns hin, knien uns hin und klammern uns an den Stiel des Pickels, dessen Spitze wir in den harten Firn gerammt haben … Das Atmen ist so anstrengend, dass kaum noch Kraft zum Weitergehen bleibt. Nach jeweils zehn bis fünfzehn Schritten sinken wir in den Schnee, rasten, kriechen weiter …

Am 8. Mai zwischen ein und zwei Uhr nachmittags erreichten Peter Habeler und ich den Gipfel des Mount Everest … die Ersten, die – ohne auch nur ein einziges Mal Sauerstoff aus Flaschen zu atmen – vom Basislager zum Gipfel gestiegen sind.

Druck in Flüssigkeiten

1960 tauchten der Schweizer Jacques Piccard und der Amerikaner Don Walsh mit dem Tauchboot *Trieste* zum tiefsten Ort der Ozeane, der Challenger-Tiefe im Marianengraben. ↑1 Sie befanden sich in der kleinen, dickwandigen Stahlkugel, die unten am Boot befestigt war und sie vor dem ungeheuren Druck in 10 916 m Wassertiefe schützte.

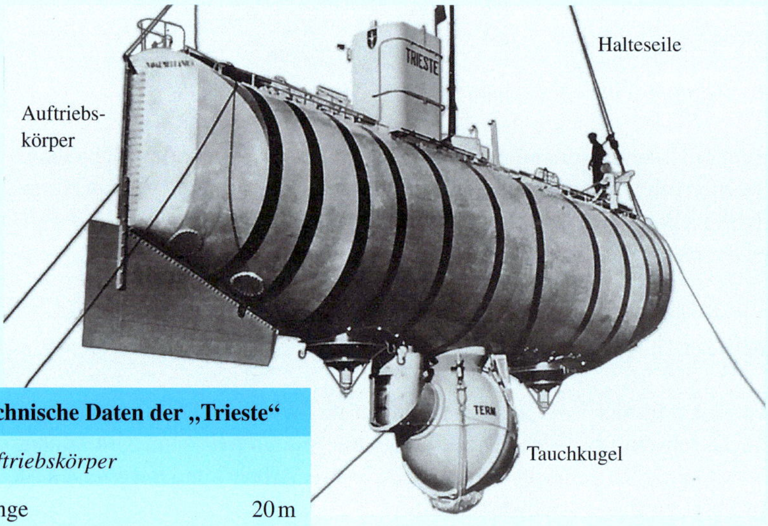

1 Tauchboot *Trieste*

Technische Daten der „Trieste“	
Auftriebskörper	
Länge	20 m
Wandstärke	**0,5 cm**
Tauchkugel	
Außendurchmesser	2,18 m
Wandstärke	**12 cm**
Fensterdurchmesser innen/außen	6 cm/40 cm
Dicke der Scheiben	15 cm

2 Raffzahn

Auch in der „Hadalzone“ (griech. *Hades:* die Unterwelt), mehr als 6 km unter der Meeresoberfläche, leben Fische. ↑2 Warum werden sie nicht durch den großen Druck zerquetscht?

Um den Druck im Wasser zu spüren, musst du nicht allzu tief tauchen. Schon am Boden eines Sprungbeckens im Schwimmbad fühlst du ihn deutlich an deinen Ohren.

Der Druck in Flüssigkeiten kann große Kräfte hervorrufen. Diese Tatsache wird bei hydraulischen Maschinen genutzt, um Kräfte zu übertragen und zu verstärken. So wird bei riesigen „Kippern“ die Ladefläche mit mehr als 20 t Ladung durch einen hydraulisch angetriebenen Kolben angehoben. ↑3
Und bei Mountainbikes werden die Seilzugbremsen immer häufiger durch hydraulische Scheibenbremsen (wie beim Auto) ersetzt, da sie die extremen Belastungen bei Bergabfahrten sicherer meistern. ↑4

Wie lassen sich Kräfte mithilfe des Drucks in Flüssigkeiten übertragen und in ihrer Größe verändern? Du wirst sehen, dass hydraulische Maschinen recht einfache Kraftwandler sind.

3 Hydraulischer „Kipper“

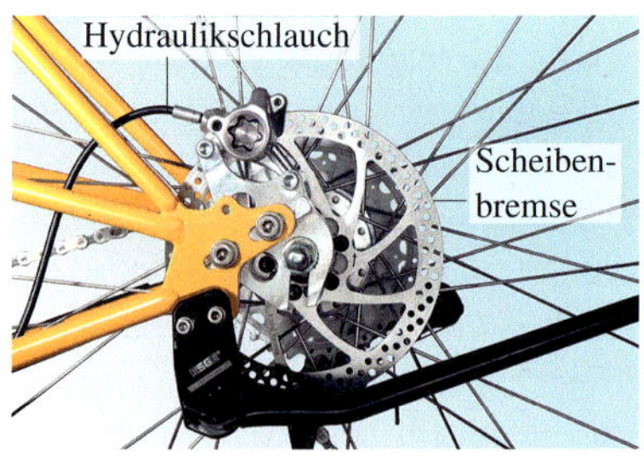

4 Hydraulische Scheibenbremse beim Fahrrad

Probier's mal!

1 Wie man in die Spritze hineindrückt, so …

a Halte die Öffnung einer luftgefüllten Plastikspritze, von der du vorher die Nadel entfernst hast, mit einem Finger zu. ↑5 Presse mit der anderen Hand einmal kurz und heftig auf den Kolben und lass dort sofort wieder los. Was beobachtest du?

b Ob das Gleiche bei einer wassergefüllten Spritze passiert? *Hinweis:* Luftblasen im Wasser musst du vorher herauspressen (wie es ein Arzt vor einer Injektion macht).

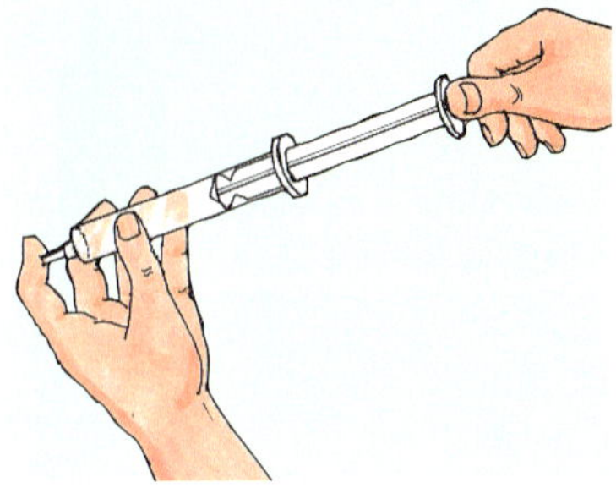

5

2 Druck und Kraftverteilung im Wasser

Fülle einen kleinen Luftballon („Wasserbombe") mit Wasser und nimm ihn in die Hand, sodass zwischen den Fingern etwas freier Platz ist. Drücke nun langsam zu. Quillt der Luftballon verschieden stark zwischen den Fingern hervor? Versuche deine Beobachtung zu erklären.

Aufgaben

3 *Ein Luftballon wird unter Druck gesetzt (Lehrerversuch)* Ein kleiner aufgeblasener Luftballon wird mithilfe eines Bleigewichts am Boden eines wassergefüllten Gefäßes gehalten. ↑6 Dann wird der Kolben langsam von oben in den Zylinder geschoben. Welche Auswirkungen hat das wohl auf den Luftballon? Beschreibe deine Beobachtung und suche eine Erklärung für das Versuchsergebnis.

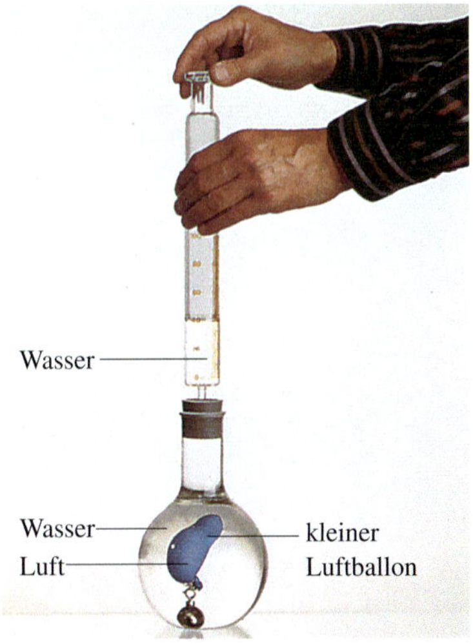

6

4 *Modell einer Hydraulikanlage (Lehrerversuch)* ↑7 Zwei unterschiedlich große, mit Wasser gefüllte „Glasspritzen" sind miteinander verbunden. Wie lassen sich damit Kräfte übertragen und vergrößern?

a Ein Wägestück wird auf einen der beiden Kolben gestellt. Was beobachtest du?

b Auf beide Kolben wird je ein 1-kg-Wägestück gestellt. Was geschieht?

c Auf beide Kolben sollen verschiedene Wägestücke gestellt werden, sodass sich beide Seiten die Waage halten. Schlage vor, welche Wägestücke bzw. Massen dafür geeignet sind. Wird der Vorschlag im Versuch bestätigt? Notiere dann die Massen der Wägestücke. Bei Gleichgewicht gibt es einen einfachen mathematischen Zusammenhang zwischen den Gewichtskräften auf die Wägestücke und den Querschnittsflächen der Kolben. Findest du ihn?

d Mit einem leichteren Wägestück soll ein schwereres angehoben werden. Überlege, auf welchen Kolben das leichtere Wägestück gestellt werden muss und auf welchen das schwerere. Lass deine Überlegung im Versuch überprüfen.

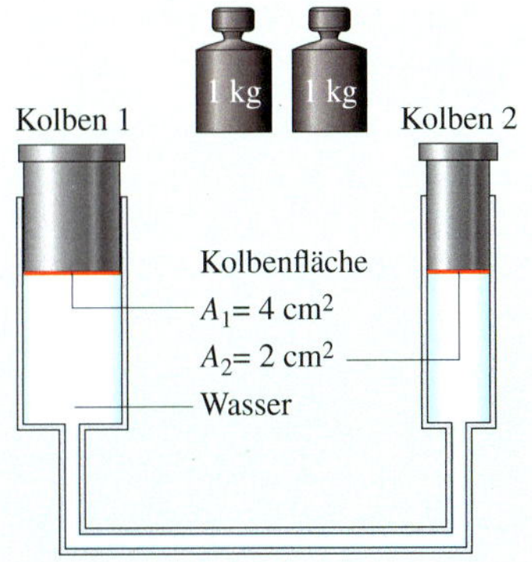

7 Hydraulische Anlage (Modell)

GRUNDLAGEN: Druck in eingeschlossenen Flüssigkeiten

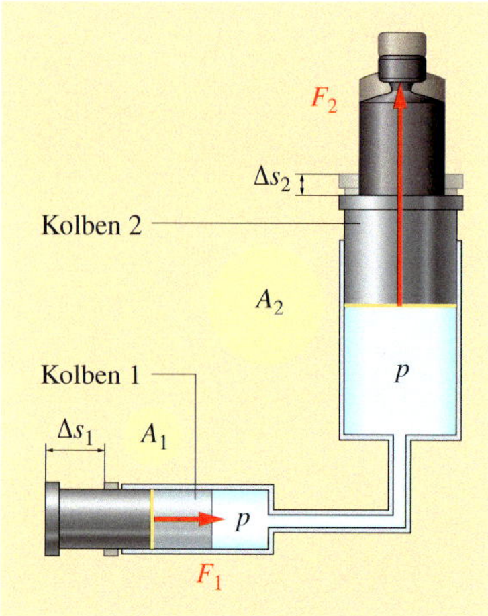

1 Modell eines hydraulischen Systems

In Gasen kann man Energie speichern, indem man sie zusammenpresst. Das kennst du von Maschinen, die mit Pressluft arbeiten.
Bei Flüssigkeiten funktioniert diese Methode, Energie zu speichern, nicht: Sie lassen sich nicht zusammenpressen. *Beispiel:* In eine wassergefüllte Spritze mit verschlossener Öffnung lässt sich der Kolben nicht hineindrücken. Ohne Bewegung wird keine Arbeit verrichtet. Wenn man den Kolben wieder loslässt, federt er nicht zurück.
Sowohl für eingeschlossene Flüssigkeiten als auch für Gase gilt allerdings, dass sie Kräfte auf ihre Gefäßwände ausüben, wenn man sie unter Druck setzt. Diese Wirkung nutzt man bei *hydraulischen Systemen* (griech. *hydraulos:* Wasserorgel) zum Anheben und Halten von Lasten. Wie das geschieht, kann man anhand eines Modells beschreiben: ↑1
Der kleine Kolben 1 wird mit der Kraft F_1 in den Zylinder hineingepresst. Dadurch übt das Wasser auf den größeren Kolben 2 eine Kraft F_2 aus, die ihn und das Wägestück anhebt. Der kleinere Kolben habe den Querschnitt $A_1 = 1\,\text{cm}^2$, der größere $A_2 = 4\,\text{cm}^2$. Wenn der kleinere Kolben mit der Kraft $F_1 = 10\,\text{N}$ hineingeschoben wird, wird der größere Kolben mit der Kraft $F_2 = 40\,\text{N}$ angehoben. In Kurzform gilt: $\frac{F_1}{A_1} = \frac{F_2}{A_2}$. Allerdings beträgt die Hubhöhe nur ein Zehntel der Strecke, die der kleine Kolben hineingepresst wird (Goldene Regel der Mechanik).
Der konstante Quotient $\frac{F}{A}$ war bereits bei Gasen ein Maß für den Druck. Er ist auch geeignet, um den Druck in Flüssigkeiten zu beschreiben.

Eine eingeschlossene Flüssigkeit, in der der Druck p herrscht, übt auf jede Teilfläche A der Gefäßwand eine Kraft F aus, sodass gilt:
$p = \frac{F}{A}$ bzw. $F = p \cdot A$.

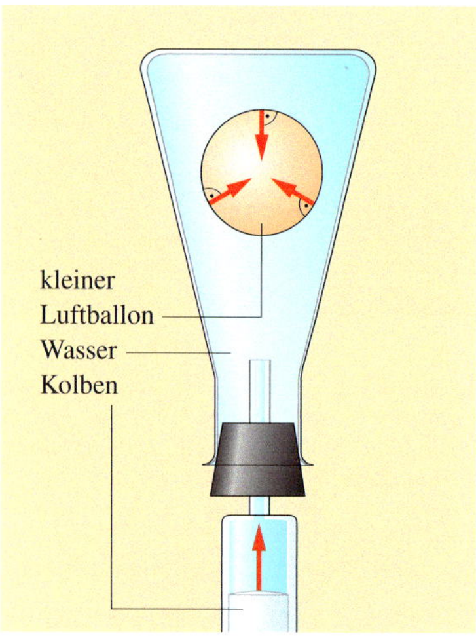

2 Die Flüssigkeit unter Druck übt von allen Seiten her Kräfte auf den luftgefüllten Ballon aus.

In einem Versuch pressen wir nun einen Luftballon auf ungewöhnliche Weise zusammen. ↑2 Er ist gewissermaßen eine innere, verschiebbare Gefäßwand. Durch den erhöhten Druck „schrumpft" der Ballon kugelförmig zusammen. Das Wasser übt auf jeden Quadratmillimeter der Ballonoberfläche gleich große Kräfte aus, die stets senkrecht zur Oberfläche gerichtet sind. Die letzte Aussage gilt ganz allgemein für eingeschlossene Flüssigkeiten: *Die Kräfte, die eine eingeschlossene Flüssigkeit auf ihre Begrenzungsflächen ausübt, sind senkrecht zu diesen Flächen gerichtet.*

Teilchenmodell Wie können wir uns die Entstehung der Kräfte durch eine Flüssigkeit unter Druck im Teilchenmodell vorstellen?
Bei Gasen stellen wir uns vor, dass die Kräfte durch die Gasteilchen hervorgerufen werden, die gegen die Begrenzungsflächen prasseln. Bei Flüssigkeiten „fliegen" die Teilchen nicht frei durch den Raum, sie berühren sich gegenseitig und sind leicht gegeneinander verschiebbar. Daher fühlst du z. B. kaum einen Widerstand, wenn du deinen Finger in ein Glas Wasser tauchst: Die Teilchen weichen dem Finger einfach aus (und der Wasserspiegel steigt etwas an). Auch wenn du auf die Flüssigkeit in einer Spritze eine Kraft mit dem Kolben ausübst, versuchen die Teilchen in alle Richtungen auszuweichen. Wenn sie dabei gegen die Begrenzungsflächen stoßen, können sie nicht ausweichen und üben Kräfte auf die Flächen aus.

Aufgaben

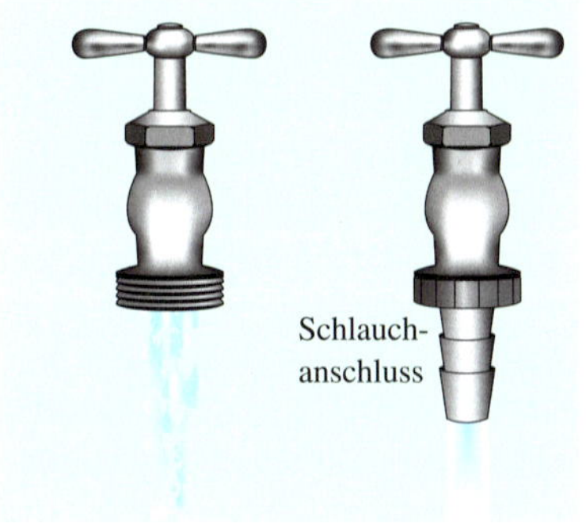

3 Welche Öffnung kann man zuhalten?

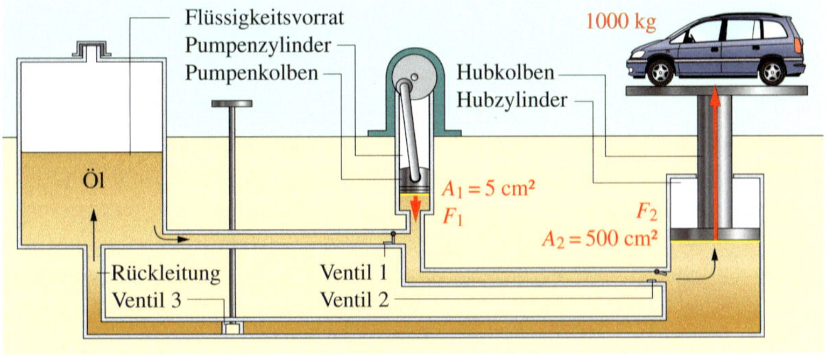

4 Hebebühne in der Autowerkstatt (nicht maßstabsgerecht)

1 *Kraft oder Druck? Das ist die Frage!* Schau einmal nach, ob es im Physik-Lehrsaal oder zu Hause in der Waschküche solche Wasserhähne gibt. ↑3
Lassen sich die Öffnungen jeweils mit dem Daumen verschließen, wenn
- der Wasserhahn ohne Schlauchanschluss nur wenig aufgedreht wird,
- der Wasserhahn mit Schlauchanschluss kräftig aufgedreht wird?

Überprüfe deine Vermutungen jeweils in einem Versuch.

2 *Hydraulische Hebebühne* ↑4
a Beschreibe, wie die Hebebühne funktioniert.
b Wie groß ist der Druck in der Flüssigkeit? Berechne ihn.
Welche Kraft muss auf den Pumpenkolben ausgeübt werden, um diesen Druck zu erzeugen?
c Um wie viele Millimeter wird der Wagen angehoben, wenn der Pumpenkolben um 10 cm gesenkt wird?

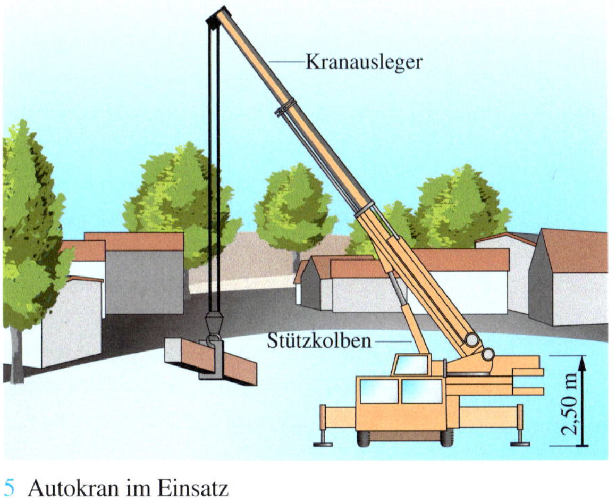

5 Autokran im Einsatz

3 *Eine Hebebühne mit Wasserdruck* In einer Wasserleitung herrscht ein Druck von 6 bar. Ob man ihn nutzen könnte, um ein Auto (1000 kg) anzuheben? Nimm einmal an, dass an die Wasserleitung ein Zylinder angeschlossen wird, in dem sich ein Kolben bewegen kann. Wie groß müsste die Querschnittsfläche des Kolbens sein, damit eine genügend große Kraft zum Heben erzeugt wird?

4 *Autokran für Experten* Hier geht es nicht nur um den Druck in Flüssigkeiten, sondern auch um das Hebelgesetz, Kräftezerlegung und Flaschenzüge. Der Autokran soll eine Masse von 2,0 t heben. ↑5
Hinweise: Der Stützkolben hat einen Querschnitt von $3{,}0\ dm^2$. Das Führerhaus des Autokrans ist 2,50 m hoch. Die Masse des Kranauslegers soll zur Vereinfachung nicht berücksichtigt werden. Alle weiteren Daten (Winkel und Längenmaße), die du im Folgenden für deine Berechnungen brauchst, kannst du der Zeichnung entnehmen. Um nicht ins Buch zu zeichnen, kopierst oder paust du das Bild am besten ab.
a Berechne die Zugkraft, die die Seilwinde des Flaschenzugs (oben zwei, unten eine Rolle) ausüben muss.
b Welche Kraft muss der Stützkolben aufbringen, um den Kranausleger im Gleichgewicht zu halten?
c Die Wandstärke des Stützkolbens beträgt mehrere Zentimeter. Die Zuleitungen des hydraulischen Systems besitzen dagegen nur dünne Wände. Warum brauchen sie nicht dicker zu sein?

Selbst erforscht

Schweredruck von Flüssigkeiten

Der Schweredruck der Luft – also der Luftdruck – entsteht durch die Schwere des Luftmeers über uns. Da Wasser viel schwerer ist als Luft (1 ℓ Wasser wiegt rund 800-mal so viel wie 1 ℓ Luft), ist es nicht verwunderlich, dass in der Tiefsee gewaltige Drücke herrschen. Und bereits in geringer Wassertiefe kann man einen deutlich höheren Druck messen als an der Wasseroberfläche.

Von welchen Größen der Schweredruck des Wassers oder anderer Flüssigkeiten abhängt, sollst du in den folgenden Lernstationen genauer untersuchen. Ziel ist es, eine mathematische Gesetzmäßigkeit zu finden und zu bestätigen, mit deren Hilfe man den Schweredruck berechnen kann. Theoretische Überlegungen sollen das Zentrum deines Vorgehens bilden. Fange deshalb mit dem Aufstellen von Hypothesen zum Schweredruck an: Lernstation A. ↑1 Bestätige oder widerlege dann diese Vermutungen mithilfe der Lernstationen 1 bis 5. (Aus dem Fach *Natur und Technik* weißt du ja bereits, dass das Aufstellen und Überprüfen von Hypothesen typisch für das Arbeiten eines Naturwissenschaftlers ist.)

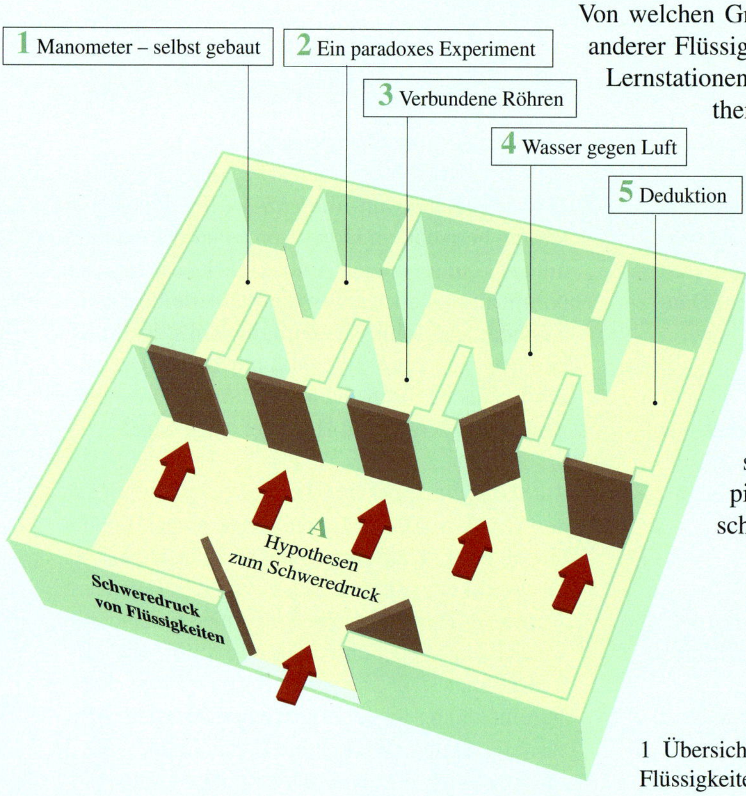

1 Übersicht über die Lernstationen zum Schweredruck in Flüssigkeiten

Aus der Forschung Theorie und Experiment

2 Zur Quantengravitation werden derzeit verschiedene Theorien entwickelt. Eine führende Physikerin dabei ist Fotini Markopoulou-Kalamara.

3 Die Theorien zur Quantengravitation werden ab 2007 mithilfe eines neuen Forschungssatelliten experimentell überprüft.

Es gehört zu den typischen Vorgehensweisen der Physiker, sich vor der Durchführung eines Versuchs Gedanken darüber zu machen, wie er ausgehen könnte. Bereits in die Planungen gehen Vermutungen (Hypothesen) darüber ein, welche Messgrößen bei dem zu untersuchenden Phänomen eine Rolle spielen. Theorie und Experiment sind in den Naturwissenschaften untrennbar miteinander verbunden. ↑2, 3

Hypothesen zum Schweredruck

A

Die Schwerkraft ist die Ursache für den Schweredruck in Flüssigkeiten. Sicherlich wächst der Druck p mit der Höhe h der Wasserschicht über dem Ort der Messung. Aber gilt nun $p \sim h$ oder vielleicht $p \sim h^2$ oder …? Und welche anderen Größen spielen noch eine Rolle?

a Stelle eine hypothetische Gleichung für den Schweredruck am Boden eines Gefäßes auf, das mit Flüssigkeit gefüllt ist. ↑4 Wähle dazu proportionale Zusammenhänge aus der folgenden Liste aus:

$p \sim h$ $p \sim h^2$ $p \sim m$

$p \sim F_G$ $p \sim \varrho$ $p \sim g$

m: Masse der Flüssigkeit im Gefäß

F_G: Gewichtskraft, die auf die Flüssigkeit wirkt

ϱ: Dichte der Flüssigkeit

g: Erdbeschleunigung

Fasse die ausgewählten Proportionalitäten zusammen und stelle eine Gleichung für den Schweredruck auf (s. Methode: „Arbeiten mit Proportionalitäten“ auf der Seite 162).

b Überprüfe deine Gleichung anhand
- der Experimente in den Lernstationen,
- einer Einheitenprobe.

Beispiel:
Hypothese: $p = F_G \cdot h$
Probe: $1\,\frac{\text{N}}{\text{m}^2} \neq 1\,\text{N} \cdot \text{m}$
Die Hypothese ist falsch.

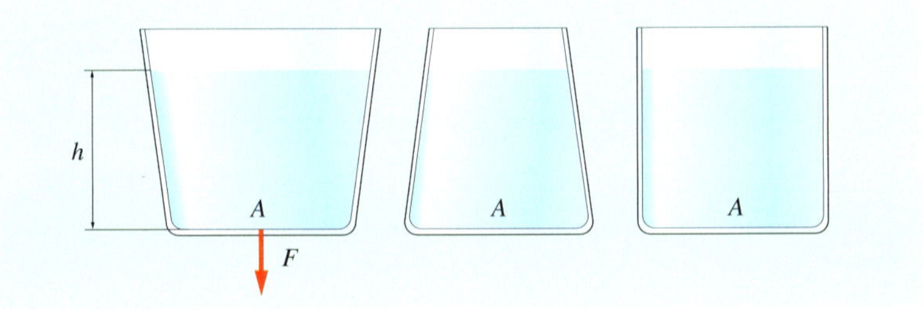

4

Manometer – selbst gebaut

1

Untersuche mit einem einfachen Manometer ↑5, wie der Schweredruck von der Wassertiefe abhängt.

a Manometerbau: Verschließe einen kleinen Trichter mit einer Gummihaut; sie soll nur wenig gespannt sein. Der Trichter wird über einen Schlauch mit einem U-Rohr verbunden, das mit gefärbtem Wasser gefüllt ist. Was geschieht, wenn du gegen die Gummihaut drückst?

b Halte den Trichter unter Wasser ↑6, sodass er 10 cm tief eintaucht. Miss den Höhenunterschied zwischen beiden Enden der Wassersäule im U-Rohr. Wie ändert er sich bei doppelter, dreifacher … Wassertiefe? Formuliere eine Vermutung und überprüfe sie.

c Spielt es eine Rolle, ob die Trichteröffnung beim Messen nach oben, unten oder zur Seite zeigt? ↑7 Formuliere und begründe eine Vermutung dazu. Bestätigt die Messung deine Überlegung?

d Ob der Schweredruck von der Art der Flüssigkeit abhängt? Stelle eine Hypothese auf (welche Materialkonstante wird wohl eine Rolle spielen?) und überprüfe sie anhand verschiedener Flüssigkeiten: Spiritus, Salzwasser …

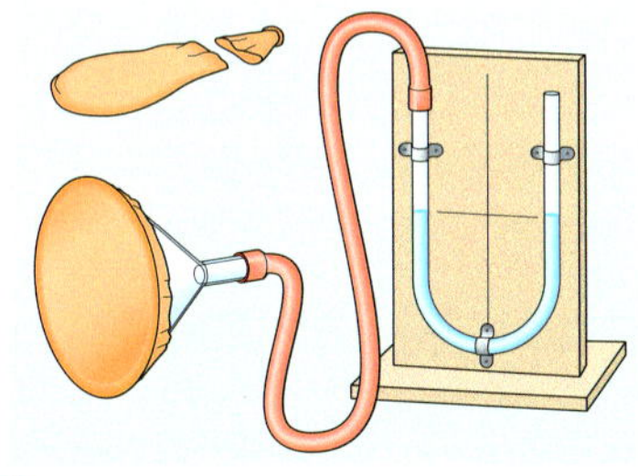

5

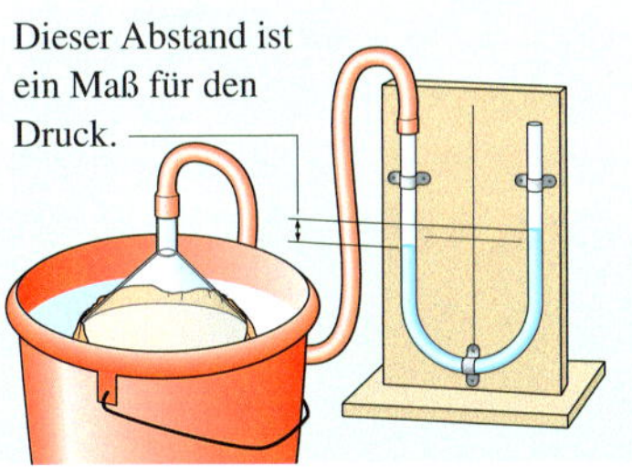

6

7

Selbst erforscht

Ein paradoxes Experiment

2

Hängt der Schweredruck am Boden eines Gefäßes von der Gefäßform ab? Diese Frage kannst du mithilfe eines Laborgeräts beantworten. ↑1 Die Röhren werden auf eine Membran (Gummihaut) gesetzt, die durch den Schweredruck ausgewölbt wird. Mit der Membran ist ein Zeiger verbunden, der ihre Wölbung und damit den Schweredruck anzeigt.

a Stelle Vermutungen an, ob sich der Schweredruck am Boden der verschiedenen Gefäße unterscheidet.

b Überprüfe die Vermutungen durch Messungen. Formuliere das Ergebnis.

c Das (verblüffende) Ergebnis lässt sich mithilfe eines Gedankenexperiments erklären. Wir betrachten dazu eine schräg durchs Wasser verlaufende Flüssigkeitsschicht. ↑2
Bei konstanter Temperatur gibt es keine Strömungen, alle Teilchen befinden sich im Kräftegleichgewicht. Also könnte man die Schicht auch durch eine Glaswand ersetzen, ohne die Kräfte- und Druckverhältnisse zu verändern … Versuche die logische Schlusskette zu Ende zu führen.

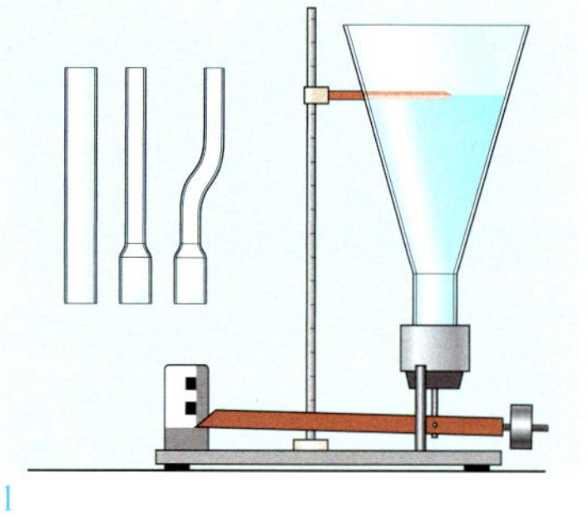

1

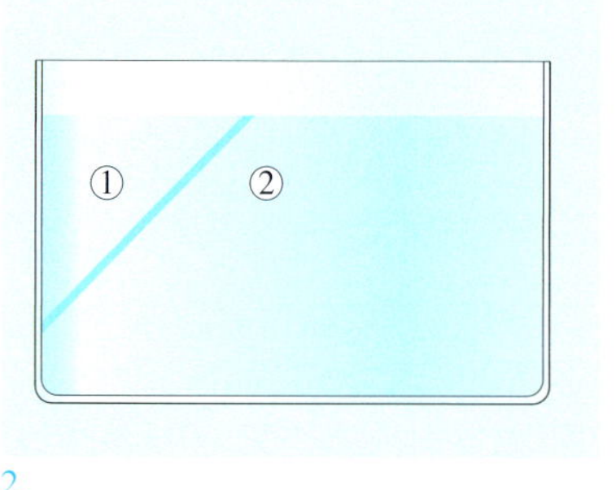

2

Verbundene Röhren

3

Zwei Glasröhren sind mit Schläuchen verbunden. Der Hahn ist zunächst geschlossen. ↑3

a Fülle beide Röhren verschieden hoch mit Wasser und öffne dann den Hahn. Was geschieht?

b Eine Röhre wird mit Spiritus, die andere gleich hoch mit einer gesättigten Salzlösung gefüllt. Was geschieht jetzt, wenn du den Hahn öffnest?

c Kannst du mit diesen Versuchen deine Hypothesen aus anderen Lernstationen bestätigen?

d Ein wassergefüllter Schlauch, dessen Enden mit durchsichtigen Plastikröhren verbunden sind, eignet sich als „Wasserwaage". ↑4 Erkläre, wie dieses einfache, aber pfiffige Gerät funktioniert und wie man es anwendet.

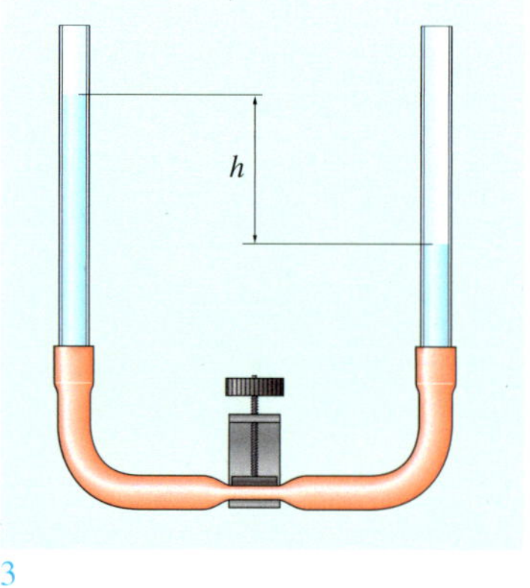

3

4

Wasser gegen Luft

4

Vielleicht hast du ja den „Trick" mit dem umgedrehten Glas voll Wasser ausprobiert, das durch eine Postkarte dicht verschlossen wird (s. S. 149). Das Wasserglas ist aber eigentlich etwas klein. Diesmal nehmen wir deshalb statt des Wasserglases einen 15 m langen Plastikschlauch. Er soll durchsichtig und dünn sein. Der Schlauch wird vollständig mit Wasser gefüllt, in eine Wanne mit Wasser gegeben und an einem Ende dicht verkorkt. In einem Treppenhaus mit einer Höhe von mindestens 10 m (3 bis 4 Stockwerke) wird das verkorkte Ende mit einer Schnur hochgezogen, das andere Ende bleibt in der Wasserwanne. ↑5

a Ab einer bestimmten Höhe bildet sich über der Wassersäule im Schlauch ein Bereich ohne Wasser. Steigt die Wassersäule weiter, wenn man den Schlauch noch höher zieht?
Wodurch wird die Wassersäule getragen? Was kannst du über Luftdruck und Schweredruck des Wassers am Fuß der Wassersäule sagen?

b Miss, wie hoch die Wassersäule ist. Berechne den Schweredruck am unteren Ende des Schlauchs mithilfe deiner hypothetischen Formel aus der Lernstation A.

c Lies an einem Barometer den momentanen Luftdruck ab. Wird deine Formel bestätigt?

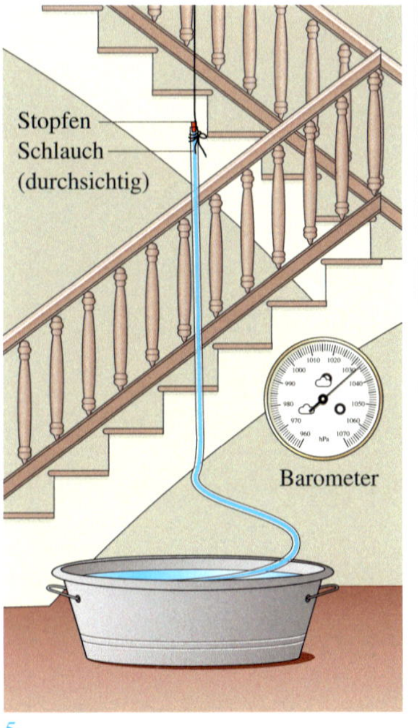

5

Deduktion

5

In der Physik wird eine vermutete Gesetzmäßigkeit nicht nur experimentell überprüft. Man versucht auch, sie aus bereits bestätigten Gesetzen oder aus Definitionen abzuleiten. Eine solches Vorgehen nennt man *Deduktion* (lat. *deducere:* ableiten).
Um ein physikalisches Gesetz ableiten zu können, muss man vorher den grundlegenden physikalischen Zusammenhang erkannt haben. Beim Schweredruck in Flüssigkeiten kann er so formuliert werden: ↑6
Der Schweredruck in einer Flüssigkeitsschicht mit der Oberfläche A entsteht durch die Gewichtskraft F_G auf die Flüssigkeitssäule der Höhe h, die über der Fläche steht.

Dieser Zusammenhang zeichnet den Lösungsweg für die Deduktion deiner Gleichung vor: Berechne zuerst die Gewichtskraft F_G auf die Flüssigkeitssäule ganz allgemein (mit Variablen) und dann den Schweredruck p.
Um die Gewichtskraft zu berechnen, benötigst du das Volumen V der Säule mit der Grundfläche A und der Höhe h sowie die Dichte ϱ der Flüssigkeit. Setze die Deduktion fort.

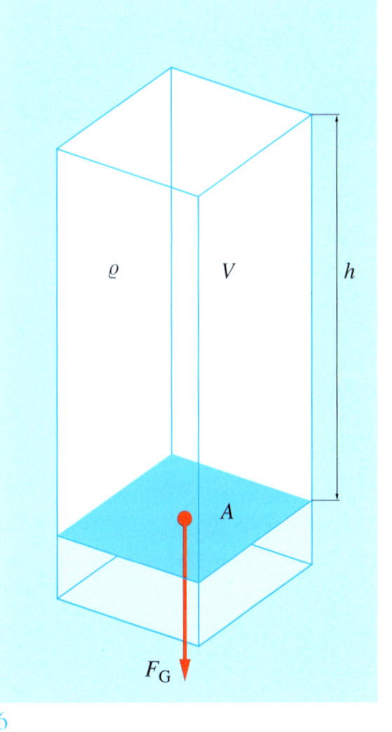

6

Methode

Arbeiten mit Proportionalitäten

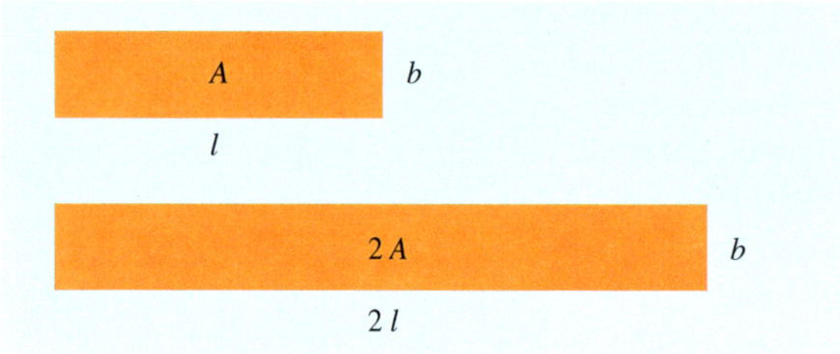

1 $A \sim l$ (*b* wird nicht verändert)

t in min	1,00	2,00	3,00	4,00
s in m	299	602	900	1201
$\frac{s}{t}$ in $\frac{\text{m}}{\text{min}}$	299	301	300	300

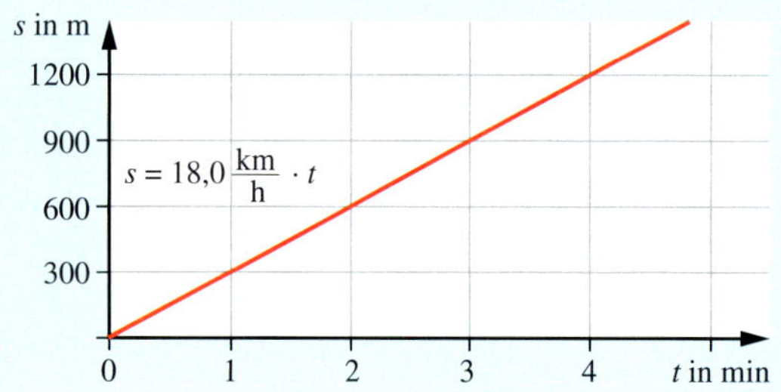

2 $s \sim t$; $s = v \cdot t$

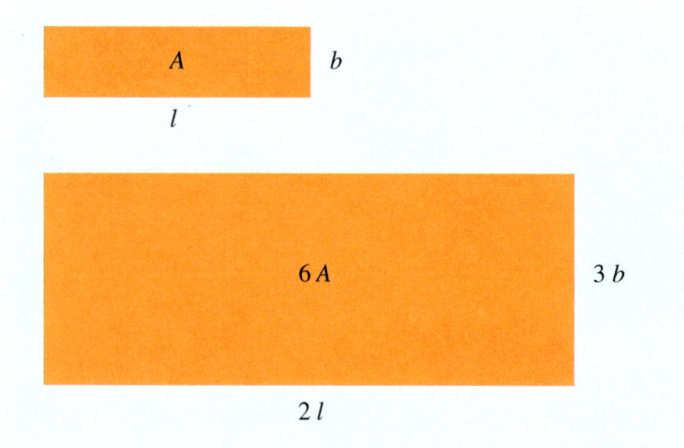

3 $A \sim l$ und $A \sim b$: $A \sim l \cdot b$

1 $y \sim x$

In der Physik beobachtet man oft, dass eine Größe proportional zu einer anderen ist. *Beispiele:* Die Dehnung einer Stahlfeder ist proportional zur angreifenden Kraft (Gesetz von HOOKE), die Stromstärke in einem Metalldraht ist bei konstanter Temperatur proportional zur Spannung (ohmsches Gesetz) …

Aus der Mathematik weißt du bereits: Eine Größe y heißt direkt proportional zu einer anderen Größe x ($y \sim x$), wenn dem zwei-, drei-, … fachen der einen Größe das zwei-, drei-, … fache der anderen Größe zugeordnet wird. *Beispiel:* Der Flächeninhalt A eines Rechtecks ist proportional zur Länge l, wenn man die Breite b konstant hält: $A \sim l$. ↑1

Auch quadratische Abhängigkeiten lassen sich als Proportionalitäten darstellen. *Beispiel:* Der Flächeninhalt A eines Quadrats ist proportional zum Quadrat der Seitenlänge s: $A \sim s^2$. Bei zwei-, drei-, vierfacher Seitenlänge erhält man ein Quadrat mit vier-, neun-, sechzehnfacher Fläche.

2 $y = k \cdot x$

Ist eine Größe y direkt proportional zu einer Größe x, dann ist der Quotient $\frac{y}{x}$ für alle zusammengehörenden Wertepaare $(x|y)$ gleich groß: $\frac{y}{x} = k$ (k ist eine Konstante). Es gilt also: $y = k \cdot x$.

Beispiel: Bei einer gleichförmigen Bewegung ist der zurückgelegte Weg s direkt proportional zur benötigten Zeit t: $s \sim t$. Die Proportionalitätskonstante kennst du als Geschwindigkeit v: $v = \frac{s}{t}$. Damit lässt sich der Weg s aus der Zeit t berechnen: $s = v \cdot t$.

In der Mathematik sagt man, der Weg s ist eine Funktion der Zeit t, und schreibt als Funktionsgleichung: $s(t) = v \cdot t$. Der Funktionsgraph ist eine Halbgerade, die im Koordinatenursprung beginnt. ↑2

3 $y \sim x \cdot z$

Oft ist eine Größe nicht nur zu *einer* anderen Größe direkt proportional, sondern zu *mehreren*, die voneinander unabhängig sind. Die verschiedenen Proportionalitäten lassen sich dann zu einer zusammenfassen. Wenn y direkt proportional zu x und z ist ($y \sim x$ und $y \sim z$), ist y direkt proportional zum Produkt aus x und z: $y \sim x \cdot z$.

Beispiel: Der Flächeninhalt A eines Rechtecks ist direkt proportional zur Länge l und zur Breite b. Also gilt: $A \sim l \cdot b$. (Hier gilt sogar $A = l \cdot b$, die Proportionalitätskonstante ist gleich 1). Verdoppelt man die Länge und verdreifacht die Breite, so erhält man ein Rechteck mit sechsfachem Flächeninhalt. ↑3

Aus der Umwelt Vom Tauchen und seinen Gefahren

Leben in der Tiefsee?

Auch an den tiefsten Stellen des Meeres, in rund 10 km Tiefe, gibt es noch Lebewesen. Wieso können sie den Druck von 1000 bar ertragen – der Mensch aber nicht?

Denke dir eine luftgefüllte, verschlossene Flasche, die mit Eisen beschwert ist und im Meer versinkt. ↑4 Sie wird durch den Druck in großer Tiefe zerstört. Eine wassergefüllte, offene Flasche dagegen bleibt unbeschädigt. Bei der offenen Flasche herrscht nämlich innen und außen der gleiche Druck. Von innen und außen wirken also gleich große Kräfte auf die Glaswand. Bei der verschlossenen Flasche wirken die Kräfte nur von außen.

Die Tiere der Tiefsee kann man mit der offenen Flasche vergleichen: In ihrem Körper herrscht der gleiche Druck wie im Wasser. Der Mensch entspricht der geschlossenen Flasche; seine Lunge ist der Hohlraum.

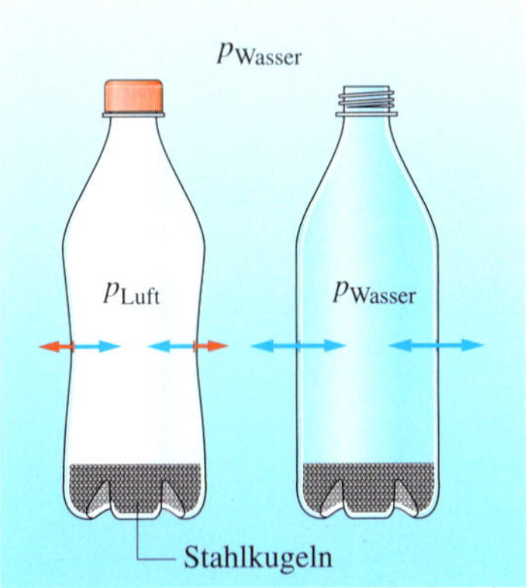

4 In großer Wassertiefe

Wie tief können Menschen tauchen?

Ohne Hilfsmittel und besonderes Training können Menschen ungefähr 40 s lang tauchen. Perlentaucher schaffen es, bis zu 4 min unter Wasser zu bleiben. Sie erreichen Tiefen von bis zu 30 m. Mit Pressluftgeräten kann man etwa 70 m tief tauchen. ↑5 Die aus der Flasche eingeatmete Luft steht stets unter dem gleichen Druck wie das umgebende Wasser. Daher wird die Lunge nicht zusammengequetscht.

Ab 50 m Tauchtiefe (unter Umständen sogar schon ab 30 m) wird es wegen des „Tiefenrauschs" sehr gefährlich: Es kommt zum Verlust der Urteilsfähigkeit, zu leichtsinnigem Verhalten und Schläfrigkeit. Der Tiefenrausch entsteht durch den Stickstoffanteil der Atemluft.

Bei zu schnellem Auftauchen aus großen Tiefen droht die lebensgefährliche „Taucherkrankheit": Unter dem hohen Druck in großer Tiefe löst das Blut viel Stickstoff. Lässt der Druck plötzlich nach, bilden sich Gasbläschen im Blut und verstopfen die Adern. (Eine ähnlich Bildung von Gasblasen kannst du beim Öffnen einer Sprudelflasche beobachten. In der geschlossenen Flasche herrscht ein erhöhter Druck und das Gas ist im Wasser gelöst. Nach dem Öffnen kann das Wasser bei geringerem Druck nicht mehr so viel Gas aufnehmen.) Infolge der verstopften Adern kommt es zu Schmerzen und Lähmungen, die zum Tod führen können. Taucher, die längere Zeit dem Druck in größerer Tiefe ausgesetzt waren, müssen daher langsam wieder an geringeren Druck gewöhnt werden. Das geschieht durch Pausen beim Auftauchen oder in einer Dekompressionskammer. ↑6

Um den Tiefenrausch zu vermeiden, wird der Stickstoffanteil der Atemluft z. B. durch Helium ersetzt. Mit speziellen Gasgemischen und Geräten lassen sich Tiefen von einigen Hundert Metern erreichen. Die Gefahr der Taucherkrankheit ist damit aber nicht gebannt, denn auch Helium wird im Blut gelöst.

5 Tauchbekanntschaft

6 Dekompressionskammer

Aufgaben

1 *Zu einfach?* „Der Druck im Wasser ist überall gleich groß." Unter welcher Bedingung stimmt diese Aussage?

2 *Ohrenschmerzen* Beim Tauchen im Schwimmbad hattest du bestimmt schon einmal ein unangenehmes Gefühl in den Ohren.
a Wie kommt es zu den Ohrenschmerzen beim Tauchen?
b Welche Kraft wirkt am Boden eines Wettkampfschwimmbeckens in 1,8 m Tiefe auf dein Trommelfell ($A = 0{,}5\,\mathrm{cm}^2$)?
c „Nase zuhalten und Luft in die Nase drücken!" Warum sollte man diesen Rat befolgen, wenn die Ohren im tiefen Wasser schmerzen?

3 *Druckfaustregel* Der Schweredruck im Wasser bei 10 m, 20 m ... Wassertiefe lässt sich einfach berechnen.
a Versuche eine Faustregel anzugeben: „Der Schweredruck im Wasser steigt je 10 m Wassertiefe um ..."
b Der Gesamtdruck in einer bestimmten Wassertiefe ist größer als der Schweredruck des Wassers. Wie ist das möglich? Wie groß ist der Unterschied zwischen Gesamtdruck und Schweredruck des Wassers?

1 Hydraulische Anlagen für das Emssperrwerk

4 *Voll aufs Auge* Wale können bis in eine Tiefe von 1000 m tauchen. Dort sind sie gewaltigen Drücken und Kräften ausgesetzt.
a Berechne die Kraft, die in dieser Tiefe infolge des Schweredrucks auf ein Auge des Wals wirkt. *Hinweis:* Das Walauge hat einen Durchmesser von 15 cm.
Vergleiche diese Kraft mit der Gewichtskraft auf einen Zementsack ($m = 50\,\mathrm{kg}$).
b Das Walauge wird durch diese große Kraft nicht zerquetscht. Wie gelingt es wohl dem Wal, dem gewaltigen Druck zu widerstehen?

5 *Extreme Hydraulikanlagen* Die Hydraulikanlagen, die die Sperrtore an der Ems bewegen sind richtige „Riesen". ↑1 Bei einem Kolbendurchmesser von 87 cm arbeiten sie unter einem Druck von 400 bar! Welche Masse könnte man damit hochstemmen?

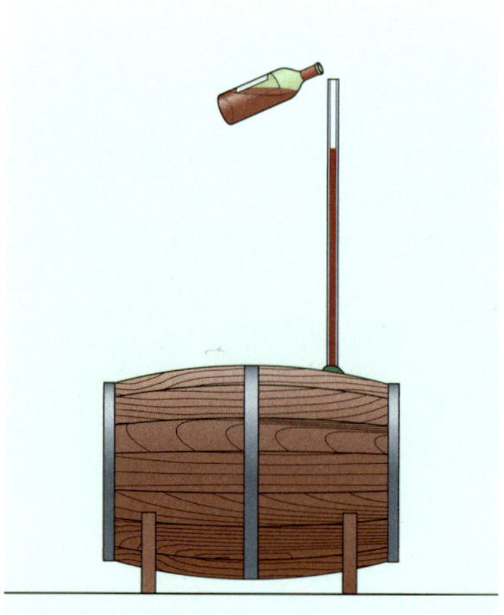
2 Pascals Weinfass

6 *Pascals Weinfass* ↑2 Von dem französischen Philosophen und Naturwissenschaftler Blaise Pascal (1623–1662) wird folgende Geschichte erzählt: *Pascal behauptete, er könne mit ein paar Gläsern Wein ein randvolles Weinfass zerstören. Aber niemand glaubte ihm. Daraufhin bohrte Pascal ein Loch oben in ein Fass und steckte ein mehrere Meter langes, dünnes Rohr hinein. Nachdem er das Fass sorgfältig abgedichtet hatte, goss er Wein in das Rohr. Das dünne Rohr füllte sich schnell – und das Fass barst mit lautem Krachen!*
Wie war das möglich?

7 *Druckversuch in der Badewanne* Halte in der Badewanne eine luftgefüllte Flasche unter die Wasseroberfläche – mit der Öffnung nach unten. Drücke die Flasche immer tiefer ins Wasser und beobachte dabei die Luftmenge in der Flasche. Was fällt dir auf?
Begründe das Verhalten der Luft in der Flasche.

Aufgaben

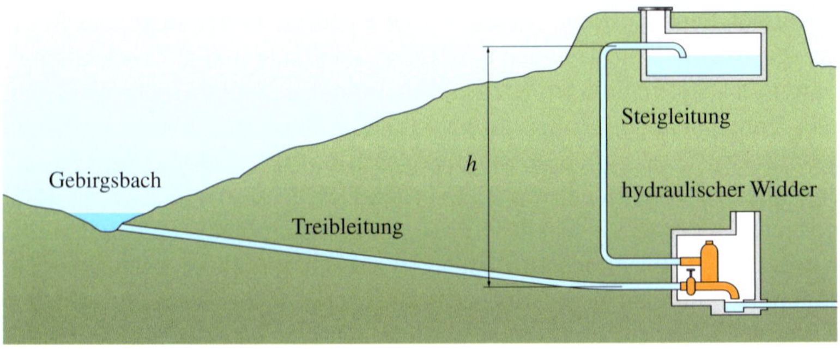

3 Wasser heben mit dem hydraulischen Widder

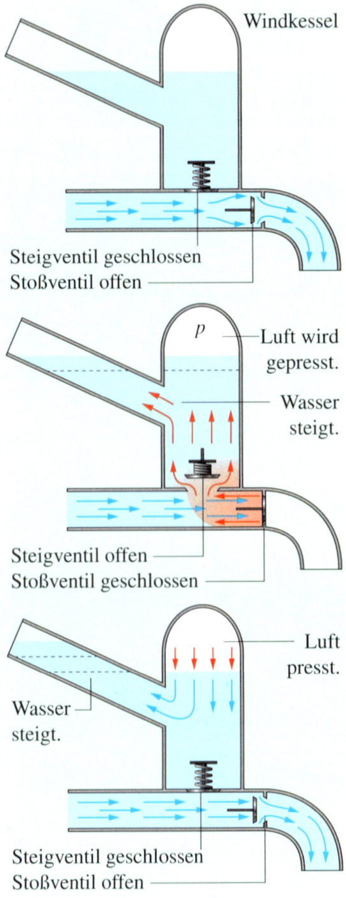

4 Funktionsweise des hydraulischen Widders

8 *Hydraulischer Widder* Diese Pumpe wurde vom Franzosen Josef-Michel Mongolfier (1740–1810) erfunden, der zusammen mit seinem Bruder auch den ersten Heißluftballon entwickelte. Sie wird heute noch dazu verwendet, um z. B. auf abgelegenen Almen Wasser ohne Motor auf ein höheres Energieniveau zu pumpen. ↑3
Lies den folgenden Text und löse dann die Aufgaben:
Wasser aus einem Gebirgsbach fließt über eine „Treibleitung" in den hydraulischen Widder. ↑4 Es strömt zunächst am geöffneten Stoßventil vorbei wieder aus dem Widder heraus. Wenn die Fließgeschwindigkeit groß genug ist, schließt sich das Ventil, sodass das Wasser abrupt abgestoppt wird. Der Druck im Wasser steigt nun rasch so stark an, dass das Steigventil (ein „Rückschlagventil") geöffnet wird. Das angestaute Wasser strömt in den luftgefüllten Windkessel und presst die Luft darin zusammen. Außerdem wird Wasser in der Steigleitung hochgepresst. Durch den großen Druck in der komprimierten Luft wird das Wasser aus dem Windkessel herausgepresst, sodass das Steigventil wieder geschlossen wird. Der Druck am Stoßventil hat inzwischen so weit abgenommen, dass es sich wieder öffnet, das Wasser in der Treibleitung gewinnt erneut an Fahrt … Die permanenten „Druckstöße" in der Widderanlage erinnern an die Rammstöße eines Widders, daher hat die Anlage ihren Namen.

a Beschreibe die Funktionsweise des hydraulischen Widders in wenigen Sätzen anhand der Energieumwandlungen.
b Der Windkessel erfüllt zwei Funktionen. Beschreibe sie.
c Das Wasser wird über seine Anfangshöhe hinaus gehoben. Wird hier etwa der Energieerhaltungssatz verletzt?
d In der Werbebroschüre einer Herstellerfirma steht: „Je abrupter das Stoppen erfolgt, desto größer die Stoßenergie. (Man denke an einen Auffahrunfall.)" Was hältst du davon aus physikalischer Sicht?
e Schätze ab, wie viele Liter Wasser ein hydraulischer Widder in einer Stunde maximal hochpumpen kann. *Hinweise:* In einer Stunde fließen $12\,m^3$ Wasser durch die Treibleitung; die Steighöhe ist dreimal so groß wie der Höhenunterschied der Treibleitung.
f Der hydraulische Widder scheint dafür prädestiniert zu sein, in Gegenden ohne elektrische Energieversorgung eingesetzt zu werden. Unter welchen Umständen würdest du seinen Einsatz empfehlen?

Aus der Medizin Der Blutdruck

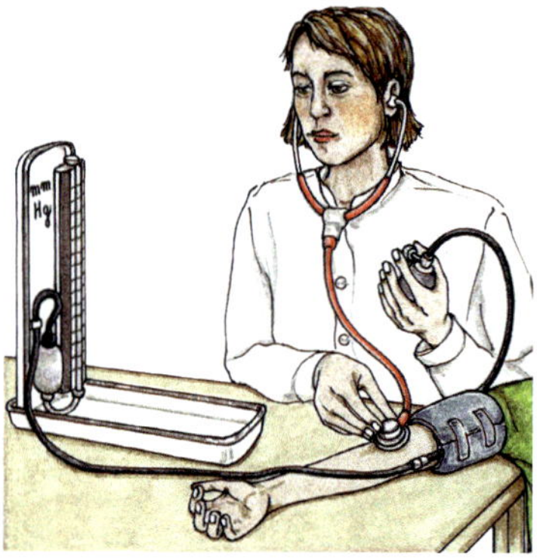

1 Messung des Blutdrucks mit Manschette, Pumpe und Stethoskop

Blut verbindet alle Zellen unseres Körpers. Es transportiert den lebenswichtigen Sauerstoff, die Nährsubstanzen und die Endprodukte des Stoffwechsels. Durch die Tätigkeit des Herzens wird der nötige Druck erzeugt, damit das Blut ständig im Kreislauf durch unseren Körper strömen kann. Der Druck ist in den großen Arterien in der Nähe des Herzens am größten. Diesen Druck meint man, wenn man von Blutdruck spricht.
Je weiter der Weg ist, den das Blut vom Herzen aus zurückgelegt hat, desto geringer ist der Druck. An der Einmündung der großen Venen in das Herz beträgt er praktisch nur noch 0 hPa. Wenn sich das Herz zusammenzieht (Systole) und Blut in den Körper drückt, ist er am größten (systolischer Blutdruck). Bei erschlafftem Herzmuskel (Diastole) ist er am geringsten (diastolischer Blutdruck).
Um den Blutdruck zu messen, könnte eine Hohlnadel in eine Schlagader eingeführt und daran ein Manometer angeschlossen werden. Eine einfachere, schmerz- und infektionsfreie Methode erfand 1895 der italienische Kinderarzt RIVA-ROCCI: die Blutdruckmessung mit der aufblasbaren Gummimanschette. ↑ 1
Die Manschette wird um den Oberarm gelegt und aufgepumpt. Dadurch wird der Arm abgebunden, es fließt kein Blut mehr. Während der Arzt den Druck langsam verringert, hält er das Stethoskop (Hörrohr) in die Ellenbeuge. Sobald das Blut zu fließen beginnt, ist ein zischendes Strömungsgeräusch zu hören. Der Druck in der Manschette ist dann genauso groß wie der systolische Blutdruck. Wenn beim weiteren Ablassen der Luft das Geräusch wesentlich leiser wird, stellt die Manschette keinen Widerstand für den Blutstrom dar, der diastolische Druck ist erreicht.
Ein Blutdruck von „90“ bedeutet, dass der Blutdruck genauso groß ist wie der Schweredruck am Boden einer 90 mm hohen Quecksilbersäule: In den „normalen“ Druckeinheiten bedeutet das 120 hPa (0,12 bar). 1 mm Quecksilbersäule entspricht einem Druck von 1,33 hPa.
Elektronische Blutdruckmessgeräte nehmen über ein Mikrofon die Pulsgeräusche in der Manschette auf und zeigen die Blutdruckwerte direkt an. ↑ 2
Die Blutdruckwerte schwanken z. B. beim Übergang vom Liegen zum Stehen oder bei körperlicher Arbeit. Der Blutdruck steigt beim Gesunden mit zunehmendem Alter. ↑ 3

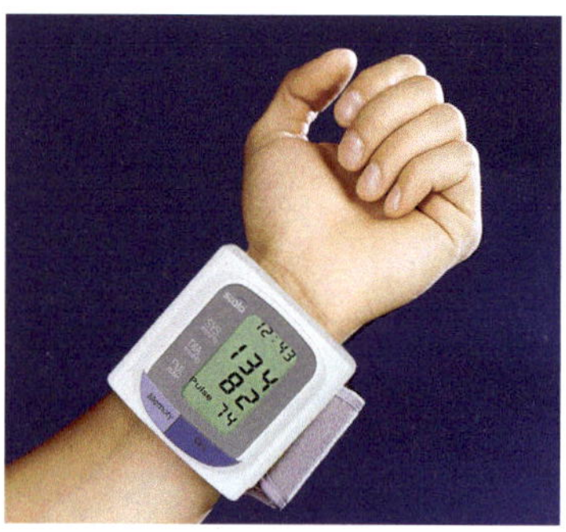

2 Elektronisches Blutdruckmessgerät

Alter in Jahren	Systolischer Druck: Höhe der Quecksilbersäule	Druck in hPa	Diastolischer Druck: Höhe der Quecksilbersäule	Druck in hPa
Geburt	70 mm	93	40 mm	52
bis 10	105 mm	140	70 mm	93
10 bis 30	110 mm	146	75 mm	105
30 bis 40	125 mm	166	85 mm	119
40 bis 60	140 mm	186	90 mm	126
über 60	145 mm	193	90 mm	126

3 Mittelwerte des Blutdrucks

Auf einen Blick

Druck in eingeschlossenen Gasen Um ein eingeschlossenes Gas zusammenzupressen, braucht man Energie. Die eingesetzte Energie wird beim Zusammenpressen im Gas gespeichert. Je stärker das Gas komprimiert ist, desto größer ist der Druck in ihm. Es übt dann seinerseits größere Kräfte auf seine Begrenzungsflächen aus. Daher wird es immer schwerer, das Gas zusammengepresst zu halten (oder noch weiter zusammenzupressen). ↑4
Der Druck p in einem Gas gibt an, wie groß die Kraft F ist, die das Gas auf jede Begrenzungswand der Fläche A ausübt: $p = \frac{F}{A}$ bzw. $F = p \cdot A$.
Im Teilchenmodell stellen wir uns vor, dass diese Kraft durch die Teilchen des Gases hervorgerufen wird, die ständig gegen jede Begrenzungsfläche prasseln. ↑5
Die Einheit für den Druck in Gasen (und Flüssigkeiten) ist 1 Pascal (1 Pa): $1\,\text{Pa} = 1\,\frac{\text{N}}{\text{m}^2}$.
Weitere Druckeinheit: $1\,\text{bar} = 10\,\frac{\text{N}}{\text{cm}^2} = 1 \cdot 10^5\,\text{Pa}$.

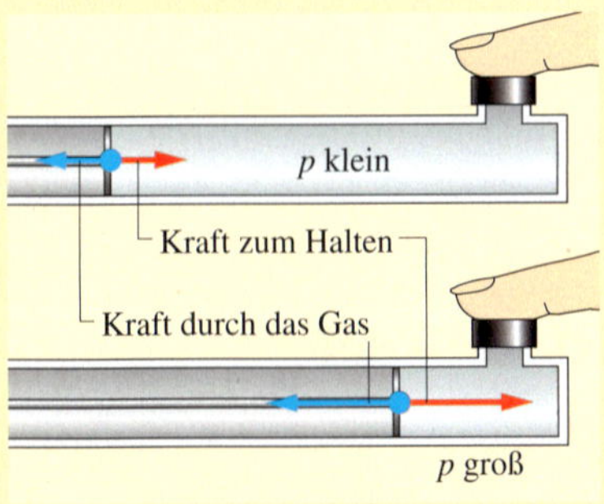

4

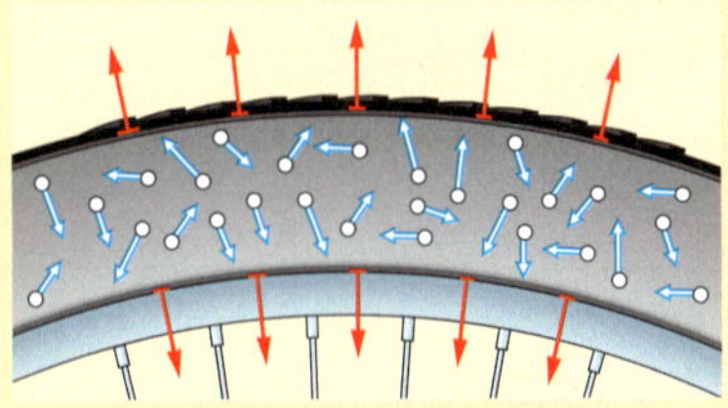

5 Gasdruck im Teilchenmodell

Luftdruck Die Erde ist von einer Lufthülle umgeben. Infolge der Schwere der Luft wird die Luft in den unteren Schichten durch die darüberliegende Luft zusammengepresst. So entsteht der Luftdruck. ↑6
Der mittlere Luftdruck in Meereshöhe beträgt 1,013 bar = 1013 hPa. Er ist so groß wie der Schweredruck im Wasser am Boden einer 10 m hohen Wassersäule. Der Luftdruck nimmt in der Regel mit der Höhe ab. Die Druckabnahme wird bei gleichen Höhenunterschieden immer geringer, weil die Dichte der Luft mit der Höhe abnimmt.
Wenn der Druck in einem Hohlraum viel geringer ist als der äußere Luftdruck, können die Begrenzungswände durch die resultierenden Kräfte nach innen gepresst werden.

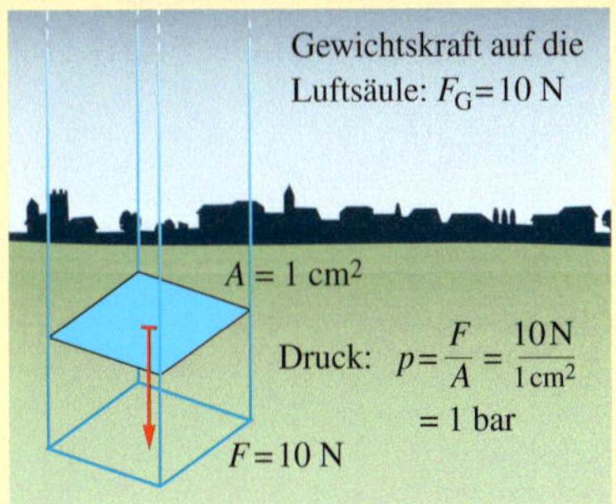

6 Luftdruck an der Erdoberfläche

Druck in eingeschlossenen Flüssigkeiten Eine eingeschlossene Flüssigkeit, in der der Druck p herrscht, übt auf jede Teilfläche A der Gefäßwand eine Kraft F aus, sodass gilt: $p = \frac{F}{A}$ bzw. $F = p \cdot A$.
Bei hydraulischen Anlagen nutzt man, dass eine Flüssigkeit nicht zusammengepresst werden kann und unter Druck auf verschieden große Begrenzungsflächen verschieden große Kräfte ausübt. ↑7

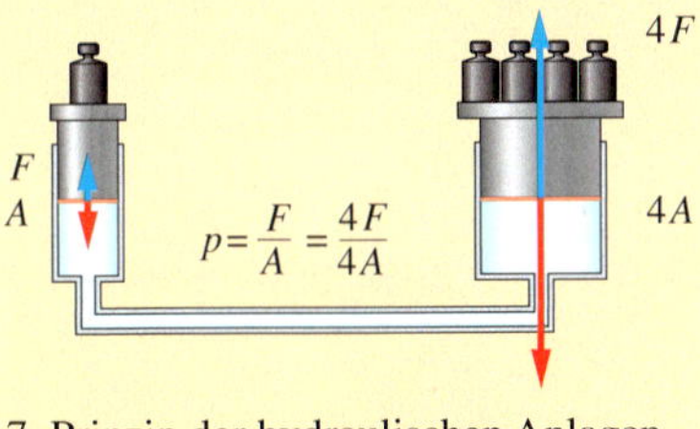

7 Prinzip der hydraulischen Anlagen

Schweredruck in Wasser Auf jeder Wasserschicht lastet das darüberliegende Wasser. Dadurch entsteht in der Schicht ein Schweredruck, der umso größer ist, je höher das Wasser über der Schicht steht. Im Wasser steigt der Schweredruck je 10 m Tiefe um 1 bar. ↑8
Allgemein gilt für den Schweredruck p in einer bestimmten Tiefe h in einer Flüssigkeit der Dichte ϱ: $p = \varrho \cdot g \cdot h$.
Der Schweredruck in der Tiefe h hängt nicht von der Gefäßform ab.

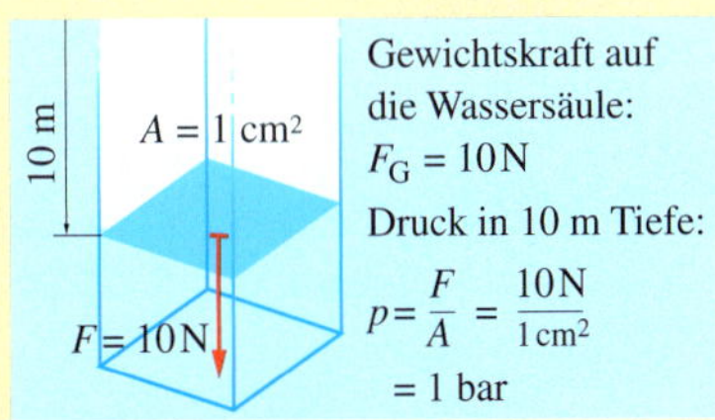

8 Schweredruck im Wasser

Selbst erforscht

Projektarbeit

Phase 1: Vorbereitung
- Themenfindung
- Gruppenbildung
- Projektplan erstellen

Tipps:
- Welche Aufgaben sind zu bearbeiten?
- Wer übernimmt welche Aufgabe? Wer arbeitet zusammen?
- Wer verschafft sich Wissen über ein Teilgebiet und gibt es an seine Gruppe weiter? (Quellen: Internet, Bibliothek, Firmen, Stadtarchiv, Universitäten …)
- Welche Versuche könnt ihr durchführen, welche Modelle bauen?
- Welche Rolle spielt der Lehrer oder die Lehrerin?
- Welche Arbeiten erledigt ihr zu Hause, welche in der Schule?
- Wie viel Zeit plant ihr für jeden der Teilschritte ein?

Phase 2: Durchführung
- Material beschaffen, bearbeiten und auswerten
- Präsentation vorbereiten

Tipps:
- Aufgaben werden allein oder zu zweit wie besprochen erledigt (legt eine Aufgabenliste an und notiert, wer jeweils zuständig ist).
- Zwischenergebnisse oder auftretende Fragen werden in der Gruppe diskutiert.
- Beachtet unbedingt, dass die vereinbarte Zeit eingehalten wird.
- Wie können die Arbeiten später präsentiert werden?

Phase 3: Präsentation
- Ergebnisse vorstellen
- Eigene Arbeitsweise diskutieren

Tipps:
- Fertigt eine Wandzeitung an und gestaltet Schaukästen.
- Stellt Folien für den Arbeitsprojektor her.
- Führt Versuche und Modelle vor und erklärt sie.
- Spielt Interviews vor, die ihr geführt habt.
- Gestaltet Internetseiten zum Thema. Sie sollten verlinkt sein und können vielleicht Bestandteil der Schulhomepage werden. Verwendet Digitalfotos eurer Arbeit.
- Erstellt eine Powerpoint-Präsentation.
- Überlegt, was bei der Projektarbeit gut gelaufen ist und was man hätte besser machen können.

Wetter und Klima

Täglich erhalten wir durch Nachrichten, Tageszeitungen und das Internet aktuelle Wetterinformationen. Von modernsten Computern werden Wetterprognosen erstellt, die über einen Zeitraum von einer Woche recht gute Ergebnisse liefern. ↑1 Die Wettervorgänge sind zwar sehr komplex. Trotzdem reichen wenige physikalische Größen aus, um sie zu erklären. Die drei wichtigsten sind: Lufttemperatur, Luftdruck und Luftfeuchtigkeit.
Mit deinen Mitschülern kannst du dich selbstständig mit den Wetterphänomenen beschäftigen. Das geht allerdings nicht immer während des Unterrichts, da das Wetter keinen Stundenplan kennt.

Kurioses

Im 17. Jahrhundert glaubte der Abt Moritz Knauer, dass jeder der sieben damals bekannten Planeten für das Wetter eines Jahrs zuständig sei. Nach jeweils sieben Jahren sollte sich dann das Wetter wiederholen. Leider konnte er seine Hypothese nicht mehr überprüfen, da er vorher verstarb. Basierend auf seinen sorgfältigen Aufzeichnungen entstand aber der berühmte „hundertjährige Kalender", eines der meistverkauften Bücher der Welt.

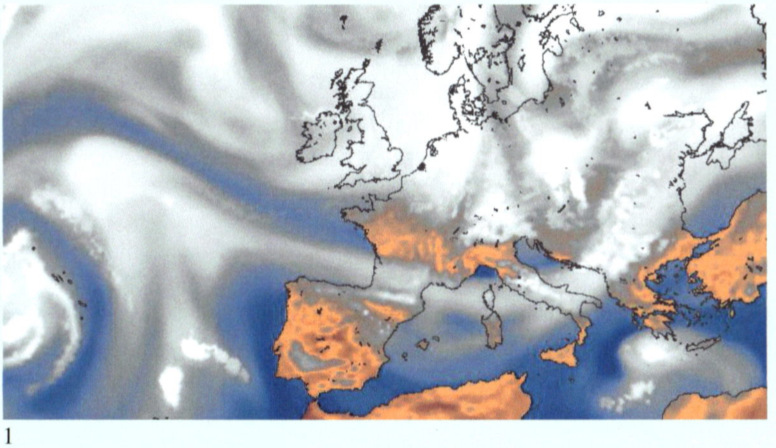

1

2

Anregungen zur Untersuchung des Klimas
(Schwerpunkt: Literatur- und Internetarbeit)

- Untersucht mithilfe von Klimakarten die jährlichen Temperaturschwankungen an verschiedenen Orten der Erde.
- Welchen Einfluss auf das Weltklima hat die unterschiedliche Verteilung der Sonneneinstrahlung auf der Erde?
- Wie wird die Durchschnittstemperatur der Erde gemessen und wie hat sie sich in den letzten Jahrzehnten entwickelt?
- Was versteht man unter Ozonloch und Treibhauseffekt?
- Wie entstehen „Hochs" und „Tiefs"? Wie kommt es zu Strömungen in der Atmosphäre?
- Welchen Einfluss haben Meeresströmungen auf das Klima?

Anregungen zur Datenerfassung in der Umgebung
(Schwerpunkt: praktisches Arbeiten)

- Wetterbeobachtung: Beobachtet über einige Wochen hinweg das Wetter am Schulort. ↑2
  Legt für das Protokoll einen Beobachtungsbogen für Temperatur, Luftfeuchte und -druck an.
- Wolkenatlas: Fotografiert Wolken und ordnet sie nach Wolkenarten.
- Wolkenbildung: Filmt die Wolkenbildung im „Zeitraffer". ↑3
- Messgeräte: Baut einfache Messgeräte für Wetterdaten (Windmesser, Barometer …).
- Wetterhäuschen: Richtet euch eine Wetterstation ein.
- Modellexperimente: Entwickelt Experimente, mit denen ihr Wetterphänomene im Modell beschreiben und erklären könnt.

3 Wolkenbildung im Zeitraffer

Solartechnik

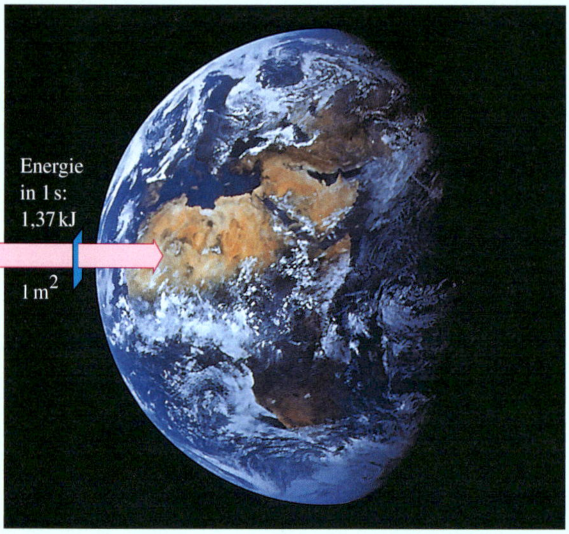

1 Unsere Erde in der Strahlung der Sonne

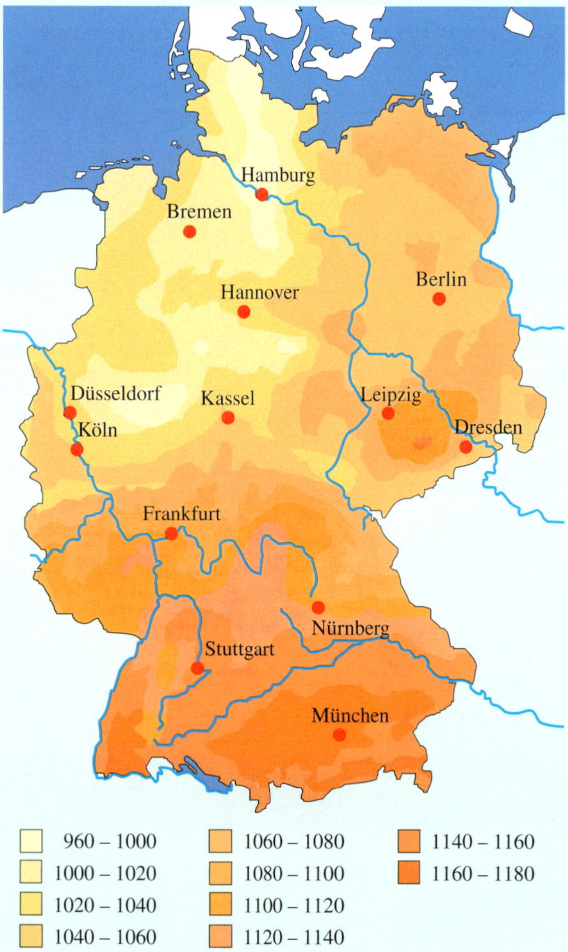

2 Solarkarte: Sonnenenergie (Angaben in kWh), die im Mittel jährlich auf 1 m² eingestrahlt wird

Durch Sonnenstrahlung erhält die Erdoberfläche in einer halben Stunde mehr Energie, als die ganze Menschheit jährlich an elektrischer Energie benötigt! Auf jeden Quadratmeter der Atmosphärenoberfläche treffen bei senkrechtem Einfall der Strahlung 1,37 kJ Energie in jeder Sekunde. ↑1 Die Querschnittsfläche der Erde beträgt aber nicht nur 1 m^2, sondern $1{,}3 \cdot 10^{14}\,m^2$!
Der Wert $1{,}37\,\frac{kJ}{s\,m^2} = 1{,}37\,\frac{kW}{m^2}$ heißt *Solarkonstante*.
Die Atmosphäre reflektiert und absorbiert im Mittel 50 % der Sonnenstrahlung. Nur unter optimalen Bedingungen gelangen $1{,}0\,\frac{kW}{m^2}$ direkt zur Erdoberfläche (Messfläche senkrecht zur Strahlungsrichtung). Leider sind die Bedingungen selten optimal: Wolken schirmen die Strahlung ab, auf der Nachthälfte der Erdkugel ist es dunkel … Dennoch lässt sich in Deutschland jährlich eine Sonnenenergie von rund 1000 kWh je Quadratmeter „einsammeln" – in manchen Gegenden mehr als in anderen. ↑2
Die Sonnenenergie wird mit unterschiedlichen Anlagen technisch genutzt: ↑3

- Fotovoltaikanlagen (Solarzellen) wandeln Sonnenenergie in elektrische Energie um.
- Sonnenkollektoren wandeln Sonnenenergie in innere Energie einer erhitzten Flüssigkeit um.

Beide Anlagen haben sich in Deutschland zu richtigen „Rennern" entwickelt, wenn es darum geht, Häuser umweltschonend mit Energie zu versorgen.

Auf den folgenden Seiten findet ihr Anregungen zu diesen Themen:

- Messung der Sonneneinstrahlung
- Bau eines Sonnenkollektors
- Elektrische Eigenschaften von Solarzellen

Wie unterscheiden sich die Geräte, die ihr selbst gebaut oder untersucht habt, von den Sonnenkollektoren und Fotovoltaikanlagen zur Energieversorgung von Häusern? Besorgt euch Informationen dazu und präsentiert sie zusammen mit euren Versuchsergebnissen.

3 Sonnenkollektoren (oben) und Solarzellen (unten)

1 Wie „stark" ist die Sonnenstrahlung?

Die Idee für diesen Versuch ist einfach: Ein Metallblock wird in die Sonne gestellt und sein Temperaturanstieg in einer festgelegten Zeit gemessen. Aus den Daten des Metallblocks (Masse und Oberfläche; Wärme für eine Temperaturerhöhung um 1 K) und den Messwerten wird berechnet, wie viel Sonnenenergie pro Sekunde und Quadratmeter eingestrahlt wurde. Damit der Metallblock nicht allzu viel Wärme an die Umgebung abgibt und der Messwert dadurch zu gering ausfällt, musst du allerdings ein wenig mehr Aufwand betreiben. ↑4

a *Versuchsaufbau:* Bohre zunächst ein Loch in den Metallblock, damit du dort später den Temperaturfühler einstecken kannst. Das Loch soll eine Tiefe von ca. 2 cm haben und einen Durchmesser von 1,5 mm (passend zum Fühler).
Bestreiche die Deckfläche des Blocks mit schwarzer Plakatfarbe, damit er die Sonnenstrahlung möglichst vollständig absorbiert.
Säge für die Wärmeisolierung des Metallblocks die vier Seitenwände und die Bodenplatte aus einer großen Styroporplatte. Klebe die Styroporteile zusammen und achte darauf, dass keine Spalten zurückbleiben. Passe den Block in die Styroporkiste ein. (Die Wände sollen 1 cm höher als der Block sein!)
Bohre das Loch für den Thermometerfühler in die eine Wand und stecke den Fühler hindurch. Dichte die verbleibende Öffnung mit Styroporkrümeln und Klebstoff ab.
Dein „Absorber" ist nun fertig!

b *Durchführung:* Stelle den Absorber so in die Sonne, dass die Strahlung ihn möglichst senkrecht trifft. (Der Thermometerfühler darf nicht von der Sonnenstrahlung getroffen werden.) Warte einige Minuten, bis die Thermometeranzeige steigt. Fange dann an, die Temperatur des Absorbers im Abstand von jeweils zwei Minuten zu messen (insgesamt fünf- oder sechsmal). Notiere die Werte.

c *Auswertung:* Bestimme zunächst die Masse m des Metallblocks und berechne, wie groß die geschwärzte Oberfläche A ist. Informiere dich, wie viel Energie erforderlich ist, um 1 kg des Metalls um 1 K zu erwärmen (Stichwort für eine Suche in Tabellenwerken: „spezifische Wärmekapazität"). Berechne aus deinen Werten, wie groß die Sonneneinstrahlung während der Messung war (in $\frac{\text{kW}}{\text{m}^2}$). Stelle auch deinen Lösungsweg vor.

Material:
- Metallquader (z.B. aus Aluminium), Maße: 4 cm · 4 cm · 2 cm
- Digitalthermometer mit einem Thermoelement als Temperaturfühler
- Styroporplatte (1 cm dick)
- Styroporkleber
- schwarze Plakatfarbe
- Uhr

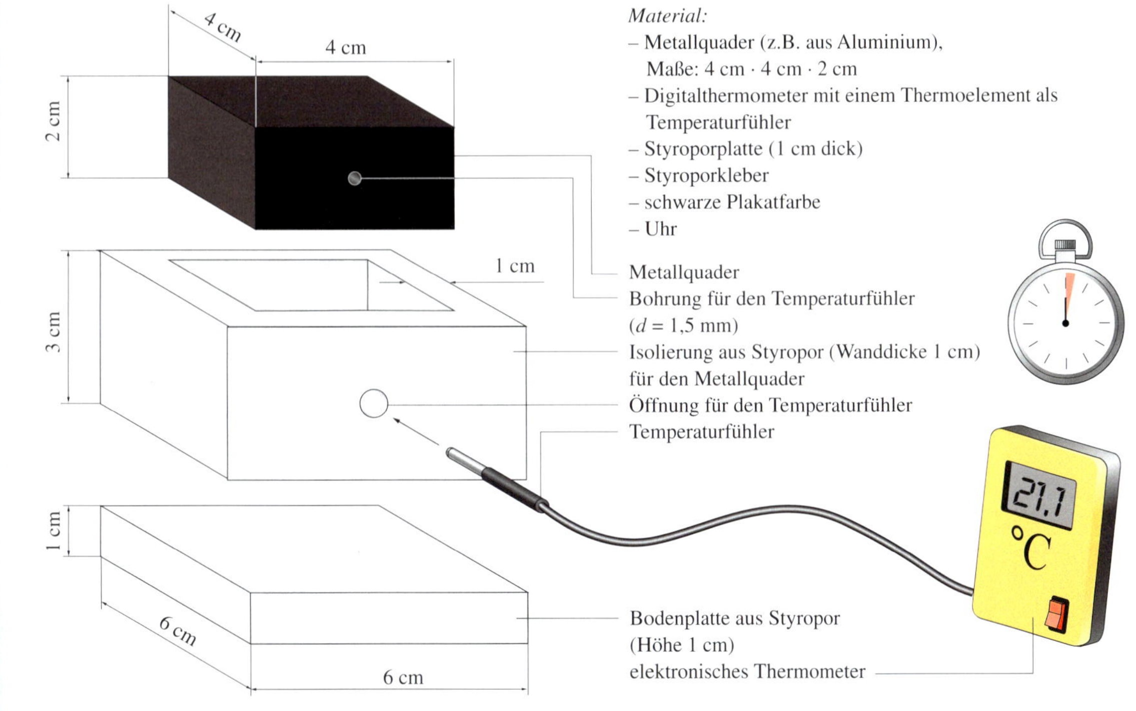

4 Aufbau des Absorbers

2 Ein Sonnenkollektor – selbst gebaut

Plexiglasröhren sind gut dazu geeignet, ein Sonnenkollektormodell zu bauen, mit dem man warmes Wasser bereitstellen kann. ↑1

a *Versuchsaufbau:* Beklebe jedes Plexiglasrohr außen zur Hälfte mit einem Streifen Alufolie. Diese Folie soll später Sonnenstrahlung zur Glasröhre in der Mitte des Kollektors reflektieren.
Verschließe nun die Plexiglasröhren mit Ein-Loch-Stopfen und ziehe durch die Röhren jeweils ein Glasrohr so, dass es an den beiden Stopfen gleich weit übersteht.

b *Durchführung:* Untersuche zunächst, wie stark sich eine einzelne Röhre aufheizt. Verschließe dazu ein Ende des Glasrohrs mit einem kleinen Stopfen und fülle es mit Wasser. Führe den Temperaturfühler des Thermometers in das offene Ende ein. Stelle die Röhre an einem sonnigen Tag so auf, dass die Strahlung das Plexiglasrohr und die Alufolie möglichst senkrecht trifft. Miss nach einer Wartezeit von fünf Minuten den Temperaturanstieg in Abständen von jeweils einer Minute.
Bei weiteren Messungen sollst du untersuchen, wie der Temperaturanstieg abhängt
- von der Dichte der Bewölkung (bei senkrechtem Einfall),
- von verschiedenen Einstrahlungswinkeln (an sonnigen Tagen).

c *Versuchsaufbau (Fortsetzung):* Die fünf Röhren werden nun zu einem Solarkollektor zusammengebaut. Als stabiles Gerüst brauchst du eine Styroporplatte mit rechteckigen Ausschnitten. Drücke die Plexiglasröhren leicht in die Ausschnitte hinein und fixiere sie mit Gewebeband.
Verbinde die Glasrohre mit Schlauchstücken. Schließe den Wasserkreislauf über ein Auffanggefäß und eine Kleinstpumpe. Fülle schließlich deinen Sonnenkollektor mit Wasser – fertig!

d *Durchführung (Fortsetzung):* Stelle die Styroporplatte so auf, dass die Sonnenstrahlung möglichst senkrecht darauf fällt. Schalte die Pumpe ein. Miss in Abständen von fünf Minuten den Temperaturanstieg der Wasserfüllung. Notiere deine Werte.

e *Auswertung:* Schätze den Wirkungsgrad deines Sonnenkollektors ab. Beschreibe genau, wie du dazu vorgehst.
Tipp: Für die Schätzung musst du wissen, wie stark die Sonnenstrahlung bei der Messung war. Das kannst du mit deinem Absorber aus dem Experiment 1 bestimmen. Oder du gehst von $1\,\frac{\text{kW}}{\text{m}^2}$ aus (bei optimalen Bedingungen).

f *Erweiterung:* Überlege dir, wie du den Wirkungsgrad des Sonnenkollektors verbessern könntest. Probiere deine Ideen aus und beurteile die Wirksamkeit deiner Veränderungen.

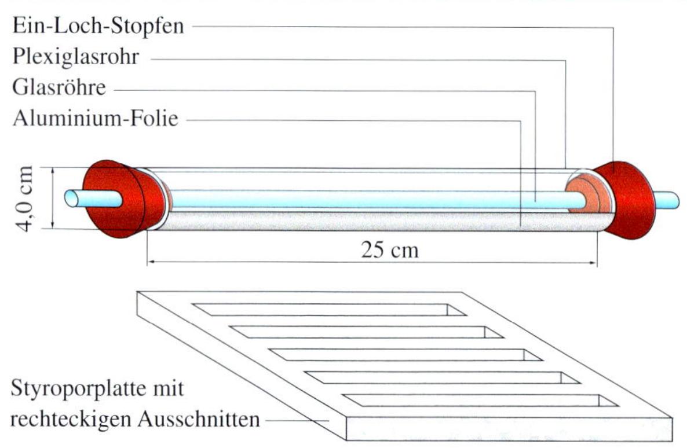

Material:
- 5 Plexiglasrohre (Länge 25 cm, Ø ca. 4,0 cm)
- 5 Streifen Aluminiumfolie (Länge 25 cm, Breite 12,5 cm)
- 5 Glasröhren (Länge 30 cm, Ø ca. 4,0 mm)
- 10 Ein-Loch-Stopfen
- 1 Stopfen (Ø ca. 4,0 mm)
- Thermometer mit einem langen Temperaturfühler
- Styroporplatte® (Länge 60 cm, Breite 40 cm)
- Alleskleber, Gewebeband
- 6 Schlauchstücke (Länge 25 cm, Innendurchmesser 6,0 mm)
- Becherglas mit Ansatzstutzen
- Kleinstpumpe

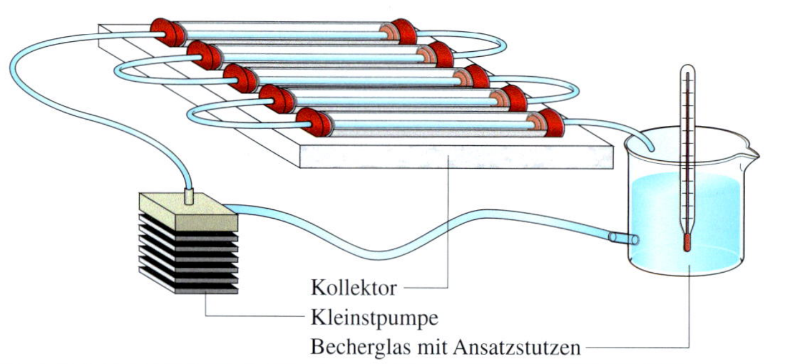

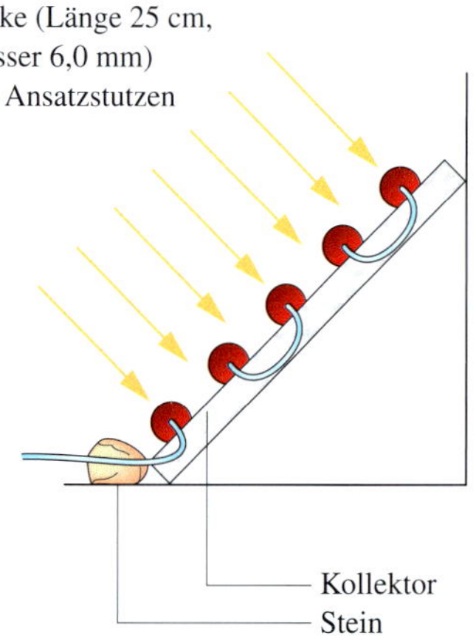

1 Aufbau des Sonnenkollektors

3 Schaltungen von Solarzellen

Solarmodule bestehen aus Solarzellen, die in Reihe oder parallel geschaltet sind.
Welchen Einfluss hat die Schaltungsart auf die (maximale) Spannung und Stromstärke des Solarmoduls? Die Antworten kannst du mithilfe des folgenden Versuchs finden.

a Stelle zunächst nur eine Solarzelle in geringem Abstand vor der Leuchte so auf, dass sie von der Strahlung senkrecht getroffen wird. ↑2

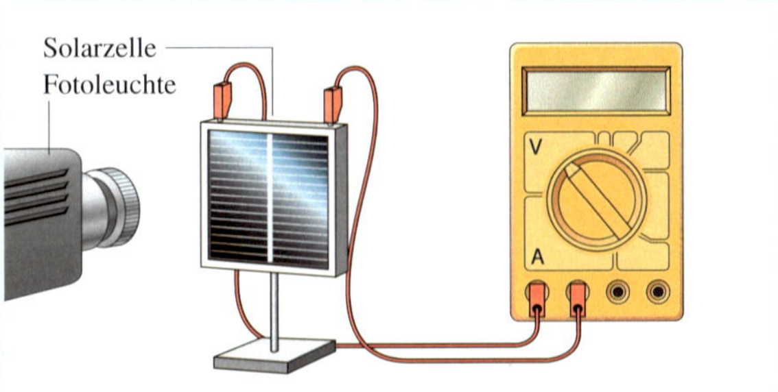

2

Miss bei konstanter Beleuchtung
- die Leerlaufspannung U_0 an der Solarzelle; benutze dafür das Multimeter im Spannungsbereich (hoher Widerstand),
- die Kurzschlussstromstärke I_k; benutze dafür das Multimeter im Stromstärkebereich (geringer Widerstand).

Notiere die Messwerte (s. Mustertabelle).

	U_0 in V	I_k in mA
eine Solarzelle	?	?
Reihenschaltung	?	?
Parallelschaltung	?	?

b Schalte jetzt eine weitere, gleichartige Solarzelle in Reihe zur ersten. (Gehe so wie bei Batterien vor: Verbinde den Pluskontakt der ersten Solarzelle mit dem Minuskontakt der zweiten.)
Miss bei derselben Beleuchtung wie zuvor wieder U_0 und I_k. Trage deine Werte in die Tabelle ein.

c Schalte die beiden Solarzellen parallel und miss noch einmal U_0 und I_k.

d Wie hängen Leerlaufspannung und Kurzschlussstromstärke von der Schaltung der Solarzellen ab? Formuliere das Ergebnis deiner Versuche.

4 Leistung eines Solarmoduls

Solarmodule sollen elektrische Bauteile mit Energie versorgen. Bei gleicher Beleuchtung ist wohl zu erwarten, dass die Leistung stets gleich ist – unabhängig vom angeschlossenen Bauteil. Ob das wirklich so ist, sollst du überprüfen. Erstelle dazu eine „Belastungskurve“.

a *Versuchsaufbau:* Schalte als Solarmodul drei gleiche Solarzellen in Reihe. ↑3 Beleuchte es mit der gleichen Leuchte wie bisher. Als elektrisches Bauteil brauchst du einen regelbaren Widerstand (statt vieler Bauteile mit festen Widerständen).

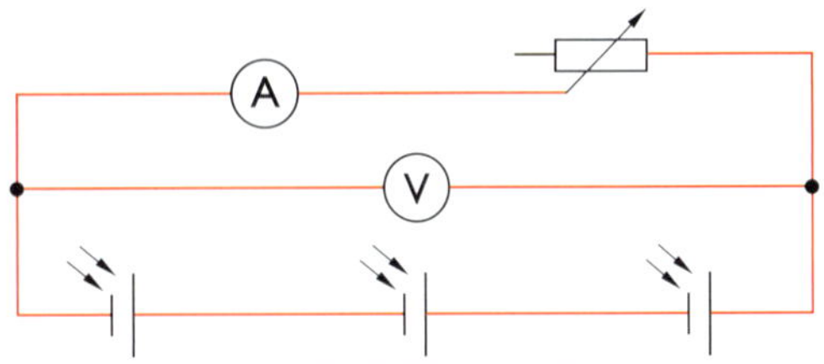

3 Bestimmung der Leistung

b *Durchführung:* Miss zunächst die Kurzschlussstromstärke I_k (ohne den Widerstand anzuschließen). Lass die Anordnung danach wieder abkühlen (das dauert ca. 10 min).
Schließe den regelbaren Widerstand (100 Ω) an. ↑3 Er steuert die Stromstärke I im Stromkreis. Stelle zunächst den größten Widerstandswert ein und miss die Stromstärke I sowie die Spannung U am Bauteil. Notiere deine Werte in einer Tabelle.
Verringere den Widerstand in mehreren Schritten, sodass die Stromstärke ansteigt. Miss jeweils I und U und trage die Werte in die Tabelle ein.
Wenn die Stromstärke nahe an die Kurzschlussstromstärke herankommt, tauschst du den Widerstand gegen einen „kleineren“ (10 Ω) aus. Setze deine Messungen dann fort.

c *Auswertung:* Berechne für jedes Messwertepaar die elektrische Leistung $P = U \cdot I$. Trage die Ergebnisse ebenfalls in die Tabelle ein.
Die „Belastungskurve“ erhältst du, indem du die Leistung P über der Spannung U in einem Diagramm aufträgst. Ist die Leistung tatsächlich immer gleich groß? Formuliere dein Ergebnis.

d *Erweiterung:* Schätze den Wirkungsgrad deines Solarmoduls bei maximaler Leistung ab.
Hinweise: Vielleicht kann dir dein Lehrer die „Lichtleistung“ der Leuchte angeben. Wenn das nicht der Fall ist, kannst du sie mit deinem Absorber (Experiment 1) bestimmen.

Physik und Ballsport

Gegen alle Gesetze der Physik
„Ich sah die Aktion und sagte, dass das gegen alle Gesetze der Physik sei“, so beschreibt der ehemalige NBA-Spieler und heutige Kommentator KENNY SMITH einzelne Aktionen des Spielers SHAWN MARION. ↑1 Trotz aller Vielseitigkeit: Die Sprungkraft ist das Erste, was an Marion auffällt. Er selber sagt, dass er aus dem Stand einen Meter hoch springen kann. Marion sagt: „Früher kam ich noch eine ganze Ecke höher … Damals kam ich so hoch, dass es mir Angst machte – schließlich muss man ja auch irgendwie landen.“

1 Shawn Marion (weißes Trikot)

Ballsportarten verlangen von allen Spielern ein hohes Maß an biomechanischen Fähigkeiten. Herausragende Sportler beherrschen sie so gut, dass ihre Aktionen gegen alle Gesetze der Physik zu verstoßen scheinen.
In diesem Projekt kannst du das Ineinandergreifen von Physik und Sport ein wenig näher erforschen. Du findest Anregungen zu verschiedenen Aspekten: Bälle und ihre Geschwindigkeit, Leistungen, Schuhe für verschiedene Anforderungen … Die Liste der Themen ist natürlich offen – vielleicht interessieren dich außerdem auch andere Aspekte und Fragen zu den Disziplinen im Ballsport. Und sicher gibt es in deiner Klasse Spezialisten für unterschiedliche Ballsportarten: Dann solltest du vielleicht diese Sportarten physikalisch erforschen.
Bilde mit anderen zusammen eine Arbeitsgruppe zu deinem Thema. Zum Abschluss präsentiert ihr dann eure Ergebnisse vor der ganzen Klasse. Wie wäre es z. B. mit einer Posterausstellung?

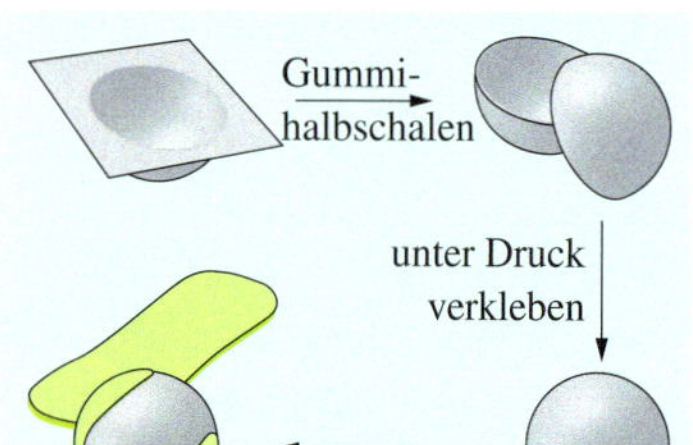

2 Tennisballherstellung

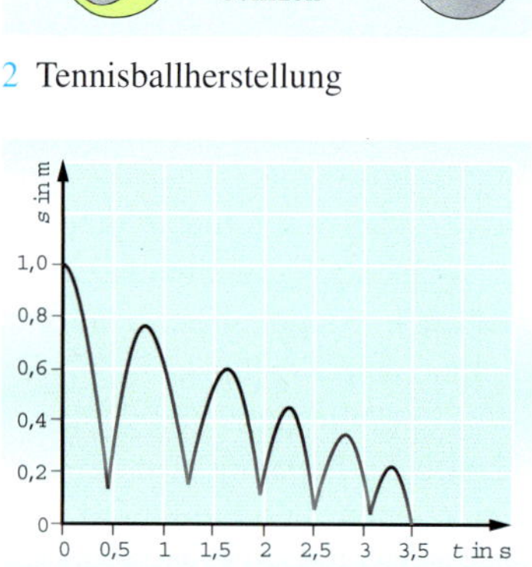

3 Zeit-Sprunghöhe-Diagramm (computerunterstützte Messwertdarstellung)

Aspekt 1: Bälle

Die Bälle müssen je nach Anforderung des Spiels ganz verschiedene Eigenschaften erfüllen. Die Herstellungsprozesse sind – teilweise im Lauf von Jahrhunderten – immer aufwendiger geworden und werden auch heute noch immer weiter verfeinert oder verändert.
Beispiel: Tennisbälle bestehen aus maschinell gefertigten Gummihalbschalen ↑2, die in einem Raum unter sehr hohem Luftdruck „verklebt“, befilzt und dann in luftdicht verschlossene Dosen gefüllt werden. Welche physikalischen Gründe haben wohl diese Herstellungsstufen?

→ Wie werden andere Bälle gefertigt? Wie unterscheidet sich ihr Sprungverhalten und wie wird es bei der Herstellung beeinflusst?

→ Beim Aufspringen der Bälle spielt die Beschaffenheit des Bodens eine große Rolle. Ein Tennisspiel auf Rasen ist eben etwas anderes als auf Sand. Untersuche doch einmal das Sprungverhalten von Bällen auf verschiedenen Bodenbelägen mithilfe einer Videokamera und eines Computers (lass dir von deinem Lehrer beim Umgang mit dem Auswertungsprogramm helfen). ↑3 Überlege, welche Energieumwandlungen auftreten. Bestimme jeweils, wie groß der Wirkungsgrad ist.

Aspekt 2: Ballgeschwindigkeiten

Bis zu $300\,\frac{\text{km}}{\text{h}}$ erreichen die Bälle beim baskischen Nationalsport Pelota, dem schnellsten Ballspiel der Erde. ↑4 Der Schläger ist eine bananenkrumme Schaufel aus Schilfrohr, die am Handgelenk mit Riemen befestigt ist und wie ein Hebel wirkt.

→ Recherchiere die höchsten Ballgeschwindigkeiten anderer Sportarten und berechne die jeweilige maximale kinetische Energie des Balls.

→ Bei internationalen Tennisturnieren bestimmen Radarmessgeräte die Geschwindigkeit der Bälle beim Aufschlag. Und wie kannst du Ballgeschwindigkeiten messen? Bei einem flach geschossenen Fußball brauchst du nur ein Messband und eine Stoppuhr. Welche Probleme treten bei der Messung auf und wie kannst du sie lösen?
Bei einem Basketball und Volleyball kannst du die Abwurfgeschwindigkeit auch anhand der Steighöhe abschätzen, wenn du ihn senkrecht nach oben wirfst. Und wie bestimmt man die Steighöhe?
Alternativ lässt sich die Geschwindigkeit eines Balls auch über seine Verformung beim Aufprall bestimmen. Die Idee dazu lässt sich mit Knete untersuchen: Lass einen Plastilinklumpen von 3 cm Durchmesser aus unterschiedlichen Höhen auf einen Steinfußboden fallen und zeichne die Verformung in Abhängigkeit von der Höhe in einem Diagramm auf. Wirf dann den Plastilinklumpen gegen eine feste Wand und miss wieder seine Verformung. Bestimme anhand des Diagramms die entsprechende Fallhöhe und berechne anhand der Beziehung $v^2 = 2\,g\,h$ (Herleitung?) das Quadrat der Geschwindigkeit. Der Taschenrechner errechnet dann nach Drücken der „$\sqrt{}$"-Taste die Geschwindigkeit.

4 Pelotaspieler

Aspekt 3: Sportgeräte zur Erhöhung der Ballgeschwindigkeit

Durch Schläger lassen sich beim Golf, beim Tennis oder beim Pelotaspiel Ballgeschwindigkeiten von über $200\,\frac{\text{km}}{\text{h}}$ erreichen. Nur mit der Hand oder dem Fuß wären solche Geschwindigkeiten nicht möglich.

→ Welche unterschiedlichen physikalischen Gesetze liegen jeweils der Wechselwirkung zwischen Schläger und Ball zugrunde?

→ Warum müssen Tennisschläger nach einiger Spielzeit neu besaitet werden? Die Bespannung kann unterschiedlich hart sein: Wie wird dadurch das Spiel mit dem Schläger beeinflusst? ↑5

→ Der Einfluss der Bespannungshärte beim Tennisschläger lässt sich mit einem Modellversuch untersuchen: Baue eine Ballschleuder aus einer Holzgabel, Einweckgummis, Schnüren … ↑6 Miss die Dehnung der Bespannung in Abhängigkeit von der Kraft und bestimme die Federkonstante. Ermittle (an einem Nachmittag oder in den Ferien) die Dehnung, um einen Ball senkrecht z. B. bis auf die Höhe des Schulhauses zu schleudern. (Gefährde niemanden und pass auf Fenster auf!) Wie unterscheidet sich die Dehnung für verschiedene Bespannungshärten? Berechne mithilfe des Energieprinzips, wie hoch der Ball bei der gemessenen Dehnung eigentlich steigen müsste. Wie groß ist der Wirkungsgrad deiner Ballschleuder? Wieso beträgt er nicht 100 %? Wie könnte man ihn erhöhen?

5

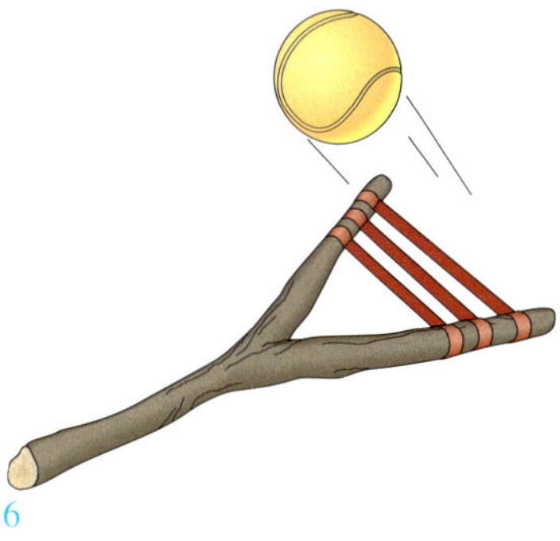
6

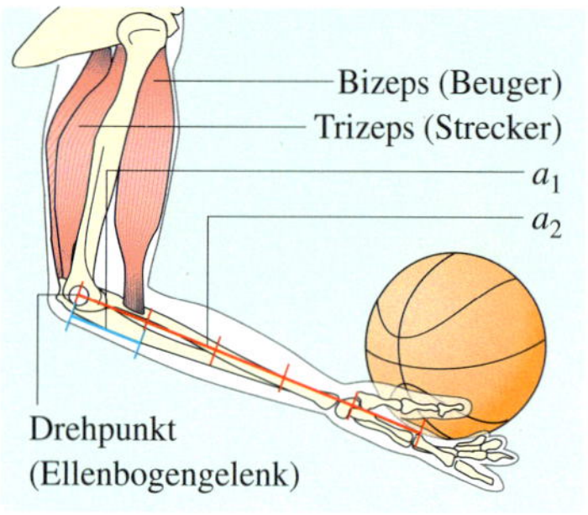

1 Hebel beim Arm

2 Sprungwurf

Aspekt 4: Wurf und Schuss

Bereits zum Halten eines Balls mit gebeugtem Unterarm ist eine Kraft erforderlich, die einen anderen Betrag als die Gewichtskraft auf den Ball hat. Der Unterarm stellt einen Hebel dar, das Ellenbogengelenk bildet den Drehpunkt. ↑1

→ Schätze ab, welche Kraft der Bizeps ausüben muss, um einen Basketball (m = 500 g) zu halten.

Um hohe Wurfgeschwindigkeiten erzielen zu können, bildet der Körper eine Bewegungskette: Nicht nur Hand und Unterarm werden beschleunigt, sondern auch Oberarm und Oberkörper, wobei die Maximalgeschwindigkeiten nicht gleichzeitig auftreten, sondern der Reihe nach von der Schulter über das Ellenbogengelenk nach außen. Gute Würfe erfordern lange Beschleunigungswege (der Ball soll lange in der Hand bleiben) und maximale Geschwindigkeit aller Körperteile.

→ Erkläre physikalisch, warum der Ball lange in der Hand bleiben soll, um eine möglichst hohe Geschwindigkeit zu erzielen.

→ Welche Kraft ist erforderlich, um einen Handball auf $70\,\frac{\text{km}}{\text{h}}$ zu beschleunigen? *Hinweis:* Die Kontaktzeit zwischen Ball und Hand beträgt 0,3 s.

→ Wie wird die Abwurfgeschwindigkeit beim Sprungwurf erhöht? ↑2

→ Wende deine Erkenntnisse vom Wurf auf den Schuss beim Fußball an. Betrachte insbesondere den Abschlag: Wo wirkt die Gegenkraft? Wie könntest du sie mithilfe eines Skateboards sichtbar machen? (Achtung: Sturzgefahr! Du brauchst Helfer, die dich auffangen können.)

3 Jump-and-Reach-Test

Aspekt 5: Sprung

Für Korbleger im Basketball ist eine große Sprungkraft besonders wichtig. Sie lässt sich mit dem Jump-and-Reach-Test ermitteln: ↑3

→ Stelle dich an eine Wand und markiere die Höhe, die du mit ausgestreckten Beinen und hochgestreckten Armen erreichst (1). Gehe dann in die Hocke und ermittle die Tiefe, aus der du am höchsten springen kannst. Strecke in dieser optimalen Hocktiefe die Hände hoch und markiere diesen Punkt (2). Miss den Abstand s der beiden Markierungen: Er gibt die Beschleunigungsstrecke beim Sprung an. Springe nun aus der optimalen Hocke heraus möglichst hoch und lass von einem Mitschüler die Sprunghöhe markieren (3). Miss die Differenz h zur Markierung im aufrechten Stand. Wiederhole den Sprung fünfmal und bestimme den Mittelwert von h. Berechne damit schließlich deine Sprungkraft F nach der folgenden Formel:

$$F = \frac{h + s}{s} \cdot m \cdot g.$$

→ Welche Geschwindigkeit erreichst du am Ende der Beschleunigungsstrecke? Wie kannst du sie bestimmen?

→ Spitzensportler können eine Sprungkraft von $F = 2{,}5\,\text{kN}$ aufbringen. Bestimme die Sprunghöhe, wenn die Strecke der konstanten Beschleunigung $s = 0{,}35\,\text{m}$ beträgt und der Sportler eine Masse von $m = 70\,\text{kg}$ hat.

Aspekt 6: Sportschuhe

Je nach Sportart werden verschiedene Schuhe eingesetzt. ↑4

→ Welche Aufgaben und Eigenschaften haben verschiedene Sportschuhe aus physikalischer Sicht?

Große Sportschuhfirmen bereiten ihre Schuhe wissenschaftlich auf unterschiedliche Anforderungen vor. So wird z.B. die Kräfteverteilung zwischen Fuß und Schuh während des Laufens gescannt. ↑5

→ Mithilfe von „Druckmessstreifen" – ihr elektrischer Widerstand ändert sich in Abhängigkeit von der Belastung – lassen sich die Kräfte zwischen Fuß und Schuh bestimmen. Zeichne den Kraftverlauf bei Standweitsprüngen mit verschiedenen Schuhen (oder verschiedenen Materialien an den Sohlen) auf. ↑6

→ Warum sollte man Joggingschuhe von Zeit zu Zeit auswechseln? Wo liegen die Gefahren durch Produktpiraterie im Sportschuhbereich?

→ *Ausblick:* Eine besondere Beleuchtung der physikalischen Funktionsweise verdienen Poweriser (moderne „7-Meilen-Stiefel"), mit denen man 2 m hoch und bis 5 m weit springen kann. ↑7

4 Zeigt her eure Schuhe!

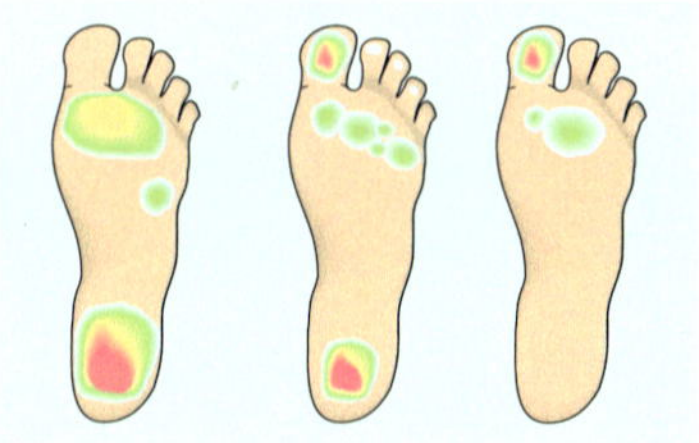

5 Kraft zwischen Fuß und Schuh bei verschiedenen Laufstilen

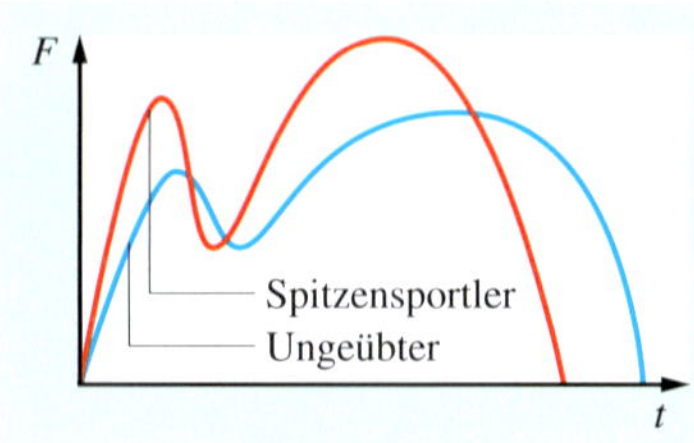

6 Kraft zwischen Fuß und Schuh beim Hochsprung

7 Poweriser

Aspekt 7: Leistung und Energie

Die Ausdauerleistung von Spitzensportlern ist je nach Sportart recht verschieden. ↑8 Kurzzeitig sind sogar noch höhere Leistungen möglich.

→ Filme doch einmal mit einer (Video-)Kamera, wie ein Fußball hart und flach geschossen wird. Schätze anhand der Bilderfolge die Leistung beim Abschuss ab. Welche Größen musst du dazu bestimmen?

→ Deine Ausdauerleistung beim Basketballspielen ist schwieriger abzuschätzen. Überlege dazu:
- Wie oft springst du in fünf Minuten für Korbangriffe, zum Abwehren eines Angriffs …? Wie groß ist die dabei verrichtete Arbeit?
- Wie häufig beschleunigst du in fünf Minuten? Wie groß ist die dabei verrichtete Arbeit?

→ Der Körper wandelt maximal 30 % der eingesetzten chemischen Energie in mechanische Energie um, den Rest in innere Energie.
Berechne für die Sportarten in der Tabelle, wie sich die Leistung (in kW) beim Umwandeln in mechanische und innere Energie „aufteilt".
Schätze ab, wie hoch deine Körpertemperatur bei einer Dauerleistung von 0,5 kW in einer Stunde steigen würde, wenn dein Körper keine Wärme abgeben könnte. (*Tipp:* Nimm zur Vereinfachung an, dass du nur aus Wasser bestehst.) Wodurch wird die Überhitzung vermieden?

Sportart	Leistung
Langlauf	0,9 kW
Skifahren	0,7 kW
Radfahren	0,6 kW
Tennis	0,5 kW
Körper in Ruhe	0,1 kW

8 Ausdauerleistungen

Grundwissen Physik

Jahrgangsstufe 7

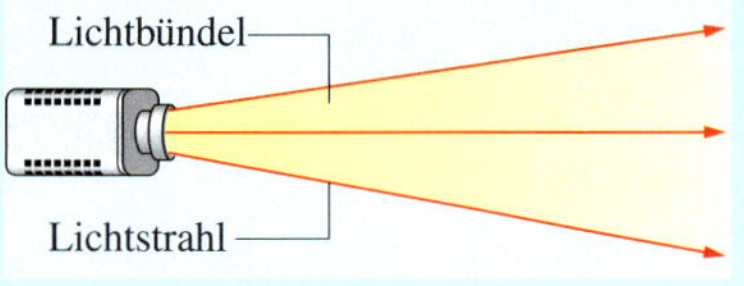

1 Geradlinige Lichtausbreitung im Modell

Lichtstrahlen und Bildentstehung Licht breitet sich geradlinig aus, solange es nicht daran gehindert wird. Die geradlinige Lichtausbreitung wird in Zeichnungen durch „Strahlen", wie sie aus der Geometrie bekannt sind, modellhaft dargestellt. ↑1 Durch Strahlenkonstruktion lässt sich die Bildentstehung bei Spiegeln und Sammellinsen erklären.

Spiegel reflektieren Licht. Der Einfallswinkel α ist stets so groß wie der Reflexionswinkel β: $\alpha = \beta$. ↑2 Einfallender Lichtstrahl, Einfallslot und reflektierter Lichtstrahl liegen in ein und derselben Ebene.
Das Spiegelbild eines Gegenstands sieht man genau so weit hinter dem (ebenen) Spiegel, wie der Gegenstand selbst davorsteht. ↑3 Das Spiegelbild ist ein Scheinbild (virtuelles Bild): Das Licht scheint von einem (nicht vorhandenen) Gegenstand hinter dem Spiegel zu kommen.

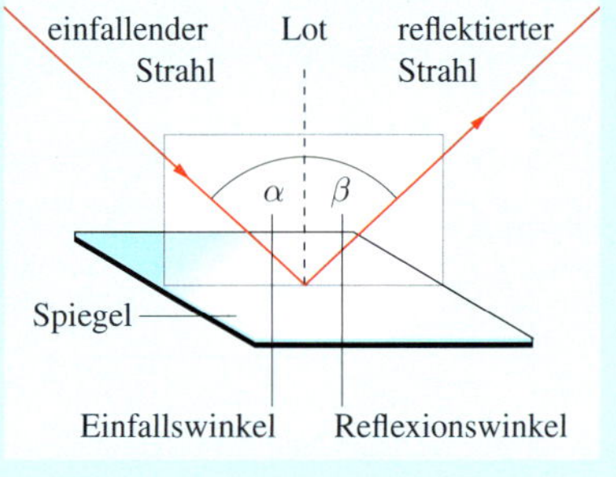

2 Reflexionsgesetz

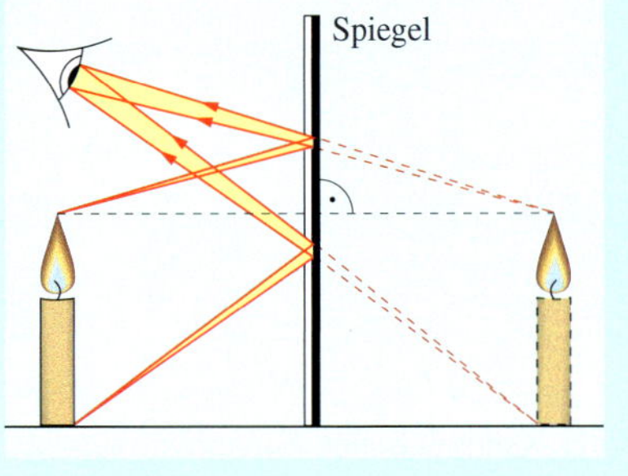

3 Spiegelbild

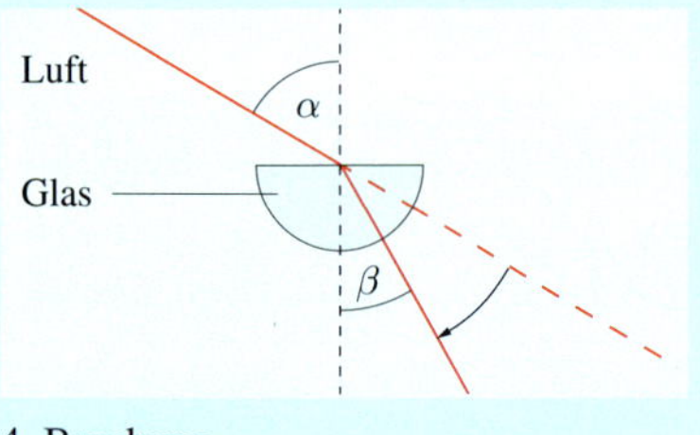

4 Brechung
Der Lichtweg ist umkehrbar.

Wenn Licht schräg durch eine Grenzfläche zwischen Luft und Glas (Luft und Wasser, Wasser und Glas …) hindurchtritt, erfährt es eine Richtungsänderung. ↑4 Diese Erscheinung nennt man *Brechung*. Nur bei senkrechtem Einfall wird das Licht nicht abgelenkt.
Bei Sammellinsen sorgt die Brechung dafür, dass alle Lichtstrahlen, die von *einem* Gegenstandspunkt ausgehen und durch die Linse treten, sich nach der Linse auch in *einem* Bildpunkt wieder treffen. ↑5 (Voraussetzung: Der Abstand Gegenstand–Linse ist größer als die Brennweite.) Das Bild des Gegenstands steht auf dem Kopf und ist seitenverkehrt.
Die Bildpunkte kann man mithilfe von ausgewählten Lichtstrahlen in einem Modell geometrisch „konstruieren". ↑6

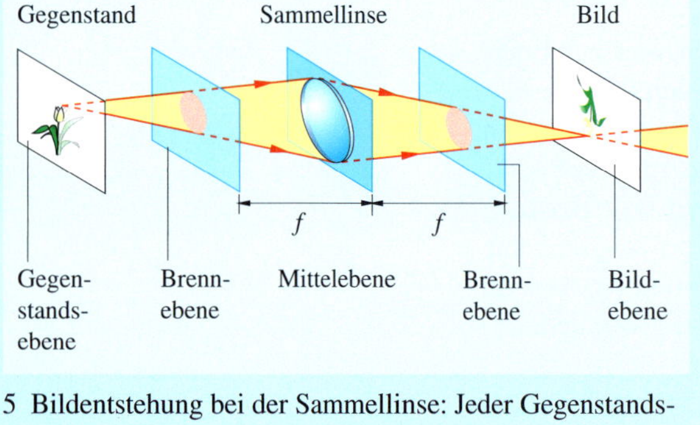

5 Bildentstehung bei der Sammellinse: Jeder Gegenstandspunkt wird auf einen Bildpunkt abgebildet.

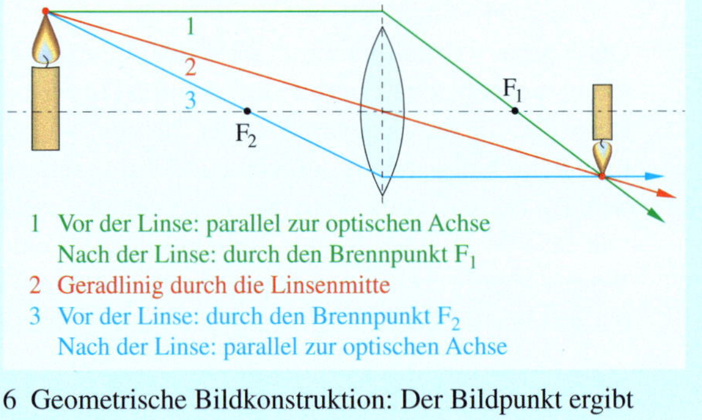

6 Geometrische Bildkonstruktion: Der Bildpunkt ergibt sich als Schnittpunkt der gebrochenen Lichtstrahlen.

Atommodell und elektrischer Strom Elektrisch geladene Teilchen sind Bestandteile aller Körper. ↑7
Beim engen Kontakt (z. B. durch Reiben) zweier Körper können Elektronen von einem Körper auf den anderen übergehen. Die Ladungen werden also nicht erzeugt, sondern nur getrennt. ↑8, 9
Wenn elektrische Ladung transportiert wird, spricht man von *elektrischem Strom*. ↑10

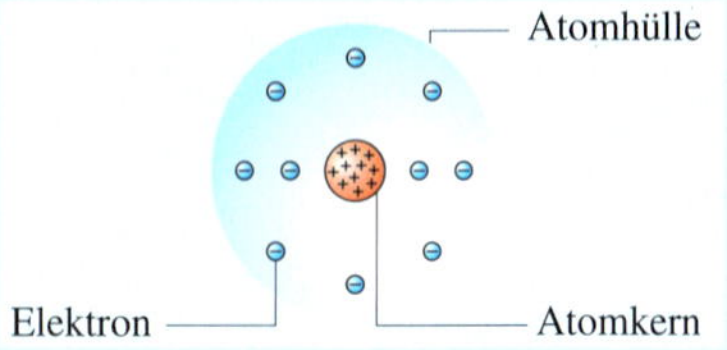

7 Kern-Hülle-Modell des Atoms

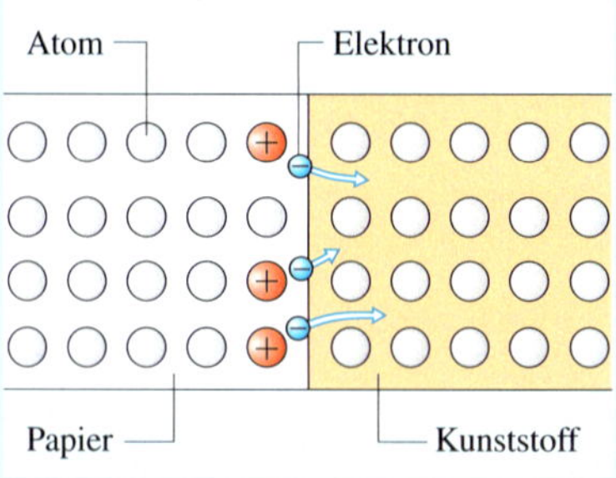

8 Enger Kontakt

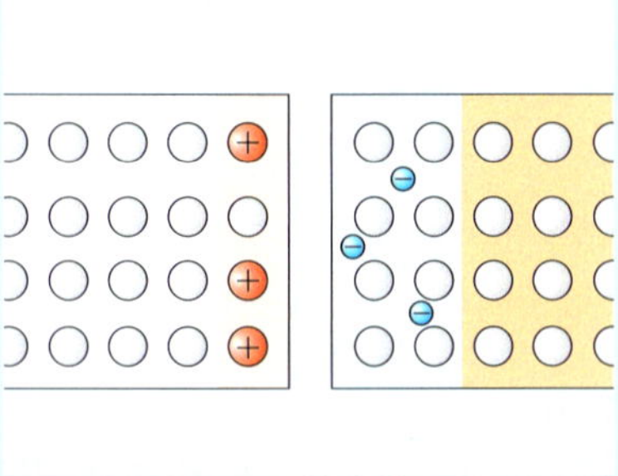
9 Ladungstrennung

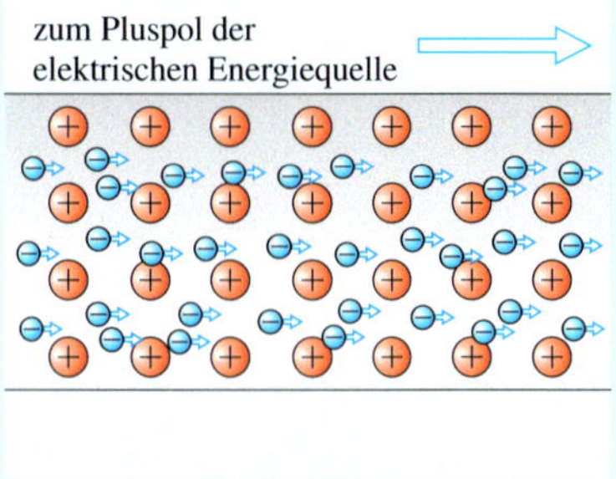

10 Elektrischer Strom im Metall

Stromstärke, Spannung, Widerstand Die elektrische *Stromstärke* gibt an, wie groß ein elektrischer Strom ist. Die Stromstärke I an einer beliebigen Stelle eines Drahts ist gleich dem Quotienten aus der Ladung Q, die in einer bestimmten Zeitspanne Δt durch den Drahtquerschnitt an der Stelle hindurchströmt, und dieser Zeitspanne:

$$I = \frac{Q}{\Delta t}.$$

Die Stromstärke beträgt 1 Ampere (1 A), wenn in einer Sekunde durch den Querschnitt eine Ladung von 1 Coulomb (1 C) hindurchtritt. Im Modell können wir die unterschiedlich großen Ladungen, die bei verschiedenen Stromstärken in gleicher Zeit durch einen Drahtquerschnitt strömen, mithilfe der Elektronen darstellen. ↑11
Stromstärkemessung: Man baut Strommessgeräte in den Stromkreis ein. Die Stromstärke ist im ganzen Stromkreis gleich groß. ↑12

Die elektrische *Spannung* ist ein Maß für die „Stärke" der elektrischen Energiequelle, Ladung „anzutreiben". Je größer die elektrische Spannung zwischen den Polen einer (regelbaren) elektrischen Energiequelle ist, desto größer ist die Stromstärke, die sich in ein und demselben Stromkreis einstellt. ↑13

Der *Widerstand* eines elektrischen Bauteils in einem Stromkreis gibt an, wie sehr der Ladungstransport durch das Bauteil „behindert" wird. Je größer der Widerstand ist, desto kleiner ist die Stromstärke, die sich bei ein und derselben Spannung der Energiequelle einstellt.
Der elektrische Widerstand R eines Bauteils ist gleich dem Quotienten aus der Spannung U, die am Bauteil anliegt, und der Stromstärke I:

$$R = \frac{U}{I}.$$

Die Spannung einer elektrischen Energiequelle beträgt 1 Volt (1 V), wenn sich bei einem angeschlossenen Bauteil, das einen Widerstand von 1 Ohm (1 Ω) hat, eine Stromstärke von 1 Ampere (1 A) einstellt.

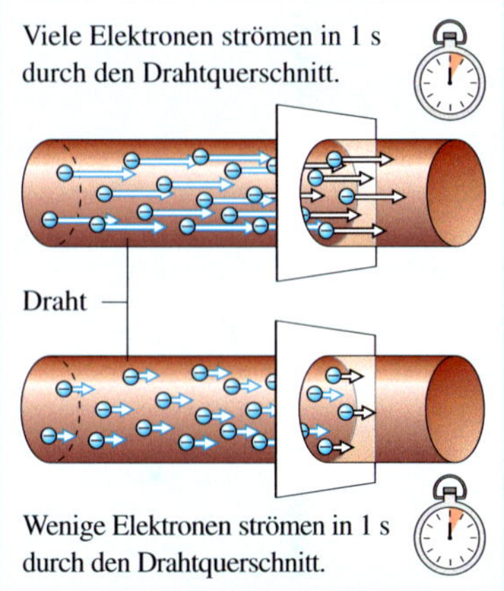

11 Große und kleine Stromstärke

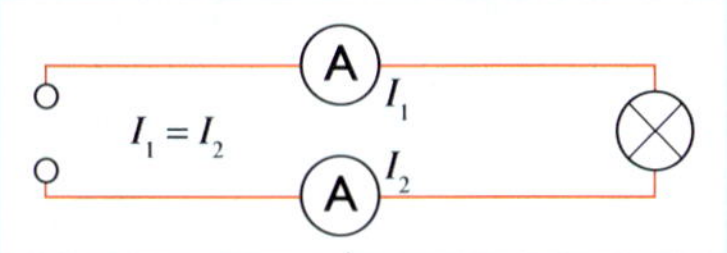

12 Gleich große Stromstärken

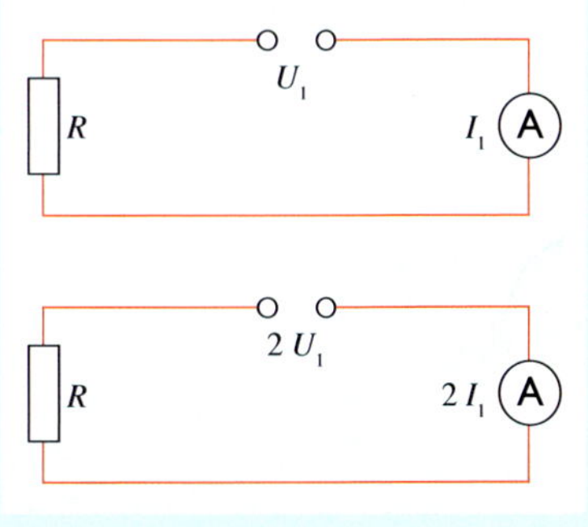

13 Größere Spannung → größere Stromstärke

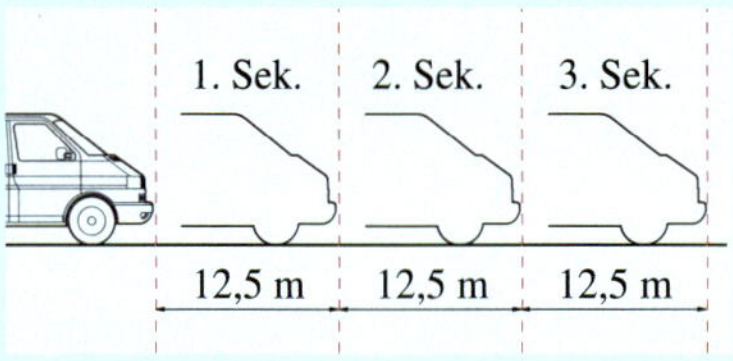

1 Konstante Geschwindigkeit

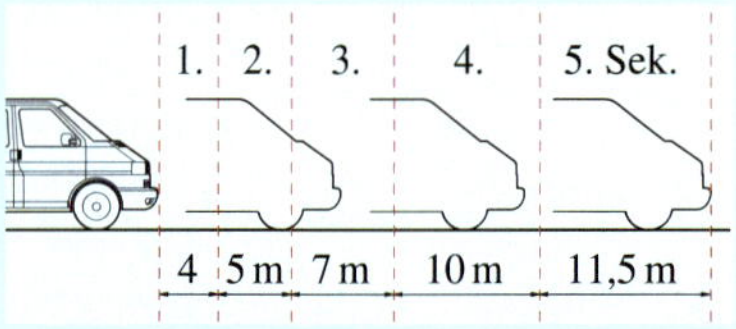

2 Veränderliche Geschwindigkeit: Beschleunigung

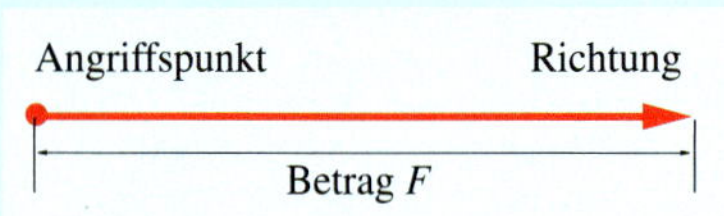

3 Darstellung der Kraft $\vec{F}$

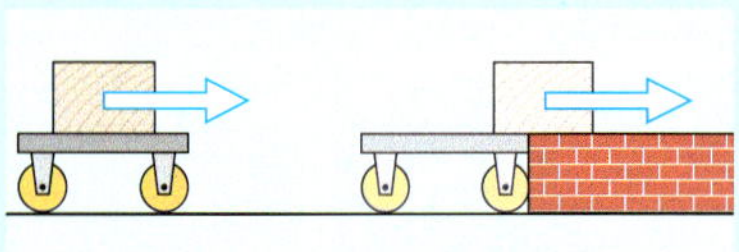

4 Trägheit

5 Krafteinheit 1 Newton (1 N)

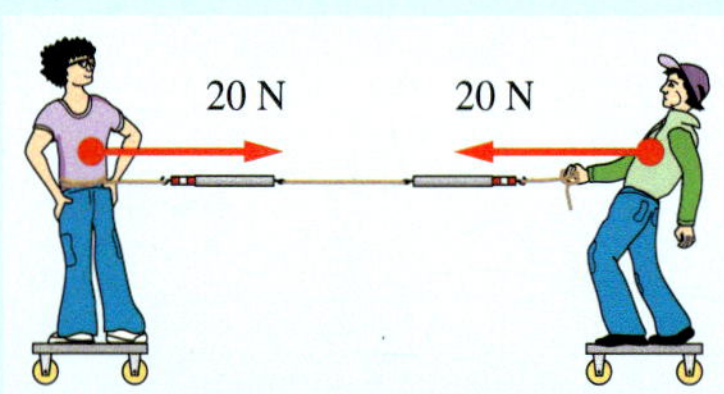

6 Wechselwirkungsgesetz

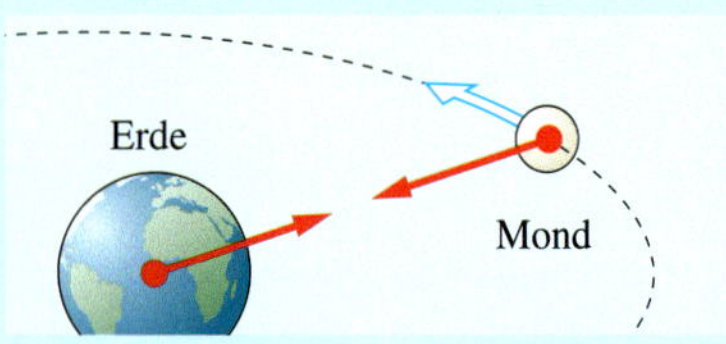

7 Gravitationskräfte

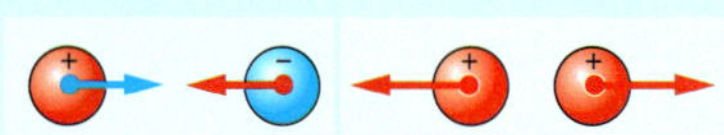

8 Elektrische Kräfte

Geschwindigkeit und Beschleunigung Die Geschwindigkeit v gibt an, wie schnell sich ein Körper während einer Zeitspanne Δt durchschnittlich bewegt: ↑1

$$\text{Geschwindigkeit} = \frac{\text{zurückgelegte Strecke}}{\text{benötigte Zeit}}\,; \quad v = \frac{\Delta s}{\Delta t}\,.$$

Die Einheit der Geschwindigkeit ist $1\,\frac{\text{m}}{\text{s}}$. Es gilt:

$$1\,\frac{\text{m}}{\text{s}} = 3{,}6\,\frac{\text{km}}{\text{h}} \quad \text{und umgekehrt} \quad 1\,\frac{\text{km}}{\text{h}} = \frac{1}{3{,}6}\,\frac{\text{m}}{\text{s}}\,.$$

Tachometer messen die Momentangeschwindigkeit (Δt sehr klein).
Die Beschleunigung a gibt an, wie schnell sich die Geschwindigkeit eines Körpers ändert: ↑2

$$\text{Beschleunigung} = \frac{\text{Geschwindigkeitsänderung}}{\text{benötigte Zeit}}\,; \quad a = \frac{\Delta v}{\Delta t}\,.$$

Die Einheit der Beschleunigung ist $1\,\frac{\text{m}}{\text{s}^2}$.

Kräfte Als Kräfte bezeichnet man in der Physik die Ursache dafür, dass ein Körper schneller oder langsamer wird, seine Bewegungsrichtung ändert oder dass er verformt wird. Kräfte unterscheiden sich in Angriffspunkt, Betrag (Größe) und Richtung. ↑3
Trägheitssatz: Jeder Körper bleibt im Zustand der Ruhe oder der geradlinigen Bewegung mit konstanter Geschwindigkeit, solange er nicht durch Kräfte von außen gezwungen wird, den Zustand zu ändern. ↑4
Die Masse gibt an, wie träge ein Körper ist. Ein Körper mit größerer Masse (z. B. ein Lkw) lässt sich schwerer beschleunigen oder abbremsen als einer mit kleinerer Masse (z. B. ein Pkw).
„Kraft = Masse · Beschleunigung“: Die Kraft F, die einen Körper beschleunigt, ist gleich dem Produkt aus der Masse m des Körpers und seiner Beschleunigung a: $F = m \cdot a$.
Eine Kraft von 1 N bewirkt bei einem Körper der Masse 1 kg eine Beschleunigung von $1\,\frac{\text{m}}{\text{s}^2}$: $1\,\text{N} = 1\,\text{kg}\,\frac{\text{m}}{\text{s}^2}$. ↑5
Wechselwirkungsgesetz: Körper üben immer nur wechselseitig Kräfte aufeinander aus. Die beiden Kräfte, die zwei Körper wechselseitig aufeinander ausüben, sind gleich groß und entgegengesetzt gerichtet. ↑6 Sie greifen stets an zwei verschiedenen Körpern an.

Alle Körper ziehen sich aufgrund ihrer Masse gegenseitig an. ↑7 Allerdings wird die Gravitationskraft erst bei großen Massen (z. B. von Planeten oder der Sonne) deutlich feststellbar.
Elektrisch geladene Körper ziehen sich gegenseitig an oder stoßen einander ab – je nachdem, ob sie gleichnamig oder ungleichnamig geladen sind. ↑8 Je größer die Ladungen der Körper sind, desto größer ist die elektrische Kraft. Gravitationskraft und elektrische Kraft nehmen mit zunehmendem Abstand zwischen den Körpern ab.

Rechnen mit Messwerten Keine Messung ist hundertprozentig genau. Daher gibt man bei Messwerten nur die Ziffern an, bei denen man davon ausgeht, dass sie genau sind, sowie die erste ungenaue Ziffer. *Beispiel:* Der Messwert 3,46 km hat drei „geltende“ Ziffern, die tatsächliche Länge kann also auch 3,455 km oder 3,465 km betragen.
Beim Rechnen mit Messwerten wird das Ergebnis auf die kleinste Anzahl geltender Ziffern gerundet, die man bei den verwendeten Messwerten findet.

Jahrgangsstufe 8

Energieprinzip Energie tritt in vielen Arten auf, die sich ineinander umwandeln können. ↑9 Ohne Eingriff von außen ändert sich die Gesamtenergie eines Systems nicht, Energie kann im System weder erzeugt noch vernichtet werden (Energieerhaltungssatz).

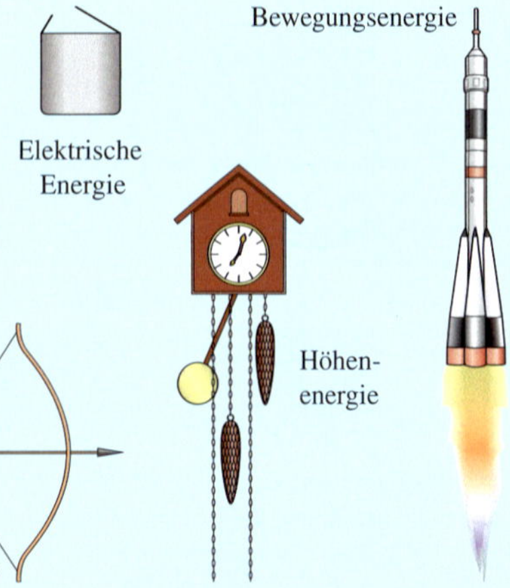

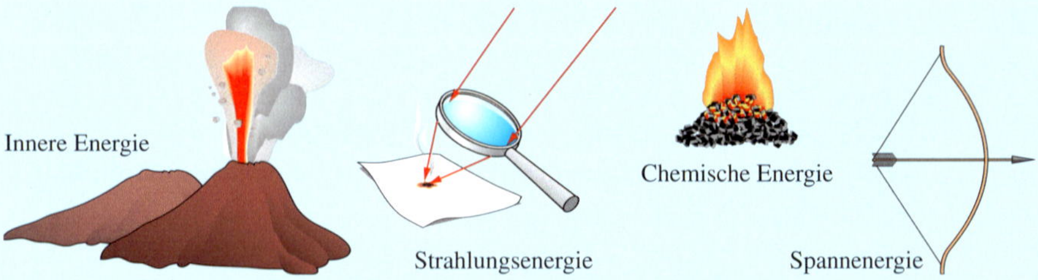

9

Goldene Regel der Mechanik Für alle Kraftwandler gilt: Was man an Kraft spart, muss man an Weg zulegen (und umgekehrt).
Das Produkt aus konstanter Kraft F_s in Wegrichtung und Weg Δs bleibt (für denselben Zweck) stets gleich groß: $F_s \cdot \Delta s = \text{konstant}$. ↑10

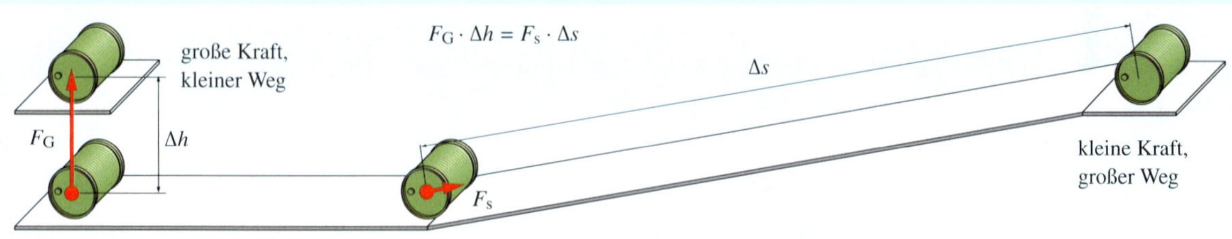

10

Mechanische Energie Die mechanischen Energieformen lassen sich auf zwei Grundformen zurückführen: kinetische und potenzielle Energie.
Die Energie eines Gegenstands der Masse m, der um die Höhe Δh angehoben oder auf die Geschwindigkeit v beschleunigt wurde, beträgt:
- $E_h = m \cdot g \cdot \Delta h$ Höhenenergie (potenzielle Energie) ↑11
- $E_{kin} = \frac{1}{2} m \cdot v^2$ Bewegungsenergie (kinetische Energie)

Die Energie einer Feder (Federkonstante D), die um die Strecke Δs gedehnt oder gestaucht wurde, beträgt:
- $E_{spann} = \frac{1}{2} D \cdot (\Delta s)^2$ Spannenergie (potenzielle Energie)

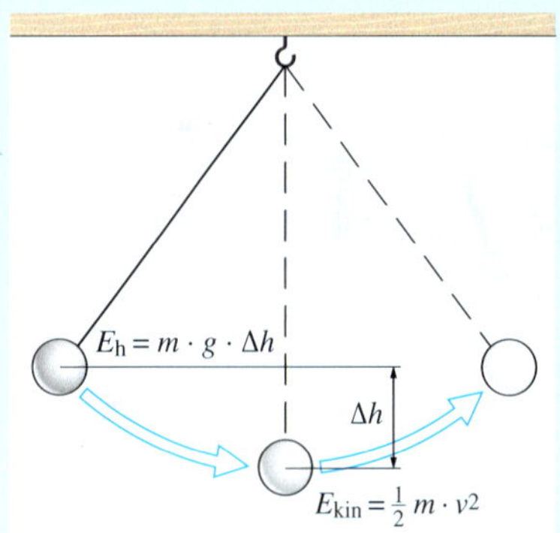

11

Einheit der Energie 1 Joule (1 J): 1 J = 1 Nm

Arbeit Die Arbeit W bezeichnet die einem Gegenstand oder System mechanisch (Kraft und Weg) zugeführte oder entzogene Energie ΔE. ↑12
Bei konstanter Kraft F_s in Bewegungsrichtung gilt: $W = F_s \cdot \Delta s$.

12

Leistung Sie gibt an, wie schnell eine Energie ΔE umgesetzt wird: $P = \frac{\Delta E}{\Delta t}$.
Die Einheit der Leistung ist 1 Watt (1 W): $1\,W = 1\,\frac{J}{s}$.

Wirkungsgrad Er gibt bei Energieübertragungen an, wie groß der Anteil der nutzbaren Energie an der aufgewandten Energie ist: $\eta = \frac{\Delta E_{nutz}}{\Delta E_{auf}}$. ↑13

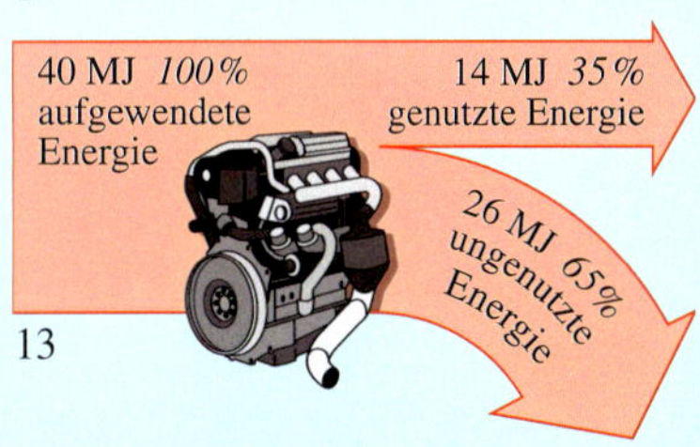

13

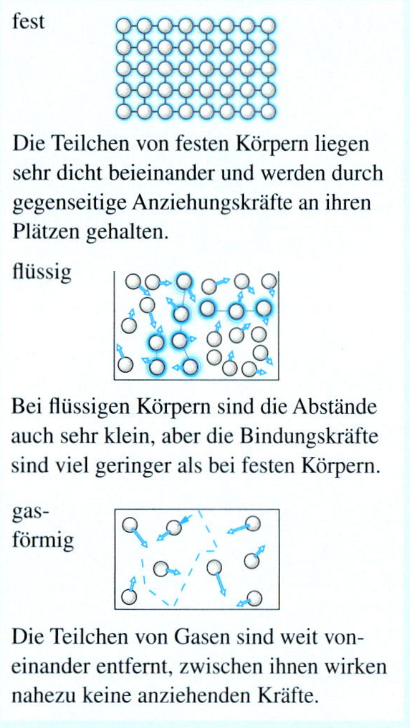

1 Teilchenmodell und Bewegung

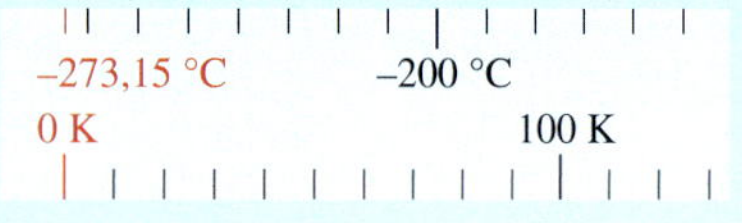

2 Absoluter Nullpunkt

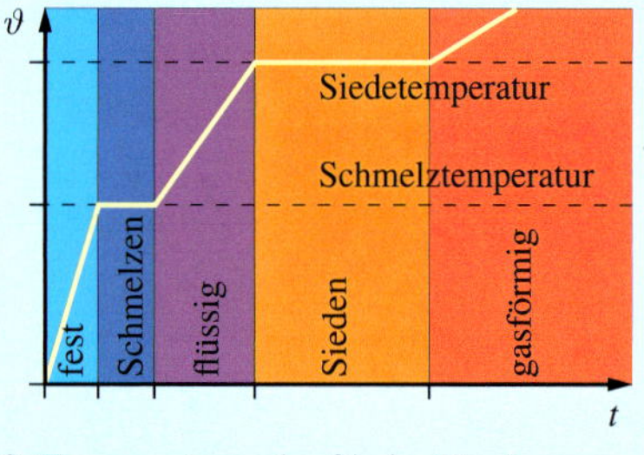

3 Temperaturverlauf beim Erwärmen

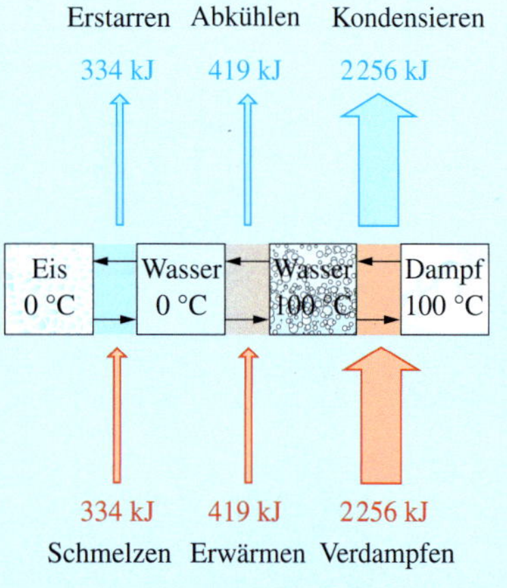

4 Zustandsänderungen von Wasser (1 kg): Temperatur- und Wärmewerte

Teilchenmodell Jede Materie besteht aus unvorstellbar kleinen *Atomen* und *Molekülen*. Um uns den Aufbau der Materie in den verschiedenen Aggregatzuständen vorzustellen, verwenden wir das *Teilchenmodell*: ↑1

- Die Materie ist aus winzigen Kügelchen aufgebaut, zwischen denen große Kräfte wirken, wenn sie sich nahe genug kommen.
- Die Teilchen befinden sich in ständiger Bewegung. Je höher die Temperatur eines Stoffs ist, desto schneller bewegen sie sich und desto größer ist ihre mittlere kinetische Energie.

Innere Energie eines Körpers Sie besteht im Teilchenmodell aus:

- der Summe aller kinetischen Energien seiner Teilchen und
- der Summe aller potenziellen Energien, die die Teilchen aufgrund gegenseitiger Kräfte haben.

Temperaturnullpunkt Es gibt eine tiefste Temperatur, die nicht unterschritten werden kann. Sie liegt bei –273,15 °C (0 K). ↑2 Im Teilchenmodell stellen wir uns vor, dass sich die Teilchen eines Körpers am absoluten Nullpunkt nicht bewegen, ihre kinetische Energie ist gleich null.

Temperatur und Volumen Körper dehnen sich in der Regel beim Erwärmen aus und ziehen sich beim Abkühlen zusammen.
Die Volumenänderung ist jeweils proportional

- zur Temperaturänderung (bei gleichem Ausgangsvolumen) bzw.
- zum Ausgangsvolumen (bei gleicher Temperaturänderung).

Bei festen Körpern und Flüssigkeiten hängt die Ausdehnung vom Material ab, bei Gasen nicht.
Wasser zieht sich beim Erwärmen von 0 °C auf 4 °C zusammen und dehnt sich erst danach aus (Anomalie des Wassers).

1. Hauptsatz der Wärmelehre Bei Energiezufuhr durch Arbeit oder Wärme nimmt die innere Energie eines Körpers zu. Umgekehrt kann die innere Energie eines Körpers bei Energieabgabe durch Wärme oder Arbeit abnehmen.
Wenn keine andere Energieumwandlung auftritt, gilt (Energieerhaltung):
Änderung der inneren Energie = Wärme + Arbeit.

Wärme und Änderung der inneren Energie Führt man einem Körper Wärme zu, steigt seine Temperatur oder sein Zustand ändert sich. ↑3, 4
Wie viel Wärme nötig ist, damit die Temperatur eines Körpers um 1 K steigt, hängt von Masse und Material ab. Das Erwärmen von Wasser erfordert besonders viel Energie: 4,19 kJ je Kilogramm und je Kelvin.
Auch die Wärme zum Schmelzen oder Verdampfen hängt von Masse und Material des Körpers ab. Während der Zustandsänderungen bleibt die Temperatur des Körpers konstant, weil die zugeführte Wärme zum Aufbrechen der Bindungen zwischen den Teilchen verwendet wird.
Kühlt man das Gas wieder ab, so laufen die Temperatur- und Zustandsänderungen „rückwärts“ ab.
Flüssigkeiten können unterhalb ihrer Siedetemperatur verdunsten und dabei abkühlen.

Energieentwertung Immer wenn bei einem Vorgang in einem System mechanische, elektrische (oder chemische) Energie in innere Energie umgewandelt wird bzw. Wärme von einem Gegenstand mit höherer Temperatur zu einem mit niedrigerer Temperatur fließt, wird Energie „entwertet" – sie kann nach Ablauf des Vorgangs nicht noch einmal für denselben Zweck genutzt werden. Ein solcher Vorgang ist irreversibel, der Anfangszustand lässt sich ohne Energiezufuhr von außen nicht wieder erreichen.
Verbrennungsmotoren wandeln die innere Energie heißer Verbrennungsgase zum Teil in mechanische Energie der Kolben um. ↑5 Die restliche Energie wird entwertet und über den Kühler an die Umgebung abgeführt. Für einen großen Wirkungsgrad muss die Temperatur T_{zu} des Verbrennungsgases möglichst hoch und die Temperatur T_{ab} des Kühlers möglichst niedrig sein.

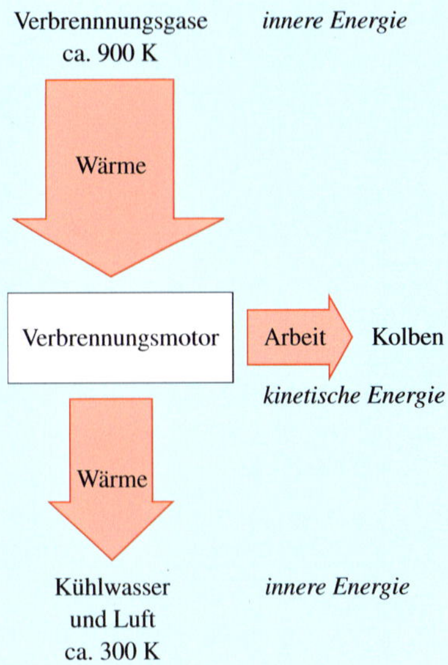

5 Energiefluss beim Motor

Stromstärke, Spannung, Widerstand Die Stromstärke I an einer beliebigen Stelle eines Drahts ist gleich dem Quotienten aus der Ladung Q der Elektronen, die in der Zeitspanne Δt durch den Drahtquerschnitt an dieser Stelle durchströmen, und dieser Zeitspanne: $I = \frac{Q}{\Delta t} = \frac{N \cdot e}{\Delta t}$.
Die Spannung U an einer elektrischen Energiequelle gibt an, wie viel potenzielle Energie ΔE_{pot} pro Ladung Q zur Verfügung steht: $U = \frac{\Delta E_{pot}}{Q}$.
Die Spannung U an einem elektrischen Bauteil gibt an, wie viel potenzielle Energie ΔE_{pot} pro hindurchfließender Ladung Q umgesetzt wird.
Erhöht man die Spannung an Metalldrähten, nehmen Stromstärke und Temperatur zu – und meistens auch der Widerstand. ↑6 Bei konstanter Temperatur ist der Widerstand eines (metallischen) Leiters konstant:
$\frac{U}{I} = R$ mit R = konstant (ohmsches Gesetz).
Bei *Reihenschaltungen* von Bauteilen gilt: ↑7
- $U = U_1 + U_2 + \ldots$ $I = I_1 = I_2 = \ldots$ $R_{ges} = R_1 + R_2 + \ldots$
- Je größer der Widerstand eines Bauteils ist, desto größer ist die Teilspannung an ihm.

Bei *Parallelschaltungen* von Bauteilen gilt: ↑8
- $U = U_1 = U_2 = \ldots$ $I_{ges} = I_1 + I_2 + \ldots$ $\frac{1}{R_{ges}} = \frac{1}{R_1} + \frac{1}{R_2} + \ldots$
- Je kleiner der Widerstand eines Bauteils ist, desto größer ist die Teilstromstärke in ihm.

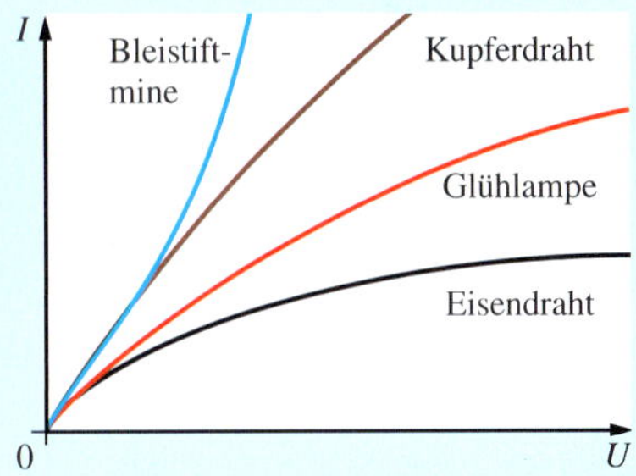

6 Widerstandskennlinien

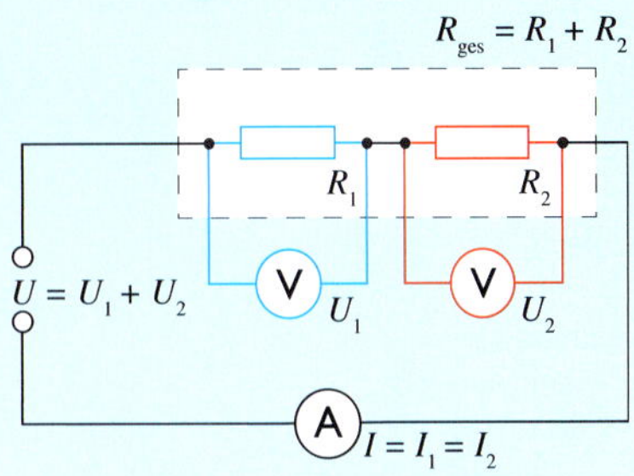

7 Gesetze der Reihenschaltung

Elektrische Energie und Leistung Die elektrische Leistung eines Bauteils gibt an, wie viel elektrische Energie es pro Zeitspanne umwandelt. Es gilt:
$P_{el} = \frac{\Delta E_{el}}{\Delta t} = U \cdot I$ (U, I konstant) und $\Delta E_{el} = U \cdot I \cdot \Delta t$.
Elektrische Energie gibt man oft in Kilowattstunden an: 1 kWh = 3,6 MJ.

Energieversorgung Die Menschheit wandelt jährlich rund $440 \cdot 10^{18}$ J Energie zum Heizen, Antreiben von Motoren, Beleuchten … um. Kohle, Erdöl und Erdgas sind die wichtigsten Primärenergieträger.
In Deutschland wird im Durchschnitt eine Primärenergie von 5,4 kJ pro Sekunde und Einwohner umgewandelt. Die umgesetzte Nutzenergie beträgt 3,5 kJ pro Sekunde und Einwohner. Die elektrische Energie (0,7 kJ pro Sekunde und Einwohner) wird uns hauptsächlich von Wärmekraftwerken zur Verfügung gestellt.

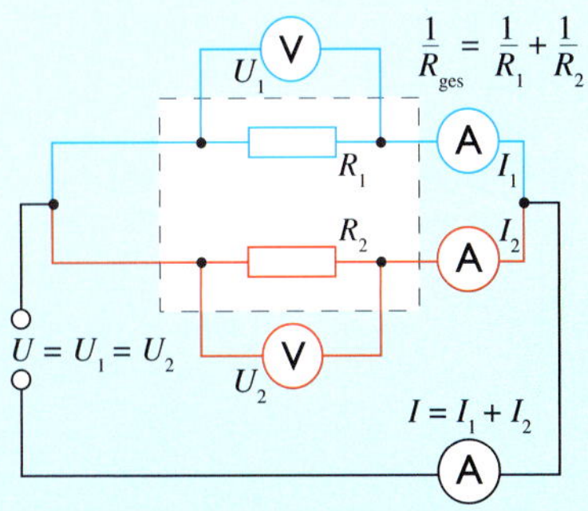

8 Gesetze der Parallelschaltung

Tabellen und Schaltzeichen

Größe	Symbol	Einheit		Weitere Einheiten	
Länge	l	1 Meter	1 m	1 Seemeile	1 sm = 1,852 km
Masse	m	1 Kilogramm	1 kg	1 Gramm	1 g = 0,001 kg
				1 Tonne	1 t = 1000 kg
Dichte	ϱ	1 Kilogramm pro Kubikmeter	$1\,\frac{\text{kg}}{\text{m}^3}$		
Zeit	t	1 Sekunde	1 s	1 Minute	1 min = 60 s
				1 Stunde	1 h = 60 min = 3600 s
Geschwindigkeit	v	1 Meter pro Sekunde	$1\,\frac{\text{m}}{\text{s}}$	1 Kilometer pro Stunde	$1\,\frac{\text{m}}{\text{s}} = 3{,}6\,\frac{\text{km}}{\text{h}}$
Beschleunigung	a	1 Meter pro Sekunde zum Quadrat	$1\,\frac{\text{m}}{\text{s}^2}$		
Kraft	F	1 Newton	1 N		
Druck	p	1 Pascal	1 Pa	1 bar	$1\,\text{bar} = 10^5\,\text{Pa} = 10\,\frac{\text{N}}{\text{cm}^2}$
Temperatur	T	1 Kelvin	1 K		
	ϑ	1 Grad Celsius	1 °C		
Energie	E	1 Joule	1 J	1 Kilowattstunde	1 kWh = 3,6 MJ
				1 Elektronvolt	1 eV = 0,000 000 000 000 000 000 160 22 J
Leistung	P	1 Watt	1 W		
Elektrische Ladung	Q	1 Coulomb	1 C	1 Elementarladung	e = 0,000 000 000 000 000 000 160 22 C
Elektrische Stromstärke	I	1 Ampere	1 A		
Elektrische Spannung	U	1 Volt	1 V		
Elektrischer Widerstand	R	1 Ohm	1 Ω		

1 Auswahl physikalischer Größen und ihrer Einheiten

Vorsatz	Giga- (G)	Mega- (M)	Kilo- (k)	Hekto- (h)	Zenti- (c)	Milli- (m)	Mikro- (μ)	Nano- (n)
Faktor	1 000 000 000	1 000 000	1 000	100	0,01	0,001	0,000 001	0,000 000 001
	Milliarde	Million	Tausend	Hundert	Hundertstel	Tausendstel	Millionstel	Milliardstel

2 Vielfache und Teile

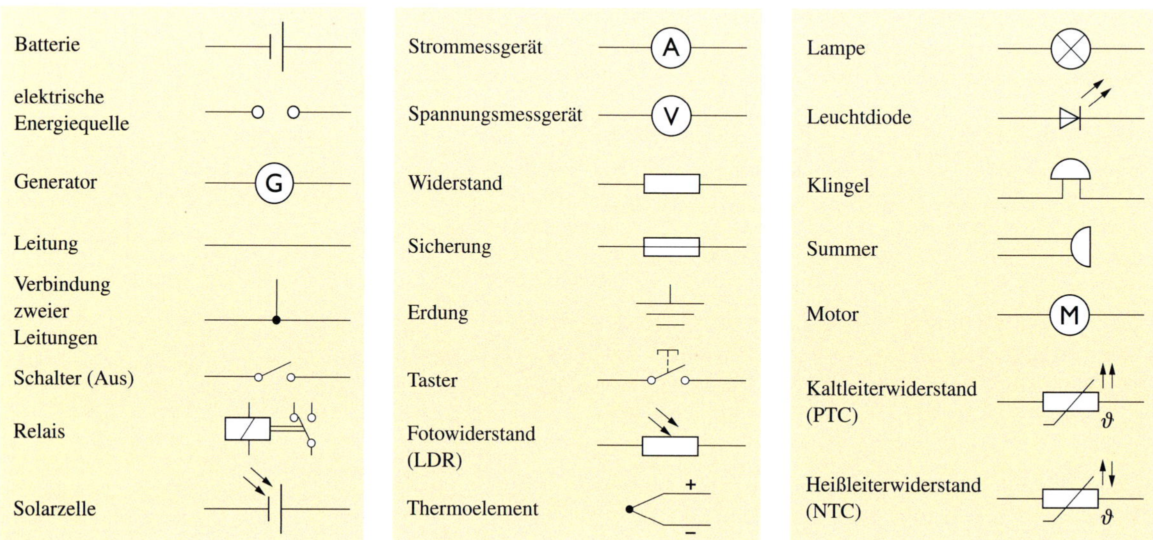

3 Einige Schaltzeichen

Lösungen der Check-up-Aufgaben

Energie (S. 42)

1 *Halfpipe*

a Camilla verliert zunächst an Höhe und wird dabei zunehmend schneller. Dabei wird potenzielle Energie (Höhenenergie) in kinetische Energie (Bewegungsenergie) umgewandelt. Wenn Camilla auf der anderen Seite wieder hinauffährt (aufgrund ihrer Trägheit), kehrt sich der Prozess um: Kinetische Energie wird in potenzielle Energie umgewandelt; Camilla wird langsamer, bis sie schließlich zum Stillstand kommt. Sie erreicht die Anfangshöhe nicht mehr, denn während der ganzen Fahrt wird ein Teil der Energie infolge von Reibung in innere Energie umgewandelt und erwärmt letztlich die Umgebung. (Dieser Anteil der Energie ist entwertet.)

b Wie viel Energie „verloren" geht, lässt sich anhand der Höhendifferenz zwischen dem Anfangspunkt A und dem auf der gegenüberliegenden Seite erreichten höchsten Punkt B berechnen:
$\Delta E = E_A - E_E = m\,g\,h_A - m\,g\,h_B = m\,g\,(h_A - h_B)$.

c Camilla kann sich z. B. beim Start abstoßen, damit ihre mechanische Energie am Anfang größer wird.

d Die untere Kante liegt so weit unter der Starthöhe, dass die potenzielle Energie vom Start trotz der Energieabgabe an die Umgebung reicht, um an der Kante hochzuspringen.

2 *Verschiedene Rampen*

Damit Florian möglichst wenig Kraft beim Hochschieben der Schubkarre ausüben muss, sollte er die längste Bohle unterlegen. Denn je länger die Rampe bei gleichem Höhenunterschied ist, desto geringer ist die erforderliche Kraft (Goldene Regel der Mechanik). Kürzere Bohlen bedeuten größere Kräfte beim Schieben.

3 *Aufwand und Nutzen*

Dem Wasser wurde in 12 h die folgende Energie zugeführt (1 ℓ Wasser wiegt 1 kg):

$$\Delta E_{\text{nutz}} = m\,g\,\Delta h;$$
$$\Delta E_{\text{nutz}} = 3\,000\,000\,\text{kg} \cdot 9{,}81\,\tfrac{\text{m}}{\text{s}^2} \cdot 163\,\text{m}$$
$$\Delta E_{\text{nutz}} = 4{,}80 \cdot 10^9\,\text{Nm} = 4{,}80 \cdot 10^9\,\text{J}$$

Die Leistung der Wasserräder betrug:
$P_W = 750\,\text{PS} = 750 \cdot 735\,\text{W} = 0{,}551 \cdot 10^6\,\text{W}$.

In 12 h setzten sie also folgende Energie um:
$\Delta E_{\text{zu}} = 0{,}551 \cdot 10^6\,\text{W} \cdot 12 \cdot 60 \cdot 60\,\text{s} = 23{,}8 \cdot 10^9\,\text{J}$.

Der Wirkungsgrad betrug also:

$$\eta = \frac{4{,}80 \cdot 10^9\,\text{J}}{23{,}8 \cdot 10^9\,\text{J}} = 20{,}1\,\%.$$

4 *Hartes Streichholz*

Beim ersten Mal kann man das Streichholz noch ohne allzu große Kraft zerbrechen. Die zwei kürzeren Stücke lassen sich dann nur mit einer deutlich größeren Kraft zerbrechen.
Beim Zerbrechen kann man das Streichholz als zweiseitigen Hebel ansehen. Beim ersten Bruch sind die beiden Hebelarme noch relativ lang, beim zweiten sind sie viel kürzer. Für die gleiche Wirkung muss daher beim kürzeren Stück eine viel größere Kraft ausgeübt werden.

Änderung der inneren Energie ... (S. 98)

1 *Heißschmied*

a Die durch die Hammerschläge mechanisch zugeführte Energie (Arbeit) erhöht die innere Energie des Eisenstücks (1. Hauptsatz der Wärmelehre). Die Zunahme an innerer Energie wird durch die Temperaturerhöhung „spürbar". Das erhitzte Eisenstück gibt Wärme an die kältere Umgebung ab. Damit seine Temperatur noch weiter ansteigen kann, muss in der gleichen Zeit mehr Energie zugeführt werden, als abgegeben wird. Das kann durch raschere Schläge erreicht werden.

b Damit die Temperatur von 1 kg Eisen um 1 K steigt, muss man eine Energie von 0,45 kJ zuführen. Bei 150 g Eisen sind für die gleiche Temperaturzunahme nur 68 J nötig. Die Temperatur soll allerdings nicht um 1 K steigen, sondern um 480 K. Dafür muss eine Energie von 68 J · 480 = 33 kJ zugeführt werden. Bei einem Hammerschlag wird folgende Energie mechanisch zugeführt:

$\Delta E_{\text{kin}} = \frac{1}{2} m v^2;$

$\Delta E_{\text{kin}} = 0{,}700\,\text{kg} \cdot (30\,\frac{\text{m}}{\text{s}})^2 = 0{,}63\,\text{kJ}.$

Davon erhöhen 80 % – also 0,50 kJ – die innere Energie des Eisenstücks. Um eine Energie von 33 kJ zuzuführen, muss der Schmied demnach rund 70-mal zuschlagen.

2 *Mischungsversuch*

a Beobachtung bei 16 °C: Die Flüssigkeiten mischen sich an der Grenzfläche. Die obere Flüssigkeit ist weiter in die untere eingedrungen als umgekehrt. Beobachtung bei 22 °C: Die Durchmischung ist ähnlich wie bei 16 °C, aber der durchmischte Bereich ist größer.

b Bei höherer Temperatur bewegen sich die Teilchen, aus denen die Flüssigkeiten bestehen, schneller und haben im Mittel eine größere kinetische Energie. Sie dringen deshalb rascher und tiefer in die jeweils andere Flüssigkeit ein.

3 *Kochphysik*

a Die Temperatur steigt in den ersten 5 Minuten von 20 °C auf 100 °C fast gleichmäßig an und bleibt dann weitgehend konstant bei 100 °C. In den ersten 5 Minuten führt die zugeführte Wärme hauptsächlich zur Temperaturerhöhung der Kartoffeln und des Wassers. Danach lässt sie das Wasser verdampfen. Außerdem sorgt sie dafür, dass die Temperatur des Wassers und der Kartoffeln trotz der Abgabe von Wärme an die Umgebung konstant bleibt.

b Auch bei der kleineren Flamme wurde noch genügend Wärme zugeführt, damit das Sieden fortdauert. Mehr Wärme würde die Temperatur nicht erhöhen und somit das Garen der Kartoffeln nicht beschleunigen. Also wird bei kleinerer Flamme für denselben Zweck weniger Energie gebraucht (entwertet).

c Damit die Temperatur von 1,0 kg Wasser um 1 K steigt, ist eine Energie von 4,19 kJ erforderlich. Für 1,5 kg Wasser und 80 K müssen rund 0,50 MJ Wärme zugeführt werden.

d In den ersten 5 Minuten wurden beim Verbrennen eine Wärme von 2,1 MJ abgegeben. Der Wirkungsgrad betrug also ungefähr 24 %.

4 *Willkommene Abkühlung*

Infolge der hohen Temperaturen verdunstet das Wasser auf der Haut relativ rasch. Im Teilchenmodell stellen wir uns vor, dass dabei die schnellsten Teilchen das Wasser verlassen. Dadurch sinkt die mittlere kinetische Energie der verbleibenden Teilchen: Die Wassertemperatur nimmt ab. Wenn sie unter die Temperatur der Haut sinkt, strömt Wärme von der Haut ins Wasser. Wir empfinden das als Abkühlung der Haut.

5 *Aluminiumbeton?*

Gleich lange Stäbe aus Beton und Stahl dehnen sich bei gleicher Temperaturerhöhung gleich weit aus. Die Ausdehnung eines Aluminiumstabs ist dagegen bei sonst gleichen Bedingungen doppelt so groß. Wenn ein „Skelett" aus Aluminium in die Betonwände eingebettet wäre, würde es sich beim gemeinsamen Erwärmen im Sommer so stark ausdehnen, dass es den Beton zerreißt.

Elektrische Energie (S. 140)

1 *Schaltung mit Widerstand*

a In einer Reihenschaltung wird die Netzspannung „aufgeteilt". ↑1

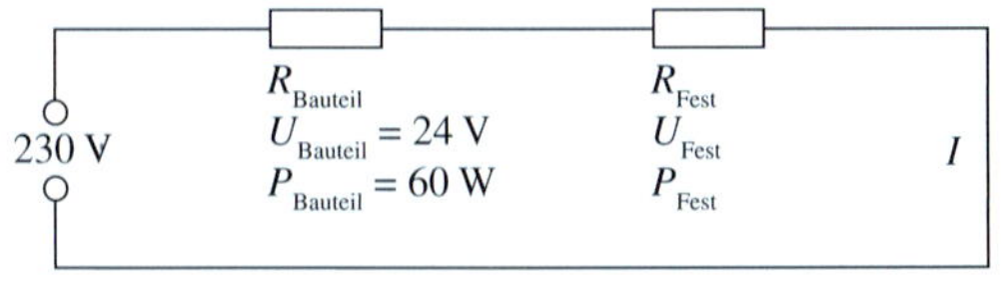

b Für die Spannung U_{Fest} am Festwiderstand gilt:
$U_{Fest} = 230\,V - 24\,V = 206\,V$.

Die Stromstärke I ist im Bauteil so groß wie im Festwiderstand:

$$I = \frac{P_{Bauteil}}{U_{Bauteil}}; \quad I = \frac{60\ W}{24\ V} = 2{,}5\ A.$$

Damit erhält man für den Widerstand R_{Fest}:

$$R_{Fest} = \frac{U_{Fest}}{I}; \quad R_{Fest} = \frac{206\ V}{2{,}5\ A} = 82\ \Omega.$$

c Für die Leistung P_{Fest} des Festwiderstands gilt:

$$P_{Fest} = U_{Fest} \cdot I;$$

$$P_{Fest} = 206\ V \cdot 2{,}5\ A = 0{,}52\ kW.$$

Die Gesamtleistung P_{ges} der Schaltung beträgt:

$$P_{ges} = P_{Bauteil} + P_{Fest};$$

$$P_{ges} = 0{,}060\ kW + 0{,}52\ kW = 0{,}58\ kW.$$

In jeder Sekunde wird also eine elektrische Energie von 0,58 kJ zugeführt. Im Bauteil wird in jeder Sekunde eine Energie von 0,060 kJ genutzt. Der Wirkungsgrad beträgt somit:

$$\eta = \frac{0{,}060\ kJ}{0{,}58\ kJ} = 0{,}10\ (10\ \%).$$

2 *Nicht berühren!*

a Um den Gesamtwiderstand (Ersatzwiderstand) R_{ges} der Schaltung zu berechnen, gehen wir so vor:

- Der Gesamtwiderstand von R_3 und R_4 wird berechnet (Parallelschaltung), Ergebnis:
  $R_{34} = 1{,}5\,k\Omega$.
- Der Gesamtwiderstand von R_{34} und R_6 wird berechnet (Reihenschaltung):
  $R_{346} = 2{,}5\,k\Omega$.
- Der Gesamtwiderstand von R_1 und R_2 wird berechnet (Parallelschaltung):
  $R_{12} = 2{,}5\,k\Omega$.
- Der Gesamtwiderstand von R_{346} und R_{12} wird berechnet (Parallelschaltung):
  $R_{12346} = 1{,}25\,k\Omega$.
- Der Gesamtwiderstand von R_{12346} und R_5 wird berechnet (Reihenschaltung):
  $R_{ges} = 2{,}25\,k\Omega$.

Die Stromstärke in der Nase der Kuh beträgt:

$$I = \frac{U}{R_{ges}}; \quad I = \frac{50\ V}{2{,}25\ k\Omega} = 22\,mA.$$

b In Nase und Hals (R_5) ist die Stromstärke mit 22 mA am größten. Da die weiteren Körperteile elektrisch gesehen parallel geschaltet sind, teilt sich der Strom auf, die Teilstromstärken sind geringer als 22 mA. Der Grenzwert wird also eingehalten.

3 *Wasserenergie*

Beim Wasserfall wird in jeder Sekunde die folgende Energie umgesetzt:

$$\Delta E = m\,g\,\Delta h; \quad \Delta E = 100\,kg \cdot 9{,}81\,\frac{m}{s^2} \cdot 12\,m = 12\,kJ.$$

In einer 100-W-Lampe wird in jeder Sekunde eine Energie von 100 J umgesetzt. Also könnten mit der Energie, die beim Wasserfall umgesetzt wird, maximal 120 Lampen betrieben werden.

4 *Warmwasser*

a Die dem Wasser zugeführte Energie beträgt:
$\Delta E = 600\,\text{W} \cdot 4 \cdot 60\,\text{s} = 144\,\text{kJ}$.

Die Temperatur von 1 ℓ Wasser würde dadurch um $\frac{144}{4{,}19}\,\text{K} \approx 34\,\text{K}$ ansteigen.

Bei 10 ℓ Wasser sind es nur 3,4 K. Es wird also eine Temperatur von 11,4 °C erreicht.

b Umrechnung:
3,6 MJ = 1,0 kWh; 0,144 MJ = 0,040 kWh.
Eine elektrische Energie von 0,040 kWh kostet:
18 Cent · 0,040 = 0,72 Cent.

5 *Glühlampe kontra LED*

a Glühlampe: Die von den Akkus zur Verfügung gestellte Energie $\Delta E = Q \cdot U$ ist genauso groß wie die in der Lampe umgesetzte Energie $\Delta E = U \cdot I \cdot \Delta t$:
$Q \cdot U = U \cdot I \cdot \Delta t$.
Damit erhält man für die Leuchtdauer Δt:

$$\Delta t = \frac{Q}{I}; \quad \Delta t = \frac{1{,}8\,\text{Ah}}{0{,}6\,\text{A}} = 3{,}0\,\text{h}.$$

LED: Wie bei der Glühlampe gilt ($U \cdot I = P$):
$Q \cdot U = P \cdot \Delta t$.

Damit erhält man für die Leuchtdauer Δt:

$$\Delta t = U \cdot \frac{Q}{P}; \quad \Delta t = \frac{1{,}5\,\text{V} \cdot 1{,}8\,\text{Ah}}{5 \cdot 0{,}1\,\text{W}} = 5{,}4\,\text{h}.$$

Die LED-Lampe leuchtet also fast doppelt so lange wie die „normale“ Taschenlampe.

b Anzahl der Elektronen für eine Ladung von 1,8 Ah:

$$n = \frac{Q}{e};$$

$$n = \frac{1{,}8 \cdot 3600\,\text{As}}{0{,}000\,000\,000\,000\,000\,000\,16\,\text{As}} = 4{,}1 \cdot 10^{22}.$$

6 *Gleiche Stromstärke – gleiche Leistung?*

a Batterie: $P = U \cdot I$; $\quad P = 6{,}0\,\text{V} \cdot 0{,}30\,\text{A} = 1{,}8\,\text{W}$.
Die gleiche Stromstärke ist also bei der Fahrradlampe mit einer viel geringeren Leistung als bei der 75-W-Lampe verbunden. Bei der geringeren Spannung ist die potenzielle Energie pro Ladung viel geringer, sodass bei gleicher Ladung in derselben Zeit weniger Energie übertragen und in der Lampe umgesetzt wird.

b S. Schaltskizzen. ↑1

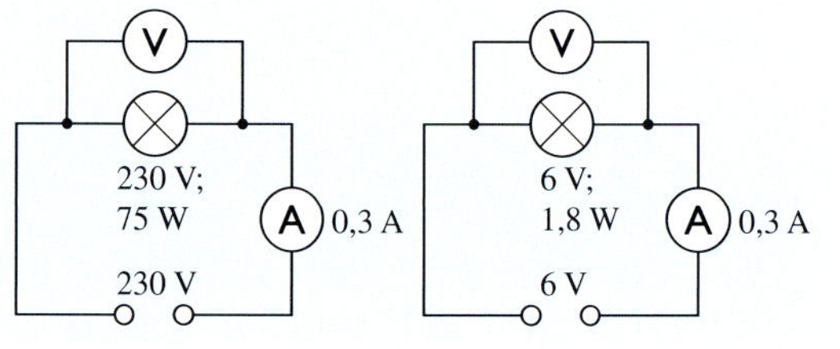

1

Abbildungsverzeichnis

adidas: 177/4 | akg-images, Berlin: 78/3, 100/1 | Andreas Fuchs: 86 | Antoine Coypel, Louvre, Paris: 44/1 | AP/Bob Griffith: 146/2 | Arco Digital Images/W. Daffue: 50/1 | argum/Christian Lehsten: 86/2 | argus/UNEP/Stewart: 78/2 | Astrofoto: 10/1; Eberle: 14 | Axel Henning, Köln: 86/3 | Bayernwerk, München: 134/1 | Bernd Ritschel: 121/4 | Bewag, Berlin: 131/3 | BilderBox, Thening: 70/2 | BMW/photothek: 70/1 | Caro/Sorge: 14/3 | Corbis/Royalty-Free: 43 | DaimlerChrysler, Stuttgart: 68/2, 95/5 | Das Fotoarchiv/James A. Sugar: 78/1 | Manfred Vollmer: 38/1 | David A. Wurtz: 48/4a | Derek Shapton: 158/2 | Deutsche Bahn AG/ Weber: 122/2 | Deutscher Alpenverein: 120/1 | Deutsches Museum, München: 9/4, 92/3, 100/2, 152/2 | Dietmar Gust, Berlin: 49/6 | Döring, Hohen Neuendorf: 29/4-5, 31/3, 57/3, 88/1, 122/3 | Edwards Air Force Base: 41/8 | EVS, Stuttgart: 131/1 | Friedrich Stark: 5/1 | Gardena, Ulm: 19/7 | Gattermann, Berlin: 92/1 | go-digitalpro/Gottschalk: 108/3 | Greiner & Meyer: 84/2 | Gruner + Jahr, Hamburg: 163/6 | Heinz Kettler GmbH &Co. OHG/Ense-Parsit: 36/3 | Hug, Darmstadt: 81/4 | IBM, Stuttgart: 49/7 | images.de: 141; Koczy: 85/5 | Interfoto, München: 154/1 | IPN, Kiel: 9/5 | KBB/Radtke, Hannover: 145/5 | Kent Wood/ Peter Arnold: 120 | Klaus Bürgle: 142/3 | Lavendelfoto/Roland Oster: 14/2 | LOOK/Ingolf Pompe: 122/1 | Mag Force Nanotechnologies AG, Berlin: 49/5 | MAN B&W: 92/2 | Mannesmann Demag, Duisburg: 23/1 | Meteofrance: 169/1 | Moll, Bad Staffelstein: 100/4 | Muckenfuß, Ravensburg: 84/1, 84/4, 169/3 | NASA: 6/2, 146/1 | GSFC/Carnahan: 158/3 | NLWKN, Norden: 164/1 | Okapia/Dr. Eckart Pott: 48/4 | NAS/Charles D. Winters: 57/2 | NAS/Mark D. Phillips: 48/2 | Oligo Lichttechnik, Hennef: 114/2 | Omicron Nano Technology GmbH: 44/3 | picture-alliance/dpa: 32/1, 36/1, 44/4, 130/5, 133/8, 154/3, 174/1, 175/4; dpaweb: 175/5; Zentralbild/Hirschberger: 50/2 | pictureNEWS/Oliver Abraham: 72/1 | plainpicture/photocake.de: 122/4 | plus49/Gallup: 77/5 | Pol-Planet GbR, Lörrach: 177/7 | Project Photos: 43/1, 43/3, 86/1, 90/1 | Reinhold Messner: 146/3 | RWE, Essen: 131/4 | Scala Electronic GmbH, Grünwald: 166/2 | Schapowalow/SIME: 16/3 | Segway Inc.: 99/1 | SPL/Focus: 9/6, 16/1, 77/6 | A. C. Seinet: 43/2; CERN: 59/6 | Dan Schechter: 14/1 | David Parker: 107/6 | Geoff Tompkinson: 59/4 | Hybrid Medical Animation: 49/8 | Lawrence Livermore Laboratory: 48/1 | Prof. P. Motta: 47/3 | Volker Steger: 56/1 | Stefan Obermeier/alimdi.net: 72/3 | Sto AG: 48/3 | suntechnics: 170/3 | transit/Olaf Meinhardt: 14/4 | Transrapid International GmbH & Co. KG: 59/5 | Ullrich, Berlin: 83/6 | Universität Augsburg, Experimentalphysik VI: 50/4 | VEAG: 105/2 | Veba, Gelsenkirchen: 131/6 | Vetter GmbH, Zülpich: 142/1 | VISUM/ASK: 74/2 | Marc Steinmetz: 68/1 | Volkswagen, Wolfsburg: 93/6 | Wildlife/D. Harms: 47/2 | N. Wu: 154/2 | www.fitundfun-outdoor.com: 6/1 | Zefa visual media: 77/4, 130/4, 170/1 | Zeiss, Oberkochem: 84/3.

Alle anderen Fotos Cornelsen Verlag. Titelfoto: Mauritius.

Register

Tarantel-Nebel